HEFT **15**

FORTSCHRITTE DER WASSERCHEMIE

UND IHRER GRENZGEBIETE

Herausgegeben

im Auftrage der Chemischen Gesellschaft

der Deutschen Demokratischen Republik

von J. KAEDING

Mit 76 Abbildungen und 58 Tabellen

AKADEMIE-VERLAG · BERLIN

1973

Erschienen im Akademie-Verlag, 108 Berlin, Leipziger Str. 3 – 4

Lizenznummer; 202 · 100/480/73
Gesamtherstellung: VEB Druckerei „Thomas Müntzer“ 582 Bad Langensalza
Bestellnummer: 761 667 0 (2123/15) · LSV 1235
Printed in GDR
EVP 60,–

FORTSCHRITTE DER WASSERCHEMIE

Heft 1 — 15

GENERALREGISTER

Die Arbeiten sind in alphabetischer Reihenfolge nach den Autorennamen aufgeführt. Die erste Ziffer gibt den Band, die zweite die Seite an, während die Buchstaben zur Charakterisierung des Inhalts nach Sachgebieten dienen, sie bedeuten:

Erfassung von Wasserinhaltsstoffen

A = Chemische Methoden
B = Toxikologische Methoden
C = Biologische und mikrobiologische Methoden
D = Instrumentalanalytik
E = *Bewertung von Wasserinhaltsstoffen*

Limnologie

F = Limnogeochemie
G = Grundwasser
H = Stehende Gewässer
I = Fließende Gewässer
K = Meer- und Brackwasser
L = Ökologie und Umweltschutz

Verfahren der Wasserbehandlung

M = Physikalische Prozesse
N = Chemische und physikalisch-chemische Prozesse
O = Biochemische Prozesse
P = Verfahrenstechnik und Verfahrenszüge

GÜNTHER, G.: Zur kolorimetrischen Bestimmung geringer Eisenmengen mit Rhodanid, insbesondere in stark mineralisierten Wässern 5/305 – A

GÜNTHER, K.: Zur Bestimmung der Sauerstoffzehrung und des biochemischen Sauerstoffbedarfs zwischen 5 und 35 mg/l mittels Begasungsmethode 10/107 – A

HANNEMANN, W.: Die kurzfristige Prognose von Wasserblüten als Voraussetzung für ihre Bekämpfung 8/152 – C, E

HEBY, R., F. WOLF und L. ECKERT: Über die Oxydation von Sulfidionen durch Sauerstoff in Gegenwart von Schwefelfarbstoffen II. Mitteilung 10/81 – N

HEBY, R., F. WOLF und L. ECKERT: Über die Oxydation von Sulfidionen durch Sauerstoff in Gegenwart von Schwefelfarbstoffen III. Mitteilung 10/93 – N

HEBY, R., F. WOLF und L. ECKERT: Über die Oxydation von Sulfidionen durch Sauerstoff in Gegenwart von Schwefelfarbstoffen V. Mitteilung 15/69 – N

HECHT, P., H. KOCH und R. OTTO: Zur Dekontamination der Abwässer im Institut für angewandte Radioaktivität 3/137 – N

HEDLICH, R.: Die wachstumsbegrenzenden Nährstoffe in Talsperren auf dem Gebiet der Deutschen Demokratischen Republik 8/99 – H

HEIER, H.: Qualitative Dünnschichtchromatographie von Phenolen und die quantitative Auswertung der Chromatogramme mit dem Extinktions-Registriergerät „ERI 10" 12/20 – A

HEINICKE, D.: Erfahrungen bei der biologisch-chemischen Reinigung von Abwässern aus Erdölraffinerien in Aero-Accelator- und Vortair-Anlagen 6/185 – O

HEINISCH, E.: Über Kontaminations-Möglichkeiten von Gewässern durch Pflanzenschutz- und Schädlingsbekämpfungsmittel 11/9 – H, I

HEINISCH, E.: Zur Kontamination von Gewässern mit Bioziden 14/151 – L

HEINZE, D.: Methoden zur Sauerstoffbilanzierung in Labor und halbtechnischen Belüftungssystemen 9/49 – A, P

HELLWIG, A., D. HEMPEL und R. LIEBMANN: Eine neue kolorimetrische Bestimmung von Toxaphen in Wasser 1/181 – A

HELLWIG, A., D. HEMPEL und R. LIEBMANN: Quantitative Bestimmung von Trichlormethylsulfenylchlorid — einem wichtigen Zwischenprodukt zur Fungizidsynthese — in Abwässern 11/165 – A

HEMPEL, D. und R. LIEBMANN: Zur Bestimmung von quecksilberhaltigen Verbindungen im Abwasser 11/173 – A

HEMPEL, D., R. LIEBMANN und A. HELLWIG: Eine neue kolorimetrische Bestimmung von Toxaphen in Wasser 1/181 — A

HEMPEL, D., R. LIEBMANN und A. HELLWIG: Quantitative Bestimmung von Trichlormethylsulfenylchlorid — einem wichtigen Zwischenprodukt zur Fungizidsynthese — in Abwässern 11/165 – A

HERING, R.: Anwendungsmöglichkeiten chelatbildender Ionenaustauscher in der Wasseranalytik 13/175 – A

HLUCHÁŇ, E., J. MAYER und E. ÁBEL: Kolorimetrische Bestimmung von Kupferspuren im Wasser 2/248 A

HÖFER, U., C. PÜSCHMANN, U. ZSCHUNKE, I. LUDWIG, U. FREIMUTH, J. KAEDING und H. BÖHME: Beiträge zur Bestimmung des organisch gebundenen Kohlenstoffes in Wässern und Sedimenten 11/180 – A

HÖHNE, E.: Beurteilung des Eutrophierungsgrades durch Messung der Strahlungsverteilung 8/82 – H

HOFFMANN, G. und A. APITZ: Maschinen- und verfahrenstechnische Konzeption zur Weiterentwicklung von Entphenolungsanlagen nach dem Phenolsolvanverfahren 6/84 – P

HOPPE, D.: Entgiftung von Ablaugen und Abwässern durch Begasung 3/95 – M

HOSŽANG, G., E. MIGRAY und F. NYIRI: Erfahrungen beim Entfluoridieren von Abwässern der Superphosphat- und Fluoridindustrie 7/116 – N

INHALTSVERZEICHNIS

I. Originalarbeiten und Fortschrittsberichte

TABLE OF CONTENTS

I. Original Papers and Progress Reports

II. Book Reviews

СОДЕРЖАНИЕ

I. ORIGINALARBEITEN UND FORTSCHRITTSBERICHTE

V. Vobach, A. Beer

Institut für Wasserwirtschaft, Berlin

Untersuchungen zur Eliminierungsanalyse

Teil I: Grundlagen der Eliminierungsanalyse des Wassers

Zusammenfassung: Die Eliminierungsanalyse ist ein stofftrennendes Analysenverfahren zur Grobtrennung und Grobklassifizierung des organischen Materials in Wässern. Eliminierungsanalysen beruhen auf der selektiven Entfernung bestimmter Anteile aus vorliegenden Stoffgemischen an geeigneten stationären Phasen. Die Kontrolle abgelaufener Eliminierungen erfolgt durch summative Meßmethoden. Die Zuordnung bestimmter funktioneller Gruppen und Strukturelemente zu eliminierbaren Gemischanteilen beruht auf der Kenntnis der intermolekularen Wechselwirkungen der gelösten Stoffe mit stationären Phasen. Kenntnisse über die Formen spezieller intermolekularer Wechselwirkungen der gelösten Stoffe mit stationären Phasen werden durch systematische Untersuchungen zur Eliminierungsanalyse erhalten. Aufgefundene Regelmäßigkeiten oder Tendenzen werden als Arbeitshypothesen formuliert und Ergebnisse diskutiert.

Summary: The elimination analysis is a matter-separating analytical method for roughly separating and classifying organic matter in waters. Elimination analysis are based on the selective removal of certain components from given mixtures of different substances at suitable stationary phases. Finished eliminations are checked by summative measuring methods. The assignment of given functional groups and structural elements to eliminable mixture components is based on the knowledge of intermolecular interactions between dissolved matter and stationary phases. Knowledge of the forms of specific intermolecular interactions between dissolved matter and stationary phases is obtained by systematical elimination analysis studies. Discovered regularities and tendencies are formulated as working hypotheses, and the results are discussed.

Резюме: Элиминационный анализ является способом грубого отделения и грубой классификации органического вещества в водах. При помощи элиминационного анализа в подходящих стационарных фазах селективно удаляются определенные доли из существующих смесей веществ. Оконченные отделения проверяются путем суммарных измерительных методов. Отнесение определенных функциональных групп и структурных элементов к отделяемым долям смеси основывается на знании межмолекулярных взаимодействий между растворенными веществами и стационарными фазами. Систематические исследования элиминационного анализа выявляют формы специальных взаимодействий такого рода. Формулируются как рабочие гипотезы найденные регулярности или тенденции и обсуждаются результаты.

Einleitung

Stofftrennende Methoden der organisch-chemischen Analyse haben heute in alle Anwendungsbereiche der Chemie Eingang gefunden. In vielen Disziplinen von Forschung und Praxis werden Probleme der stofflichen Feintrennung mit chromatographischen Methoden bearbeitet.

Auch in der organisch-chemischen Analyse von Wasserinhaltsstoffen gewinnen die stofftrennenden Methoden ständig an Bedeutung. Dem Bedürfnis, einerseits Einzelstoffe getrennt bestimmen zu können, steht auf der anderen Seite die volkswirtschaftliche Notwendigkeit nach einer Gesamteinschätzung der organisch-chemischen Wasserqualität gegenüber. Für den ersten Fall kann eine Reihe von Problemen mit Hilfe der stofftrennenden Methoden, die der allgemeinen Analytik entlehnt und angepaßt wurden, befriedigend gelöst werden.

Die Anwendung dieser Methoden zur Gesamtcharakterisierung von Wässern ist dagegen auf wenige Beispiele beschränkt. Nach wie vor dominieren BSB und CSV als summative Kennzahlen für das gesamte Material. Bislang erschien als einzige Möglichkeit die Anreicherung größerer Substanzmengen und die Auftrennung und Charakterisierung des gewonnenen wasserfreien Substanzgemisches.

Lurje hat in diesem Sinne vorgeschlagen, das angereicherte CCE-Konzentrat (Kohle-Chloroform-Extrakt) in chemische Klassen aufzutrennen und als Gütekriterium anzuwenden. Doch scheinen Arbeitsaufwand und methodische Unzulänglichkeiten der CCE-Methode die allgemeine Anwendbarkeit einzuschränken.

Meissner hatte einen rein destillativen Trennungsgang für die Abwasseruntersuchungen vorgeschlagen.

Heil und Sontheimer versuchten, durch adsorptionskinetische Messungen an Aktivkohle das organische Material in Wässern zu charakterisieren. Bei diesem interessanten Ansatz wird das Prinzip der Stofftrennung vermißt.

Auch erscheint der direkte Einsatz von Methoden der stofflichen Feintrennung (Chromatographie) den Problemen der allgemeinen Wassercharakterisierung nicht adäquat.

Die autochthonen Probleme der Wasseranalyse seien hier noch einmal genannt:

- Die organischen Verbindungen sind in einem sehr polaren Lösungsmittel gelöst.
- Das Stoffgemisch ist meist überaus heterogen zusammengesetzt.
- Die Einzelstoffe liegen in recht geringen Konzentrationen vor.
- Die vorliegenden Substanzen sind oft chemisch labil.

Der Einsatz von Methoden der stofflichen Feintrennung zum Zweck einer Gesamtcharakterisierung verlangt zwangsläufig eine individuelle Analytik, die bei der großen Zahl an zu erwartenden Einzelstoffen ins Uferlose führen muß. (Für Spezialuntersuchungen ist eine stoffliche Feintrennung oft nicht zu umgehen oder sogar die Methode der Wahl.)

Für eine orientierende Klassifikation des organischen Materials in Wässern ist daher eine schonende Methode der stofflichen Grobtrennung notwendig. Derartige Trennungen des Materials in wenige große Gruppen sind gelegentlich beschrieben worden:

Klapper, Obenaus und Schmidt berichteten über die selektive Adsorption von Huminstoffen aus Wässern.

Hettche trennte durch selektive Adsorptionsfiltration von Urochromen das organische Material von Brunnenwässern.

Semenov erwähnt Trennungen von Zucker und Kohlenhydraten aus den natürlichen Stoffgemischen in Wässern.

Einige Gesichtspunkte dieser Untersuchungen wurden aufgegriffen und zur Eliminierungsanalyse des Wassers weiterentwickelt.

Die Konzeption der Eliminierungsanalyse umfaßt folgende Prinzipien:

- Die Grobklassifikation des organischen Materials in Wässern erfolgt ohne Anreicherungsverfahren durch direkte Eingriffe in die Wasserprobe.
- Die Klassifikation erfolgt durch selektive Entfernung (= Eliminierung) bestimmter Stoffgruppen aus dem Gemisch (Stofftrennung) und durch Kontrolle und Messung dieser Entfernung (Detektion).
- Die Eliminierung erfolgt an stationären Phasen in offenen Systemen auf Grund der Effekte: Adsorption, Verteilung und chemische Reaktionen (Eliminierungsmechanismen).
- Die Kontrolle, ob und inwieweit eine Eliminierung des Materials erreicht worden ist, wird durch summative bzw. mehr oder weniger spezifische chemische Reaktionen erzielt (Eliminierungsanalyse).
- Grundlage der qualitativen Eliminierungsanalyse sind die systematischen Untersuchungen mit Reinsubstanzen an ausgewählten stationären Phasen, die zur Klärung der Eliminierungsmechanismen führen.
- Es wird zwischen der Grobklassifikation des gesamten Materials und der klassifizierenden Zuordnung von funktionellen Gruppen und Strukturelementen unterschieden.
- Die Grobklassifikation des gesamten Materials wird durch summative Detektionsmethoden, wie z. B. CSV oder Gesamtkohlenstoffbestimmung, vorgenommen.
- Die klassifizierende Zuordnung weiterer funktioneller Gruppen und Strukturelemente zu Eliminierungsfraktionen erfolgt durch entsprechende spezifische Detektionsreaktionen auf Grund der Kenntnisse der Reaktionsmechanismen.
- Die Eliminierungsmechanismen der stationären Phasen umfassen die verschiedenen möglichen Formen intermolekularer Wechselwirkung zwischen Molekülen in wäßrigen Systemen und stationären Phasen.
- Die Eliminierungsanalyse benutzt zur Beschreibung der Grobtrennung und Klassifikation des organischen Materials in Wässern vorzugsweise die Terminologie der theoretischen organischen Chemie.

Theoretischer Teil

Die Stellung der Eliminierungsanalyse im Verband der stofftrennenden Analysenmethoden und ihre Abgrenzung zur Chromatographie

Wird ein Stoffgemisch der Säulen- oder Dünnschichtchromatographie unterworfen, so kann dieses Gemisch folgendes Verhalten zeigen:

1. Keine Trennung:
   a) Die Substanzen bewegen sich mit der Front der mobilen Phase.
   Es erfolgt keine Wechselwirkung mit der stationären Phase.
   b) Die Substanzen bleiben am Start hängen.
   Unter den gegebenen konstanten Bedingungen erfolgt eine irreversible Bindung der Gemischanteile an die stationäre Phase.

2. Trennung:
   a) Das Gemisch wird im Verlauf des Prozesses in seine individuellen Anteile getrennt (Chromatographie).
   Es erfolgt reversible Wechselwirkung mit der stationären Phase.
   b) Das Gemisch wird in zwei Gruppen getrennt (Eliminierung).
   Diese Gemischanteile verhalten sich gemäß 1*a*) bzw. 1*b*).

Die Fälle 1 a) und 1 b) sowie 2 b) sind für die chromatographische Feintrennung höchst unerwünschte Erscheinungen. Wird nun ein für die Chromatographie eines Stoffgemisches ungeeignetes Phasensystem gewählt, so können die chromatographischen Prozesse ganz zurücktreten und die Fraktionierung des Gemisches erfolgt in zwei Anteile, die sich gemäß 1 a) und 1 b) verhalten. In einem solchen System ist die stoffliche Feintrennung durch eine andersartige stoffliche Grobtrennung ersetzt. Eine derartige Trennung wird als Eliminierung und die Anwendung derartiger Trenneffekte auf komplexe Stoffgemische als Eliminierungsanalyse bezeichnet.

Die Eliminierungsanalyse ist daher keine Chromatographie. Chromatographische Prozesse beinhalten bekanntlich einen Zustand der Stoffverteilung, bei dem trotz dauernder Molekülbewegung über die Phasengrenze hinaus die Konzentration der Stoffe in jeder Phase während des Prozesses konstant bleibt.

Prozesse der Eliminierungsanalyse beinhalten dagegen eine Veränderung der Konzentration der Stoffe in den beiden Phasen in dem Sinne, daß die zur Haftung befähigten Stoffe völlig aus der einen Phase in die andere übertreten, während die nicht zu einer molekularen Interaktion befähigten Stoffe die Säule zusammen mit dem Totvolumen der mobilen Phase verlassen.

Die Chromatographie erfordert reversible Formen molekularer Wechselwirkung. Die Art der Wechselwirkung braucht dabei nicht bekannt zu sein; es genügt, daß sie erfolgt.

Die Eliminierungsanalyse braucht definierte Kenntnis über die Formen der intermolekularen Wechselwirkung. Sie erkundet daher die Bedingungen und Mechanismen auf molekularer Ebene (soweit sie nicht bekannt sind), unter denen Stoffe irreversibel aus Lösungen, insbesondere aus Wasser, an stationäre Phasen gebunden werden.

Für die chromatographische Trennung von Stoffgemischen ist die Auswahl eines geeigneten Fließmittelsystems bei meist vorgegebener konstanter stationärer Phase charakteristisch.

Für die Eliminierungsanalyse des organischen Stoffgemisches in Wasser ist dagegen charakteristisch, daß in jedem Fall die mobile Phase (Wasser) vorgegeben ist. Variiert und adaptiert werden die stationären Phasen.

Während schließlich für die Chromatographie die Detektion der getrennten Substanzen nach erfolgter Trennung charakteristisch ist, erfolgt bei der Eliminierungsanalyse die Detektion vor und nach dem Trennprozeß.

Die Eliminierungsanalyse kann also definiert werden als ein stofftrennendes Analysenprinzip, das auf der selektiven und kontrollierten Entfernung bestimmter, aus der Form unifizierter molekularer Wechselwirkungen mit stationären Phasen ableitbarer, Substanzklassen beruht.

Grundbegriffe der Eliminierungsanalyse

Eliminierungsvolumen und Sättigungsvolumen

Wird eine wäßrige Lösung eines Stoffes über eine chromatographische Säule, die mit einem Adsorbens gefüllt ist, gegeben und werden Stoff und Adsorbens so gewählt, daß eine molekulare Haftung erfolgt, so ist in den ersten ablaufenden

Volumina der Säule der Stoff nicht nachweisbar. Bei Weiterführung des Versuchs wird ein großer Teil der aktiven Zentren des Adsorbens mit Substanzmolekülen besetzt, der Stoff beginnt am Säulenablauf durchzubrechen und ist in zunehmendem Maße nachweisbar.

Das Volumen einer Lösung definierter Konzentration, aus welcher durch eine bestimmte Menge Adsorbens ein gelöster Stoff gerade noch vollständig entfernt wird, führt die Bezeichnung Eliminierungsvolumen (V_e). Wird der Versuch weitergeführt und die bereits durchgebrochene Säule bis zur völligen Sättigung beladen, so erreicht man schließlich 100% Beladung der aktiven Zentren. Die Konzentration des Stoffes im Säulenablauf ist gleich der Konzentration des Stoffes im Säulenzulauf.

Das Volumen, bei welchem die Konzentration des Stoffes im Säulenzulauf und -ablauf gerade gleich ist, wird als Sättigungsvolumen (V_s) (Abb. 1) bezeichnet (INCZÉDY).

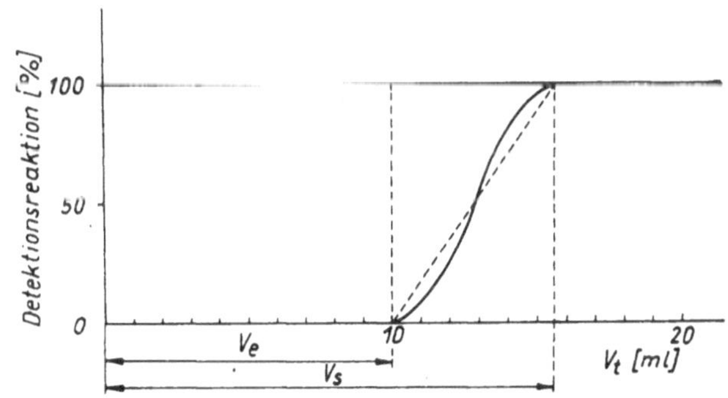

Abb. 1: Eliminierungs- und Durchbruchverhalten einer Einzelsubstanz an einer stationären Phase (schematisch)

Beide Volumina werden nicht als Absolutwerte, sondern als Anzahl der Totvolumina (V_t), die die Säule passiert haben, angegeben.

$$V_{e\,(s)} = n \cdot V_t \tag{1}$$

$$n = \frac{V_{e\,(s)}}{V_t} \tag{1a}$$

Das Totvolumen einer Säule ergibt sich bekanntlich aus der Gleichung (nach LEIBNITZ und STRUPPE) zu:

$$V_t = \frac{L}{u} \cdot F \tag{2}$$

L = Länge der Säule (cm)
u = (mittlere) lineare Geschwindigkeit der mobilen Phase (cm/min)
F = Volumengeschwindigkeit (ml/min) .

Theoretisch ist das Sättigungsvolumen einer Phase nur von der Ausgangskonzentration der Lösung (c_a), der spezifischen Eliminierungskapazität der

Phase (K_e) und der aktiven Oberfläche (F_{sp}) (proportional der eingesetzten Menge) abhängig:

$$V_s = \frac{K_e}{c_a} \cdot F_{sp} . \qquad (3)$$

Wenn $V_s = 1 \cdot V_t$ ist, wäre mit einem praktisch schlagartigen Durchbrechen des Stoffes am Säulenablauf zu rechnen. In diesem Fall würde in erster Näherung das Eliminierungsvolumen etwa gleich dem Sättigungsvolumen sein.

$$V_e \approx V_s . \qquad (4)$$

Praktisch beeinflussen jedoch zahlreiche weitere Faktoren, wie z. B. das Verhältnis von Säulenlänge zu Säulendurchmesser, Kontaktzeit, Packungsinhomogenitäten der stationären Phase, Strömungsinhomogenitäten sowie Diffusionserscheinungen den Masseübergang, so daß das reale Eliminierungsvolumen meist erheblich kleiner als das Sättigungsvolumen ist.

Das Sättigungsvolumen wird durch die genannten Effekte meist wesentlich vergrößert. Daher ist in der Praxis:

$$V_e \neq V_s . \qquad (5)$$

Unter praktischen Bedingungen ergibt sich daher die von der stationären Phase aufgenommene Stoffmenge, wie aus Abb. 1 ersichtlich ist, zu:

$$m_e = c_a (V_e - V_t) + 1/2\, c_a (V_s - V_e) . \qquad (6)$$

Eliminierungsformen und Eliminierungsmechanismen

Verschiedene Formen molekularer Wechselwirkung können zur Eliminierung von Stoffen aus Lösungen führen:

- Adsorptionsprozesse
- Verteilungsprozesse
- Hauptvalenzreaktionen.

Innerhalb der Adsorptionseliminierung können folgende Kräfte wirksam werden, z. B.:

- Van der Waals-Kräfte (= Dispersionswechselwirkung)
- Wasserstoffbrückenbindung
- Elektronen-Donator-Akzeptor-Wechselwirkung
- π-Komplexbindung
- Chelatkomplexbindung
- Austauschadsorption
- Dipolwechselwirkung.

Einen Überblick über die Quantenchemie zwischenmolekularer Kräfte gibt Winde.

Verteilungseliminierungen erfolgen auf Grund von Prozessen multipler Verteilungsschritte von Stoffen zwischen einer mobilen und einer stationären Flüssigphase. Eliminierungen durch Hauptvalenzreaktionen sind Vorgänge, bei denen Hauptvalenzreaktionen zwischen funktionellen Gruppen gelöster Moleküle und reagiblen Zentren stationärer Phasen ablaufen.

Ein Hauptanliegen der Eliminierungsanalyse ist es, diese einzelnen Formen intermolekularer Wechselwirkung getrennt, sozusagen in reiner Form zu untersuchen und anzuwenden. Die experimentelle Realisierung dieses Vorhabens ist jedoch nicht einfach. Systematische Untersuchungen zur Eliminierungsanalyse dienen dazu, an konkreten stationären Phasen die auftretenden Formen intermolekularer Wechselwirkung mit Molekülen in wäßriger Lösung aufzuklären und als Eliminierungsmechanismen zu formulieren. Sind diese Mechanismen von stationären Phasen bekannt, so kann aus dem Eliminierungsverhalten von Anteilen komplexer Gemische auf die Art von funktionellen Gruppen und Strukturelementen geschlossen werden.

Detektionsreaktionen

Da die Detektionsreaktionen sowohl vor als auch nach der Stofftrennung durchgeführt werden, ist der für eine Eliminierungsfraktion ermittelte Meßwert immer eine Differenz. Zur Grobklassifizierung des organischen Materials in Wässern ist die Gesamtkohlenstoffbestimmung die geeignetste Detektionsreaktion. Die getrennten Stoffklassen werden als Prozentanteil des Gesamtkohlenstoffgehaltes einer Wasserprobe ausgewiesen.

Unabhängig davon, ob darüber bereits Ergebnisse vorliegen, können alle bekannten und in wäßriger Lösung anwendbaren Farb- und Nachweisreaktionen, z. B. auf funktionelle Gruppen, als weitere Detektionsreaktionen eingesetzt werden. Darüber hinaus sind ebenfalls biologische und biochemische Methoden, wie z. B. BSB und Toxizitätsteste sowie organoleptische Prüfverfahren, als Detektionsmethoden geeignet. Biologische Detektionen geben beispielsweise Auskunft über Unterschiede in der Abbaubarkeit, Geruchs- und Geschmacksbeeinträchtigung oder Toxizität bestimmter Stoffgruppen des organischen Stoffgemisches in Wässern. Kombinierte Anwendungen mehrerer Detektionen auf präparierte Eliminierungsfraktionen geben die differenziertesten Einblicke in Art und Eigenschaften von Gemischanteilen.

Durchführung

Die Eliminierungsanalyse wird analog zur Säulenchromatographie nach dem Prinzip der Frontanalyse ausgeführt. Die Analysenlösung (Wasserprobe aus Gewässern oder Abwasser) wird also nicht als Pfropf, sondern kontinuierlich auf die Säule aufgegeben.

Die mit zunehmendem Ablaufvolumen ansteigende Beladung der aktiven Zentren der stationären Phase bei einer Analyse darf nicht soweit getrieben werden, daß eliminierbare Substanzen auf Grund der Überladung oder konkurrierender Eliminierung durchbrechen. Für den eliminierbaren Anteil eines komplexen Stoffgemisches muß also stets eine größere Zahl von Eliminierungsstufen vorhanden sein, als während der Trennung wirklich beansprucht wird.

Bei der Durchführung einer Eliminierungsanalyse ergibt sich eine Trennung in Stoffe, die eine intermolekulare Wechselwirkung eingehen und Stoffe, die mit Beginn des zweiten Totvolumens die Säule in voller Konzentration unbeeinflußt verlassen.

Bei der Bestimmung des Verlaufs der Eliminierung durch kontinuierliche Messung muß die Abnahme des Volumens, in dem noch weitere Detektionen durchgeführt werden sollen, im konstanten Detektionsbereich erfolgen und abgeschlossen werden.

Ein Anstieg der Nachweisreaktion bzw. des Detektionssignals kann sowohl das Durchbrechen von Stoffen, die nur eine geringe Wechselwirkung erfahren und deren V_e bereits überschritten ist, als auch die generelle Erschöpfung der aktiven Zentren der Phase bedeuten.

Natürlich ermöglichen kontinuierliche Messungen des Durchbruchverhaltens von Gemischen interessante Einblicke in deren Zusammensetzung. Jedoch gehört dieses Prinzip nicht mehr zur Konzeption der Eliminierungsanalyse, sondern bereits in den Bereich der Frontanalyse der Chromatographie. Zu prüfen wäre aber, inwieweit die Eliminierungsanalyse durch frontanalytische Messungen u. U. zweckmäßig ergänzt werden könnte.

Experimenteller Teil

Versuchsanordnung

Die Versuchsanordnung entspricht weitgehend einer Vorrichtung zur Säulenchromatographie (Abb. 2). Aus einem Vorratsgefäß wird über eine Schlauchverbindung die zu untersuchende Lösung bzw. Gewässerprobe auf die Säule gegeben. Nach Öffnen des Hahnes wird nur soviel Lösung nachgespeist, wie am Säulenablauf austritt. Daher bleiben sowohl die Flüssigkeitshöhe über der stationären Phase als auch auf Grund des MARIOTTEschen Prinzips die am Hahn eingestellte Strömungsgeschwindigkeit konstant. Der Ablauf der Säule wird in Anteilen von 12,5 ($= V_t$) ml aufgefangen und darin geeignete Nachweisreaktionen ausgeführt.

Arbeitsparameter:

Säulendurchmesser:	19 mm
Säulenhöhe:	200 mm
Schichthöhe der stationären Phase:	70 mm
Volumen der stationären Phase:	20 ml
Trockengewicht der stationären Phase:	
Al_2O_3 zur Chromatographie	17 g
Totvolumen der Säule (V_t):	12,5 ml
Flüssigkeitshöhe über der stationären Phase:	120 mm
Volumengeschwindigkeit:	3···3,2 ml/min
lineare Filtergeschwindigkeit:	1,8···2 cm/min
Kontaktzeit:	3,5···4 min
Temperatur:	20 ± 3 °C .

Systematische Untersuchungen

Als erste stationäre Phasen wurden modifizierte Aluminiumoxide eingesetzt. (Aluminiumoxid hatte sich in Vorversuchen als besonders wirksam bei der Eliminierung von Gewässerinhaltsstoffen gezeigt.) Nach HESSE besitzt Aluminiumoxid, sauer und basisch modifiziert, neben Adsorptionseigenschaften auch Austauschkapazitäten, die Aluminiumoxid neutral fehlen. Basisch modifiziertes Aluminiumoxid aktiviert zusätzliche Kationenaustauscheigenschaften, während Aluminiumoxid sauer modifiziert zusätzlich Anionenaustauscheigenschaften besitzt.

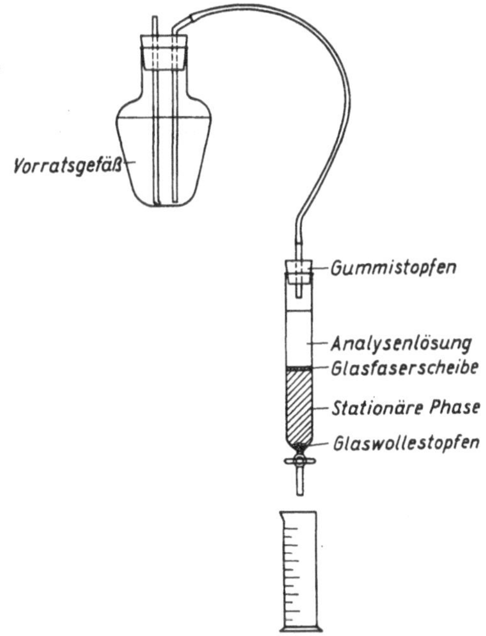

Abb. 2: Apparatur zur Durchführung der Eliminierungsanalyse

Nach Adsorptionsuntersuchungen nach CUMMINGS und Mitarb. an Aluminiumoxid ist vor allem mit Wasserstoffbrückenbindung zu rechnen. Diffusion in interne Oberflächen scheint keine Rolle zu spielen.

Durch Kontrolle der handelsüblichen Aluminiumoxide zu Chromatographie neutral (*n*), sauer (*s*), basisch (*b*) mit dem Farbtest nach BÖHME, BOHN und ROEHR wurde festgestellt, daß die Handelspräparate Aluminiumoxid basisch und neutral nicht den geforderten Bedingungen entsprachen.

Die Aufarbeitung wird nach folgender Vorschrift durchgeführt:

1. Aluminiumoxid neutral zur Chromatographie

wird aus basischem Aluminiumoxid durch Waschen mit Aqua dest. hergestellt. 250 g des Handelsproduktes werden in einer G-2-Fritte, ⌀ 150 mm, mit 20···30 *l* Aqua dest. bis pH = 6,5···7 im Ablauf gewaschen und nach dem Trocknen bei 110 °C mit dem Farbtest nach BÖHME, BOHN und ROEHR geprüft.

2. Aluminiumoxid basisch zur Chromatographie

Das Handelsprodukt (pH ≈ 8) erwies sich im Farbtest als uneinheitlich und wird deshalb nochmals mit 2N Natronlauge 20 min behandelt. Anschließend wird die Natronlauge über eine G2-Fritte abgesaugt und das Aluminiumoxid mit Aqua dest. bis zu einem Ablauf-pH von 10···10,5 gewaschen und im Trockenschrank bei 110 °C getrocknet.

An den genannten drei Phasen wurden mehr als sechzig Einzelstoffe aus folgenden Stoffklassen auf ihr Eliminierungsvolumen V_e untersucht:

- Organische Basen
- Organische Säuren und amphothere Verbindungen
- Substituierte Benzoesäuren
- Nitrophenole
- aliphatische Mono- und Dicarbonsäuren
- Mehrwertige Phenole

– Chlorphenole
– Neutralstoffe
– Hochmolekulare Stoffe .

Die Konzentrationen der eingesetzten Lösungen lagen unter Berücksichtigung der Wasserlöslichkeit und der Nachweisreaktion zwischen 50 und 100 mg/*l*. (Qualität der Stoffe p. a. bzw. z. A.)

Tabelle 1

Verhalten organischer Basen an modifizierten Aluminiumoxiden

Bezeichnung	Struktur	pK_b-Wert	Al_2O_3 neutral pH ≈ 7	basisch pH ≈ 10	sauer pH ≈ 4,4	Zahl aktiver Protonen
Äthylamin	$CH_3-CH_2-NH_2$	3,3	–	–	–	–
Guanidin	$H_2N-C(=NH)-NH_2$	0,1	–	–	–	–
Anilin		9,38	–	–	–	–
o-Phenylendiamin	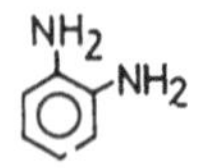	9,63	–	–	–	–
Methylenblau	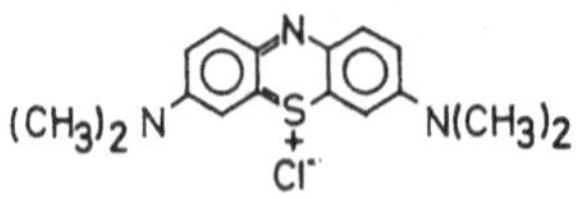	≈ 1	–	+	–	–
Fuchsin	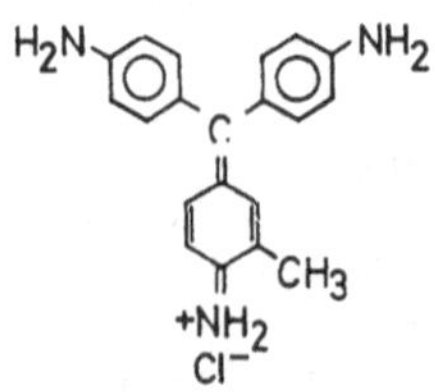	≈ 1	–	+	–	–
Brucin	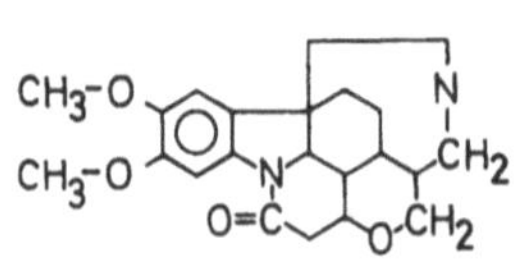	6,05	–	–	–	–

\+ = Eliminierung erfolgt ($V_e \gg 5\ V_t$)
– = Eliminierung erfolgt nicht ($V_e \approx V_t$)
(+) = $V_e < 5\ V_t$

Tabelle 2

Verhalten organischer Säuren an modifizierten Aluminiumoxiden

Bezeichnung	Struktur	pK_a-Wert	Al_2O_3 neutral pH ≈ 7	Al_2O_3 basisch pH ≈ 10	Al_2O_3 sauer pH ≈ 4,4	Zahl aktiver Protonen
Alizarin	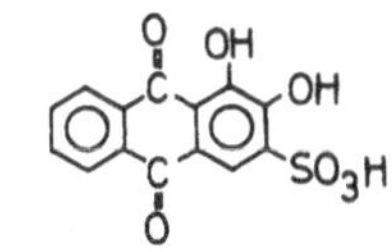	–	+	+	+	3
Barbitursäure[1])	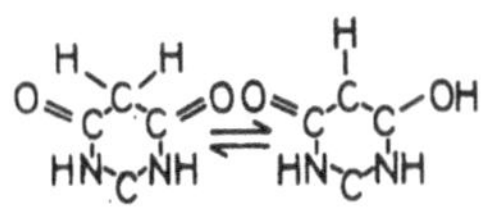	4,0	+	–	+	2
Tyrosin	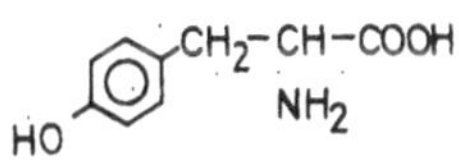	8,4	(+)	–	+	2
Kongorot	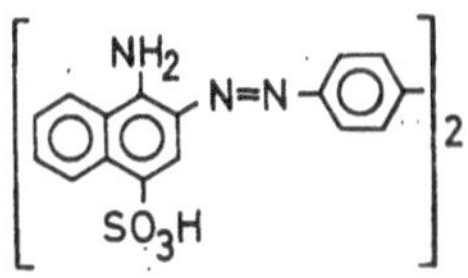	–	+	–	+	2
Methylorange	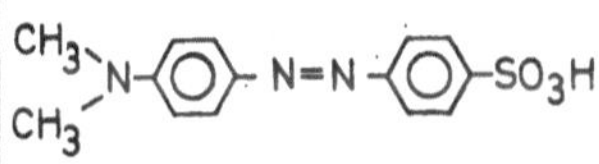	3,47	–	–	+	1
Mandelsäure[2])	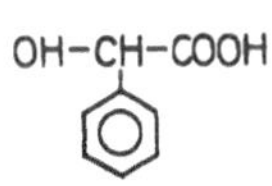	3,4	–	–	+	1
Zimtsäure[3])	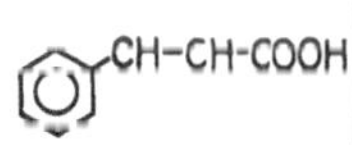	3,05	–	–	+	1
Benzolsulfonsäure	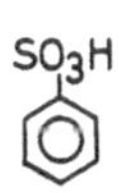	0,7	–	–	+	1

[1]) Barbitursäureformel: Es fehlt ein O-Atom

[2]) Mandelsäureformel: HO- statt OH-

[3]) Zimtsäureformel: Es fehlt eine Doppelbindung

Tabelle 3

Verhalten substituierter Benzoesäuren an modifizierten Aluminiumoxiden

Bezeichnung	Struktur	pK_a-Wert	Al_2O_3 neutral $pH \approx 7$	Al_2O_3 basisch $pH \approx 10$	Al_2O_3 sauer $pH \approx 4{,}4$	Zahl aktiver Protonen
Benzoesäure		4,2	+	–	+	1
p-Amino-benzoesäure		4,64	+	–	+	1
o-Amino-benzoesäure	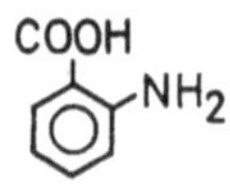	4,83	+	–	+	1
Salizylsäure	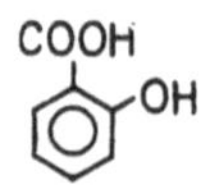	3,0	+	–	+	2
Proto-katechu-säure	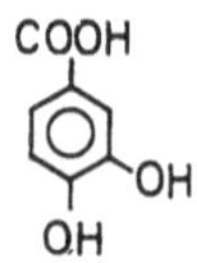	4,5	+	–	+	3
Resorcyl-säure	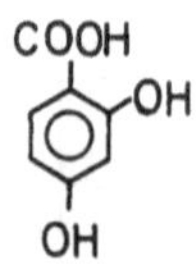	3,3	+	–	+	3
Gallussäure	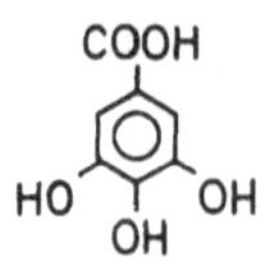	4,4	+	+	+	4
Dinitro-benzoesäure	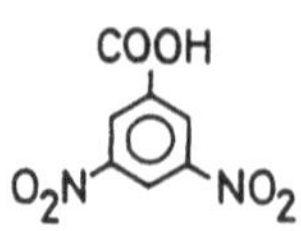	2,83	–	–	+	1

Tabelle 4

Verhalten nitrierter Phenole und aliphatischer Carbonsäuren an modifizierten Aluminiumoxiden

Bezeichnung	Struktur	pK_a-Wert	Al_2O_3 neutral pH ≈ 7	Al_2O_3 basisch pH ≈ 10	Al_2O_3 sauer pH ≈ 4,4	Zahl aktiver Protonen
Phenol		9,9	–	–	–	1
o-Nitrophenol	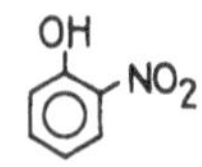	7,2	(+)	–	–	1
2,5-Dinitrophenol	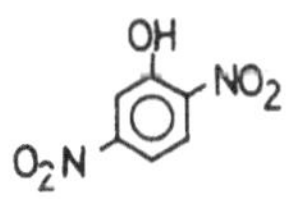	5,15	+	–	(+)	1
3,5-Dinitrophenol	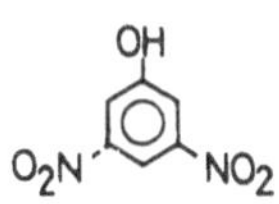	–	(+)	–	(+)	1
2,6-Dinitrophenol	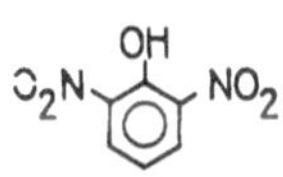	3,6	–	–	+	1
Pikrinsäure	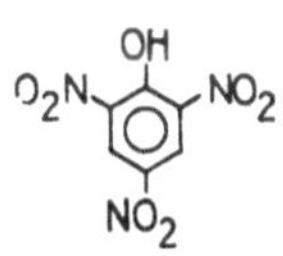	1,02	–	–	+	1
Essigsäure	CH_3COOH	4,76	+	–	+	1
Propionsäure	CH_3-CH_2-COOH	4,0	|		|	1
Oxalsäure	HOOC–COOH	1,46	+	–	+	2
Fumarsäure	HC–COOH ‖ HOOC–CH	3,02	+	–	+	2
Maleinsäure	HC–COOH ‖ HC–COOH	1,85	+	–	+	2

Tabelle 5

Verhalten substituierter Phenole an modifizierten Aluminiumoxiden

Bezeichnung	Struktur	pK_a-Wert	Al_2O_3 neutral $pH \approx 7$	Al_2O_3 basisch $pH \approx 10$	Al_2O_3 sauer $pH \approx 4,4$	Zahl aktiver Protonen
Phenol	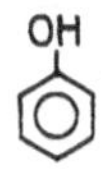	9,95	–	–	–	1
Hydrochinon		10,35	–	–	–	2
Phloroglucin	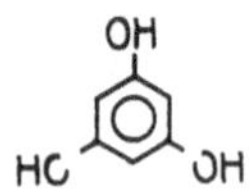	9,35	–	–	–	3
Phenol	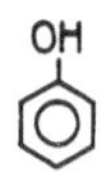	9,95	–	–	–	1
Brenzkatechin	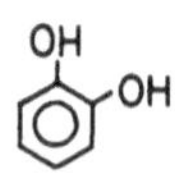	9,85	+	–	(+)	2
Pyrogallol	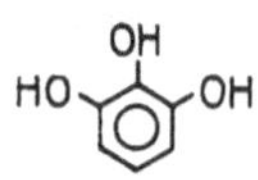	9,55	+	+	+	3
Phenol		9,95	–	–	–	1
o-Chlorphenol	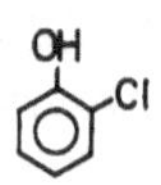	8,48	–	–	–	1
2,6-Dichlorphenol	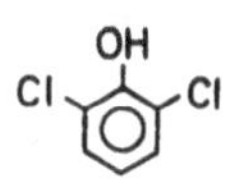	8,15	+	–	–	1
2,4,6-Trichlorphenol	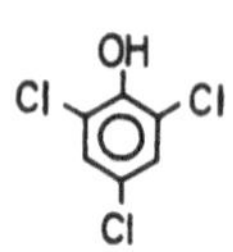	8,0	+	–	–	1

Tabelle 6

Verhalten organischer Neutralstoffe und hochmolekularer Verbindungen an modifizierten Aluminiumoxiden

Bezeichnung	Struktur	Al_2O_3 neutral pH ≈ 7	Al_2O_3 basisch pH ≈ 10	Al_2O_3 sauer Hp ≈ 4,4	Zahl aktiver Protonen
Nitrobenzol	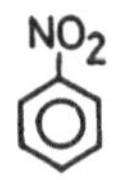	–	–	–	–
α-D-Glucose	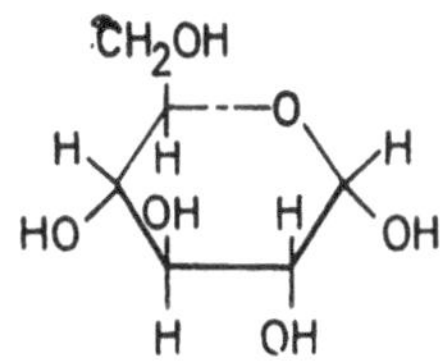	–	–	–	–
Saccharose	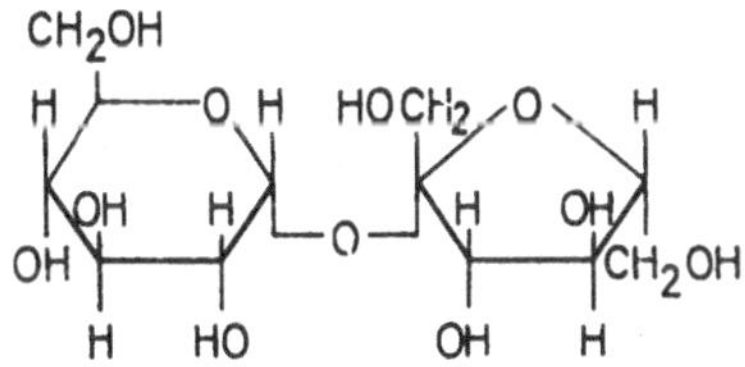	–	–	–	–
Amylose	MG 11-60000	+	+	–	?
Amylose-J-Verbindung	*Kanaleinschlußverbindung*	+	+	+	?
Amylopektin	$R-OPO_3H_2$	+	+	+	?
Huminsäure	?	+	–		?
Tannin z. B.	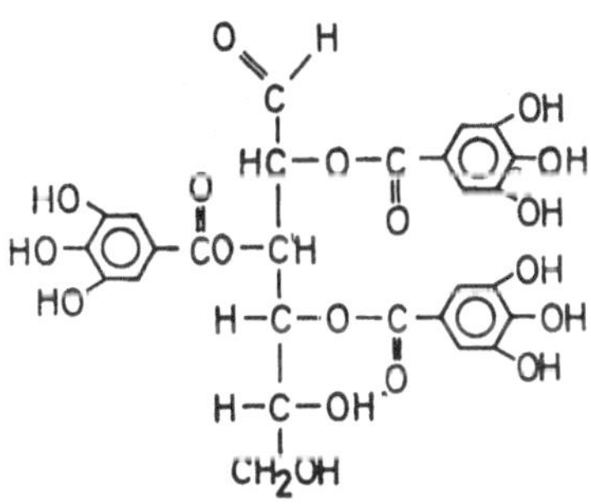	+	+	+	?

Nachweisreaktionen: Farbreaktionen, CSV-Bestimmungen, Gaschromatographie

Die Ergebnisse sind in Tab. 1···6 an ausgewählten Stoffen dargestellt. (Z. B. unterscheiden sich Phenol, die isomeren Kresole und Xylenole, die alle untersucht wurden, in ihrem Eliminierungsvolumen nicht ($V_e \approx V_t$). In die Tabellen wurde als Repräsentant der Gruppe nur Phenol aufgenommen.)

In den Tabellen sind keine *n*- oder V_e-Werte angegeben, sondern aus Gründen der besseren Übersichtlichkeit bereits die Zugehörigkeit der Stoffe zu drei Gruppen:

- Ein Pluszeichen bedeutet:
  Eliminierung erfolgt $V_e \gg 5\ V_t$.
- Ein Minuszeichen bedeutet:
  Eliminierung erfolgt nicht $V_e \approx V_t$.
- Ein eingeklammertes Pluszeichen bedeutet:
  Der Stoff zeigt eine geringe Wechselwirkung $V_e < 5\ V_t$.

Diskussion der systematischen Ergebnisse

Organische Basen sind nach Ablauf des Totvolumens an allen drei Phasen sofort nachweisbar. Eine Wechselwirkung erfolgt nur bei stark basischen Farbstoffen an der Phase Aluminiumoxid *b* und kann als Ionenaustausch gedeutet werden (Tab. 1).

Organische Neutralstoffe zeigen ebenfalls keine Wechselwirkung mit Aluminiumoxid. $V_e \approx V_t$ (Tab. 6).

Eliminiert werden Verbindungen mit Säurefunktionen (Tab. 2).

- Die Zahl aktiver Protonen pro Molekül steht in Beziehung zu dem Eliminierungsverhalten an den stationären Phasen.

Tendenz: Mehrere aktivierte Protonen an einem Molekül führen zur Eliminierung an zwei Phasen. Ein aktiviertes Proton pro Molekül führt zur Eliminierung durch weniger als zwei Phasen.

- Der pK_a-Wert der organischen Säuren steht in Beziehung zu dem Eliminierungsverhalten

Tendenz: Größere pK_a-Werte führen zu Wechselwirkungen mit mehreren Phasen. Kleinere pK_a-Werte führen zur Eliminierung an nur einer Phase, Aluminiumoxid *s*.

Hypothese *A* (H_A)

Oligofunktionelle und polyfunktionelle Protonendonatoren gehen eine funktionelle Wechselwirkung mit zwei stationären Phasen ein. Eliminierungsmechanismen: Es kommt zur Adsorption in Form der Wasserstoffbrückenbindung an mehreren Haftpunkten.

Hypothese *B* (H_B)

Monofunktionelle Protonendonatoren mit ausreichend kleinen pK_a-Werten (< 4) gehen funktionelle Wechselwirkung nur mit Aluminiumoxid *s* ein. Eliminierungsmechanismus ist der Anionenaustausch.

Diese Hypothesen wurden an substituierten Benzoesäuren überprüft (Tab. 3). H_A wird durch das Verhalten von Salicylsäure, Protokatechusäure, Resorcylsäure bestätigt, H_B durch das Verhalten von 3,5-Dinitrobenzoesäure.

Hpothese C (H_C)

Monofunktionelle Protonendonatoren vom Typ der Carboxylgruppe mit pK_a-Werten größer als 4 sind zu einer Wechselwirkung mit zwei Phasen befähigt. Der Eliminierungsmechanismus an Aluminiumoxid *n* und *s* könnte eine Wasserstoffbrückenbindung sein. H_C wird durch das Verhalten der aliphatischen Monocarbonsäuren bestätigt (Tab. 4).

Zur indirekten Überprüfung von H_C wurden die Nitrophenole untersucht. Einwertige Phenole (Kresole und Xylenole) mit pK_a-Werten um 10 zeigen keine Wechselwirkung mit Aluminiumoxid.

Tendenz: Mit zunehmender Zahl von Nitrogruppen am Kern steigt die Aktivierung der O–H-Bindung und der pK_a-Wert wird kleiner. (Die Nitrogruppe am aromatischen Kern zeigt keine Wechselwirkung mit Aluminiumoxid, Tab. 6.) Im Zusammenhang damit geht die Eliminierung an Aluminiumoxid *n* zu einer Eliminierung an Aluminiumoxid *s* über (Tab. 4). An Aluminiumoxid *b* ist über den gesamten pK_a-Bereich keine Wechselwirkung nachweisbar. Niedrige pK_a-Werte (2,6-Dinitrophenol, Pikrinsäure) bestätigen Hypothese *B*.

Hypothese D (H_D)

Monofunktionelle Protonendonatoren vom Typ der aromatischen Hydroxylgruppe, welche durch induktive und mesomere Substituenteneffekte auf mittlere pK_a-Werte aktiviert sind, werden durch Wasserstoffbrückenbindung an Aluminiumoxid *n* (*s*) eliminiert, während an Aluminiumoxid *b* eine Bindung für aromatisches Hydroxyl ausgeschlossen ist.

Zur Kontrolle der Hypothese *D* wurden die Chlorphenole überprüft (Tab. 5). Hier erfolgt die Aktivierung der O–H-Bindung allein durch induktive Deformation der C–O–H-Orbitale.

Tendenz: Die geringe Abnahme des pK_a-Wertes gegenüber Phenol auf ca. 8 führt zu einer Eliminierung lediglich an Aluminiumoxid *n*. Das bedeutet eine Bestätigung der Hypothese *D*.

Die Untersuchung der mehrwertigen Phenole ergibt die Möglichkeit einer Kontrolle der Hypothese *A* (Tab. 5).

Tendenz: Symmetrisch substituierte mehrwertige Phenole (Hydrochinon, Phloroglucin) verhalten sich wie Phenol. Es erfolgt keine Wechselwirkung.

Unsymmetrische mehrwertige Phenole (Brenzkatechin, Pyrogallol) zeigen eine zunehmende Eliminierung an allen drei Phasen (s. a. Gallussäure, Tannin).

Hypothese *A* wird relativiert.

A_1: Oligofunktionelle Protonendonatoren vom Typ der aromatischen Hydroxylgruppe gehorchen der Hypothese A_1, wenn die Substituenten unsymmetrisch am gemeinsamen Kern angeordnet sind. Es erfolgt eine Bindung an Al_2O_3b.
Die Bevorzugung der ortho-Position könnte durch Chelatbindung erklärt werden.

A_2: Oligofunktionelle Protonendonatoren vom Typ der aromatischen Hydroxylgruppe symmetrischer Anordnung am gemeinsamen Kern verhalten sich wie monofunktionelle Phenole.

Die in Tab. 4 aufgeführten Dicarbonsäuren bestätigen durch ihr Eliminierungsverhalten ebenfalls die Hypothese A.

Besonderes Interesse galt einigen hochmolekularen Verbindungen, deren Verhalten in Tab. 6 dargestellt ist.

Das Verhalten von Amylopektin (Phosphorsäurereste) bestätigt die Hypothese A.

Amylose läßt sich jedoch nach dem Eliminierungsverhalten nicht als Neutralstoff bezeichnen. Die Verbindung verhält sich wie ein polyfunktioneller Protonendonator mit sehr hohem pK_a-Wert der aliphatischen Hydroxylgruppe (ca. 16), der jedoch sehr viele Haftpunkte betätigen kann.

Die Zurückdrängung des Aktivitätsgrades der OH-Gruppen bei pH $\approx$ 4,4 an Aluminiumoxid *s* wird in der Jod-Stärke-Einschlußverbindung unter Einwirkung des elementaren Jods mehr als kompensiert, so daß dieser Komplex auch an Aluminiumoxid *s* eliminiert wird.

Huminsäure fällt bei pH = 4···5 aus, und die Versuche konnten nur an Aluminiumoxid *n* und *b* durchgeführt werden. (Die Versuche wurden mit mehreren verschiedenen Handelspräparaten ausgeführt, z. B. Arcochemie — Berlin, Riedel de Haën AG — Hannover, Merck — Darmstadt und brachten stets dieselben Ergebnisse.) Eine Eliminierung erfolgt nur an Aluminiumoxid *n*, jedoch nicht an Aluminiumoxid *b*.

Ein derartiges Verhalten wurde bei monofunktionellen Protonendonatoren gefunden und durch die Hypothesen *A*, *D* erklärt. Auf Grund des Eliminierungsverhaltens von Huminsäurepräparaten muß geschlossen werden, daß Carboxylgruppen bei der Haftung von Hs an Aluminiumoxid eine Rolle spielen. Die Wechselwirkung kann auch durch aromatische oder enolische Hydroxylgruppen (pK_a = 8···6) erklärt werden, wobei die räumliche Distanz der Hydroxylgruppen an der Peripherie des Makromoleküls so gestaltet sein muß, daß additive Haftpunkteffekte (ortho-Position) wie bei Pyrogallol und Tannin im Sinne der Hypothese A_1 nicht zur Wirkung kommen können.

Insgesamt gesehen läßt das Eliminierungsverhalten der Makromolekularen an Aluminiumoxid die Annahme zusätzlicher Eliminierungsmechanismen für große organische Moleküle vorläufig nicht als notwendig erscheinen.

Zusammenfassung

Die systematische Untersuchung des Eliminierungsverhaltens einer repräsentativen Zahl organischer Verbindungen an modifizierten Aluminiumoxiden hat zu einer Reihe von Hypothesen über die Eliminierungsmechanismen geführt.

Der Versuch einer formelmäßigen Darstellung ist in Tab. 7 gemacht.

Anzahl, Art und Aktivierungsgrad von Protonen an Protonendonorsystemen sind die bestimmenden Faktoren für das Eliminierungsverhalten organischer Verbindungen an modifizierten Aluminiumoxiden, die durch pH-Beeinflussung des Dissoziationsgrades, sterische Faktoren und in geringem Maß wohl auch durch van der Waals-Kräfte kompliziert werden.

Tabelle 7

Eliminierungsmechanismen von Proton–Donor-Systemen an modifizierten Aluminiumoxiden im Lösungsmittel Wasser

Struktur	Aluminiumoxid neutral pH ≈ 7	basisch pH ≈ 10	sauer pH ≈ 4,4	
Aromatisches Hydroxyl Ar-OH	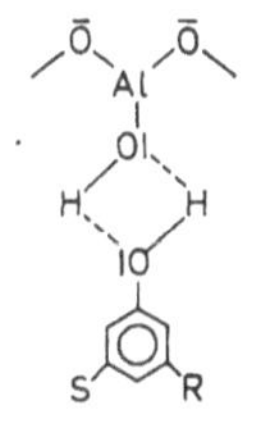	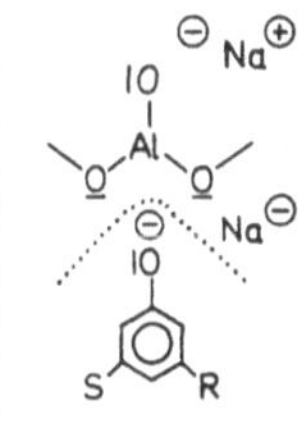	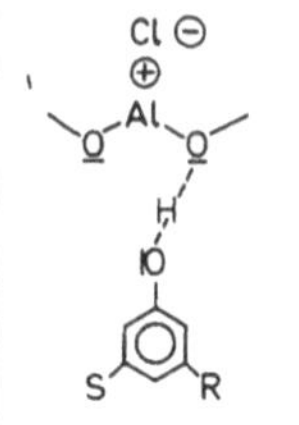	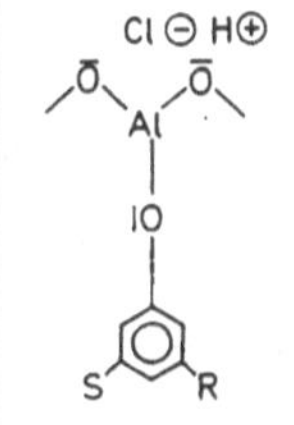
Mechanismen	H-Brückenbindung	keine Bindung	H-Brückenbindung	Jonenaustausch
Aromatisches Carboxyl Ar-COOH	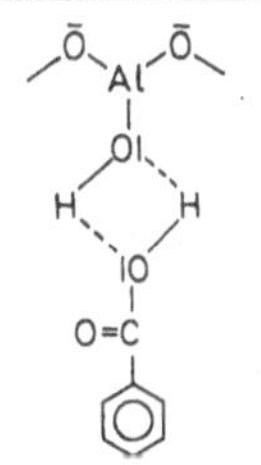	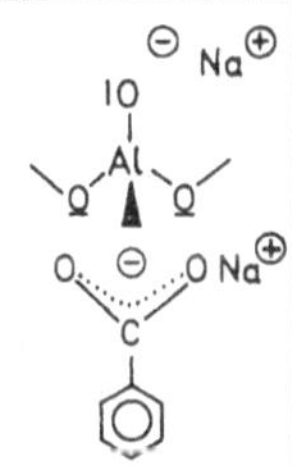	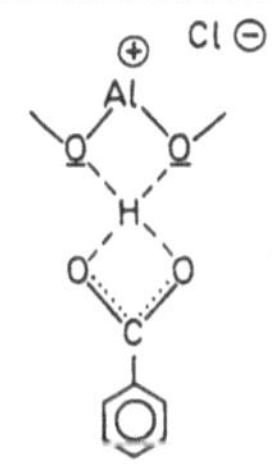	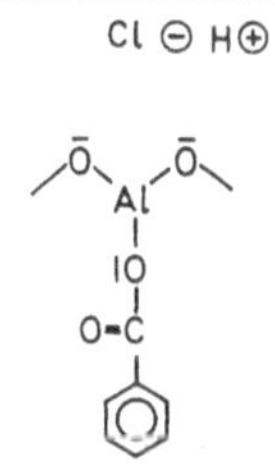
Mechanismen	H-Brückenbindung	keine Bindung	H-Brückenbindung(?)	Ionenaustausch

S: elektrophiler Substituent

Angewandte Untersuchungen

Die modifizierten Aluminiumoxide wurden zur Eliminierungsanalyse einer Reihe von Fließgewässerproben in der Deutschen Demokratischen Republik eingesetzt.

Eine 1-*l*-Gewässerprobe wurde zur Entfernung partikulären Materials über Glasfaserpapier (Hersteller: VEB Feinpapierfabrik Neu Kaliss) filtriert und in Anteilen von 100 m*l* unter Standardbedingungen an folgenden einfachen und kombinierten Säulen der Eliminierungsanalyse unterworfen:

- Al_2O_3 *n*
- Al_2O_3 *s*
- Al_2O_3 *b*
- Al_2O_3 *s*, danach Al_2O_3 *b*
- Al_2O_3 *s*, danach Al_2O_3 *b*, anschließend Aktivkohle
- Aktivkohle R 23 zum Vergleich.

(Für Aktivkohle wurden die Eliminierungsmechanismen bisher nicht untersucht. Die Messungen haben rein orientierenden Wert.)

Die Eliminierung an den kombinierten Säulen erfolgte stufenweise, wobei der pH-Wert der Säulenabläufe auf den Milieu-pH-Wert der nachfolgenden Säule eingestellt wurde. Die einzelnen Eliminierungsschritte wurden durch CSV-Permanganat und CSV-Dichromat (Makromethode) kontrolliert. (Gesamtkohlenstoffbestimmungen konnten aus technischen Gründen nicht durchgeführt werden.)

Auf Grund der systematischen Untersuchungen können über die in den einzelnen Fraktionen zu erwartenden Stoffgruppen (die durch die einzelnen CSV-Werte repräsentiert sind) folgende Aussagen gemacht werden:

- Die Differenz zwischen Rohwasser CSV (CSV_r) und dem CSV-Wert im Ablauf der Aluminiumoxid *n*-Säule (CSV_n) ergibt den Anteil an oxydierbarem Material, der durch Wasserstoffbrückenbindungen aus dem Rohwasser entfernt wird. Alle diese Verbindungen müssen aktivierte Protonen in Form, Anzahl und Anordnung besitzen, die eine intermolekulare Wechselwirkung ermöglichen.
- Der CSV_n-Wert im Ablauf der Aluminiumoxid *n*-Säule repräsentiert die oxydierbaren Gemischanteile, die keine Wechselwirkung mit Aluminiumoxid *n* eingehen, wie z. B. Basen, Neutralstoffe, einwertige und symmetrisch mehrwertige Phenole sowie stark saure monofunktionelle Säuren ($pK_a < 4$).
- Die Differenz zwischen dem CSV_r und dem CSV-Wert im Ablauf der Aluminiumsäule *s* (CSV_s) ergibt den Anteil an oxydierbarem Material, der durch Wasserstoffbrückenbindung und zusätzlichen Anionenaustausch aus dem Rohwasser entfernt wird.
- Die Differenz zwischen dem CSV_n und dem CSV_s entspricht dem Anteil monofunktioneller starker Säuren.
- Der CSV_s wird durch die an zweiter Stelle genannten Stoffe vermindert um den Anteil monofunktioneller starker Säuren, repräsentiert.
- Die Differenz zwischen CSV_r und CSV_b ergibt den Anteil oxydierbaren Materials, der durch Wasserstoffbrückenbindung an mehreren Haftpunkten, koordinative Bindung und Kationenaustausch entfernt wird.
- Die Differenz zwischen CSV_n und CSV_b für den Fall $CSV_n > CSV_b$
  würde auf die Anwesenheit starker oligofunktioneller Basen zurückzuführen sein, während für den Fall $CSV_b > CSV_n$
  die Anwesenheit monofunktioneller oder quasimonofunktioneller Protonendonatoren vom Typ aromatisches oder enolisches Hydroxyl mittleren Aktivierungsgrades ($pK_a = 8 \cdots 6$) zu erwarten ist.
- Die kombinierten Säulen ergeben Kontrollmöglichkeiten. Wenn z. B. zwischen CSV_s und CSV_{s+b} keine Differenz feststellbar ist, können oligofunktionelle Basen ausgeschlossen werden.

Die Ergebnisse der Gewässeruntersuchungen sind in Abb. 3 zusammengestellt.

Zusammenfassende Darstellung der Ergebnisse

- Die Diagramme (Sequenz der Eliminierungsfraktionen) der CSV-Permanganat- und Dichromatdetektion zeigen große Ähnlichkeiten, obwohl sich die Absolutwerte erheblich unterscheiden.
- Jede Gewässerprobe besitzt — abgesehen von den Absolutwerten — ein individuelles Eliminierungsdiagramm und muß daher ein individuelles Gemisch an organischen Verbindungen enthalten.
- Ähnlichkeiten zeigen sich bei mesosaproben Gewässern, wie Warnow, Havel, Spree.

Abb. 3: Grobklassifizierung des gelösten organischen Materials in Oberflächenwässern durch Eliminierungsanalyse (CSV-Bichromat = CSV-Dichromat)

R = CSV des Rohwassers
C = CSV nach Eliminierung an Aktivkohle (R 23)
N = CSV nach Eliminierung an neutralem Aluminiumoxid
S = CSV nach Eliminierung an saurem Aluminiumoxid
B = CSV nach Eliminierung an basischem Aluminiumoxid
SB = CSV nach Eliminierung an saurem + basischem Aluminiumoxid
SBC = *CSV* nach Eliminierung an saurem + basischem Aluminiumoxid + Aktivkohle

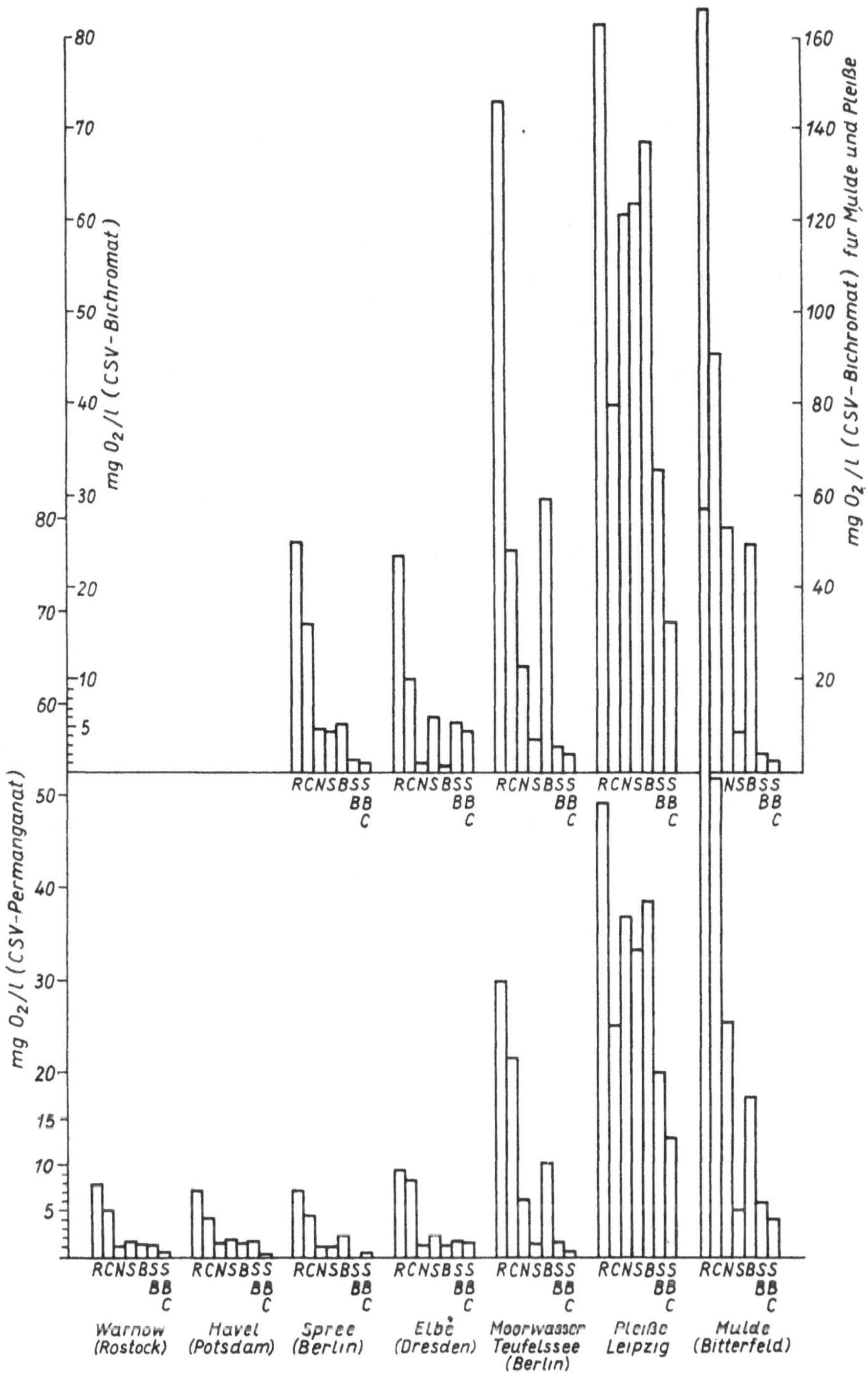

mg O_2/l (CSV-Bichromat)
mg O_2/l (CSV-Bichromat) für Mulde und Pleiße
mg O_2/l (CSV-Permanganat)
RCNSBSS
BB
C
Warnow (Rostock)
Havel (Potsdam)
Spree (Berlin)
Elbe (Dresden)
Moorwasser Teufelssee (Berlin)
Pleiße Leipzig
Mulde (Bitterfeld)

- Bis zu 80 (90)% des oxydierbaren Materials in den mesosaproben Gewässerproben werden von Aluminiumoxid n eliminiert und müssen demzufolge aus Verbindungen mit Protonendonorsystemen bestehen ($CSV_n \ll CSV_r$).
- Der Prozentsatz eliminierbarer Verbindungen mit Protonendonorsystemen sinkt in industriell hochbelasteten Gewässerproben, z. B. der Pleiße, bis auf 20···30% ab.
- Der CSV-Anteil des an Aluminiumoxid nicht eliminierbaren Materials zeigt eine Abnahme durch Adsorption an Aktivkohle bei Havel, Warnow und Pleiße und dürfte aus weniger polaren Neutralstoffen oder schwach sauren Verbindungen, wie z. B. einwertigen Phenolen, bestehen.
- Die Differenz zwischen CSV_n und CSV_b im Sinne $CSV_b > CSV_n$ ist beim Moorwasser sehr groß, aber auch bei der Pleiße oder der Spree nachweisbar und scheint im Zusammenhang mit dem Gehalt an echten Huminstoffen zu stehen.
- Hinweise auf das Vorliegen von oligofunktionellen starken Basen ergeben sich nicht.
- Monofunktionelle starke Säuren dürften besonders in Moor- und Muldewasserprobe auftreten ($CSV_n > CSV_s$).
- Der Hauptteil von an Aluminiumoxid n und b eliminierbarem Material verhält sich anders als Huminstofftestsubstanzen. Selbst im Moorwasser lassen sich nur 20···40% des oxydierbaren und eliminierbaren Materials mit dem Verhalten von Huminstoffpräparaten in Übereinstimmung bringen. Aus diesen Ergebnissen sowie weiteren chemischen Untersuchungen (VOBACH und BEER, z. Zt. in Vorbereitung) muß geschlossen werden, daß der Hauptanteil des oxydierbaren Materials der untersuchten Fließgewässerproben nicht mit Huminstoffen identisch ist.
- Verallgemeinernde Schlußfolgerungen sind auf Grund der geringen Zahl an Untersuchungen noch nicht möglich.

Literatur

BÖHME, H., H. J. BOHN und J. ROEHR: Über die Standardisierung zur Säulenchromatographie bestimmter Aluminiumoxide. Archiv der Pharmazie **299** (1966) I, 282

CUMMINGS, T., H. C. GARREN, C. H. GILES, S. M. K. RAHMAN, J. G. SNEDDON and C. E. STEWART: Adsorption at inorganic surfaces, part IV. Mechanism of adsorption of organic solutes by chromatographic alumina. J. Chem. Soc. (1959) 1, 535

HEIL, G. und H. SONTHEIMER: Erfassung und Charakterisierung organischer Substanzen durch adsorptionskinetische Messungen. Jahrbuch vom Wasser **35** (1968), 18

HESSE, G.: Chromatographisches Praktikum. Leipzig, 1968

HETTCHE, H. O.: Urochrome im Wasser als Ursache des endemischen Kropfes. Gas- und Wasserfach **96** (1955), 660

INCZÉDY, J.: Analytische Anwendung von Ionenaustauschern. Budapest, 1964

KLAPPER, H., R. OBENAUS und K. H. SCHMIDT: Das Vorkommen von Huminsäuren in Oberflächenwässern und eine Methode zu ihrer quantitativen Bestimmung. Wasserwirtsch. Wassertechn. **10** (1960), 367

LEIBNITZ, E. und H. G. STRUPPE: Handbuch der Gaschromatographie, Leipzig, 1966

LURJE, J. J.: Analyse natürlicher Wässer und Abwässer. Gidrochim. Mater. **45** (1967), 227

MEISSNER, B.: Untersuchungen von Abwässern und Schlämmen. WP 17180, 42/1 ausgegeben X 17. 6. 1959, Zusatzpatent WP 19439, 42/1 ausgegeben 27. 7. 1960

SEMENOV, A. D.: Organic matter in surface waters of the USSR. Methods and some results of investigation. International Symposium: Dissolved matter in water, Reinhardsbrunn – DDR, 26. 4. – 1. 5. 1970

WINDE, H.: Zur Quantenchemie zwischenmolekularer Wechselwirkung. Z. f. Chemie **10** (1970) 3, 101

Manuskripteingang: November 1970

Anschrift der Verfasser:

V. VOBACH und A. BEER, Institut für Wasserwirtschaft, 119 Berlin, Schnellerstr. 140, DDR

N. Gottschaldt

VEB Wasserversorgung und Abwasserbehandlung, Berlin

Ionensensitive Elektroden in der Wasseranalytik*)

Zusammenfassung: Über die Anwendung ionenselektiver Membranelektroden für die Erfassung der Konzentration an Chlorid-, Sulfid- und Cyanidionen als Vorstufe der späteren Automatisierung und die dabei zu beachtenden Gesichtspunkte wird an Hand von Messungen an Grund-, Trink-, Ab- und Oberflächenwasser berichtet. Die Routinebestimmung im Laboratoriumsbetrieb wird bei Anwendung ionensensiver Membranelektroden, frei von subjektiven Einflüssen, genauer und schneller.

Summary: In the light of groundwater, drinking-water, wastewater and surface-water measurements, the author reports on the use of ion-selective membrane electrodes for detecting given concentrations of chloride, sulphide and cyanide ions as a first stage of future automation and on aspects to be taken into account. The labory routine determination is rendered free of subjective influences, more precise and faster by using ion-selective membrane electrodes.

Резюме: На основе измерений в грунтовых, питьевой, сточных и поверхностных водах автор сообщает о применении ионно-селективных мембранных электродов, выявляющих концентрации ионов хлорида, сульфида и цианида, как о первой степени последующей автоматизации. Применение ионноселективных электродов освобождает обычное лабораторное определение от суб'ективных влияний, уточняет и ускоряет его.

Einleitung

Den Bestrebungen zur Automatisierung der Laboratoriumstätigkeiten bieten sich im wesentlichen zwei Wege:

Umsetzung des manuellen Analysenganges klassischer Labormethoden auf kontinuierlich oder diskontinuierlich arbeitende Automaten mit bisher ausschließlich kolorimetrischer Auswertung oder

direkte Messung von Wasserinhaltsstoffen mit Elektroden der verschiedensten Wirkungsprinzipien.

Zwischen beiden sind Titrationsautomaten mit elektrischer Anzeige einzuordnen.

Während die sogenannten Autanalyzer wegen ihrer aufwendigen Wartung usw. auf die Anwendung innerhalb des Labors beschränkt bleiben werden, bringen die elektrodischen Meßverfahren alle Voraussetzungen mit sich, zukünftig auch von Nichtlaboratoriumskräften für die direkte Überwachung und Steuerung von Anlagen eingesetzt zu werden. Neben Sauerstoff- und pH-Elek-

*) Vortrag, gehalten auf der Jahrestagung des Fachverbandes Wasserchemie der Chemischen Gesellschaft in der DDR, Dresden, Oktober 1970

troden treten in letzter Zeit technisch ausgereifte Elektroden für die verschiedensten An- und Kationen, die z. T. bereits 1906 beschrieben wurden (CREMER) und heute sogar Enzyme und Antibiotika direkt zu messen gestatten (CAMMAN).

Handhabung

Die Messung von Wasserinhaltsstoffen mit ionensensitiven Elektroden erfolgt bei Einhaltung gewisser Vorbedingungen ebenso rasch und einfach wie die pH-Bestimmung mit Glaselektroden. Auch die Konstruktion ist ähnlich dem Aufbau einer Glaselektrode mit dem Unterschied, daß statt der Glasmembrane eine Silikongummimembrane, Festkristall o. ä. verwendet wird, die auf Grund der eingebauten aktiven Komponente die mehr oder weniger selektive Bestimmung der betreffenden Ionen gestattet. Die Elektroden sind entweder in kombinierter Form als Meßkette erhältlich oder einzeln. Dann müssen sie mit einer geeigneten Bezugselektrode bekannten Potentials verwendet werden. Der eigentliche Meßvorgang dauert nur Sekunden.

Die bis zum Erreichen eines stabilen Anzeigepunktes erforderliche Zeit ist z. B. bei den zur Verfügung stehenden Chloridelektroden direkt proportional der abgelesenen Spannung und damit umgekehrt proportional der Konzentration, d. h. je geringer die Chloridkonzentration ist, um so länger dauert die Potentialeinstellung. Für die ersten Messungen mit der vorher trockenen Elektrode ist eine längere Zeitspanne als für die folgenden Messungen erforderlich, oder die Elektroden müssen unmittelbar vor der Messung z. B. in einer Chloridlösung quellen (Abb. 1).

Nach Einsetzen der Elektroden in die Probe ist ca. 30 sec mit einem Magnetrührer zu rühren. Nach dem Beruhigen der Flüssigkeit kann der zur Konzentration in mg/l gehörende Potentialwert in mV abgelesen werden. Daher empfiehlt sich, solange noch keine Meßgeräte mit direkt geeichter Skala vorliegen, mit Eichkurven zu arbeiten (Abb. 2).

Meßprinzip

Die Konzentrationsbestimmung mit ionensensitiven Elektroden ohne Probentitration direkt an Hand des gemessenen Potentials von Meßketten wird als Direktpotentiometrie bezeichnet gegenüber der potentiometrischen Maßanalyse, bei der die Elektroden nur als Hilfsmittel zum Erkennen des Endpunktes der Titration dienen. Das Prinzip aller potentiometrischen Meßmethoden beruht darauf, daß zwischen dem Meßkettenpotential E und der Aktivität a_i eines bestimmten Ions der bekannte, von NERNST formulierte Zusammenhang besteht:

$$E = E_0 + F_N \cdot \log a_i \,. \tag{1}$$

In der Konstanten E_0 ist für die betreffende Meßkette das Standardpotential der Indikatorelektrode gegenüber der zu untersuchenden Ionenart und das Potential der Bezugselektrode gegenüber der Normalwasserstoffelektrode enthalten. Die genaue Kenntnis des Zahlenwertes für E_0 ist nicht erforderlich, wenn die Meßkette in Lösungen bekannter Konzentrationen geeicht wird.

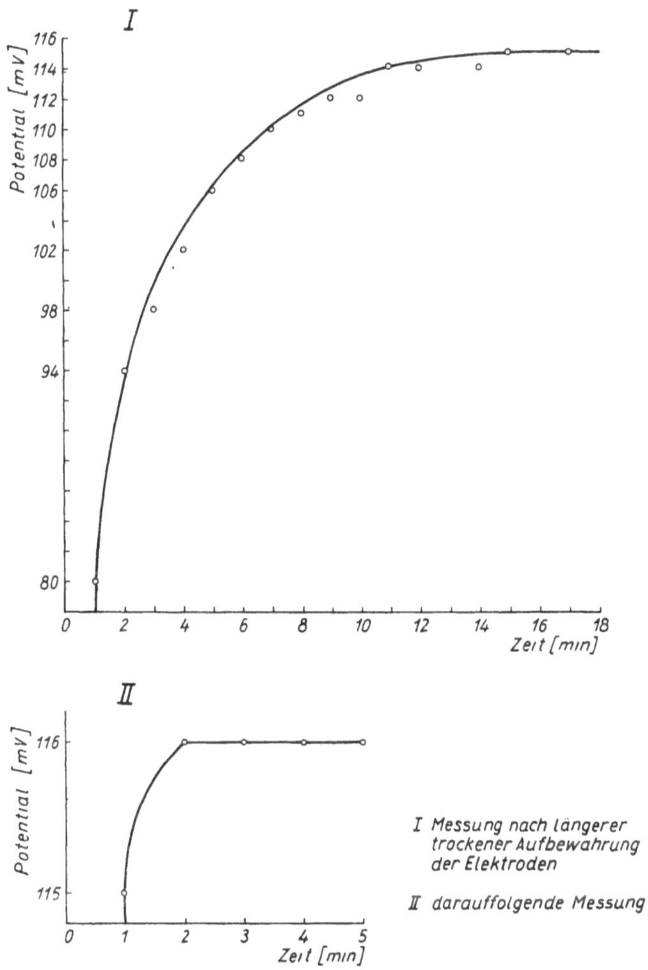

Abb. 1: Zeitabhängigkeit der Potentialeinstellung

Der sogenannte NERNST-Faktor F_N ist temperaturabhängig und gibt an, wie sich das Meßkettenpotential bei Veränderung der Ionenaktivität a_i um eine Zehnerpotenz ändert. Der Zahlenwert für ein einwertiges Ion bei 20 °C beträgt 58,16 mV, für ein zweiwertiges Ion dagegen nur 29,08 mV. (Auf Grund dieses Zusammenhanges sollen die in Betracht gezogenen Elektroden der Fa. „*radelkis*“ ohne „*Kalibration*“ direkt einsatzfähig sein.)

Zwischen Ionenaktivität a_i und -konzentration c_i besteht die Beziehung

$$a_i = f_i \cdot c_i \,. \tag{2}$$

In ausreichend verdünnten Lösungen beträgt $f_i \approx 1$ bei einwertigen Ionen; an Stelle der Aktivitäten kann direkt mit den Konzentrationen gerechnet werden.

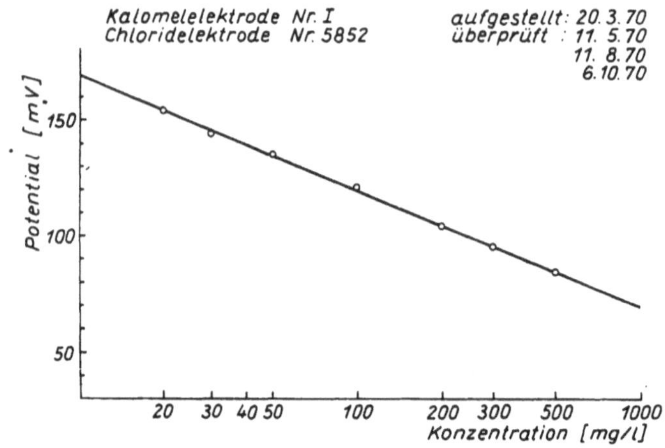

Abb. 2: Eichkurve

Für die Konzentrationsstufen 10^{-2} und 10^{-3} Mol/l Chlorid wurden mit verschiedenen Kombinationen von Meß- und Bezugselektroden die in Tab. 1 zusammengestellten Potentialdifferenzen ermittelt.

Tabelle 1

NERNST-Faktoren verschiedener Elektrodenkombinationen

Chlorid-elektrode \ Kalom-elektrode	I	II	III	IV	V	VI
1	36	42	32	28	[44]	32
2	47	44	32	[42]	43	37
3		44	33	32	42	45
4	43	40	[38]	33	45	30
7	48	[46]	33	42	41	43
8	42	39		22	30	32
11	48	48	36	40	38	[48]
12	[50]	45	36	32	41	49

Da bekanntlich die elektromotorische Kraft innerhalb der Meßelektrode, also zwischen Membran und Ableitung wesentlich von der Konzentration des Innenelektrolyten abhängt, (EMK bei 25 °C für 0,1 N KCl = 289,4 mV; 1 N KCl = 236 mV; gesättigte KCl = 197 mV), bestünde die Möglichkeit, durch Veränderung des Innenelektrolyten die Steilheit der Anzeige unterschiedlicher Elektroden auf gleiche Werte zu bringen. Die Elektroden sind jedoch nicht zu öffnen, außerdem beeinflussen Vorgänge in der Membrane das an die Innenelektrolytlösung abgegebene Potential. Nach OEHME erscheint es schwieriger, die nach dem System von PUNGOR und Mitarb. konstruierten Membranelektroden der Fa. radelkis in reproduzierbarer Weise zu fertigen, als einen homogenen Festkristall.

Aus Tab. 1 und dem dazu Gesagten ergibt sich die Notwendigkeit, für jede Elektrodenkombination eine spezifische Eichkurve aufzustellen.

Erfaßbare Konzentrationsbereiche und Querempfindlichkeit

Im allgemeinen reicht der erfaßbare Konzentrationsbereich von 1 M-Lösungen bis 10^{-5}, z. T. bis 10^{-7} M-Lösungen, wobei für jede Zehnerpotenz der oben ermittelte Spannungsbereich zur Verfügung steht (Tab. 1). Daraus geht auch hervor, daß die Konzentrations–Spannungs-Abhängigkeit logarithmisch sein muß.

Die obere Nachweisgrenze ist abhängig vom Elektrodentyp: Bei Elektroden mit Ionenaustauschern als sensitivem Material ist es die maximale Löslichkeit des zu bestimmenden Ions in der Austauscherphase, bei Festkörperelektroden ist es die gesättigte Lösung.

Ionenselektive Elektroden zeigen eine Querempfindlichkeit gegenüber Wasserstoff- und anderen Ionen. In der Matrix des Elektrodenmaterials (Membrane) sind Atomgruppen enthalten, die mit dem zu bestimmenden Ion schwerlösliche Verbindungen bilden, z. B. PO_4^{---} für Ca^{++}, Ag^+ für Halogene und Pseudohalogene (SCN^-, CN^-, S^-), mit Europium aktivierte Lanthanverbindungen für F^- usw. (BABCOCK und JOHNSON).

Falls ein anderes Ion einen ähnlichen Ionenradius aufweist und ebenfalls eine schwerlösliche Verbindung mit der in der Matrix enthaltenen Atomgruppen bildet, vermag es als Störion zu wirken, z. B. Zn^{++} anstelle von Ca^{++}. Die Anzeige ist um so empfindlicher, je kleiner das Löslichkeitsprodukt der betreffenden schwerlöslichen Verbindung ist. Gleichung (1) wäre somit um die entsprechenden Faktoren für die Störionen zu erweitern, sofern die Querempfindlichkeit nicht durch besondere Bedingungen (Pufferung) gleich Null zu setzen ist. Es ist daher richtiger, von ionensensitiven statt von ionenselektiven Elektroden zu sprechen.

Die Nachweisbarkeit sinkt z. B. bei den Silberhalogenidelektroden von Chlorid über Bromid, Jodid bis zum Sulfid, da das letztgenannte das kleinste Löslichkeitsprodukt besitzt. Die untere Nachweisgrenze wird häufig nicht erreicht, weil ein Störion potentialbestimmend wird. Die Elektrode mit dem leichter löslichen Silbersalz schließt stets die Anionen, die eine schwerer lösliche Verbindung bilden, aus. Andernfalls würde sich an der Elektrode sofort ein Überzug aus dieser schwerlöslichen Verbindung bilden. Auch Komplexbildner wie NH_4^+, CN^-, $S_2O_3^{--}$ stören, da sie einerseits das freie Silberion aus dem Lösungsgleichgewicht entfernen, andererseits das ionensensitive Material selbst auflösen. Auch starke Reduktionsmittel, die das Silber zum Metall zu reduzieren vermögen, wie z. B. Entwickler, stören. Beim praktischen Einsatz sind also die üblichen Gesichtspunkte der klassischen Chemie zu beachten, vor allem bei Abwässern, deren Zusammensetzung noch nicht genau bekannt ist.

Die Kenntnis von Störpotentialen ist jedoch nutzbringend verwertbar: So wird z. B. der Alkalifehler von Glaselektroden zur Kaliumbestimmung ausgenutzt. Cyanid- und Thiosulfationen bilden mit Silberionen Komplexverbindungen, die die Bestimmung des Jodids stören. Diese Störung ist jedoch so gut definiert und reproduzierbar, daß bei Abwesenheit von Jodid die Elektrode zur unmittelbaren Bestimmung des Cyanids anwendbar ist. Die sich hierfür ergebende Eichbeziehung ist jedoch keine Gerade. Für Konzentrationen von 10^{-5} m/l ergibt sich ein positives, für 10^{-1} m/l ein negatives Potential von ca. 70 mV. Dabei erweist sich als praktisch, wenn das Meßgerät einen Polumschalter besitzt, sofern es einen einseitigen Zeigerausschlag hat.

Für die Größenordnung von 10^{-5} m/l CN^- gibt MERTENS eine relative Ungenauigkeit der kolorimetrischen Bestimmung von 10% an. Elektroden gestatten jedoch in diesem die galvanische Industrie besonders interessierenden Bereich bei einfacher Handhabung und wesentlich geringerem Aufwand gegenüber kolorimetrischen Methoden ganz allgemein noch eine Genauigkeit von ca. 2% für einwertige Ionen (vgl. unten).

Bei den Untersuchungen traten jedoch Schwierigkeiten in der Reproduzierbarkeit der Werte auf, weil die Cyanid- ebenso wie die Sulfidstandardlösungen eine zu geringe Stabilität aufwiesen.

Die Genauigkeit und Reproduzierbarkeit der Meßergebnisse ist weiterhin von einer Vielzahl von Faktoren abhängig.

Das Meßergebnis beeinflussende Faktoren

Physikalisch-chemische Vorgänge

Da zunächst wegen des unbekannten E_0-Terms in (1) mit Standardlösungen bekannter Aktivitäten geeicht werden muß, ist die mit ionensensitiven Elektroden erreichbare Genauigkeit ohne Berücksichtigung des Meßgerätes zunächst ebenso groß, wie die Aktivität des einzelnen Meßions bekannt ist.

Das an der Phasengrenze Meßlösung/Bezugselektrodenelektrolyt auftretende Diffusionspotential kann jedoch nicht ohne weiteres berechnet werden, da die Einzelionenaktivitäten nicht bekannt sind.

Aus einer Näherungsrechnung nach der PLANCKschen oder HENDERSONschen Gleichung für den in Frage kommenden Aktivitäts- und Ionenstärkebereich ergibt sich ein Fehler von bis zu -4 mV. Wie sich dieser Fehler auf das Endergebnis auswirkt, ist aus Tab. 2 ersichtlich.

Bei annähernd gleicher Ionenstärke, -aktivität sowie -beweglichkeit in Meß- und Standardlösung kann bei der direkten potentiometrischen Bestimmung mit einem Meßfehler von ca. $\pm 0{,}5$ mV gerechnet werden, aus dem sich ein Fehler der Aktivität von ca. 2% bei einwertigen und ca. 4% bei zweiwertigen Ionen errechnet. Für mittlere Konzentrationsbereiche des zu bestimmenden Ions ist es angebracht, sowohl Meß- als auch Standardlösung mit einem indifferenten Elektrolyten bekannter und hoher Ionenstärke (0,1 m) zu verdünnen, wobei sich die Ionenstärke des Meßions kaum ändert (logarithmische Abhängigkeit) und eine Konstanz der Aktivitätskoeffizienten f_i erreicht wird. An Stelle der Aktivitäten kann dann wieder mit Konzentrationen gerechnet werden. Für genauere Bestimmungen ist die Elektrode als Endpunktindikator in einem titrimetrischen Verfahren einzusetzen, wobei die hierfür übliche Genauigkeit 0,1 bis 0,5% beträgt.

Tabelle 2
Einfluß des Phasengrenzfehlers der Elektrode auf das Ergebnis (nach CAMMAN)

Fehlmessung	Fehler der Aktivität	
bei 25 °C [mV]	einwertige Ionen [%]	zweiwertige Ionen [%]
0,1	0,4	0,8
0,5	1,9	3,8
1,0	3,8	7,8
2,0	7,5	15,0
3,0	11,4	22,8
4,0	15,0	30,0

Tabelle 3
Gefundene Chloridkonzentrationen in mg/l

Probe	gemessen	titriert
Trinkwasser	57	56
	43	43
	47	48
Grundwasser	62	58
	60	58
	68	68
	49	49
	65	68
	58	60
Kühlwasser	75	76
R.-See	124	120
Abwasser	160	160
	185	188
	161	162
	118	116
	111	112
	130	128
	222	226
gespaltene Emulsion	640 · 10	6300
Industrieabwasser Salzsäurebeize	550	570 filtriert 560

In dem für Grund- und Trinkwasser interessierenden Bereich von ca. 60 mg/l betrug die rein praktisch ermittelte Abweichung im allgemeinen ± 2 mg/l.

Der Einsatz derartiger Elektroden ist vor allem auch dort sinnvoll, wo Störungen bei der Titration durch andere Inhaltsstoffe sonst erst mit z. T. recht aufwendiger Probenvorbehandlung (Aufschließung, Maskierung) umgangen werden müssen.

So konnten z. B. im Klärwerk A., dessen Abwasser durch hohen Eisengehalt und organische Substanzen belastet ist, Chloride erst dann einwandfrei titriert werden, wenn die Probe nach KLUT-OLSZEWSKI mit Permanganat gekocht, mit Alkohol entfärbt und nochmals gekocht worden war. Die dann bei einwandfreiem Chromatumschlag titrierten Werte stimmten mit den von der Elektrode in der unbehandelten Probe angezeigten überein.

Weitere Ergebnisse vgl. Tab. 4.

Tabelle 4
Vergleich nach verschiedenen Methoden gefundener Chloridkonzentrationen (mg/l)

	gemessen	titriert	gekocht und titriert
18. 2. 70	175	132	174
	205	184	209
2. 4. 70	130	122	128
	130	n. a.*)	124

*) nicht ausführbar

Im folgenden sollen an Hand eigener Ergebnisse und Erfahrungen auch Probleme und Forderungen gegenüber der meßgeräteproduzierenden Industrie zum Ausdruck gebracht werden.

Physikalische Vorgänge

Meßverstärker

Die vom Elektrodensystem gelieferten Spannungen sind zu gering für eine direkte Anzeige. Es ist daher notwendig, einen elektrischen Verstärker zwischenzuschalten. Die Eigenschaften des Verstärkers beeinflussen ganz wesentlich die Zuverlässigkeit der abgelesenen Werte. An den Verstärker muß eine Reihe von Forderungen gestellt werden. Kleine Eingangswerte sollen maximal verstärkt werden, dabei soll der Ausgangswert dem Eingangswert möglichst proportional und die Eingangsimpedanz den Eigenschaften der Meßwertfühler angepaßt sein. Dazu kommen Forderungen nach Zuverlässigkeit, Robustheit, geringer Leistungsaufnahme (transportabel — batteriebetrieben) und geringer Abmessung. Äußere Einflußgrößen, besonders die Temperatur, sollen einen möglichst geringen Einfluß haben.

Man sollte annehmen, daß durch genügend empfindliche Verstärker auch kleine Eingangswerte beliebig verstärkt oder umgewandelt werden können. Dies ist aber bei weitem nicht so. Selbst allermodernste und aufwendige Meßverstärker können z. B. empfindliche Meßsysteme wie Galvanometer nicht übertreffen. Der Vorteil der Verstärker liegt bei hohen Frequenzen, geringem Aufwand und unempfindlichen Meßgeräten, sofern es sich um Meßwertanzeigen handelt (FRÖHLICH).

Gleichstromverstärker

Hier treten im wesentlichen zwei Hauptfehlerarten auf:

Der *Ausschlag* kann sich bei konstanter Eingangsspannung durch Änderung der Temperatur oder der Betriebsspannung ändern. Auch kann er von der Zeit seit Betriebsbeginn oder der Größe des Eingangsstromes abhängen. Die Eliminierung dieses Fehlers durch Gegenkopplung erfordert allerdings eine große Stufenzahl und bringt die Schwierigkeit mit sich, den Verstärker ausreichend stabil zu machen.

Der Ausschlagfehler beim Transistorgleichstromverstärker wird besonders durch die mangelnde Stabilitat der Arbeitspunkte der Transistoren verursacht. Die große Temperaturabhängigkeit der Transistorparameter und erhebliche Exemplarstreuungen erschweren eine zuverlässige Dimensionierung.

Der *Nullpunktfehler* wird durch das endliche Auflösungsvermögen des Verstärkers verursacht, wobei Störsignale nicht mehr von Nutzsignalen zu unterscheiden sind. Diese Fehler sind außer von der Temperatur auch von der Größe der Eingangswerte abhängig. Die Nullpunktdrift wird vor allem durch Gegenkopplung oder Bauelemente mit gegenläufiger Kennlinie kompensiert.

Wechselstromverstärker

Diese weisen als größten Vorteil praktisch keine Nullpunktveränderung auf. Deshalb wird oft der vorhandene Gleichstromeingangswert in einen Wechselstrom umgewandelt und nach der gewünschten Verstärkung wieder gleichgerichtet. Diese Umwandlung erfordert einen erheblichen Aufwand und macht das Verstärkersystem für zusätzliche Beeinflussungen durch die Umgebung anfällig. So haben Änderungen der Frequenz des Stromnetzes ebenso wie plötzliche Spannungsänderungen, die auch ein vorgeschalteter Spannungskonstanthalter nicht kompensieren kann, signifikante Veränderungen der Endanzeige zur Folge.

Äußere Einflußfaktoren

Die Reproduzierbarkeit der Eichkurve wurde im Laboratorium auch von magnetischen Feldern beeinflußt. Das Erdfeld beträgt nach VDI durchschnittlich 15,9 A/m (= 0,2 Oe). Unter Rundfunkgroßsendern wurden bis zu 27,85 A/m (= 0,35 Oe) gemessen. (In der benachbarten Poliklinik werden die Patienten bei EKG-Untersuchungen neuerdings mit Kupfergaze bedeckt).

Ein Aufbau der gesamten Meßanordnung im Brutschrank brachte — wahrscheinlich wegen der geöffneten Türen — keine Verbesserung. In den Außenlaboratorien war diese Beeinflussung nicht feststellbar. Die Meßverstärker dürfen keine Holz- oder Plastgehäuse aufweisen. Am geeignetsten erscheinen Metallgehäuse, die mit dem Gerät geerdet werden. Diese Erdung muß über spezielle Buchsen auch auf die Abschirmung der Zuleitungskabel geführt werden. Damit wird eine weitere Beeinflussung gemindert, die darin besteht, daß beim Tragen vollsynthetischer Bekleidung (Vylan) eine kapazitive Aufladung von bis zu 3000 V auftreten kann (Techn. Gemeinschaft (1970) 11).

Geeignete Meßgeräte

Prinzipiell wäre jedes mit einer mV-Skale ausgestattete pH-Meßgerät, das die genannten Bedingungen erfüllt, für die Messung mit ionensensitiven Elektroden geeignet. Die Eingangsimpedanz muß zur Ausschaltung einer Meßwertverfälschung durch „*Spannungsteilereffekt*" mindestens 10^{13} Ohm betragen. Die Notwendigkeit der Probentemperierung kann durch eine automatische Temperaturkompensation entfallen.

Da verschiedene Elektroden einen mit der Konzentration gegenläufigen Potentialgang aufweisen, ist ein Polumschalter unerläßlich, wenn die Buchsen für Meß- und Bezugselektrode unterschiedlich gestaltet sind.

Die Tatsache, daß die meisten Elektroden nicht die theoretische „NERNST-*Steilheit*" zeigen, müßte durch eine Steilheitsanpassung am Meßgerät korrigierbar sein, vor allem dann, wenn eine logarithmische Skala (über zwei Dekaden — direkte Konzentrationsablesung) vorhanden ist.

Unabhängig von den absoluten Potentialwerten, die sich aus den Eigenpotentialen von Meß- und Bezugselektrode ergeben, wird für den Konzentrationsbereich von zwei Zehnerpotenzen (z. B. 10···1000 mg/l) nur ein relativer Meßbereich von 2×58 mV benötigt. Durch wahlweise vorschaltbare Widerstände müßte der Anzeigebereich des Gerätes auf das benötigte Niveau angehoben werden können.

Eine variable „Skalenspreizung" sollte eine Reproduzierbarkeit in der Größenordnung von 10^{-1} mV gestatten. Dieser Faktor beeinflußt wesentlich die von der Geräteseite her zu erwartende analytische Genauigkeit. Der apparative Analysenfehler beträgt bei einer Meßgenauigkeit von $\pm 0{,}2$ mV $\pm\, n$ %, wobei n die Wertigkeit der durch die Elektrode erfaßten Ionenart ist.

Die Konzentration einwertiger Ionen ist unter Berücksichtigung des sowohl für die chemisch-physikalischen Vorgänge als auch für die elektrische Meßverstärkung Gesagten direkt auf ca. 3% genau zu ermitteln.

Schlußbemerkungen

Der immanente Fortschritt direktpotentiometrischer Verfahren im Vergleich zur photometrischen Bestimmung von Anionen und Kationen läßt eine Berücksichtigung der dargelegten Belange durch die meßgeräteproduzierende Industrie in nächster Zeit durchaus als notwendig und möglich erscheinen.

In Anbetracht der z. Zt. noch geringen Zahl hierfür überhaupt einsetzbaren Elektrodensysteme und Meßgeräte steht dem experimentellen Talent des Benutzers ein breites Betätigungefeld offen.

Ionensensitive Elektroden sind dann vorteilhaft einsetzbar, wenn bekannte Lösungen routinemäßig zu überwachen sind.

Die Probenlösung wird durch den Meßvorgang nicht verändert und steht für weitere Untersuchungen zur Verfügung.

Die einfache, robuste und weitgehend wartungsfreie Bauweise prädestiniert die meisten Elektrodentypen für einen kontinuierlichen und automatischen Einsatz, z. B. für die Prozeßkontrolle (Trinkwasser) oder Langzeitversuche.

Inwieweit bisher übliche Analysenverfahren durch solche der Direktpotentiometrie ersetzt werden können, ist nicht zuletzt abhängig von der Vertretbarkeit des apparativen Aufwandes, des Bedienungskomforts, der erreichbaren Analysengenauigkeit sowie der täglich anfallenden Probenzahl.

Literatur

BABCOCK, R. H. und K. A. JOHNSON,: JAWWA **60** (1968) 8, 953

CAMMAN, K.: Naturw. **57** (1970) 6, 298

CREMER, M.: Z. Biol. **47** (1906), 562

FRÖHLICH, H.: poseidon (1970) 8, 374

KLUT und OLSZEWSKI: Untersuchungen des Wassers an Ort und Stelle. Springer-Verlag, Berlin, 1945

MERTENS, Zur Analytik von freiem Cyanid in Abwässern. Gas- u. Wasserfach **110** (1969) 13, 349

OEHME, F.: Glas-Instrumenten-Technik (1967) 11, 1051

VDI-Ztschr. **112** (1970) 5, 309

Anschrift des Verfassers:
Dr. rer. nat. Norbert GOTTSCHALDT, 1125 Berlin, Roedernstr. 23, DDR

K. Bolberitz

Staatliches Institut für Hygiene, Budapest

Wasseruntersuchungen mit der CCE(Carbon-Chloroform-Extrakt)-Methode*)

Zusammenfassung: Die Kohleextraktionsmethoden bieten grundsätzlich große Vorteile, in der Praxis ergeben sich aber Schwierigkeiten, deren Beseitigung bisher noch nicht möglich war. Trotz der Nachteile wurden zahlreiche Messungen mit rohem und behandeltem Donauwasser, mit Wasserproben von verschiedenen Entnahmestellen des Plattensees und mit Wässern von Tiefbrunnen mit höherem Sauerstoffverbrauch durchgeführt.

Die Messungen lieferten weitere Daten über die natürlichen und fremden organischen Stoffe der verschiedenen untersuchten Wasserarten und auch über ihren Verschmutzungsgrad. Mit Hilfe von Fluoreszensspektren wurde in einigen Wasserproben das canzerogene 3,4-Benzpyren nachgewiesen. Mehrfache Extraktion mit Chloroform, Äthanol, Benzol und Aceton ergibt überraschend hohe Extraktmengen, besonders bei Tiefbrunnenwässern. Die Wasserdampfdestillation der zur Adsorption angesetzten Kohle liefert weitere Daten über die vorhandenen Geschmacks- und Geruchsstoffe.

Summary: Carbon extract methods are very advantageous, on principle. In practice, however, there arise difficulties which could not be solved so far. In spite of these disadvantages, numerous measurements were made using rew and treated Danube water, water samples taken from several points of Lake Balaton and waters from deep wells with higher oxygen consumption.

The measurements furnished additional data on natural and foreign organic matter of the various waters investigated and also on their degree of pollution. By means of fluorescence spectra the cancerogenic 3,4-benzpyrene was detected in some water samples. Multiple extraction with chloroform, ethanol, benzene and acetone give surprisingly high extract quantities especially for deep well waters. Steam distillation of the activated carbon used for adsorption brings further data on flavouring matter and odours present.

Резюме: Методы экстракции угля в основном имеют большие преимущества. Однако на практике встречаются трудности, устранение которых до сих пор еще не удалось. Несмотря на эти недостатки проводились многочисленные измерения с исходной и обработанной водой реки Дуная, с пробами воды из разных водозаборов озера Балатона и с артезианскими водами, характеризованными бóльшим расходом кислорода.

Путем измерений были еще получены данные о природных и чужих органических веществах различных исследованных родов воды, а также о степени их загрязнения. С помощью спектров флуоресценции в некоторых пробах воды был обнаружен канцерогенный 3,4-бензпирен. Многократная экстракция при помощи хлороформа, этанола, бензола и ацетона дала неожиданно большие количества экстрактивного вещества, особенно из артезианских вод. Перегонка с водяным паром употребленного для адсорпции угля выявляет еще данные о тех веществах, обуславливающих вкус и запах воды.

*) Vortrag, gehalten auf dem Internationalen Symposium „Wasserinhaltsstoffe“, Reinhardtsbrunn/Thür., April 1970

Für die Messung der in verschiedenen Wasserarten vorkommenden organischen Stoffe und Verbindungen stehen bis heute noch keine befriedigenden Verfahren zur Verfügung. Zahlreiche Methoden zur indirekten Messung der Gesamtmenge an organischen Stoffen sowie die verschiedenen chemischen und biologischen Verfahren für die Ermittlung des Sauerstoffverbrauchs wurden ausgearbeitet. Durch diese Routinemethoden kann der Umfang der Wasserverschmutzung verfolgt werden. Mit Untersuchungsmethoden von großer Empfindlichkeit (chromatographische Methoden, Verfahren mit IR- und UV-Spektrographen) können einige organische Spurenverbindungen in konzentrierten Wasserproben bestimmt werden, doch beanspruchen diese viel Aufwand und werden deswegen meistens bei wissenschaftlichen Aufgaben angewandt. Methoden, mit denen charakteristische Gruppen der vorhandenen organischen Stoffe oder Verbindungen zu messen sind, standen lange Zeit nicht zur Verfügung.

Dafür erregte das durch die Amerikanische Wasserwerk-Gesellschaft 1962 empfohlene neue Verfahren großes Interesse, welches die organischen Verbindungen durch Aktivkohle adsorbieren läßt und nach Desorption mit Lösungsmitteln (meistens Chloroform) diese Stoffe gravimetrisch erfaßt. Dieses Verfahren wurde im allgemeinen als CAM (Carbon-Adsorption-Method), mit Chloroform durchgeführt als CCE (Carbon-Chloroform-Extrakt), bekannt.

Das Verfahren bietet folgende Vorteile:

- Bei entsprechender Ausrüstung können Adsorption und Desorption automatisch ohne besonderen Aufwand durchgeführt werden;
- durch Steigerung der filtrierten Wassermenge ist die Erhöhung der Empfindlichkeit möglich;
- durch Desorption bleiben die organischen Stoffe in ihrem Originalzustand erhalten;
- da die Geschmacks- und Geruchsstoffe sich mit gutem Wirkungsgrad an Aktivkohle adsorbieren lassen, können derartige Verschmutzungen gemessen und die Klassifizierung der Wässer auch in diesem Sinne durchgeführt werden.

Diese neue Methode erschien nützlich für die bessere Beurteilung der Oberflächenwässer, doch tauchten mehrere Tatsachen auf, die den anfänglichen Optimismus minderten.

Nachfolgend soll versucht werden, die bisherigen Kenntnisse, durch eigene Untersuchungen und Erfahrungen ergänzt, zusammenzufassen und auszuwerten.

Die Carbon-Adsorption-Methoden haben mehrere Phasen, die weitere Untersuchungen erforderten.

Die 1962 veröffentlichte Methode empfiehlt die Filtrierung von 22,5 m^3, mindestens aber von 4,5 m^3 Wasser. Doch drei Jahre danach wurde von Booth festgestellt, daß die Filtrierung von kleineren Mengen — als empfohlen — bessere Resultate ergibt. Nach den Untersuchungen ist die Wassermenge von 1,8 m^3 die günstigste. Ettinger dagegen arbeitet mit 2,5 m^3 Wasser. Nach den Erfahrungen von Greenberg sollen nie mehr als 12 m^3 filtriert werden. Bei eigenen Messungen wurde die zu filtrierende Wassermenge abhängig von den zu erwartenden Resultaten so gewählt, daß das Gewicht des Extraktes ca. 200···1000 mg beträgt. So ergab sich bei eigenen Messungen eine filtrierte Wassermenge von 0,5···3,0 m^3. Das erwies sich als vorteilhaft, da die Filtrierung in ein bis zwei Tagen erfolgte, während ATKINS, RYCKMAN gegenüber der ursprünglichen Arbeitsvorschrift dazu einige Wochen benötigten und bei zeitanspruchsvoller Messung nur einen Durchschnittswert erhielten.

Eine andere Frage ist die Filtriergeschwindigkeit, d. h., die Kontaktzeit mit der Kohle. Je langsamer die Filtrierung verläuft, desto zeitanspruchsvoller ist die Bestimmung; schnelle Filtrierung dagegen macht den Umfang der Adsorption fraglich. Die Vorschrift empfiehlt 1,1 l/min Durchströmungsgeschwindigkeit durch 2 l Aktivkohle bei einer Kontaktzeit von weniger als 2 min. GREENBERG filtrierte 1···2 l Wasser/min. ATKINS und TOMLINSON arbeiteten mit schmalen Kolonnen bei 0,25 min Kontaktzeit. RYCKMAN ließ dagegen nur 0,1···0,2 l Wasser/min durch 2 l Aktivkohle strömen und sicherte eine Kontaktzeit von 10···20 min. RANBOW, später BOOTH, führten mehrere Vergleichsmessungen durch und bewiesen, wie sehr die Adsorption von der Geschwindigkeit der Filtrierung beeinflußt wird. Aus den eingehenden Untersuchungen folgt, daß die Kontaktzeit nicht weniger als 5 min betragen darf.

Zwar waren bei eigenen Versuchen diese Daten noch nicht bekannt, doch wurde schon von Anfang an mit einer Kontaktzeit von 2···4 min gearbeitet.

Unterschiedliche Auffassungen bestanden auch über die Einstellung der Strömungsgeschwindigkeit und die Messung der durchgeflossenen Wassermenge. Nach Vorschrift werden in den Weg des unter Druck hinaufströmenden Wassers ein Ventil zur Regulierung des Wasserstromes, ein Wasserdruckmesser und eine Wasseruhr zwischengeschaltet. TAYLOR stellt den Strömungsmesser in das Abflußrohr der Adsorptionskolonne und berechnet die durchgeleitete Wassermenge nach der Betriebszeit. Einfacher schien zu sein, mit Zufluß zu arbeiten, mit entweder von oben nach unten oder von unten nach oben strömendem Wasser, da diese Arbeitsweise vom Wasserdruck unabhängig ist. Die Strömungsgeschwindigkeit kann so bei dem Ein- oder Ausfluß mit einem Glashahn oder einem Quetschhahn leicht eingestellt werden. Die durchgeflossene Wassermenge wurde durch ein Kippgefäß eigener Konstruktion gemessen (Abb. 1). Die zum Kippen erforderliche Wassermenge ist mit Hilfe eines verschiebbaren Ba-

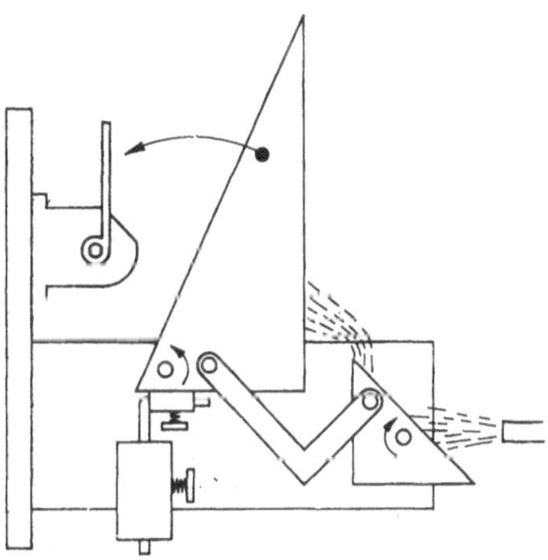

Abb. 1: Kippgefäß

lancegewichtes einstellbar; die Zahl der Kippungen wird von einem Stoßzähler registriert. Das Kippgefäß war bei den Messungen auf 0,5 *l* eingestellt, und die abgelesenen Stöße — dividiert durch zwei — ergaben die durchgeflossene Wassermenge.

Für die Adsorption wurden im allgemeinen 1⋯2 *l* Aktivkohle eingesetzt. In der Korngröße besteht auch kein wesentlicher Unterschied: Die Adsorptionskolonne wird oben und unten mit einer Schicht gröberer Körner und dazwischen mit 0,5 *l* Kohle von griesartiger Korngröße gefüllt. Eigene Untersuchungen erfolgten mit ca. 1 *l* Gesamtvolumen einer ungarischen Aktivkohle. Da die Kohle leicht aufschwimmt, wurden ober- und unterhalb der Kohlesäule kleine, vorher mit Salzsäure gewaschene Steinstücke eingesetzt.

Auf Grund praktischer Erfahrungen empfahlen mehrere Autoren die Filtrierung des Wassers vor der Adsorption, da die Oberflächenwässer stets Schwebestoffe enthalten, die sich auf die Oberfläche der Aktivkohle absetzen, die Adsorptionsfähigkeit der Kohle verringern und dadurch die Menge des Extraktes vermindern. Myrick schlägt vor, das vorher bereits sedimentierte Wasser noch durch eine Diatomitschicht zu filtrieren: Untersuchungen von Rock zeigten, daß die Adsorption an Aktivkohle nach Filtrierung durch Diatomit, Glaswolle oder durch Sand viel wirksamer wird.

Ähnliche Ergebnisse zeigten zur Feststellung der Einwirkung des pH-Wertes durchgeführte Untersuchungen. Myrick, Skrinde, Ryckman und Rock sowie Lurje haben beobachtet, daß der Extrakt bei vorheriger Ansäuerung vor dem Kolonnenzulauf wesentlich größer ist. Nach Spicher beträgt diese Zunahme etwa 100%. Die Ansäuerung des Wassers ist nach Sproul unbedingt notwendig, wenn der pH über 7,5 liegt. Sie soll mit Schwefelsäure oder mit Salzsäure bis zu einem pH von 2,5⋯3 erfolgen.

Die Durchführung solcher Vorbehandlungen erfordert Ausrüstungen, die die Arbeit an Ort und Stelle komplizieren. Diese Untersuchungen sind nur mit einem zu diesem Zweck ausgerüsteten Kraftwagen durchführbar, wie Middleton berichtet. Bei eigenen Messungen standen solche Ausrüstungen nicht zur Verfügung, so daß auf diese Vorbehandlungen verzichtet werden mußte.

Die Zuverlässigkeit des neuen Verfahrens wird entscheidend durch das Maß der Adsorption und der Desorption der organischen Stoffe von der Aktivkohle beeinflußt. Mit dieser Frage beschäftigen sich die meisten Autoren. Sie arbeiteten größtenteils mit chemischen Modellstoffen, vor allem mit Phenol und Phenolderivaten, aber auch mit Detergentien, Pestiziden und sogar mit von Mikroorganismen produzierten Geruchs- und Geschmacksstoffen.

Die Resultate zeigen manchmal große Abweichungen, die offenbar von den verschiedenen Eigenschaften der einzelnen Modellstoffe herrühren. Middleton und Greenberg beobachteten mit verschiedenen Phenolderivaten 30⋯99%ige Adsorptionen und 61⋯77%ige Desorptionen, abhängig von der Zusammensetzung. Das entspricht einem Wirkungsgrad von 19⋯77%. Hoaks Messungen zeigten bessere Adsorption, aber schlechtere Desorption mit einem Totalwirkungsgrad von 23⋯59%. Von Phenol konnte er 73% zurückgewinnen. Ettinger erreichte mit Phenol nur 60%, mit Kohlenwasserstoffen aber einen 100%igen Gesamtwirkungsgrad. Diese Untersuchungen beziehen sich aber nur auf einige einfache chemische Verbindungen, obwohl die in Oberflächenwässern vorkommenden Schmutzstoffe ein viel breiteres Spektrum zeigen. Interessant sind die Untersuchungen von ROMANO und SAFFERMAN, die ihre Messungen mit aus *Streptomyces griseolatus*-Kultur extrahierten Stoffen durchgeführten haben. Die beobachtete Adsorption betrug 95%, die Desorption aber nur 22%.

Die erwähnten ungünstigen Resultate zwangen zur Verbesserung der Desorption. Zu diesem Zweck wurde versucht, die nach der Extraktion mit Chloroform zurückgebliebenen Stoffe durch eine weitere Extraktion mit Äthylalkohol, in einigen Fällen sogar auch mit Benzol und mit Aceton, zu desorbieren, wie von GRIGOROPOULUS vorgeschlagen. Diese mehrfache Extraktion steigert die Gesamtmenge des Extraktes beträchtlich. Besonders groß ist der Sprung bei der zweiten Ablösung mit Alkohol, welche drei- bis vierfach die Menge des Chloroformextraktes übersteigt, wie durch zahlreiche Messungen von HOADLY mit dem Wasser der Ohio- und Potomac-Flüsse bewiesen. ATKINS stellte fest, daß der Alkoholextrakt meistens die vierfache Wirkung gegenüber der des Chloroforms aufweist, diese kann auch das Zehnfache betragen. ROBINSON geht noch weiter. Er extrahiert nach Chloroform mit Alkohol, danach mit Ammoniak-Alkohol und endlich mit einem Salzsäure-Alkoholgemisch. MAEHLER arbeitete mit Äthylaether statt mit Chloroform. SPICHER behauptet, daß das Geruchspotential des Alkoholextraktes größer ist als das des Chloroforms. Weitere Versuche wurden auch mit anderen Lösungsmitteln und mit verschiedenen Mischungen derselben durchgeführt. HAMILTON verglich die mit mehreren Lösungsmitteln erhaltenen Resultate und gewann die besten mit einer azeotropen Mischung von Methanol und Propylenglykol. Dieselbe Mischung setzte auch LURJE ein.

Bei eigenen Untersuchungen wurde am Anfang nur mit Chloroform extrahiert, nach kurzer Zeit aber auch Äthanol als zweites Lösungsmittel eingesetzt. Bei gewissen Messungen schien es interessant zu sein, die Extraktion mit Benzol und danach mit Aceton fortzusetzen. Der Auszug mit Alkohol hat während der Untersuchungen von Oberflächenwässern die Menge des Chloroformextraktes nicht wesentlich übertroffen.

Die Extraktion wird allgemein in einem Soxhletapparat von 1···2 *l* Inhalt während 24···36 h durchgeführt. Da diese Apparate mit großem Inhalt nicht immer einwandfrei arbeiten, wurden verschiedene Verbesserungen empfohlen, wie einstellbare Heizung, Einschaltung von Luftdruck usw. Zur Sicherung der Eliminierung wurden selbstkonstruierte Extraktionsapparate eingesetzt, die eine kontinuierliche Extraktion gewährleisteten (Abb. 2). Die Kontrolle erfolgte mit farbigen Flüssigkeiten und auch durch zeitlichen Abfluß der Extraktion.

Alle mit „Kohle-Adsorption" bezeichneten Verfahren wurden ursprünglich für die Bestimmung der Verschmutzung der Wässer mit organischen Stoffen ausgearbeitet. In den Vereinigten Staaten wurden weitestgehend für solche Messungen das CCE (Carbon–Chloroform-Extrakt)- und das CAE (Carbon–Alkohol-Extrakt)-Verfahren angewandt. Die oberen Grenzwerte für den Chloroformextrakt betrugen am Anfang 200 $\mu g/l$, später aber fand man den Wert als zu hoch und empfahl nur 60 $\mu g/l$. BEAN gab für das CCE-Verfahren eine obere Grenze von 40 $\mu g/l$ und für das CAE-Verfahren eine solche von 100 $\mu g/l$ an.

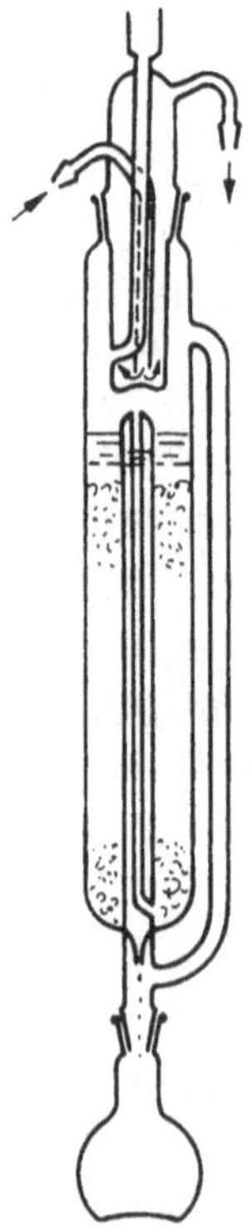

Die ersten Messungen dieser Art führte SPROUL mit Oberflächenwässern durch. MIDDLETON arbeitete schon 1962 mit einer fahrbaren Apparatur. Parallel zu ihm führte TOLINSON seine Messungen am Missourifluß aus, wo er CCE-Werte zwischen 30 und 200 $\mu g/l$ fand. Die breitetesten Untersuchungen hat HOADLY an vierzehn Stellen der acht größten Flüssen der Vereinigten Staaten durchgeführt, wo er etwa fünfhundert Messungen mit Konzentrationen von 50···2000 $\mu g/l$ feststellen konnte.

Abb. 2: Extraktionsapparatur

Zahlreiche Untersuchungen mit den Adsorptionsmethoden wurden in anderen Gebieten durchgeführt. DORNBUSH prüfte die Wässer einiger Wasserwerke nach dem CCE- und CAE-Verfahren um festzustellen, wie stark die verschiedenen Reinigungsverfahren das Geruchspotential mindern. SPICHER versuchte im Verlaufe ähnlicher Arbeiten, durch Verdünnung der Extrakte die Geruchsschwellenwerte zu bestimmen. Außerdem untersuchte er, in welchem Maße die Geruchsstoffe durch Oxydation mit Kaliumpermanganat zerstörbar sind. Bei diesen Untersuchungen war das Geruchspotential der Äthanolextrakte höher als das des Chloroforms; die Zerstörung der Geruchsstoffe durch Oxydation mit Permanganat war im alkalischen Medium wirksamer als im sauren. MORRIS destillierte mit Wasserdampf die mit der CCE-Methode erhaltenen Extrakte und bereitete davon weitere Extrakte mit Äthylaether bei verschiedenen pH-Werten, um den Charakter der von Aktinomyceten ausgelösten Stoffe festzustellen.

MAEHLER prüfte die Mineralölverschmutzungen in Grundwässern in der Nähe einer Mineralölfabrik durch Anwendung der Adsorption an Aktivkohle und Desorption mit Chloroform und Aether. Diese Extrakte untersuchte er dann IR-spektrographisch. SPROUL bestimmte die Geruchsschwellenwerte und den Verschmutzungsgrad in verschiedenen Industrieabwässern. CCE bewegte sich in diesen Abwässern zwischen den extremen Grenzen von 7,4···630 mg/l.

GOODENKAUF versuchte die Identifizierung von zwölf Pestizidstoffen durch Anreicherung mit Adsorption an Aktivkohle zu verbessern. Er, wie auch LUDWIG, versuchten, durch mehrfache Fraktionierung mit Äthylaether den Anteil der in den Extrakten anwesenden organischen Basen, Säuren, aliphatischen, aromatischen und Oxyverbindungen festzustellen. Neuerdings prüfte GRIGOROPOULOS das Wasser einer Quelle und einer Tiefbohrung und bestimmte die durchschnittliche empirische Formel der in diesen vorkommenden organischen Substanzen

$$C_{4,4}H_{6,9}O_{1,7}N_{8,09}P_{0,03}S_0 \cdots 1{,}0 \, .$$

Bei den vor acht Jahren begonnenen Untersuchungen waren noch einige methodische Probleme zu klären. Eigene Erfahrungen stimmten im wesentlichen mit denen auf Grund viel ausführlicherer Untersuchungen gewonnener ausländischer Autoren überein. Trotz ungünstiger Erfahrungen bei den Adsorptions- und Desorptionseffekten wurden mehrere Messungen mit Donauwasser bei Mohács durchgeführt, an der Wasserentnahmestelle für die Versorgung von Pécs (Tab. 1). In dieser Stadt gab es oft Beschwerden wegen des Geruchs und Geschmacks des Wassers. Mehreren ausländischen Untersuchungen gegenüber

Tabelle 1
Wasserwerk Móhacs-Pécs

	C	C	E		C	A	E	
Entnahmestelle	Zahl der Proben	Min. µg/l	Max. µg/l	Mittelwert µg/l	Zahl der Proben	Min. µg/l	Max. µg/l	Mittel wert µg/l
Mohács, Rohwasser	14	38	491	155	13	23	160	63
Mohács, nach Vorbehandlung	14	22	168	82	13	14	204	90
Pécs, Vorbehandeltes Wasser	13	31	218	95	12	23	258	76
Pécs, Reinwasser	11	15	314	113	10	31	346	96

lagen bei diesen Messungen die Äthanolextrakte in derselben Größenordnung wie die mit Chloroform erhaltenen. Übereinstimmend mit anderen Autoren konnte festgestellt werden, daß Geruchs- und Geschmackssubstanzen durch Flockungsmittel nur im geringen Umfang vermindert werden. Bei dem Oberflächenwasserwerk von Budapest wurde festgestellt, daß sich das Verhältnis zwischen CCE und CAE während der Reinigungsoperationen gegen den letzteren verschiebt.

Zahlreiche Messungen erfolgten mit dem Wasser des Plattensees (Tab. 2). Wie die Daten zeigen, erhöhte sich die Verschmutzung des Wassers mit organischen Stoffen im Untersuchungzeitraum erheblich und erreichte schon in einigen Fällen die gleiche Größenordnung wie die der Donau bei Mohács. Die stärkste Verunreinigung wurde stets an der südlichen Stelle des Sees, bei Keszthely beobachtet, dort wo der Fluß Zala einmündet. Messungen an der nördlichen Seite gaben günstigere Resultate. Bemerkenswert ist, daß die Alkoholextrakte geringere Schwankungen als die mit Chloroform erhaltenen zeigen. Es kann vorausgesetzt werden, daß der Alkoholextrakt stärker auf die natürlichen Verunreinigungen, der Chloroformextrakt dagegen auf die stärker schwankenden gewerblichen Verunreinigungen hinweist.

Tabelle 2
Plattenseewasser

Jahr	Zahl der Proben	C Min. µg/l	C Max. µg/l	E Mittelwert µg/l	C Min. µg/l	A Max. µg/l	E Mittelwert µg/l
1963	4	36	98	67	150	264	204
1964	6	245	743	329	283	470	391
1965	4	166	899	480	201	626	337
Entnahmestelle							
Balatonfüred	4	36	276	175	215	471	421
Siófok	2	98	281	90	159	340	250
Balatonföldvár	3	68	713	410	201	283	242
Keszthely	5	66	899	451	150	626	400

Weitere Versuche galten der UV-Fluoreszenz der Extrakte. Im Donauwasser wurde in jedem Falle eine peak bei der Wellenlänge 435···438 nm festgestellt, besonders in der Probe einer stark verschmutzten Stelle bei Keszthely 1963. In den Wässern des Sees zeigte sich auch ein anderer typischer peak bei 405 mµ (Abb. 3).*

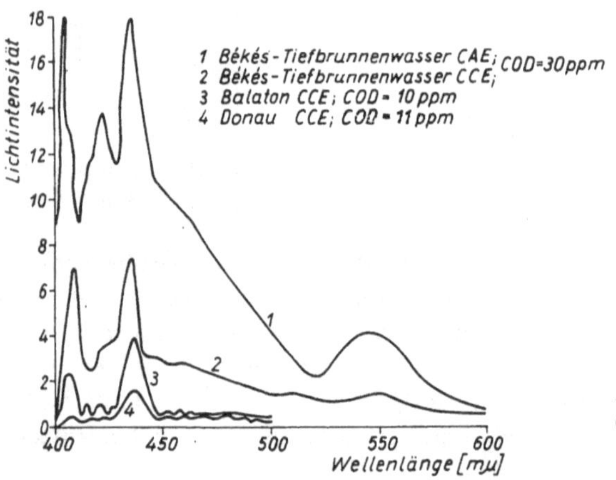

Abb. 3: Fluorescenzspektrum einiger Wasserproben

Interessant war kennenzulernen, wie sich die CAM-Werte bei Tiefbohrungen gestalten. Bisher hat nur Grigoropoulos einige Daten darüber veröffentlicht. In Ungarn sind zahlreiche Tiefbrunnenwässer mit ziemlich hohem Permanganatverbrauch vorhanden. Für die Untersuchungen wurden sechs Tiefbohrungen mit hohem Gehalt an organischen Stoffen ausgewählt. Bei dieser Arbeit wurde die zweimalige Extraktion mit Chloroform und Alkohol durch zwei weitere Desorptionen mittels Benzol und Aceton ergänzt. Da mit relativ großen Extraktmengen zu rechnen war, wurden jeweils nur 20···40 *l* Wasser mit 4···5 min Kontaktzeit filtriert.

*) Für die Durchführung dieser Messungen bin ich Dr. Z. Morlin zu Dank verpflichtet.

Da die Bohrungen meist warmes Wasser lieferten, konnte das Wasser erst nach Abkühlung filtriert werden. Die Ergebnisse dieser Untersuchungen sind in Tab. 3 aufgezeigt.

Tabelle 3
Tiefbrunnenwässer

	Tiefe m	Temperatur °C	Sauerstoffverbrauch mg/l	CCE µg/l	CAE µg/l	CBE µg/l	CAtE µg/l	Total mg/l
Békés, Badbrunnen	1198	50,6	30,0	250	8990	426	3583	13,3
Gyula, Badbrunnen	1899	56,4	34,6	2200	6663	53	5902	14,8
Szeged, Klinikbrunnen	2000	89,5	43,3	2440	12600	4812	3567	23,4
Ujszeged, Székelysor-Brunnen	944	8,0	44,5	8790	16045	1004	10650	36,5
Hajduszoboszló Badbrunnen	1090	10,6	70,0	1457	8864	—	—	—
Csokonyavisota, Badbrunnen	1317	36,0	75,5	6033	9918	578	7716	24,3

Da bei den Untersuchungen Auszüge mit vier verschiedenen Lösungsmitteln hergestellt wurden, galt es zu prüfen, ob ein Zusammenhang zwischen ihren Mengen besteht. Übereinstimmend mit den schon erwähnten Daten lieferten bei diesen Wasserarten Alkoholextrakte die höchsten Werte. Für Vergleiche der mit anderen Lösungsmitteln erhaltenen Extraktmengen befinden sich in der Literatur keine Angaben. Wird die mit Chloroform erhaltene Extraktmenge mit 1 bezeichnet, so verhalten sich die einzelnen Auszugsmengen von Chloroform, Alkohol, Benzol und Aceton zueinander bei eigenen Messungen wie 1:3:0,33:1,5. Dies bedeutet, daß in diesen Schichtwässern auch solche organische Substanzen vorhanden sind, die in Chloroform nicht, sondern nur in Alkohol, und auch solche, die weder in Chloroform noch in Alkohol, dafür aber entweder in Benzol oder in Aceton lösbar sind.

Ausgehend von den Erfahrungen, daß die Geschmacks- und Geruchsstoffe in den Wässern am besten durch Behandlung mit Aktivkohle eliminiert werden können, erfolgten weitere Versuche, die ergaben, daß diese organischen Stoffe an Aktivkohle mit ziemlich gutem Effekt adsorbiert werden. Andererseits ist bekannt, daß die Geschmacks- und Geruchsstoffe flüchtige, mit Wasserdampf destillierbare Verbindungen sind. Deswegen wurden einige informative Versuche auch in dieser Richtung durchgeführt.

Zu diesem Zweck wurde die beladene Aktivkohle mit Wasserdampf behandelt. Das Destillat wurde in Anteilen von 100···200 ml aufgefangen und ihr Sauerstoffverbrauch nach der kalten, sauren Kaliumpermanganatmethode bestimmt.

Die erste Messung erfolgte mit dem geklärten Wasser des Wasserwerkes von Mohács. Der erste Destillationsanteil von 180 ml hatte einen starken, aromatischen Mineralölgeruch, der zweite dagegen war bereits geruchlos. Der CSV des Gesamtdestillates betrug 108 µg/l, bezogen auf die Ausgangswassermenge. Die CSV-Bestimmung in der Hitze dagegen ergab nur 6,9 µg/l, was auf flüchtige

Stoffe zurückzuführen ist. Da der Ausgangs-CSV 4000 μg/l betrug, ist zu ersehen, daß die Geschmacks- und Geruchssubstanzen nur einen geringen Teil der in dem Wasser vorhandenen Substanzen ausmachen.

Ähnlich wurde das Wasser vom Tiefbrunnen in Hajduszoboszló geprüft. Die Summierung der Teilresultate gab hier einen CSV von 923 μg/l gegenüber dem Ausgangswert von 70 mg/l, d. h. 70000 μg/l. Der Anteil der Geschmacks- und Geruchsstoffe betrug nur 1,3% der Gesamtmenge der in der Wasserprobe vorhandenen organischen Substanzen.

Aus den eigenen Versuchen und den Angaben anderer Autoren ergibt sich:

- Kohleadsorptionsmethoden sind ebenso Gruppenbestimmungen wie die bekannten verschiedenen chemischen Sauerstoffverbrauchsverfahren und ergeben nur annähernde Resultate. Solange aber der CSV nur indirekte Daten liefert, kann durch die Kohleadsorptionsmethoden die gesuchte organische Substanz gravimetrisch gemessen werden.
- Trotz annähernder Ergebnisse liefern diese Bestimmungen weitere Daten über die Verschmutzung der Wässer und sind für die wichtigen Geschmacks- und Geruchssubstanzen viel empfindlicher als die klassischen Methoden.
- Ihr großer Nachteil ist der verhältnismäßig große Zeit- und Arbeitsaufwand und die spezielle Ausrüstung, die an Ort und Stelle aufgestellt werden muß. Da mit dieser Methode auch nur annähernde Daten zu erhalten sind, muß jede Arbeitsstufe standardisiert werden, sonst können die Resultate verschiedener Autoren nicht ausreichend verglichen werden.
- Ein großer Vorteil dieser Methode ist, daß die organischen Stoffe für weitere Untersuchungen in konzentrierter Form vorliegen. Die bisher angewandte Fraktionierung durch Extraktion entspricht den praktischen Forderungen weniger; der Erhalt charakteristischer Kurven mittels Spektrographie oder Trennung durch verschiedene chromatographische Methoden ist dagegen aussichtsvoller für die Beurteilung der Wasserverschmutzung.
- Die Konzentrierung und Messung der Geschmacks- und Geruchsstoffe durch die erwähnte Wasserdampfdestillationsmethode ist aussichtsvoll, da außer den unangenehmen und subjektiven Geruchs- und Geschmacksproben andere Methoden z. Zt. nicht zur Verfügung stehen.

Literatur

Atkins, P. und Tomlinson H.: Evaluation of daily carbon chloroform extracts with the CAM. Water Sew. Works **110** (1953), 275

Atkins, P. und H. Tomlinson: Evaluation of carbon choloroform extracts. Water Sew. Works **110** (1963), 281

Atkins, P. und H. Tomlinson: Evaluation of daily variations of carbon chloroform extract with the presently used two-week carbon adsorption methode. Proc. 17th Ind. Waste Conf. Purdue Univ. (1962), 764

Bean, E.: Progress report on water quality criteria. JAWWA **54** (1962) 1313

Booth, R. et al.: Evaluation of sampling conditions in the carbon adsorption method. JAWWA **57** (1965), 215

Dornbush, J. und D. Ryckman: The effect of physicochemical organic contaminants. Water Poll. Contr. Fed. **35** (1963) 1325

Ettinger, M.: Proposed toxicity screening procedure for use in protecting drinkingwater quality. JAWWA **52** (1960), 689

Goodenkauf, A. und J. Erdei: Identification of chlorinated hydrocarbon pesticides in river water. JAWWA **56** (1964), 600

Greenberg, A. et al.: Evaluation of the carbon adsorption method. JAWWA **57** (1965), 791

GRIGOROPOULOS, S. und J. SMITH: Trace organics in Missouri surface waters. JAWWA **60** (1968), 586

HAMILTON, C.: A new solvent system for improved extraction of activated charcoal. Water Sew. Works **110** (1963), 422

HOADLEY, A.: A preliminary review of carbon adsorption data. U. S. Public Health Service (1962)

HOAK, R.: Recovery and identification of organics in water. J. Air Water Poll. **6** (1962), 521

LURJE, J.: Die Bestimmung organischer Stoffe in natürlichen Wässern und Abwässern. Fortschritte der Wasserchemie **7** (1967), 81

MAEHLER, C. und A. GREENBERG: Identification of petroleum industry wates in groundwaters. Water Poll. Contr. Fed. **34** (1962), 1262

MIDDLETON, F. et al.: The megasampler for extensive investigation of organic pollutants in water. Proc. 17th Ind. Waste Conf. Purdue Univ. (1962), 454

MIDDLETON, F. und J. LICHTENBERG: Measurement of organic contaminants in the nation's rivers. Ind. Eng. Chem. **52** (1960), 99A

MIDDETON, F.: Nomenclature for refering to organic extracts obtained from carbon with chloroform or other solvents. JAWWA **53** (1961), 749

MORRIS, R. et al.: Chemical aspects of actinomycete metabolites as contributors of taste and odor. JAWWA **55** (1963), 1380

MYRICK, H. und W. RYCKMAN: Consideration in the isolation and measurement of organic refractories in water. JAWWA **55** (1963), 783

MYRICK, H. und W. RYCKMAN: Physiologic and health aspects of water quality (Task Group Report). JAWWA **53** (1961), 1354

MYRICK, H. und W. RYCKMAN: Drinking water standards, 1962. Public Health Service Publ. (1963), 956

RANBOW, C.: Effect of flow rate on carbon filter performance. JAWWA **55** (1963), 1037

ROBINSON, L. et al.: Organic materials in Illinois groundwater. JAWWA **59** (1967), 227

ROCK, R. et al.: Effects of turbidity on recovery of traces organics by vcarbon adsorption columns. J. Water Poll. Contr. Fed. **38** (1966), 204

ROMANO, A. und S. SAFFERMAN: Studies on actionmycetes and their odors. JAWWA **55** (1963), 169

RYCKMAN, W. et al.: Methods characterizing organic materials of taste and odor interest JAWWA **53** (1961), 1392

SKRINDE, R. und H. TOMLINSON: Organic micropollution instrumentation and measurement J. Water Poll. Contr. Fed. **35** (1963), 1292

SPICHER, R. und R. SKRINDE: Potassium permanganate oxidation of organic contaminants in water supplies. JAWWA **55** (1963), 1174

SPROUL, O. und W. RYCKMAN: The significance of trace organics in water pollution. J. Water Poll. Contr. Fed. **33** (1961), 1188

SPROUL, O. und W. RYCKMAN: Standard methods for the examination of water and wastewater. Am. Publ. Health Ass. Inc. 12th Ed. (1965), 214

TAYLOR, F. et al.: Alternative sampling device for the carbon adsorption method. JAWWA **56** (1964), 774

TAYLOR, F. et al.: Tentative method for carbon chloroform extract (CCE) in water. JAWWA **54** (1962), 223

TOMLINSON, H. et al.: Measurement of organic pollutants. Water Sew. Works **109** (1962), 420

Anschrift des Verfassers:

Dr. K. BOLBERITZ, Staatliches Institut für Hygiene, Budapest IX, Gyáli út. 2···6, VR Ungarn

A. SCHMIDT, B. WIEMER

Technische Universität Dresden, Sektion Wasserwesen, Bereich Hydrochemie

Vergleichende photometrische Untersuchungen am Beispiel der Eisenuntersuchung im Wasser*)

Zusammenfassung: Am Beispiel der Eisenbestimmung mit o-Phenanthrolin werden verschiedene Geräte eingesetzt und ihre Vor- und Nachteile, je nach Einsatzgebiet, für Forschung oder Betriebsanalyse, erläutert.

Summary: By the example of iron determination using o-phenantroline, the authors describe the application of different apparatus and explain their advantages and disadvantages as to their fields of application in research or plant analysis.

Резюме: На примере определения железа с помощью о-фенантролина автор представляет различные приборы и об'ясняет их преимущества и недостатки, в зависимости от применения в исследовательской работе или в производственном анализе.

Eisen(II)-ionen geben im pH-Bereich 2···9 mit 1,10-Phenanthrolin eine intensive Rotfärbung, die sich zur photometrischen Eisenbestimmung eignet (AUSGEWÄHLTE METHODEN).

Diese bekannte und in der Wasseranalyse bereits angewandte Methode zur Gesamteisenbestimmung ist mit verschiedenen Photometern untersucht und mathematisch ausgewertet worden. Dabei wurden einem Testwasser, dessen Gesamteisengehalt unter der Nachweisgrenze lag, steigende Mengen einer bekannten Eisenlösung zugesetzt. Die Bestimmung des Gesamteisengehaltes erfolgte photometrisch bei 510 nm durch Messung der Extinktion. Die Proben wurden gegen Aqua dest. gemessen, der Reagentienblindwert gesondert bestimmt. Dabei ergaben sich die in Abb. 1 dargestellten Eichkurven.

Folgende Photometer standen zur Verfügung:

1. LANGE-Kolorimeter VII S
   100 m*l*-Küvetten, Grünfilter.
2. HAVEMANN-Kolorimeter
   2 und 1 cm-Küvetten, Filter 495 nm, erhaltene Skalenteile wurden mit Hilfe des Eichnormals in Extinktion umgerechnet.
3. SPEKOL, VEB Carl Zeiss Jena
   1 cm-Küvetten, 510 nm
   SPEKOL mit Zusatzverstärker
   5 cm-Küvetten, 510 nm (E/d) aufgetragen)
4. VSU 2 P, VEB Carl Zeiss Jena
   1 und 5 cm-Küvetten, 510 nm.

*) Nach einem Vortrag, gehalten auf der Jahrestagung des Fachverbandes Wasserchemie der Chemischen Gesellschaft in der DDR, Dresden, Oktober 1970

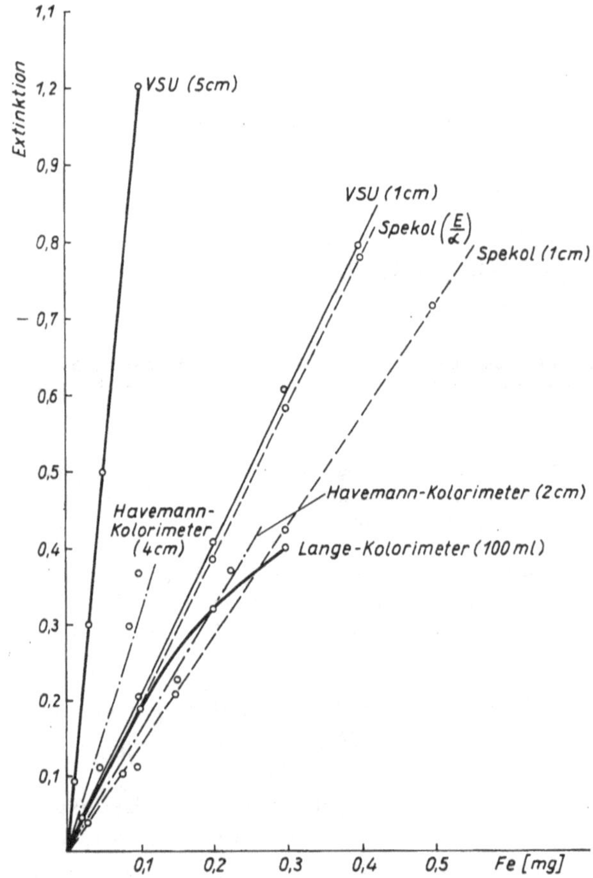

Abb. 1: Vergleich der Eichkurve, an verschiedenen Geräten gemessen

Deutlich hebt sich die Eichkurve des LANGE-Kolorimeters auf Grund ihrer Krümmung von den anderen Eichkurven ab. Das LAMBERT-BEERsche Gesetz ist nur im geraden Teil erfüllt, der Anwendungsbereich kleiner gegenüber anderen Geräten. Werden Preis (880,— M) und Größe, wie Transportierbarkeit berücksichtigt, sollte bei Übersichtsanalysen dieses Gerät eingesetzt werden.

Das HAVEMANN-Kolorimeter ist ebenfalls, werden die angezeigten Skalenteile auf Extinktionswerte umgerechnet, in einem kurzem Extinktionsbereich einsetzbar. Die erhaltenen Werte sind sehr genau, eine Empfindlichkeitssteigerung durch Küvettenverlängerung tritt deutlich auf. Bemerkenswert ist der hohe Preis (9800,— M) für dieses Filterphotometer.

Mit dem Spekol steht ein universelles Photometer zur Verfügung, das mit Hilfe von Gittern monochromatisches Licht liefert. Das Absorptionsmaximum kann zwischen 330 und 850 nm beliebig eingestellt werden. Die Messungen mit der 1 cm-Küvette erfolgten mit dem Grundgerät, die mit der 5 cm-Küvette mit dem Zusatzverstärker. Das Spekol liefert, wie aus Abb. 1 ersichtlich, exakte Eichkurven mit guter Empfindlichkeit. Der Preis mit Zusatzverstärker beträgt 3500,— M.

Das VSU 2 P, ein photometrisches Meßgerät für das UV- und sichtbare Gebiet zeigt im Falle der Eisenbestimmung erwartungsgemäß die höchste Empfindlichkeit (Abb. 1). Der Anschaffungspreis liegt bei 19000,— M. An dieses Gerät werden höhere Wartungsbedingungen gestellt, so daß ein Einsatz nur für wissenschaftliche Untersuchungen geraten scheint.

Die Bewertung des untersuchten Analysenverfahrens wurde mit Hilfe der statistischen Fehlertheorie nach KAISER und SPECKER vorgenommen. Die Standardabweichung s des Verfahrens wird berechnet nach

$$s = \pm \sqrt{\frac{\sum_1^N \delta_i^{\,2}}{N - 1}}$$

N = Anzahl der Messungen

$\delta_i = x_i - x$ = Meßwert — Mittelwert

$$\bar{x} = \frac{x_1 + x_2 + x_3 + \cdots x_n}{N} = \sum_e^N \frac{x_i}{N}$$

und die relative Standardabweichung oder Varianz nach

$$V = \frac{s}{x} \cdot 100 \qquad \text{in } \%.$$

Zur Bestimmung der relativen Standardabweichung wurden jeweils einundzwanzig Analysen von einem Wasser, dessen Eisengehalt bei 0,1 mg pro 50 ml eingesetztem Probevolumen lag, durchgeführt. Die erhaltenen Werte sind in Tab. 1 zusammengestellt. Das LANGE-Kolorimeter zeigt gegenüber anderen

Tabelle 1

Ermittlung der Standardabweichung der Methode

Gerät	Küvette	relative Standardabweichung in %
LANGE-Kolorimeter	100 ml	4,5
HAVEMANN-Kolorimeter	2 cm	2,0
	4 cm	0,8
SPEKOL	1 cm	2,3
	5 cm	2,1
Universalspektrophotometer	1 cm	0,6
VSU 2P	5 cm	6,2

Geräten eine etwas größere Schwankung. Eine Ausnahme bildet hier der Wert für die relative Standardabweichung von 6,2% für das VSU 2 P mit der 5 cm-Küvette. Wird dieser Wert mit der in Abb. 1 dargestellten Eichkurve verglichen, so ist festzustellen, daß sich dieser Wert außerhalb des Extinktionsbereiches $E = 1{,}1$ befindet, in dem Messungen mit hinreichender Genauigkeit nicht durchgeführt werden können. Damit wird gleichzeitig nachgewiesen, daß bei Betriebsanalysen nach Möglichkeit eine Verdünnung der Wasserprobe vorgenommen werden sollte, um immer im mittleren Teil der Eichkurve zu messen, einen kleinen Analysenfehler vorausgesetzt.

Um sehr kleine Konzentrationen zu bestimmen (unterster Teil der Eichkurve), d. h. den Störpegel des Analysenverfahrens zu umgehen, wird die Nachweisgrenze statistisch ermittelt. Sie wurde im folgenden Fall aus einundzwanzig Reagentienblindwerten über die Standardabweichung der Blindwerte berechnet:

$$\sigma_B = \pm \sqrt{\frac{\sum_i^N \delta_i^2}{N - 1}}$$

$$x - x_B = 3\sqrt{2} \cdot \sigma_B$$

σ_B = Standardabweichung der Blindwerte
$\bar{x}_B$ = Mittelwert der Blindwerte
$\underline{x}$ = Nachweisgrenze
$3\sqrt{2}$ = Faktor mit 99,7% Sicherheit.

In Tab. 2 sind die relativen Standardabweichungen an der Nachweisgrenze und die statistisch erhaltenen Nachweisgrenzen in mg Fe angegeben. Erwartungsgemäß treten beim LANGE-Kolorimeter die größten Schwankungen auf.

Tabelle 2
Ermittlung der statistischen Nachweisgrenze

Gerät	Küvette	relative Standardabweichung aus Blindwerten [%]	Statistische Nachweisgrenze [mg/Fe]
LANGE-Kolorimeter	100 ml	60	0,005
HAVEMANN-Kolorimeter	2 cm	30	0,012
	4 cm	31	0,006
SPEKOL	1 cm	27	0,010
	5 cm	31	0,007
Universalspektrophotometer	1 cm	19	0,008
VSU 2P	5 cm	15	0,005

Die Nachweisgrenze liegt bei allen Geräten fast gleich, das liegt aber an der Analysenvorschrift selbst. Durch 1,10-Phenanthrolin und die Reagentien wie Pufferlösung, Hydroxylaminhydrochlorid, Schwefelsäure und Ammoniak tritt ein natürlicher Eisengehalt auf, unter dem keine Bestimmungen möglich sind. Der Einsatz eines Extraktionsverfahrens, wie das des Bathophenanthrolin zur Eisenbestimmung, zeigt, daß sich die Anwendungsbedingungen sehr zu Gunsten des VSU 2 P verschieben.

Literatur:

AUSGEWÄHLTE METHODEN DER WASSERUNTERSUCHUNG. VEB G. Fischer Verlag, Jena, 1971 KAISER, H. und H. SPECKER: Z. f. analyt. Chem. **149** (1956), 46

Anschrift der Verfasserinnen:

Dipl.-Chem. A. SCHMIDT und Chem.-Ing. B. WIEMER, 8020 Dresden, Zellescher Weg 40, DDR

H.-J. Schmidt

Wasserwirtschaftsdirektion Obere Elbe—Mulde, Oberflußmeisterei Karl-Marx-Stadt

Zur Anwendung ionenselektiver Membranelektroden in der Wasseranalytik

Zusammenfassung: Untersuchungen über die Bestimmung von Jodid und Cyanid mit ionenselektiven Membranelektroden werden beschrieben, verschiedene Einflußgrößen, das Prinzip der Messung und eine Meßanordnung sowie die Grenzen der für die Laboratoriumspraxis brauchbaren Methoden erläutert.

Summary: The author reports on investigations of the determination of iodide and cyanide by ion-selective membrane electrodes and describes different influence values, the principle of measurement, a measuring arrangement and the limits of the methods useful for laboratory practice.

Резюме: Описываются исследования определения йодида и цианида при помощи ионно-селективных мембранных электродов и об'ясняются разные влияющие величины, принцип измерения, измерительное устройство, а также границы подходящих для лабораторной практики методов.

Einleitung

Die Vielzahl der im Wasser und Abwasser gelösten Verbindungen führt immer wieder zu Störungen im Analysengang. Oft sind aufwendige Vorbehandlungsmethoden zur Bestimmung verschiedener Ionen erforderlich. Die stete Suche nach sehr spezifischen Analysenmethoden ist daher verständlich.

In den letzten Jahren sind viele Veröffentlichungen zur Theorie und zum Einsatz ionenselektiver Elektroden erschienen, wobei über deren Anwendung bei der Bestimmung von Ionen in nichtwäßrigen und wäßrigen Lösungen berichtet wird (Rechnitz; Durst; Pungor u. Mitarb.; Pungor u. Toth; Pungor u. Mitarb.; Oehme).

Der Einsatz solcher ionenselektiven Elektroden in der Wasseranalytik erscheint zunächst für die Bestimmung einiger Anionen (Cl^-, J^-, Br^-, $S^=$, CN^-) erfolgversprechend. Letztlich ist die Wasserstoffionenmessung mit der Glaselektrode als das klassische Beispiel selektiver Elektroden aus dem Wasserlabor nicht mehr wegzudenken und auch der Einsatz von Sauerstoffmembranelektroden nimmt immer breiteren Raum ein.

Elektrodentypen und Funktion

Zunächst lassen sich die ionenselektiven Elektroden nach der Art der Membran folgendermaßen gruppieren:

Glasmembranelektroden
Festkörpermembranelektroden
Flüssigkeitsmembranelektroden.

Für etwa fünfundvierzig verschiedene Ionen (Anionen und Kationen) sind selektive Elektroden bekannt. Darunter sind für etwa fünfzehn Ionenarten. Niederschlagsmembranelektroden beschrieben (Pungor u. Mitarb.; Pungor u. Toth; Shatkay; Malissa u. Jellinek; Hirsch-Ayalon, Rechnitz u. Mitarb.; Geyer u. Syring).

Hier sollen nur Niederschlagsmembranelektroden nach Pungor betrachtet werden, die die Bestimmung der eingangs erwähnten Anionen ermöglichen und die z. Zt. im Fachhandel erhältlich sind.

Die von der Firma Radelkis, Budapest, hergestellten Elektroden nach Pungor haben eine Silicon–Gummi-Membran, die als „Membrankomponente" ca. 40 Gew.% Silberhalogenidniederschlag enthält (heterogene Membranelektrode).

Das Potential der Kette:

Bezugselektrode/Elektrolyt$_i$/Membran/Elektrolyt$_a$/Bezugselektrode

kann mit jedem pH-Meßverstärker oder geeignetem mV-Meter gemessen werden. Die Potentialänderung der Elektrode folgt innerhalb eines bestimmten Konzentrationsbereiches der Nernstschen Gleichung, so daß formal

$$E_M = -\frac{RT}{Z} \cdot \lg \frac{a_1}{a_2}$$

a_1 = Ionenaktivität der Standardlösung;
a_2 = Ionenaktivität der Testlösung

ist.

Ausführliche theoretische Betrachtungen zu den einzelnen Elektrodentypen, sowie eine umfassende Literaturübersicht geben Simon u. a.

Der Vollständigkeit halber sei hier nur kurz das Prinzip der Niederschlagsmembranelektrode aufgezeigt.

Die schwerlösliche anorganische Verbindung („*Membrankomponente*") ist in der Membran feinkristallin oder amorph enthalten. Damit ist eine große wirksame Oberfläche gegeben. Von den membranogenen Ionen soll mindestens eines im System

Elektrolyt$_{\text{außen}}$/Membran/Elektrolyt$_{\text{innen}}$

gelöst vorliegen.

Unter diesen Bedingungen kann an der Membranoberfläche ein membranogenes Ion adsorbiert werden, wodurch die Membranoberfläche eine elektrische Ladung erhält. Infolge der konzentrationsabhängigen Adsorption tritt eine Potentialänderung mit der Änderung des membranogenen Ions im Elektrolyten auf.

Mit der Nernstschen Gleichung läßt sich erkennen, daß für das Grenzflächenpotential Membran/Elektrolyt Anionen und auch Kationen bestimmend sein können. (Zur exakten theoretischen Beschreibung bedarf es natürlich bestimmter Korrekturen, da die Gleichung in der obigen Form für ideale Verhältnisse gilt.)

Im folgenden sind die Ergebnisse einiger Messungen mit der jodidselektiven Elektrode dargestellt.

Anwendung

Die hier beschriebenen Messungen hatten zum Ziel, die Anwendungsmöglichkeit der Elektrode vorerst für Laboratoriumsuntersuchungen zu überprüfen. Verwendet wurden ausschließlich Elektroden nach PUNGOR.

Die Bestimmung des Jodidions

Meßanordnung: Die jodidselektive Membranelektrode vom Typ OP-J-711 hat einen maximalen Widerstand von etwa 10 MΩ. Als Bezugselektrode wurde eine Kalomelelektrode verwendet.

Die EMK der Kette wurde mit dem pH-Meßverstärker MV 85 der Firma CLAMANN u. GRAHNERT, Dresden, gemessen. Ein besonderer Vorteil dieses Meßverstärkers ist, daß für die Potentialmessung vier Meßbereiche sowie eine Scalennullpunktspreizung eine hohe Ablesegenauigkeit ermöglichen. Das Ergebnis der Jodidbestimmung zeigt Abb. 1. Gearbeitet wurde mit Kaliumjodidlösungen.

Aus der Kurve ist zu ersehen, daß die Abhängigkeit des Potentials, von der Jodidionenkonzentration bis zu einer 10^{-4} m Kaliumjodidlösung linear ist und erst bei niedrigeren Konzentrationen stärkere Abweichungen vom „theoretischen" Kurvenverlauf auftreten. Für die Steigung der Eichkurven $\left(\frac{\Delta mV}{\Delta px}\right)$ im linearen Teil ließ sich ein Wert von 60 mV/Zehnerpotenz errechnen.

Bis zu einer unteren Jodionenkonzentration von 0,2 mg/l ließ sich die Eichkurve reproduzieren.

Eine Untersuchung des Einflusses der häufig auftretenden Anionen Cl^-, Br^-, $SO_4^=$ und NO_3 zeigte, daß die Jodidselektivität der Elektrode für Chlorid- bzw. bromidzusätze von 5…10 g/l und für Nitrat- bzw. Sulfatzusätze von 50…100 g/l nicht gestört wurde. Störend wirken Cyanid und Thiosulfat.

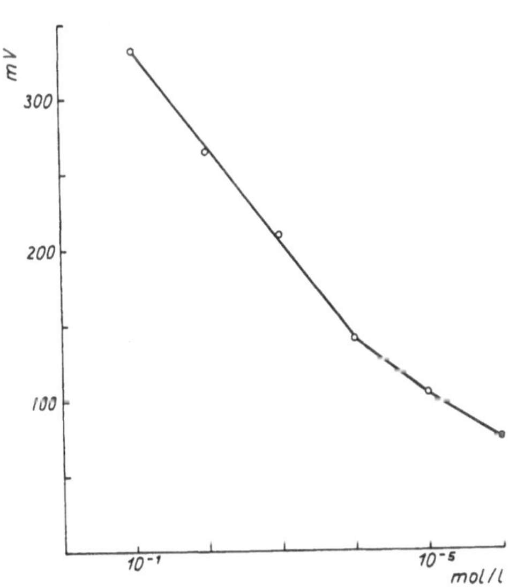

Abb. 1: Änderung des Elektrodenpotentials mit der Jodionenkonzentration

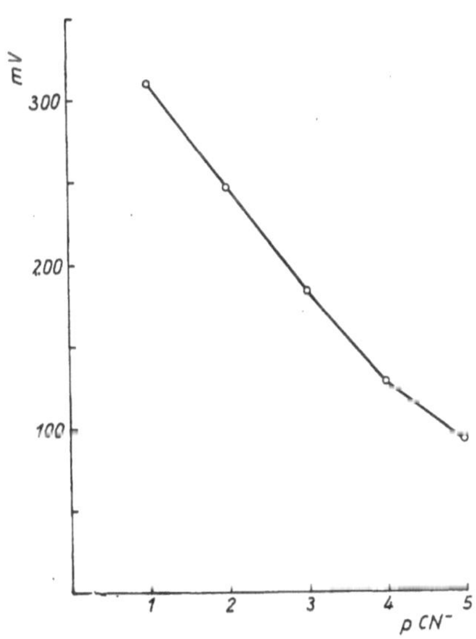

Abb. 2: Potentialänderung in Abhängigkeit von der Cyanidionenkonzentration

Bestimmung des Cyanidions

Untersucht wurde die Bestimmung des Cyanids aus Modellösungen, sowie der Einfluß des pH-Wertes, der Temperatur und einiger Anionen. Ziel der Untersuchungen sollte sein, die Anwendbarkeit der jodidselektiven Elektrode zur Cyanidbestimmung zu prüfen.

Theoretische Grundlage für diese Bestimmung ist, daß die Störung des Elektrodenpotentials bei der Jodidbestimmung durch Cyanidionen infolge Bildung eines Silbercyanidkomplexes so gut definiert ist, daß bei Abwesenheit von Jodid die Elektrode direkt zur Cyanidbestimmung verwendet werden kann.

Gearbeitet wurde mit der gleichen Meßanordnung wie zuvor beschrieben.

Abb. 2 zeigt die Potentialänderung in Abhängigkeit von der Cyanidionenkonzentration bei Verwendung von Kaliumcyanidlösungen.

Wie die Kurve zeigt, treten bei Cyanidkonzentrationen $< 10^{-4}$ Mol/l Abweichungen von der Linearität auf. Unterhalb 10^{-5} Mol/l ließen sich keine Werte mehr reproduzieren.

Die Untersuchungen wurden bei einem konstanten pH-Wert aufgenommen, da, wie im folgenden Abschnitt beschrieben wird, die Potentialbildung sehr von der Konzentration der Wasserstoffionen abhängt.

Einfluß des pH-Wertes

Die Abhängigkeit der bei verschiedenen pH-Werten gemessenen Potentialwerte über den Konzentrationsbereich $10^{-1} \ldots 10^{-5}$ Mol/l zeigt Abb. 3. Deutlich ist zu erkennen, daß mit steigendem pH-Wert, die Kurve sich der reproduzierbaren Eichkurve (ausgezogene Linie) nähert.

Bei pH-Werten > 10 traten keine weiteren Abweichungen auf. Daraus folgt, daß für die Cyanidmessung mit der jodidselektiven Membranelektrode ein pH-Wert von ≥ 10 eingestellt werden muß.

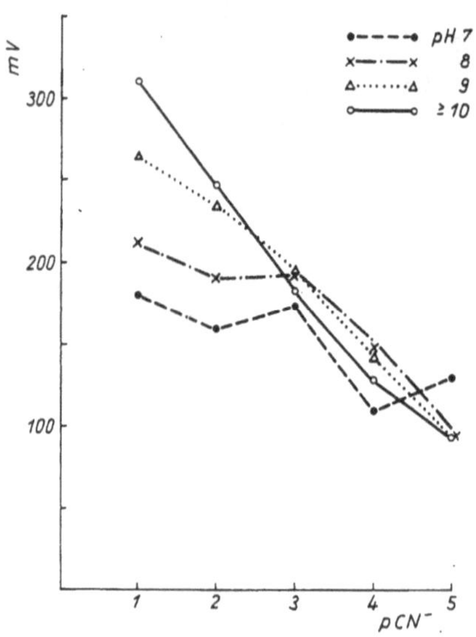

Abb. 3: Abhängigkeit des Elektrodenpotentials vom pH-Wert

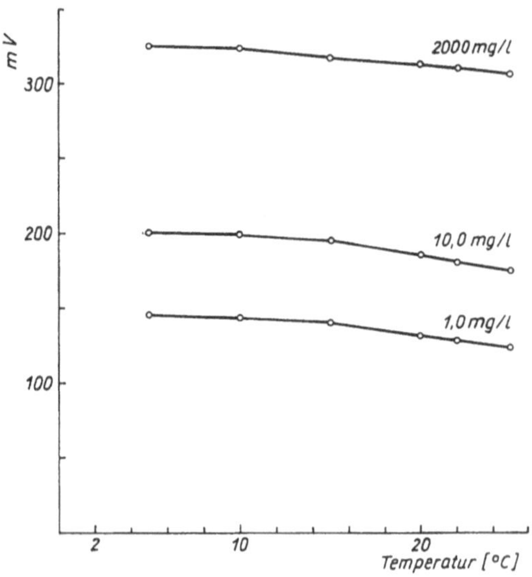

Abb. 4: Temperaturabhängigkeit des Elektrodenpotentials

Einfluß der Temperatur

Abb. 4 zeigt die Temperaturabhängigkeit des Elektrodenpotentials im Temperaturbereich von 5···25 °C (häufigster Bereich für die zu untersuchenden Wasserproben). Untersucht wurden drei im Cyanidgehalt unterschiedliche Lösungen. Festgestellt wurde ein Potentialabfall, der über den ganzen Temperaturbereich etwa 20 mV beträgt. Danach ist eine temperaturkonstante Messung und Eichkurvenaufnahme von Bedeutung, da sonst ein deutlicher Meßfehler auftreten kann.

Über die Temperaturbeständigkeit wurden keine Untersuchungen durchgeführt, hier sei auf die Angaben der Herstellerfirma verwiesen, die 50 °C als obere Grenze angibt.

Cyanidbestimmung bei Anwesenheit verschiedener Anionen

Untersucht wurde zunächst nur, ob die Anionen Chlorid, Bromid, Nitrat, Sulfat und Rhodanid die Cyanidbestimmung störend beeinflussen. Die Abwesenheit von Jodid ist Voraussetzung. Dabei zeigte sich, daß bei Anwesenheit von Chlorid, Bromid, Nitrat und Sulfat in Mengen von 20 g/l die Selektivität der Elektrode für Cyanid im Konzentrationsbereich 10^{-1} bis 10^{-4} Mol/l nicht beeinflußt wurde.

Bei Anwesenheit von bereits 10 mg/l Rhodanid erhöhte sich das Elektrodenpotential um durchschnittlich 20 mV über den untersuchten Konzentrationsbereich von 10^{-1}···10^{-5} Mol/l.

Ausblick auf Anwendungsmöglichkeiten

Die Entwicklung der ionenselektiven Elektroden ist eine entscheidende Bereicherung der analytischen Praxis. Von besonderer Bedeutung ist dabei, daß die gemessenen Potentialdifferenzen relativ leicht in Regelsysteme übertragen werden können.

Zwei große Anwendungsgebiete bieten sich an: Verwendung bei der Automation analytischer Verfahren; Einsatz bei der Prozeßsteuerung.

So ist es sicher interessant zu untersuchen, inwieweit die ionenselektiven Elektroden bei der Ausrüstung automatischer Gütepegel in den Gewässern und bei der automatischen Kontrolle der Abwassereinleiter Verwendung finden können. Untersuchungen in Zusammenarbeit mit der Meßgeräteindustrie sollten unerläßlich sein.

Zwei entscheidende Nachteile stehen der breiten Anwendung der eingesetzten Elektroden momentan noch entgegen. Erstens ist die Lebensdauer der Elektroden sehr begrenzt und zweitens ist die Vergleichbarkeit der einzelnen Elektroden untereinander nicht gesichert.

So betrug die Lebensdauer der verwendeten jodidselektiven Elektroden lediglich zwölf Wochen, und bei Einsatz neuer Elektroden wurden nicht die Werte der vorangegangenen Eichkurven erreicht.

Zweifellos ist beides eine Frage des Membranmaterials.

Die aussichtsreichste Anwendung ist wohl momentan für Laboraroriumsuntersuchungen gegeben, wobei die Messungen registrierend ausgeführt werden können.

Literatur

DURST, R. A.: Ion-Selective Electrodes, National Bureau of Standards, Spec. Publ. 314, Washington, 1969

GEYER, R., W. SYRING: Z. Chem. **6** (1966), 92

HIRSCH-AYALON, P.: Elektroch. Acta **10** (1965), 773

MALISSA, H., G. JELLINEK: Z. Analyt. Chem. **245** (1969), 70

OEHME, F.: Chem. Rundschau **21** (1968), 891

PUNGOR, E., J. HAVAS, K. TOTH: Instruments Control. Syst. **38** (1965), 105

PUNGOR, E., K. TOTH: Hung. sci. Intruments **14** (1968), 15

PUNGOR, E., K. TOTH, J. HAVAS: Microchim. Acta **4—5** (1966), 689

RECHNITZ, G. A.: Chem. Engn. News **45** (1967), Nr. 25, 146

RECHNITZ, G. A., Z. F. LIN, S. B. ZAMOCHNIK: Analyt. Letters **1** (1967), Nr. 1, 29

SHATKAY, A.: Analytic. Chem. **39** (1967), 1056

SIMON, W. u. a.: Angew. Ch. **82** (1970), Nr. 11, 443

Manuskripteingang: November 1970

Anschrift des Verfassers:

H.-J. SCHMIDT, Wasserwirtschaftsdirektion Obere Elbe—Mulde, Oberflußmeisterei Obere Mulde, 901 Karl-Marx-Stadt, Stephanplatz 3, DDR

F. Wolf, L. Eckert, S. Vollmann

Institut für Technische Chemie der Martin-Luther-Universität Halle-Wittenberg

Über die Oxydation von Sulfidionen durch Sauerstoff in Gegenwart von Schwefelfarbstoffen

IV. Mitteilung

Zusammenfassung: Es wird gezeigt, daß bei der Oxydation von wäßrigen Alkalisulfidlösungen nur Sulfit, Sulfat und Thiosulfat gebildet werden. Bei Zusatz von Schwefelfarbstoff zu diesen Sulfidlösungen entsteht bei der Oxydationsreaktion auch Tetrathionat, das papierchromatographisch nachgewiesen werden kann.

Summary: It is shown that only sulphite sulphate and thiosulphate are formed by the oxidation of aqueous solutions of alkalisulphide. By adding sulphur dyes to these sulphide solutions, during the oxidation reaction also tetrathionate is formed, which is detectable by paper chromatography..

Резюме: Автор показывает, что при окислении водных растворов сульфида щелочного металла образуются только сульфит, сульфат и тиосульфат. После добавки и этим растворам сульфида сернистого красителя возникает при окислительной реакции и тетратионат, обнаруживаемый при помощи хроматографии из бумаге.

In den bisherigen Mitteilungen über die Oxydation von Sulfidionen durch Sauerstoff in Gegenwart von Schwefelfarbstoffen wurde lediglich über den Einfluß der Farbstoffart und der Farbstoffmenge auf die Umsatzgeschwindigkeit (Wolf, Eckert, Heby) berichtet. Die bei der Reaktion entstehenden Oxydationsprodukte wurden nicht untersucht.

Die in der Literatur veröffentlichten Ergebnisse über die bei der Oxydation von wäßrigen Alkalisulfidlösungen mit Sauerstoff ohne Katalysatorzusatz entstehenden Verbindungen stimmen nicht überein, was offensichtlich auf die unterschiedlichen Versuchsbedingungen zurückzuführen ist (Filhoe, Durkee, Meunier, Booth, Abegg). In einigen dieser Publikationen werden wichtige Faktoren, wie der pH-Wert der Lösung oder die Reaktionstemperatur, nicht berücksichtigt.

Im Rahmen der vorliegenden Arbeit soll daher der Einfluß verschiedener Schwefelfarbstoffe auf die Art der entstehenden Reaktionsprodukte ermittelt werden.

Zur qualitativen Bestimmung der Oxydationsprodukte

Bei der Umsetzung von Sulfidionen mit Sauerstoff können nach Angaben der Autoren (Filhoe, Durkee, Meunier, Booth, Abegg) Sulfit, Sulfat, Thiosulfat und Schwefel entstehen. Da in Gegenwart dieser Schwefelverbindungen ein katalytischer Zerfall der Polythionate eintritt, ist mit der Bildung der letzteren unter diesen Bedingungen nicht zu rechnen. Tetrathionat als das beständigste Polythionat kann evtl. im Prozeßverlauf entstehen und einige Zeit existent sein.

Die Bestimmung der Substanzen in einem Gemisch, das neben den erwähnten Komponenten noch Sulfidionen und Schwefelfarbstoffe enthält, ist schwierig und konnte nur mit Hilfe der Papierchromatographie erreicht werden. Die R_F-Werte von Sulfid, Sulfit, Sulfat, Thiosulfat und Tetrathionat wurden zunächst nach der absteigenden Methode ermittelt. Als Testlösungen dienten 1%ige Lösungen dieser Substanzen. Die Entwicklung erfolgte mit nachstehenden Reagentien:

– 1%ige Silbernitratlösung für Sulfid, Thiosulfat, Tetrathionat,
– 0,02%ige Fuchsinlösung für Sulfit,
– 0,02%ige Benzidin-Silbernitratlösung für Sulfat.

Als Papier kam die Sorte FN 7 und als Laufmittel das von Pollard Mc Omie und Jones empfohlene Lösungsmittelgemisch: 65 m*l* Aceton, 40 m*l* Wasser, 15 m*l* n-Butanol und 0,5 g Kaliumacetat zur Anwendung. Um eine oxydative Veränderung der Schwefelverbindungen zu verhindern, wurde das Chromatographiergefäß mit Stickstoff gespült.

Die so erhaltenen Ergebnisse sind in Tab. 1 zusammengestellt. Dabei zeigte sich, daß die R_F-Werte nicht reproduzierbar sind.

Tabelle 1
R_F-Werte, die nach der absteigenden Methode erhalten wurden

Substanzgemisch	Laufzeit [h]	R_F-Werte				
		S^{--}	SO_3^{--}	SO_4^{--}	S_2O^{--}	$S_4O_6^{--}$
Sulfid Thiosulfat Tetrathionat	5	0,23	–	–	0,14	0,34
Sulfid Sulfat Thiosulfat Tetrathionat	7	0,31	–	0,74	0,32	0,81
Sulfid Sulfit Sulfat Thiosulfat	8	0,27	0,46	0,78	0,33	0,68
Tetrathionat	8	0,34	0,51	0,71	0,38	0,86

Daraufhin wurde unter Einhaltung der oben genannten Bedingungen nach der aufsteigenden Methode gearbeitet. Diese R_F-Werte sind in Tab. 2 enthalten. Die Laufzeit betrug ca. 16 h.

Tabelle 2
R_F-Werte die nach der absteigenden Methode erhalten werden

Substanz	R -Wert
Sulfid	0,26 ± 0,02
Sulfit	0,08 ± 0,02
Sulfat	0,41 ± 0,02
Thiosulfat	0,31 ± 0,02
Tetrathionat	0,37 ± 0,03

Zur Prüfung des Einflusses, den Schwefelfarbstoffe verschiedener Konstitution auf die Bildung der Oxydationsprodukte ausüben, wurden

a) 1000 m*l* 0,1 M Na_2S-Lösung;

b) 1000 m*l* 0,1 M Na_2S-Lösung, die 5 g Schwefelschwarz (Thiazon-Thianthren-Typ) enthielt,

c) 1000 m*l* 0,1 M Na_2S-Lösung, die 5 g Schwefelrotbraun (Azon-Thianthren-Typ) enthielt,

d) 1000 m*l* 0,1 M Na_2S-Lösung, die 10 g Schwefelorange (Thiazol-Typ) enthielt,

mit 6,3 *l* Sauerstoff/h bei einer Temperatur von 20 °C in der in unserer II. Mitteilung beschriebenen Apparatur (WOLF, ECKERT, HEBY) behandelt. Die Rührgeschwindigkeit betrug 300 Umdr./min, der pH-Wert der Sulfidlösungen 11. Nach zehnstündiger Oxydation wurde 10 min lang mit Stickstoff gespült, um eine weitere Oxydation der Reaktionsprodukte zu verhindern.

Da die in den Lösungen vorliegenden Schwefelfarbstoffe die Auswertung der Papierchromatogramme unmöglich machen, mußten sie vorher mit einer Aufschlämmung von frisch gefälltem Zinkcarbonat entfernt werden. Dabei wird auch das Sulfid als Zinksulfid ausgefällt. Die resultierenden R_F-Werte sind in Tab. 3 enthalten.

Tabelle 3

R_F-Werte der bei der Umsetzung von Natriumsulfid mit Sauerstoff entstehenden Oxydationsprodukte

Zugesetzter Farbstoff	R_F-Wert			
	SO_3^{--}	SO_4^{--}	$S_2O_3^{--}$	$S_4O_6^{--}$
ohne Zusatz	0,05	0,41	0,31	—
	0,07	0,41	0,30	—
Schwefelschwarz	—	—	0,30	0,36
	—	0,40	0,32	0,37
Schwefelrotbraun	0,06	—	0,30	0,38
	—	0,42	0,32	0,35
Schwefelorange	0,08	0,39	0,32	0,36
	0,08	—	0,34	0,38

Ergebnisse

Bei der Oxydation von Sulfidionen mit Sauerstoff entstehen Sulfit, Sulfat, Thiosulfat. Wird man die Reaktion in Gegenwart von Schwefelfarbstoffen durchgeführt, so sind noch geringe Mengen an Tetrathionat nachzuweisen. Da Tetrathionat als Sulfidoxydationsprodukt in der Literatur nicht erwähnt wurde, ist anzunehmen, daß die Reaktionen bei der Oxydation von Sulfidlösungen mit Sauerstoff in Gegenwart von Schwefelfarbstoffen anders ablaufen. Auffallend ist, daß bei Zusatz von Schwefelfarbstoffen wenig oder in einigen Fällen gar kein Sulfit und Sulfat nachgewiesen werden können. Die bei der Reaktion entstehenden Sulfitionen können möglicherweise mit dem Schwefelfarbstoff reagieren.

Da auch Tetrathionat nur in geringen Mengen nachweisbar ist, muß angenommen werden, daß es nach folgendem Reaktionsmechanismus umgesetzt wird:

$$S_4O_6^{--} + S_2O_3^{--} \rightarrow S_5O_6^{--} + SO_3^{--}$$

$$2\ S_5O_6^{--} + 6\ OH^- \rightarrow 5\ S_2O_3^{--} + 3\ H_2O.$$

Eine Überprüfung dieser Annahme erfolgte, indem die Lösungen nach der Oxydation 24 h unter Stickstoff aufbewahrt und dann die erhaltenen Substanzen chromatographisch bestimmt wurden. Dabei ließ sich feststellen, daß nach dieser Zeit nur noch Sulfat und Thiosulfat vorhanden waren.

Eine genauere Beurteilung des Einflusses, den verschiedene Schwefelfarbstoffe auf die Bildung der einzelnen Reaktionsprodukte ausüben, kann nur vorgenommen werden, wenn man die Mengen der im Verlauf des Oxydationsprozesses auftretenden Komponenten bekannt sind. Auf die Ergebnisse dieser Untersuchungen wird in der folgenden Mitteilung eingegangen.

Literatur

ABEGG, O.: Erdöl und Kohle, **14** (1961) 621

BOOTH, H.: J. Soc. Leather Trades' Chemists, **40** (1956) 226

DURKEE, F. W.: J. Amer. chem. Soc., **18** (1896) 525

FILHOE, E.: Ann. Ann. chem. et phys., **28** (1873) 529

MEUNIER, L., M. KOPP: Chim. et Ind., **27** (1932) Nr. 3,718

POLLARD, A, MCOMIE u. JONES: J. chem. Soc. (London) (1955) 4337

WOLF, F, L. ECKERT, R. HEBY: II. Mitteilung. Fortschritte der Wasserchemie, **10** (1968), 81

Manuskripteingang: 12. Mai 1970

Anschrift des Verfassers:

Prof. Dr. F. WOLF, 7031 Leipzig, Karl-Heine-Str. 4 b, DDR

F. Wolf, L. Eckert, R. Heby

Instiut für Technische Chemie der Martin-Luther-Universität Halle-Wittenberg

Über die Oxydation von Sulfidionen durch Sauerstoff in Gegenwart von Schwefelfarbstoffen

V. Mitteilung

Zusammenfassung: Der Gehalt der bei der Oxydation wäßriger Natriumsulfidlösungen ohne und mit Zusatz von Schwefelfarbstoffen entstehenden Produkte Natriumsulfit, Natriumsulfat und Natriumthiosulfat wurde ermittelt. Dabei zeigte sich, daß in Gegenwart von Schwefelfarbstoffen wesentlich weniger bzw. kein Sulfit und Sulfat entstehen. Weiter wird nachgewiesen, daß der Schwefelfarbstoff durch eine Reaktion mit dem gebildeten Sulfit umgewandelt und inaktiviert wird.

Summary: There was determined the content of sodium sulphite, sodium sulphate and sodium thiosulphate formed by the oxidation of aqueous sodium sulphide solutions without and with sulphur dyes added. As it was shown, in the presence of sulphur dyes considerably less or no sulphite and sulphate were formed. It was demonstrated, moreover, that sulphur dye was converted and inactivated by reacting with the sulphite formed.

Резюме: Определилось содержание сульфита, сульфата и тиосульфата натрия, возникающих при окислении водных растворов сульфида натрия без добавки сернистых красителей и в их присутствии. При этом выяснилось, что в присутствии сернистых красителей возникает значительно меньше или вообще нет сульфита и сульфата. Далее автор доказывает, что сернистый краситель превращается и инактивируется путем реакции с созданным сульфитом.

In der IV. Mitteilung wurde berichtet, daß durch Zusatz von Schwefelfarbstoffen zu wäßrigen Alkalisulfidlösungen und nachfolgender Oxydation mit Sauerstoff offensichtlich andere Reaktionen ablaufen als in reinen Alkalisulfidlösungen. Durch papierchromatographische Trennung der Reaktionsprodukte wurde festgestellt, daß bei der Oxydation von Sulfidlösungen mit Sauerstoff Sulfit, Sulfat und Thiosulfat entstehen, in Gegenwart von Schwefelfarbstoffen außerdem noch in geringem Maße Tetrathionat.

Im Rahmen der vorliegenden Arbeit sollen durch quantitative Bestimmung der Reaktionsprodukte der Verlauf des Oxydationsprozesses und die Wirkung der Schwefelfarbstoffe verschiedener Konstitution untersucht wurden.

Quantitative Bestimmung von Sulfid, Sulfit, Sulfat und *Thiosulfat*

In der Literatur ist bisher kein Verfahren beschrieben worden, nach dem Sulfid, Sulfit, Sulfat und Thiosulfat in Gegenwart von Schwefelfarbstoffen quantitativ bestimmt werden können. Es sind jedoch Analysenmethoden bekannt, die zur Lösung dieses Trennproblems herangezogen werden können. Die Wichtigsten sollen erwähnt werden.

KURTENACKER veröffentlichte für die Trennung eines Gemisches von Sulfid-, Sulfit- und Thiosulfationen eine Methode, die auf folgendem Prinzip beruht:

Zunächst wird in einem Teil der Probe der Gesamtjodidverbrauch bestimmt. Dadurch werden alle drei Komponenten erfaßt. Ein weiterer Teil der Probelösung wird mit Zinkcarbonat versetzt. Dadurch fällt Sulfid quantitativ als Zinksulfid aus und kann abfiltriert werden. In der Lösung befinden sich nur noch Sulfit und Thiosulfat. Wird ein Teil davon jodometrisch titriert, ergibt sich der Wert für die Summe von Sulfit und Thiosulfat. Durch Zusatz von Formaldehyd zu einem Teil der sulfidfreien Lösung bildet sich eine Formaldehyd-Sulfit-Additionsverbindung, die Jod nicht reduziert. Titriert man diese Lösung ebenfalls mit Jodlösung, so wird der Wert für Thiosulfat erfaßt. Dabei müssen bestimmte Bedingungen eingehalten werden, weil Thiosulfat mit Formaldehyd reagieren kann.

MILLER titriert ein Gemisch von Sulfid, Sulfit und Thiosulfat potentiometrisch unter Verwendung einer Silber/Silbersulfid-Graphitelektrode. Zuerst wird Sulfid mit Silbernitrat bestimmt. Der dabei entstehende Niederschlag wird abfiltriert. Das Filtrat, das noch Sulfit und Thiosulfat enthält, wird mit Benzaldehyd und Essigsäure versetzt. Dabei bildet sich eine Benzaldehyd–Sulfit-Additionsverbindung, die Jod nicht reduziert. Thiosulfat, das unter diesen Bedingungen nicht mit dem Aldehyd reagiert, kann jodometrisch bestimmt werden. Durch Zugabe von Natriumhydrogencarbonat wird die Additionsverbindung zersetzt und die Sulfitionen können mit einer Jodlösung titriert werden.

Diese Methoden sind aber nur für Lösungsgemische geeignet, die keinen Schwefelfarbstoff enthalten; ist ein solcher zugegen, treten erhebliche Störungen aus. Folgende Analysenmethoden wurden entwickelt:

Bestimmung von Thiosulfat neben Sulfid, Sulfit und Schwefelfarbstoffen

In einem 100-m*l*-Maßkolben wurden bestimmte Mengen Thiosulfat, Sulfid, Sulfit und Schwefelfarbstoff vorgelegt und mit glycerinhaltigem Wasser aufgefüllt. Glycerin verhindert die Oxydation von Sulfid und Sulfit durch Luftsauerstoff. Zur Fällung des Sulfids und des Schwefelfarbstoffes werden der Lösung 20 m*l* einer Suspension von frisch gefälltem Zinkcarbonat zugesetzt und der dabei entstehende Niederschlag abgetrennt. 10 m*l* des klaren und farblosen Filtrates werden in ein Becherglas gegeben, mit 100 m*l* Wasser und 2 m*l* 40%igem Formaldehyd versetzt und 5 min mit einem Magnetrührer gerührt. Danach wird mit 20%iger Essigsäure auf pH-Wert 5,2 angesäuert und sofort mit Jodlösung titriert. Der Thiosulfatgehalt wurde mit dem Titrimeter TM 62 bestimmt. Als Indikatorelektrode diente ein Platinblech und als Vergleichselektrode ein Kalomelhalbelement. Am Äquivalenzpunkt wird ein Potentialsprung von ca. 60 μA beobachtet. Die Ergebnisse, die Auskunft über die Reproduzierbarkeit der Meßwerte geben, sind in Tab. 1 zusammengestellt.

Bestimmung von Sulfit neben Sulfid, Thiosulfat und Schwefelfarbstoffen

Bei der Bestimmung von Sulfit neben Sulfid, Thiosulfat und Schwefelfarbstoffen werden Sulfid und Schwefelfarbstoff, wie bereits beschrieben, mit Zink-

Tabelle 1
Bestimmung von Thiosulfat neben Sulfid, Sulfit und Schwefelfarbstoffen

$Na_2S_2O_3$ [mg/100 m*l*]		Zusätze [mg/100 m*l*]			Differenz [mg]	Fehler [%]
vorgelegt	bestimmt	Na_2S	Na_2SO_3	Schwefel-farbstoff		
23,70	23,80	76	189	150	0,01	0,4
15,80	16,00	76	189	150	0,20	1,3
7,82	7,86	76	189	150	0,04	0,5
3,95	3,92	76	189	150	0,03	0,8
2,37	2,40	76	63	150	0,03	1,2
1,58	1,62	76	63	150	0,04	2,5
0,76	0,80	76	63	150	0,04	5,2

carbonat gefällt. Der dabei entstehende Niederschlag kann jedoch nicht ohne weiteres filtriert werden, weil durch die Gegenwart von Luftsauerstoff ein Teil des Sulfits oxydiert wird. Zur Gewinnung eines klaren Filtrates diente eine Frittenpipette, die mit Asbestfaser und Glaswolle präpariert worden war. 10 m*l* Lösung wurden sofort in einen mit 100 m*l* 5%igem Glycerinwasser und Jodlösung gefüllten Titrierbecher gegeben, mit 10%iger Essigsäure wurde der pH-Wert 5,2 eingestellt und potentiometrisch der Gesamtjodverbrauch für Thiosulfat und Sulfit bestimmt. In einer zweiten Probe erfolgte die Bestimmung des Jodverbrauches für das Thiosulfat, nachdem das Sulfit, wie beschrieben, mit 40%igem Formaldehyd in die Aldehydverbindung überführt wurde, die nicht mit Jod reagiert. Die Differenz beider Bestimmungen ergibt den Jodverbrauch für Sulfit. Die entsprechenden Werte sind in Tab. 2 zusammengestellt.

Tabelle 2
Bestimmung von Sulfit neben Sulfid, Thiosulfat und Schwefelfarbstoff

Na_2SO_3 [mg/100 ml]		Zusätze [mg/100 m*l*]			Differenz [mg]	Fehler [%]
vorgelegt	bestimmt	Na_2S	$Na_2S_2O_3$	Schwefel-farbstoff		
59,00	58,30	76	158	150	0,70	1,2
53,04	52,54	76	158	150	0,50	0,9
47,12	46,75	76	158	150	0,37	0,8
41,20	40,63	76	237	150	0,57	1,4
35,34	34,65	76	237	150	0,69	1,9
29,42	28,92	76	237	150	0,50	1,7
23,56	23,00	114	158	100	0,56	2,4
17,64	16,82	114	158	100	0,82	4,6
11,80	11,78	114	158	100	0,02	0,2
5,86	5,62	114	158	100	0,26	4,2

Bestimmung von Sulfid neben Sulfit, Thiosulfat und Schwefelfarbstoffen

Die Bestimmung der Sulfidionen erfolgte ohne vorherige Entfernung von begleitenden Komponenten. Die Sulfidionenkonzentration wurde durch potentiometrische Titration mit einer Quecksilberchloridlösung ermittelt. Ein Platinblech mit einem Quecksilberüberzug diente als Indikatorelektrode, ein Kalomelhalbelement als Bezugselektrode. Bei der Titration von Lösungen bekannten Sulfidgehaltes wurde festgestellt, daß bei einem großen Überschuß von Sulfit, Sulfat und Thiosulfat 1···2% weniger Sulfid nachgewiesen wird.

Bestimmung von Sulfat neben Sulfid, Sulfit, Thiosulfat und Schwefelfarbstoffen

Sulfid und Schwefelfarbstoff werden, wie bereits beschrieben, ausgefällt. Ein Teil des Filtrats wird zur Bindung des Sulfits mit 40%igem Formaldehyd versetzt und mit Essigsäure neutralisiert. Nach 5 min wird mit 10%iger Essigsäure angesäuert und sofort mit Jodlösung das vorhandene Thiosulfat in Tetrathionat überführt, das im weiteren Analysengang keine Störung hervorruft. Nach Entfernung aller störenden Verbindungen aus der Lösung läßt sich das Sulfat gravimetrisch mit Bariumchlorid bestimmen. Zur Prüfung der Methode wurden verschiedene Mischungen mit bekanntem Gehalt analysiert. Die Ergebnisse sind in Tab. 3 zusammengestellt.

Tabelle 3
Bestimmung von Sulfat neben Sulfid, Sulfit, Thiosulfat und Schwefelfarbstoff

Na_2SO_4 [mg/100 ml]		Zusätze*) [mg/100 ml]			Differenz	Fehler
vorgelegt	bestimmt	Na_2S	Na_2SO_3	$Na_2S_2O_3$	[mg]	[%]
142,06	140,17	114	126	158	1,89	1,33
127,85	125,72	114	126	158	2,13	1,68
88,24	88,10	114	126	158	0,14	0,15
56,82	59,18	76	189	158	2,36	4,15
14,21	14,98	76	189	158	0,77	5,46
7,10	7,30	76	189	158	0,20	2,08

*) Schwefelfarbstoffmenge const. = 50 mg/100 ml

Statistische Auswertung der Analysenergebnisse

Da in einigen Fällen, besonders bei geringen Konzentrationen, Fehler bis zu 5% auftreten, soll durch statistische Auswertung die Zuverlässigkiet der Ergebnisse überprüft werden.

Tab. 4 gibt Auskunft über die Natur der aufgetretenen Fehler bei der Bestimmung der einzelnen Verbindungen.

Tabelle 4
Statistische Prüfung der Analysenmethoden (GRAF, HENNING)

Verbindung	mittlere Differenz	Vertrauensbereich	Kriterium
Sulfid	geringe einseitige Abweichung		geringer systematischer Fehler
Sulfit	0,498	0,833	Zufallsfehler
Sulfat	0,09	1,66	Zufallsfehler
Thiosulfat	0,077	0,079	Zufallsfehler

Es zeigt sich, daß die beschriebenen Analysenmethoden für die bei der Oxydation von wäßrigen Natriumsulfidlösungen mit Sauerstoff entstehenden Verbindungen auch in Gegenwart von Sulfid und Schwefelfarbstoffen keinen systematischen Fehler enthalten. Nur bei der Bestimmung von Sulfid tritt ein systematischer Fehler in Erscheinung, der aber so gering ist, daß er für die Untersuchungen keine Bedeutung besitzt.

Quantitative Bestimmung der Oxidationsprodukte reiner Natriumsulfidlösungen

Zur Prüfung des katalytischen Einflusses der Schwefelfarbstoffe auf die Bildung der Oxydationsprodukte des Sulfids mußten zunächst reine Natriumsulfidlösungen ohne Farbstoffzusatz in der in der II. Mitteilung beschriebenen Versuchsapparatur oxydiert und die Reaktionsprodukte in Abhängigkeit von der Reaktionszeit bestimmt werden (WOLF, ECKERT, HEBY). Die Ergebnisse sind in Tab. 5 zusammengefaßt.

Tabelle 5
Oxidation reiner Natriumsulfitdlösung

Zeit [min]	Na_2S [mMol/l]	$Na_2S_2O_3$ [mMol/l	Na_2SO_3 [mMol/l]	Na_2SO_4 [mMol/l]	Gesamtschwefelbilanz*) [%]
0	100	0	0	0	100
60	98,0	0,7	0,4	0	100
120	96,0	1,4	1,0	0	99,8
240	91,0	3,0	1,9	0	98,5
360	85,0	5,6	3,1	0	99,3
480	79,0	7,3	5,0	0,1	98,7
600	73,2	10,2	5,9	0,2	99,3

vorgelegte Menge: 1 *l* 0,1 M Na_2S-Lösung
Sauerstoffzusatz: 6,38 *l*/h
Temperatur: 20 °C
Rührgeschwindigkeit 300 Umdr./min
pH-Wert: 11,0

*) Zur Aufstellung der Schwefelbilanz muß der jeweilige Wert für Thiosulfat verdoppelt werden, da in letzterem zwei Schwefelatome enthalten sind

Oxydatiom von Natriumsulfidlösungen mit Sauerstoff in Gegenwart von Schwefelfarbstoffen

Durch quantitative Bestimmung der bei der Reaktion entstehenden Produkte Sulfit, Sulfat und Thiosulfat sollte der Einfluß von Schwefelfarbstoffen auf den Verlauf des Oxydationsprozesses geprüft werden. Dabei wurde in Gegenwart verschiedener Schwefelfarbstoffmengen unter den gleichen Bedingungen wie bei der Oxydation reiner Sulfidlösungen verfahren. Die Schwefelfarbstoffe waren mit Schwefel und Salzen verunreinigt und mußten durch Waschen mit Schwefelkohlenstoff und Wasser von diesen befreit werden. In der II. Mitteilung war angegeben, daß die Wirkung von Schwefelfarbstoffen verschiedenen Strukturtyps unterschiedlich ist und daß die Reaktionsgeschwindigkeit mit steigender Farbstoffkonzentration stark zunimmt (WOLF, ECKERT, HEBY). Aus diesem Grunde wurde der Einfluß unterschiedlicher Schwefelfarbstofftypen in verschiedener Konzentration geprüft. In Tab. 6 sind die Werte aufgeführt, die bei

Tabelle 6

Reaktionsprodukte, die bei der Oxydation von Natriumsulfid in Gegenwart von Schwefelechtrotbraun entstehen

Reaktions-zeit	1 g Farbstoffzusatz				2,5 g Farbstoffzusatz				5 g Farbstoffzusatz			
[min]	Na_2S [mMol]	$Na_2S_2O_3$ [mMol]	Na_2SO_3 [mMol]	Gesamt-schwefel [%]	Na_2S [mMol]	$Na_2S_2O_3$ [mMol]	Na_2SO_3 [mMol]	Gesamt-schwefel [%]	Na_2S [mMol]	$Na_2S_2O_3$ [mMol]	Na_2SO_3 [mMol]	Gesamt-schwefel [%]
0	100	0	0	100	100	0	0	100	100	0	0	100
60	94,0	2,2	0	98,4	75,0	9,5	0	94,0	65,4	14,2	0	93,8
120	88,0	4,3	0,3	96,9	57,5	17,6	0	92,7	43,0	24,4	0	91,8
240	76,5	8,0	0,5	93,0	34,1	26,5	0	87,1	18,6	36,0	0	89,6
360	64,6	14,0	0,9	93,3	20,0	32,5	0	85,0	7,5	42,5	0	92,5
480	53,0	20,3	1,2	94,5	12,5	36,0	0	85,4	0	47,1	0	94,2
600	41,2	26,9	1,7	96,7	7,4	39,1	0	85,6	0	47,2	0	94,4

Vorgelegte Menge: 1 *l* 0,1 M Na_2S-Lösung
Sauerstoffzusatz: 6,38 *l*/h
Temperatur: 20 °C
Rührgeschwindigkeit: 300 Umdr./min
pH-Wert: 11,0

Tabelle 7

Reaktionsprodukte die bei der Oxydation von Natriumsulfid in Gegenwart von Schwefelrotbraun entstehen

Reaktions-zeit	1 g Farbstoffzusatz				2,5 g Farbstoffzusatz				5 g Farbstoffzusatz			
[min]	Na_2S [mMol]	$Na_2S_2O_3$ [mMol]	Na_2SO_3 [mMol]	Gesamt-schwefel [%]	Na_2S [mMol]	$Na_2S_2O_3$ [mMol]	Na_2SO_3 [mMol]	Gesamt-schwefel [%]	Na_2S [mMol]	$Na_2S_2O_3$ [mMol]	Na_2SO_3 [mMol]	Gesamt-schwefel [%]
0	100	0	0	100	100	0	0	100	100	0	0	100
60	97,0	1,3	0,3	99,9	—	—	—	—	—	—	—	—
120	94,2	2,6	0,5	99,9	80,0	7,5	0,6	95,6	59,9	19,5	0	98,5
240	85,7	5,1	1,1	97,6	65,1	14,1	0,3	93,6	41,0	28,4	0	97,8
360	76,6	9,1	1,7	97,9	53,2	20,0	0,3	93,8	28,2	34,0	0	96,7
480	67,1	13,9	2,2	97,1	42,5	25,0	0,3	92,8	17,5	39,1	0	95,7
600	57,5	18,4	3,0	97,3	33,0	30,4	0	93,8	9,3	43,2	0	95,7

Vorgelegte Menge: 1 *l* 0,1 M Na_2S-Lösung
Sauerstoffzusatz: 6,38 *l*/h
Temperatur: 20 °C
Rührgeschwindigkeit: 300 Umdr./min
pH-Wert: 11,0

Zusatz verschiedener Mengen Schwefelechtrotbraun, einem Farbstoff vom Thiazon-Thianthrenstrukturtyp, erhalten wurden. Tab. 7 enthält die Werte, die bei Zusatz von Schwefelrotbraun, einem Farbstoff vom Azon-Thianthrentyp, ermittelt wurden. Die Ergebnisse der Untersuchung mit Schwefelschwarzbraun, einem Farbstoff vom Thiazolstrukturtyp, sind in Tab. 8 zusammengestellt.

Diskussion der Ergebnisse

Bei der Oxydation von reinen Natriumsulfidlösungen mit molekularem Sauerstoff werden als Reaktionsprodukte hauptsächlich Thiosulfat und Sulfit sowie noch nachweisbare Mengen Sulfat gebildet. Die Schwefelbilanz in Tab. 5 zeigt, daß dabei keine weiteren Reaktionsprodukte entstehen. Wird diese Reaktion in Gegenwart von Schwefelfarbstoffen durchgeführt, entstehen nicht nur geringe Mengen an Tetrathionat (s. IV. Mitteilung), sondern die Mengenverhältnisse der Reaktionsprodukte ändern sich erheblich. Die Ergebnisse sind in Tab. 9 gegenübergestellt.

Es zeigt sich, daß in Gegenwart von Schwefelfarbstoffen wesentlich weniger, bei Anwesenheit größerer Mengen überhaupt kein Sulfit entsteht. Bei Verwendung von Thiazon-Thianthren- und Azon-Thianthren-Schwefelfarbstoffen liegt die Schwefelbilanz nach Beendigung des Oxydationsprozesses unter 100%, während in Gegenwart eines Farbstoffes vom Thiazoltyp mehr Schwefel nachgewiesen wurde. In beiden Fällen treten die Differenzen in Abhängigkeit von der eingesetzten Farbstoffmenge auf. Zur Prüfung, ob der Schwefel während der Oxydationsreaktion vom Farbstoff aufgenommen oder an das System abgegeben wurde, dienten entsprechende elementaranalytische Untersuchungen der Farbstoffe.

Dabei ergaben sich folgende Differenzen hinsichtlich des Schwefelgehaltes vor und nach der Oxydationsreaktion:

Thiazon-Thiathrenfarbstoff	+ 8%
Azon-Thianthrenfarbstoff	+5···6%
Thiazolfarbstoff	−8% .

Damit zeigt sich, daß der Schwefelfarbstoff während der Oxydationsreaktion mit Schwefelverbindungen reagiert oder daß letztere aus ihm abgespalten werden können. Offensichtlich besitzen Thiazol-Schwefelfarbstoffe Polysulfidketten, die bei der Oxydation gespalten werden. Bereits in der II. Mitteilung wurde ausgesagt, daß der eingesetzte Schwefelfarbstoff kontinuierlich an katalytischer Wirksamkeit verliert (Wolf, Eckerl, Heby).

Es ist bekannt, daß Schwefelfarbstoffe mit Sulfitionen unter Bildung einer Thiosulfonsäure reagieren können:

$$R\text{—S—S—}R + SO_3^{--} \rightarrow R\text{—S—}SO_3^- + R\text{—S}^- .$$

Diese wasserlösliche Verbindung ist katalytisch inaktiv. Da bei der genannten Umsetzung Sulfit und Schwefelfarbstoff verbraucht werden, ist erklärlich, daß in Gegenwart größerer Mengen Schwefelfarbstoff kein Sulfit nachgewiesen werden kann und gleichzeitig der Schwefelfarbstoff an katalytischer Wirksamkeit verliert. Zur Untermauerung dieser Aussage wurde eine solche schwefel-

Tabelle 8
Reaktionsprodukte, die bei der Oxydation von Natriumsulfid in Gegenwart von Schwefelschwarzbraun entstehen

Reaktions-zeit	1 g Farbstoffzusatz				2,5 g Farbstoffzusatz				5 g Farbstoffzusatz			
	Na_2S	$Na_2S_2O_3$	Na_2SO_3	Gesamt-schwefel	Na_2S	$Na_2S_2O_3$	Na_2SO_3	Gesamt-schwefel	Na_2S	$Na_2S_2O_3$	Na_2SO_3	Gesamt-schwefel
[min]	[mMol]	[mMol]	[mMol]	[%]	[mMol]	[mMol]	[mMol]	[%]	[mMol]	[mMol]	[mMol]	[%]
0	100	0	0	100	100	0	0	100	100	0	0	100
60	98,5	0,6	0	99,7	—	—	—	—	—	—	—	—
120	96,0	1,3	0,3	98,9	83,4	8,0	0,3	98,4	72,7	12,0	0,3	97,0
240	90,0	2,5	1,1	96,1	71,3	13,1	0,9	98,4	59,4	18,8	1,0	98,0
360	83,1	5,0	2,1	95,1	62,0	17,4	1,4	98,2	50,0	24,5	1,6	100,6
480	76,0	8,2	3,5	95,9	51,5	21,0	1,9	99,0	41,0	29,0	2,5	101,5
600	69,5	12,0	4,5	98,0	48,5	24,6	2,4	100,1	34,9	32,5	3,0	102,9

Vorgelegte Menge: 1 *l* 0,1 M Na_2S-Lösung
Sauerstoffzusatz: 6,38 *l*/h
Temperatur: 20 °C
Rührgeschwindigkeit: 300 Umdr./min
pH-Wert: 11,0

Tabelle 9
Vergleich der Sulfidoxydationsprodukte in Gegenwart verschiedener Schwefelfarbstoffe

Farbstoff	Menge [g]	Reaktionsprodukte [mMol/l]			Gesamtschwefel im System [%]
		$Na_2S_2O_3$	Na_2SO_3	Na_2SO_4	
ohne Farbstoffzusatz	—	10,2	5,9	0,1	99,2
Schwefelechtrotbraun	1,0	26,9	1,7	0	96,7
	2,5	39,1	0	0	95,6
	5,0	47,2	0	0	94,9
Schwefelrotbraun	1,0	18,4	3,0	0	97,3
	2,5	30,4	0	0	93,8
	5,0	43,2	0	0	95,7
Schwefelschwarzbraun	1,0	12,0	4,5	0	98,0
	2,5	24,6	2,4	0	100,1
	5,0	32,5	3,0	0	102,9

Reaktionstemperatur = const. = 20 °C
Reaktionszeit = const. = 10 h
pH-Wert = const. = 11,0
Rührgeschwindigkeit = const. = 300 Umdr./min
Sauerstoffzusatz = const. = 6,38 l/h
vorgelegte Menge = 1 l 0,1 m Na_2S-Lösung

farbstoffhaltige Sulfidlösung über einen längeren Zeitraum belüftet. Dabei ging der Farbstoff in eine lösliche Form über, die katalytisch völlig inaktiv ist und direkt auf eine Faser aufzog. Da mit der Verminderung der Sulfitkonzentration gleichzeitig ein Ausbleiben der Sulfatbildung einhergeht, ist erwiesen, daß die bei der Oxydation reiner Sulfidlösungen auftretenden Sulfationen nur durch Oxydation von Sulfit entstanden sein können.

Literatur

GRAF, U., H. J. HENNIG: Formeln und Tabellen der mathematischen Statistik, ber. Nachdruck. Springer-Verlag, Berlin, 1958

KURTENACKER, A.: Analytische Chemie der Sauerstoffsäuren des Schwefels. Ende-Verlag, Stuttgart, 1938

MILLER, A. O.: J. analyt. Chem. **6** (1951), 2

WOLF, F., L. ECKERT, R. HERY: Oxydation von Sulfid durch Sauerstoff in Gegenwart von Schwefelfarbstoffen, II. Mitteilung, Fortschritte der Wasserchemie **10** (1968), 81

Manuskripteingang: 12. Mai 1970

Anschrift des Verfassers:
Prof. Dr. F. WOLF, 7031 Leipzig, Karl-Heine-Str. 4b, DDR

E. Migray

Forschungsinstitut für organisch-chemische Industrie, Budapest

Erfahrungen bei der Kontrolle von gereinigten Industrieabwässern mit einem Keimungstest

Zusammenfassung: Es wird über ein Testungsverfahren berichtet, das auf Grund der Keimung und Entwicklung der Keimlinge die Anwesenheit von Verbindungen im Abwasser anzeigt, die der normalen physiologischen Vorgänge der jungen Pflanzen beeinflussen. Die Testung beruht auf der Methode der Wasserkultur bei verschiedenen Zusätzen des zu untersuchenden Abwassers. Als Grundprinzip der vergleichbaren Resultate wird eine gleichmäßige Kunstlichtbeleuchtung und während der Versuchszeit durch fortlaufenden Zusatz von destilliertem Wasser eine stabilisierte Konzentration vorausgesetzt. Die bevorzugten Testpflanzen sind *Sinapis alba L.* und *Lolium multiflorum* Lam. Für die die Keimung und Assimilation umfassende Testmethode bzw. die Störungen bei der Winwirkung vom Abwasser auf die lebenswichtige Enzymtätigkeit bei der Keimung und Entwicklung der jungen Pflanzen anzeigende Testmethode wird die Kurzbezeichnung K-A-Test empfohlen.

Summary: A test method is described which, on the basis if the germination and development of germs, indicates the presence of wastewater compounds influencing the normal physiological processes in young plants. This test is based on the water culture method with different additions of the wastewater which is to be investigated. As the fundamental principle of the comparable results there are required a uniform artificial illumination and a stabilized concentration by the continuous adding of distilled water during the tests. The test plants preferred are *Sinapis alba* L. and *Lolium multiflorum* Lam. For this test method, comprising germination and assimilation and indicating disturbances of the effect of wastewater on the vital enzyme activity during germination and development of young plants, the short term „K-A test" is recommended.

Резюме: Сообщается об испытании, показывающем на основе прорастания и развития ростоков присутствие таких соединений в сточных водах, влияющих на нормальные физиологические процессы в молодых растениях. Растения получают различные добавки исследуемых сточных вод. Как принцип сравнимых разультатов предполагаются равномерное искусственное освещение, а также стабилизованная концентрация, обеспечиваемая во время теста непрерывной добавкой перегнанной воды. Как испытуемые растения предпочитаются *Sinapis alba* и *Lolium multiflorum* Lam. Настоящим методом исследуются прорастание и ассимиляция, включая нарушения сточными водами действия жизненных ферментов при прорастании и развитии молодых растений. Рекомендуется краткое название „тест К-А".

Einleitung und Problemstellung

Zur Kontrolle von Abwässern auf eine mögliche Schadwirkung im Vorfluter kann der Keimungstest angewendet werden. Dieses biologische Verfahren kann auf das Vorhandensein von gewissen „*Wirkstoffen*" („*Hemmstoffen, Aktivatoren*") hinweisen. Die chemische Untersuchung von unbehandeltem und gereinigtem Abwasser gibt zwar Auskunft über die Zusammensetzung von Abwässern und die Wirksamkeit der Reinigungsanlagen, genügt aber nicht, um auf gewisse biologische Eigenschaften schließen zu können.

Die in erster Linie in Frage kommenden chemischen Verfahren, der chemische Sauerstoffverbrauch (CSV), mit dem der Sauerstoffverbrauch bei der chemischen Oxydation der im Abwasser vorhandenen organischen Verbindungen in verschiedener Weise bestimmt wird, sind einerseits nicht empfindlich genug, andererseits wird ein großer Teil der organischen Verbindungen (insbesondere in Industrieabwässern) überhaupt nicht oder nur zum Teil erfaßt.

In neuerer Zeit wird das sogenannte „*Naßverbrennungsverfahren*" zur Bestimmung des Gesamtkohlenstoffes der im Abwasser vorhandenen organischen Verbindungen empfohlen (Freimuth, Kaeding u. a.). Die in diesen Arbeiten bekanntgegebenen und zitierten Verfahren haben den Nachteil, daß nur die unter den Versuchsbedingungen oxydierbaren Verbindungen in ihrer Gesamtheit durch den Unterschied der Ergebnisse der verschiedenen Oxydationsverfahren erfaßt werden, wobei sie zusätzlich eine Auskunft über den Charakter der verschiedenen vorhandenen Verbindungen geben können.

Weitere Methoden zur Erfassung der im Abwasser vorhandenen oxydierbaren organischen Verbindungen sind die Verfahren zur Bestimmung des Biologischen Sauerstoffbedarfs (BSB). Diese Methoden haben viele Vorteile, geben gewisse Hinweise auf die biologische Oxydierbarkeit der vorhandenen Schmutzstoffe, auf den biologischen Effekt der Reinigungsanlage, auf die Notwendigkeit einer Vorreinigung usw. Diese Verfahren erfassen nur den Anteil des Sauerstoffs, der unter Versuchsbedingungen von den Mikroorganismen zur Oxydation der von ihnen oxydierbaren Verbindungen verbraucht wird.

Es ist nicht Ziel dieser Arbeit, sich mit den verschiedenen Vorschlägen und Verfahren der CSV- und BSB-Bestimmungen zu beschäftigen. Diese sind Routinearbeiten in jedem abwassertechnischen Laboratorium und in der Literatur sehr ausführlich behandelt.

Eine Bestimmung des CSV und des BSB eines Abwassers vor und nach der Reinigung ergibt ein allgemeines Bild über die Wirkung des Reinigungsverfahrens, dieses reicht aber nicht zur Beurteilung des Reinheitsgrades und der weiteren Anwendungsmöglichkeiten des gereinigten Abwassers aus. Industrieabwässer, insbesondere mit Chemikalien verunreinigte, enthalten nicht selten Verbindungen, die in ganz niedriger Konzentration schädlich wirken und in der vorhandenen Konzentration mit chemischen Verfahren nicht erfaßt werden können. In diesen Fällen ist ein biologischer Test begründet.

Die schon als klassisches Untersuchungsverfahren zu betrachtende BSB-Bestimmung ist im gewissen Sinn bereits ein biologischer Test. Steigt der BSB mit der Verdünnung an, so kann auf die Anwesenheit von toxischen Stoffen geschlossen werden. Methoden speziell zur Toxizitätsbestimmung der Abwässer beziehen sich zunächst auf die Einwirkung auf den Belebtschlamm zur Sicherstellung der biologischen Reinigung, erweitern sich dann auch die toxische Wirkung gegenüber Fischen und Fischnährorganismen bzw. auf die ganze Nährstoffkette der Wasserorganismen. Als Ergänzung der toxikologischen Untersuchungen befassen sich einige Autoren auch mit der mathematischen Auswertung der Untersuchungsbefunde (Lüdemann und Kayser, 1965, 1966; Bucksteeg u. a.; Knöpp; Günther; Turnbull; Liebmann; Breitig; Marvan). Nachteilig bei diesen Verfahren ist, daß sich jedes Prüfverfahren nur unter bestimmten Laboratoriumsbedingungen auf die angewandten Testorganismen bezieht. Eine Verallgemeinerung der Ergebnisse ist nicht möglich. Auffallend ist diese Tatsache u. a. aus den Arbeiten von BRINGMANN und KÜHN (1959a, b) zu ersehen, bei denen die Wirkung mehrerer „*Giftstoffe*" auf Bakterien, Algen, Protozoen und Kleinkrebse geprüft wurde. Mit der unterschiedlichen Toxizität verschiedener Herbizide auf Fische und Fischnährorganismen befassen sich auch LÜDEMANN und KAYSER (1965, 1966). Die Anwendung von Kleinkrebsen zur Testung von Pestiziden ist wegen deren großer Empfindlichkeit bereits aus einschlägigen Untersuchungen bekannt, noch bevor Pestizide als das Wasser verseuchende Mittel in Frage kamen (WASSERBURGER).

In den letzten Jahren wurde die Untersuchung der Abwässer auch auf Wirkung bei der Pflanzenkeimung erweitert. Diesbezügliche Verfahren sind nicht so einheitlich wie andere biologische Verfahren und zeigen unterschiedliche Ergebnisse, je nach der Wahl der Testorganismen (GOTTSCHALDT, WASSERBURGER; PRAT und SLADECEK; GRIMBERG). Hierbei muß betont werden, daß jeder biologische Test dem Zweck entsprechend auszuführen ist und so keine allgemeine Gültigkeit besitzt.

Der Keimungstest hat die Aufgabe festzustellen, ob ein Abwasser auf die Keimung von Pflanzensamen einen Einfluß ausübt. Dabei ist der Begriff „*Keimung*" bei der Abwassertestung weiter zu fassen. In der Pflanzenphysiologie wird unter „*Keimung*" der Prozeß verstanden, bei dem sich aus dem Samen die ersten Wurzeln und Keimblätter entwickeln. Der Keimungsprozeß der verschiedenen Pflanzen verläuft — pflanzenanatomisch betrachtet — recht unterschiedlich. Hier soll auf die entsprechende Literatur verwiesen werden, z. B. STRASSBURGER und KOERNICKE; GUTTENBERG; STRASSBURGER, NOLL u. a. Pflanzenphysiologisch betrachtet ist der Keimungsprozeß nach einer Quellung der Samen (Wasseraufnahme der Zellen) einer Reihe von enzymatischen Reaktionen unterworfen, die zur Bildung der Pflanzenstoffe der Keimlinge aus den Reservenährstoffen der Samen notwendig sind (LUNDEGARDH; SZALAI). Der eigene Vorschlag zur Ausdehnung des Begriffs der „Keimung" geht dahin, auch die enzymatischen Reaktionen zu erfassen, die die Aufnahme der Nährstoffe durch die Wurzeln und Keimblätter und deren Umwandlung in die Pflanzenstoffe, also auch die beginnende Assimilation, zu erfassen. Ausdrücklich sei aber darauf hingewiesen, daß bei der beginnenden Assimilation der Keimlinge nicht nur die Bildung von Gerüstsubstanzen und Reservematerial Aufgabe der schon vorhandenen Enzyme ist, sondern diese müssen auch die weiteren für die normale Pflanzenentwicklung notwendigen Enzyme (Fermente) bilden. Entsprechend dieser Zielsetzung soll bei dem empfohlenen Keimungstest aus dem Samen eine Pflanze mit etwa zwei Laubblättern in dem zu prüfenden Abwasser entwickelt werden. Mit dieser Erweiterung werden weitere, im einzelnen und auch in diesem Falle nicht definierte Inhibitoren der normalen Enzymtätigkeit bei der Entwicklung der Pflanzen erfaßt.

Über die Zahl der verschiedenen, bei der Keimung und den unzähligen bei der chemischen Umwandlung durch Assimilation mitwirkenden Enzyme besteht noch kein Überblick. Aber das Ausbleiben einer Enzymwirkung ist an der Entwicklung der Keimlinge und der Pflanze zu erkennen. Mit den enzymatischen Vorgängen in den Pflanzenzellen bei der Entwicklung der Pflanzen befaßt sich eine sehr ausgebreitete Literatur, teils mit einzelnen enzymatischen Vorgängen, teils in pflanzenphysiologischen Zusammenhängen. Orientierungshalber wird auf einige Werke hingewiesen, in denen auch ausführliche Literaturangaben zu finden sind (Bersin; Brauner und Bukatsch; Strassburger und Koernicke; Guttenberg; Lundegardh; Farkas).

Verläuft die Entwicklung der jungen Pflanze nicht normal, so können Nährstoffmangel, Enzymstörung, Pflanzenkrankheit (verursacht durch lebende Organismen oder Viren) die Ursache sein. Bei einem biologischen Test muß eine Pflanzenkrankheit ausgeschaltet werden.

Das Prinzip des Tests beruht auf dem Vergleich der Entwicklung der Testpflanzen: bei Nährstoffmangel, bei der Versorgung mit den notwendigen Nährsalzen, bei Versorgung mit den notwendigen Nährsalzen in Gegenwart des zu testenden Abwassers. Die aus den Samen sich entwickelnden Keimlinge werden so lange weiter gezüchtet, bis sich signifikante Unterschiede zeigen.

Die als O-Kontrolle zu betrachtenden, nährstofffrei gezogenen Pflanzen bleiben nach Verbrauch der Reservenährstoffe in ihrer Entwicklung zurück. Das zu testende Abwasser wird in einer Konzentrationsreihe mit der Nährstofflösung gemischt und unter entsprechender gleichmäßiger Beleuchtung mit der O-Kontrolle (nährstofffrei) und NST-Kontrolle (Nährstoffkontrolle) gezüchtet.

- Die Keimlinge bleiben in den Testlösungen in ihrer Entwicklung in jeder Verdünnung gegenüber den O- und NST-Kontrollen zurück: Das Abwasser ist in jeder angewandten Konzentration toxisch.
- Bei der Keimung ist kein signifikanter Unterschied zu erkennen, aber die weitere Entwicklung der Pflanzen in den Abwasser enthaltenden Lösungen bleibt zurück, die Keimblätter vergilben, vertrocknen usw: Das Abwasser enthält die Assimilationsvorgänge hemmende Stoffe.
- Nach Verbrauch der Nährstoffe bei der O-Kontrolle bleibt die Entwicklung der Pflanzen zurück, die NST-Kontrollen entwickeln sich weiter, in den Testlösungen zeigen die Pflanzen eine unterschiedliche Entwicklung, je nach Verdünnung der Abwassermischungen: Das Abwasser enthält Giftstoffe in geringen Mengen.
- Zeigen sich in den Verdünnungsreihen des zu testenden Abwassers Unterschiede zwischen unbehandelten und gereinigtem Abwasser: Der Reinigungsprozeß hat eine positive Wirkung.
- Stimmt die Entwicklung der Pflanzen in den Verdünnungsreihen im unbehandelten und gereinigten Abwasser überein: Das Reinungsverfahren ist nicht erfolgreich.

Der so erweiterte Keimungstest wird „*Keimungs- und Assimilationstest*“ oder K-A-Test bezeichnet.

Auf Grund des Ziels des Testes müssen bei dem K-A-Test außer einer Verdünnungsreihe unbedingt die O-Kontrolle (ohne Nährsalze) und die NST-Kontrolle (mit den erforderlichen Nährstoffen) angesetzt werden. Bei der Auswertung der Resultate wird die Keimfähigkeit der Samen bzw. die Keimfähigkeitsspanne zwischen den einzelnen Versuchen nicht besonders ausgewertet. Die Zahl der gekeimten und ungekeimten Samen wird notiert. Dabei interessieren nur unterschiedliche Ergebnisse der einzelnen Proben ab 20···30%. Zur Auswertung in Prozenten ist eine wesentlich größere Anzahl von Ergebnissen erforderlich. Über die mathematische Auswertung der Versuche sei auf die Literatur verwiesen (ZOELLER; KOLLER; SIRK).

Bei den Untersuchungen kann die an Trockengewicht und Zusammensetzung gemessene Entwicklung Auskunft geben. Gewisse Voraussetzungen sind aber genau einzuhalten: Die Wurzeln müssen mit destilliertem Wasser abgespült und Wurzeln sowie sämtliche Pflanzenteile getrennt getrocknet werden und zwar sofort in einem auf 105° vorgeheiztem Trockenschrank. Das Beendigen des Trocknens kann auch bei niedrigeren Temperaturen im Vakuum geschehen. Der Beginn des Trocknens — schnell und bei hoher Temperatur — ist deshalb angebracht, weil die Pflanzen bei niedriger Temperatur noch lange Zeit atmen und so ganz beträchtliche Mengen Reservestoffe verlieren können.

Viel charakteristischer ist im gegebenen Fall der Habitus der Pflanzen (allgemeine Entwicklung, Färbung der Blätter, Entwicklung und Ausbildung der Wurzeln, evtl. Verdickungen, Verkrümmungen am Stiel usw.). Bei stärkerer Giftwirkung ist diese schon nach zwei bis drei Tagen wahrnehmbar, kleinere Unterschiede zeigen sich nur bei der Bildung und beginnenden Entwicklung der Laubblätter (etwa nach vierzehn Tagen). So wird der einfache Keimungstest mit dem Keimungs-Assimilationstest verbunden bzw. zu diesem entwickelt. Die im Industrieabwasser evtl. vorhandenen Giftstoffe, die die Tätigkeit der Enzyme bei der Keimung, in dem Keimling und die Entwicklung der jungen Pflanze schädlich beeinflussen, können erfaßt und abgebaut werden.

Methodik

Einrichtung

Die technische Grundlage des Tests ist die Züchtung der ausgewählten Pflanzen in einer Wasserkultur bei konstanter Kunstlichtbeleuchtung (SCHROPP; NEURENBERGK).

Die Versuche wurden in aus Polyäthylenkunststoff gefertigten viereckigen 7,5 · 180 · 6,5 cm hohen Dosen ausgeführt, die Samen auf ein nicht verrottendes Kunststoffnetz mit etwa 1,5···2 mm Maschenweite aufgelegt. Das Kunststoffnetz ist auf einen aus Aluminiumdraht (oder rostfreiem Stahl) gefertigten und etwa 5 mm dicken Rahmen mit vier, etwa 8 mm langen angeschweißten Füßen gespannt. Der Rahmen wird zweckmäßigerweise nach dem Aufspannen des Netzes mit einer Schicht eines Epoxydkittes überzogen. Nach Fertigstellen des Netzes sind die Füße soweit zu verkürzen, daß 100 m*l* Flüssigkeit in der Dose das eingelegte gespannte Netz gerade gut durchnetzen, und danach werden in jede Dose in fünf Reihen je zehn bis fünfzig Samen gelegt.

Die Dosen werden nebeneinander gestellt, mit Glasplatten bedeckt und bis zum Erscheinen der ersten Sprossen in diffusem Licht gehalten, danach die Glasscheiben entfernt und künstlich beleuchtet. Die Beleuchtungseinrichtung besteht aus einer Aluminiumplatte, an deren Unterteil acht Leuchtstoffröhren (Orion 20 WF White, in jeweils 10 cm Entfernung) montiert sind. Die Leuchttafel steht auf vier Füßen (40 cm hoch) und ist zum Abschirmen des Streulichtes und zur Sicherung der Lüftung mit einem 10 cm entfernt angebrachten Kunststoffvorhang umrahmt. Die Dosen werden auf eine Aluminiumtasse gelegt und unter die Leuchttafel geschoben. Die Verwendung einer größeren Leuchttafel ist nicht angebracht, da die Erwärmung unter dem mittleren Teil schon beträchtlich ist; zweckmäßiger sind evt. mehrere Leuchttafeln der angegebenen Größe zu verwenden.

Belichtet wird während der Nacht. Am Morgen wird das verdunstete Wasser mit destilliertem aufgefüllt, bis die Samen eben benetzt, aber nicht mit der Lösung bedeckt sind. Falls notwendig, muß auch am Abend das verdunstete Wasser in gleicher Weise ersetzt werden. Nach dem Auffüllen sind die Dosen leicht zu schwenken und werden möglichst in anderer Reihenfolge als vorher auf die Tasse gelegt. Die tägliche Beleuchtungsdauer beträgt 15···16 h und entspricht den Ansprüchen einer „*Langtagspflanze*". Erfahrungsgemäß liegt die Temperatur unter der Beleuchtungstafel an der Oberfläche der Netze max. 2 °C höher als die Raumtemperatur, so daß keine besondere Kühlung (Ventilation) notwendig ist, was einen größeren Wasserverlust verursachen würde.

Versuchsansatz

Vorbereitung des Abwassers

Das zu untersuchende Abwasser wird, falls es sauer ist, mit Calciumcarbonatpulver (evt. mit gelöschtem Kalk), falls alkalisch mit verdünnter Schwefelsäure neutralisiert und der sich evt. bildende Niederschlag durch Absetzen oder Filtrieren entfernt. Das so erhaltene neutralisierte Abwasser entspricht einer im Betrieb ohne weiteres erreichbaren Vorbereitungsstufe. Ein Teil des neutralisierten Abwassers (ca. 0,5···1 *l*) wird im Kühlschrank aufbewahrt, der größere Teil nach dem vorgesehenen Reinigungsverfahren (chemisch, biologisch) behandelt.

Aus dem neutralisierten und gereinigten Abwasser werden Verdünnungsreihen hergestellt (ein Teil Abwasser auf zwei Teile Nährlösung, dann 1:5, 1:10, 1:100, 1:1000, 1:10000, 1:100000; die letzten beiden Verdünnungen meistens nur bei Abwasserkonzentraten).

Mit jeder Verdünnung werden möglichst zwei Dosen (je 100 m*l*) gefüllt. Je zwei weitere Dosen werden für die O-Kontrolle und für die NST-Kontrolle, wie bereits beschrieben, angesetzt und behandelt.

Nährstofflösung und Kontrollen

Als Nährstofflösung kam in der ersten Zeit eine sogenannte Knopsche Lösung zur Anwendung, gemischt mit der Hoaglandschen A-Z-Lösung (Schropp), später eine Lösung folgender Zusammensetzung:

1 g NH_4NO_3	0,2 g $Ca(NO_3)_2$	
0,5 g $NH_4H_2PO_4$	0,2 g $MgSO_4$	(krist. im ausgekochten Budapester
0,5 g KNO_3		Leitungswasser).

Vor Gebrauch wird diese Lösung mit Leitungswasser 2:1 verdünnt, sofern diese Verdünnung nicht mit Abwasser erfolgt. Als Spurenelementzusatz wurden der Grundlösung zugegeben: Je 1 m*l* 1%ige wäßrige Lösung mit H_3BO_3, $ZmSO_4$ krist., $MnSO_4$ krist. und 3 m*l* $FeCl_3$ (wasserfrei). Falls die Nährstofflösung sauer reagiert, wird mit einigen Tropfen Ammoniumhydroxid neutralisiert (bis pH 7 — Niederschlag, bei Verwendung gut aufschütteln).

O-Kontrolle: Wie angedeutet, erfolgt diese mit dem Ziel, zu zeigen, wie weit die Pflanzen sich aus den Reservenährstoffen der Samen entwickeln können. Zur Anwendung kam eine gesättigte Calciumsulfatlösung mit Budapester Leitungswasser (pH 7 — evt. mit Calciumhydroxidlösung einstellen).

NST-Kontrolle: Als Nährstofflösung wird die oben angeführte verdünnte Lösung verwendet, je nach Bedürfnis der Testpflanzen, meistens neutralisiert (pH 7) (*Sinapis alba* L.), evt. beim Ansatz mit einigen Tropfen verdünnter Salpetersäure auf pH 6 eingestellt (z. B. beim Einsatz von *Gramineae*-Arten als Testpflanzen).

Kontrolle und Auswertung

Allgemeine Auswertung

Die Pflanzen werden so lange gezüchtet, bis signifikante Unterschiede wahrnehmbar werden, mindestens bis zur Entwicklung der ersten und zweiten Laubblätter. Im Protokoll ist zu vermerken: Erscheinung der ersten Sprossen; Zahl der nicht ausgekeimten Samen je Dose (möglich ist, daß zwischen der Keimung der einzelnen Samen mehrere Tage vergehen, überhaupt nicht keimende Samen sind auszumerzen; unerwünschte Faulungsprozesse); Entwicklung der Keimlinge (z. B. Wurzelbildung bleibt zurück, Verdickungen am Sproß, Keimblätter bleiben liegen, Keimblätter bleiben gelb — keine Chlorophyllbildung); Vergleich der einzelnen Verdünnungsreihen bei unbehandeltem und gereinigtem Abwasser; Vergleich mit der O- und NST-Kontrolle (wird ein signifikanter Unterschied erreicht, der zum Abbrauch des Versuches führt, ist es zweckmäßig, das Bild der die charakteristischen Merkmale zeigenden Proben auch photographisch festzuhalten).

Beim Entwickeln der Laubblätter bleibt die O-Kontrolle gegenüber der NST-Kontrolle gut wahrnehmbar zurück. Zeigen in dieser Zeit die in Dosen mit Abwasserverdünnungen gezüchteten Pflanzen eine Entwicklung, die der Nst.-Kontrolle gleichzusetzen ist, so kann in dieser Konzentration das Abwasser — unbehandelt oder gereinigt — schon als unschädlich betrachtet werden.

Für die einfache Beurteilung der Industrieabwässer und der Erfolgsaussichten für dessen Reinigung bzw. der Versuche beim Ausarbeiten eines geeigneten Reinigungsverfahrens reichen die Testergebnisse im allgemeinen aus.

Besondere Auswertungsverfahren

Wie bereits ausgeführt, erscheint die Auswertung in Prozenten nicht angebracht. Prozentzahlen sind höchstens für das Samengut, aber nicht für Abwasser charakteristisch. „Ein noch so genaues quantitatives Arbeiten verliert allen Wert, wenn nicht genug Versuchsreihen durchgeführt werden können, weil man dann keinen zuverlässigen Durchschnitt bekommt. Bei biologischen Versuchen können die Ergebnisse überhaupt nur durch mehrfache Wiederholung gesichert werden“ (Pringsheim) und: „Der Mangel an mathematischer Bildung gibt sich durch nichts so auffallend zu erkennen, wie durch maßlose Schärfe im Zahlenrechnen“ (Neurenbergk). Gegebenenfalls ist eine einmalige Kontrolluntersuchung (zweimal je 50 Samen) durchzuführen.

Über die Entwicklung der Pflanzen gibt auch das Trockengewicht der Pflanzen je Dose Auskunft, bezogen auf eine sich tatsächlich entwickelte Pflanze und nicht auf die abgelegten Samen. Allerdings ist die Streuung — die Differenz zwischen den beiden gleichwertigen Dosen — manchmal ziemlich groß.

Ausdrücklich wird darauf hingewiesen, daß Wurzellänge und -wachstum (Üppigkeit der Wurzeln) bei den O-Kontrollen, d. h. bei Nährstoffmangel wesentlich größer sind als bei den NST-Kontrollen, bei denen durch die kleineren Wurzeln die notwendigen Nährstoffe aufgenommen werden können.

Diskussion

Testpflanzen

Als zweikeimblättrige Pflanze kamen im allgemeinen die Samen vom weißen Senf (*Sinapis alba* L.) zur Anwendung. Die gleichen Samen benützen auch PRAT und SLADEČEK und HEYNIG. *Sinapis alba* L. braucht aber zur guten Entwicklung bei Beginn der Assimilation unbedingt das Vorhandensein von Bor (KRETSCHMER). Ein weiteres Problem ist die Zusammensetzung der Nährlösung. ,,Die von MARKENSCHLÄGER beobachtete generelle Abneigung des Senfes gegen Wasserkulturen wurde auch bei den eigenen Versuchen bestätigt. Außerdem ist der Senf nicht nur gegen saure Lösungen, sondern auch gegenüber stark konzentrierten Medien sehr empfindlich (Tabelle 55)'' (SCHROPP). Nach eigener Erfahrung ist eine Neutralisation (pH 7) unbedingt notwendig. Die KNOPsche Nährlösung und alle anderen Nährlösungen sind schwach sauer. Nach der zitierten Arbeit wird wahrscheinlich der Versuch bis zur Samenbildung fortgesetzt, während die eigenen Versuche nach etwa drei Wochen stets unterbrochen wurden. Eine Reproduzierung der Versuche von MARKENSCHLÄGER erfolgte nicht.

Bei früheren Versuchen wurden auch zweikeimblättrige Pflanzen, wie Samen des schwarzen Senfs (*Brosica nigra* L.), Ölraps (*Brassica napus conv. oleifera*), Erbsen, Bohnen u. a. verwendet. Bevorzugt wurden kleine Samen, die in kurzer Zeit keimen und sich schnell entwickeln. Erbsen, Bohnen u. ä. große Samen haben für den K-A-Test den Nachteil, zu viele Reservenährstoffe zu enthalten.

Von einkeimblättrigen Pflanzen wurden in erster Linie Getreide: Weizen, Gerste, Hafer verwendet, am vorteilhaftesten Hafer in der Zuchtform ,,*Ecker*''. Nachteilig sind bei den verschiedenen Getreidearten der hohe Gehalt an Reservenährstoffen und die Vielzahl der Zuchtformen, die unterschiedliche Widerstandsfähigkeit und das schnelle Längenwachstum, so daß während der Versuchsdauer eine Höhenänderung der Leuchttafel notwendig wird, was keine gleichmäßige Durchführung des Tests gewährleistet.

Die in letzter Zeit auf Empfehlung von NYEKI mit den Samen des Italienischen Raygrases (*Solium multiforum* Lam. — neuerer Namen auch Welsches Weidelgras) durchgeführten Versuche zeigten gute Ergebnisse: Die Samen sind sehr klein (Samengewicht für 1000 Samen etwa 2 g), die Spelzfrucht (ohne Grame) ist etwa 4···6 mm groß und läßt sich leicht auf das Netz legen (PETERSEN); in eine Dose können fünfmal 20 = 100 Samen eingelegt werden; die Samen keimen zu jeder Jahreszeit und Keimlinge und Pflanzen entwickeln sich schnell; der

Unterschied bei der O- und NST-Kontrolle ist gut wahrnehmbar (besonders die Breite der ersten Blätter ist auffallend), ebenso zeigt sich die Schadwirkung bei den sich schnell entwickelnden Pflanzen deutlich, die Pflanzen sind stark wasser- und stickstoffbedürftig (PETERSEN).

Schwierig ist es, die verhältnismäßig großen Spelzen von den die Samen enthaltenden zu unterscheiden, dadurch werden relativ viele „*unfruchtbare*" Spelzen abgelegt und so eine verhältnismäßig schlechte Keimungsrate erreicht (etwa 70···80%).

Das Italienische Raygras wird u. a. auf den Berliner Rieselfeldern bei reichlicher Wasser- und Stickstoffzufuhr als wichtiges Gras des Feldfutteranbaues gezogen (PETERSEN). Hinweise auf eine Anwendung des Ray-Grases als Versuchsobjekt bei pflanzenphysiologischen Untersuchungen fehlen.

Die K-A-Testung mit ein- und zweikeimblättrigen Pflanzen ist notwendig, denn diese verhalten sich gegenüber den verschiedenen in den Abwässern der chemischen Industrie vorkommenden Stoffen unterschiedlich. Für nur orientierende Versuche wird als ausreichend angesehen, je eine ein- und zweikeimblättrige Pflanze bei der Testung anzuwenden. Bei einem Test der bei der Herstellung von speziellen Herbiziden anfallenden Abwässern ist es unbedingt notwendig, auch solche Pflanzen in die Versuche einzubeziehen, auf die die hergestellten Herbizide eine besondere Wirksamkeit ausüben.

Vorbehandlung der Samen

Ein besonderes Vorbehandeln der Samen ist nicht erforderlich. Gerste (*Hordeum*) und Hafer (*Avena*) neigen besonders noch vor dem Keimen zum Schimmeln. Nach eigener Erfahrung beeinflußt ein anfänglicher kleiner Schimmelbelag nicht die Keimung und die spätere Entwicklung.

Ein vorheriges Sterilisieren, z. B. mit 2···3%iger Wasserstoffperoxidlösung (und nachheriges Waschen) oder das Sterilisieren, wie u. a. von MANNINGER u. ANTAL (PETERSEN) empfohlen, erscheint nicht nur überflüssig sondern auch nicht erlaubt: Die Samen werden auch anderen Einwirkungen als denen der Inhaltsstoffe des zu untersuchenden Abwassers ausgesetzt; ein Aufeinanderwirken der „*Beizmittel*" und der im Abwasser vorhandenen chemischen Stoffe ist nicht bekannt; bei einem Naßbeizen werden die Samen nicht durch die im Abwasser enthaltenen Lösungen gequollen, so kann das Abwasser nur verspätet auf die Enzymtätigkeit der Samenzellen einwirken, evt. erst, wenn diese schon ihre erste Tätigkeit begonnen haben.

Notwendig ist, die verfärbten, verkümmerten und beschädigten Samen vorher zu entfernen und nicht in den Versuch einzubeziehen

Lösungen

Nährlösung

Über die Nährlösung ist bereits berichtet worden. Möglich und vielleicht zweckmäßig ist bei Anwendung anderer Samen der Einsatz anderer Nährlösungen. Allerdings ist dabei zu bedenken, ob für die Einheitlichkeit des Tests die Anwendung der gleichen Nährlösung vorteilhaft wäre, wobei nur das Einstellen des pH-Wertes je nach Pflanzenart vorgenommen wird (SCHROPP; GIESECKE).

Nach den bisherigen Erfahrungen verändert sich die Nährlösung (100 ml) in der Versuchszeit nicht so, daß diese Veränderung die Entwicklung der Pflanzen beeinflussen würde. Zu beachten ist, daß evt. bei durch das Netz gewachsenen Wurzeln die Dosen zu schwenken sind, damit der Bodenschlamm aufgewirbelt wird. Besonders bei neutralen Lösungen ist dieses wichtig, weil sich ein beträchtlicher Teil der Nährsalze als Phosphate ausscheidet. Von dem sich auf die Haarwurzeln absetzenden Niederschlag wird eine entsprechende Menge durch die Wurzelsäfte gelöst und aufgenommen.

Aqua dest. und O-Kontrolle

An Stelle des gewöhnlichen destillierten Wassers ist es zweckmäßiger, durch Ionenaustauscher hergestelltes „*ionenfreies*" Wasser einzusetzen, denn das destillierte Wasser enthält zu oft Spuren von Kupfer, das sich bei dem fortlaufenden Ersetzen des verdunsteten Wassers in der Nährlösung übermäßig anreichern kann.

Beim Ansetzen der O-Kontrolle kann in vielen Fällen reines Leitungswasser angewandt werden. In den letzten Jahren wird dem Leitungswasser häufig Oberflächenwasser beigemischt. In solchen Fällen muß das Wasser auf die Anwesenheit von Stickstoff- und Phosphorverbindungen untersucht werden. Die O-Kontrolle, sollen „*nährstofffrei*" sein und weder Stickstoff, Phosphor noch Calcium enthalten. Einige Autoren empfehlen bei Wasserkulturen als nährstofffreie Lösung destilliertes Wasser, was nach Ansicht des Verfassers nicht richtig ist, weil mit dem Unterschied im osmotischen Druck ein neuer unkontrollierter Faktor in den Test eingeführt wird. Wahrscheinlich ist dies der Grund der anfänglich schnelleren Entwicklung bei der Keimung und dem früheren Zurückbleiben bei der Entwicklung gegenüber der NST-Kontrolle. Gute Erfolge wurden mit gesättigten Calciumsulfatlösungen (etwa 2 g $CaCO_4 \cdot 2\, H_2O/l$) erzielt. Diese von KNOP vor rd. hundert Jahren empfohlene Methode ist auch heute noch verwendbar.

Günstig war auch mit Calciumsulfatlösung gesättigtes Leistungswasser, mit Calciumhydroxid auf pH 7 eingestellt. Dabei fallen die Orthophosphate und Magnesiumhydroxid aus, und — wenn das Leitungswasser kalium- und stickstofffrei ist — kann das Postulat des Nährstoffmangels gut angenähert werden.

Abwasser

Probleme bereitet ein hoher Salzgehalt (Natriumchlorid, Natriumsulfat), der ebenfalls toxisch wirken und dessen toxische Wirkung nur durch Verdünnen eliminiert werden kann.

Der K-A-Test hat drei Ziele:

- Bestimmung einer evt. Toxizität des Abwassers
- Wirksamkeit der Versuche beim Ausarbeiten eines Reinigungsverfahrens
- Kontrolle der Wirksamkeit bei der Reinigung des Abwassers.

Das Neutralisieren des Abwassers mit Kalk entspricht den allgemeinen technologischen Bedingungen. Ferner wird das Abwasser, falls es nach der Neutralisation eine toxische Wirkung zeigt, in der am wirtschaftlichsten und wirksamsten Weise entgiftet. Die Verdünnungsreihen geben Auskunft über den Wirkungsgrad der verschiedenen Reinigungsverfahren, wobei ausdrücklich darauf hingewiesen sei, daß evt. ein als erfolgreich (CSV — BSB) beurteiltes biologisches Reinigungsverfahren nicht unbedingt auch die Giftstoffe der Keimungs- und Assimilationsenzyme abbaut, bzw. deren toxische Wirkung eliminiert.

Auswertung der Testversuche

Allgemeine Auswertung

Die zahlenmäßige Auswertung der Versuche bietet gewisse Schwierigkeiten, weil es nicht notwendig ist, eine so große Zahl von Parallelversuchen anzusetzen, daß eine zahlenmäßige Auswertung der Resultate gerechtfertigt wäre.

Im Normalfall werden 100 Samen je Kontrolle und untersuchte Verdünnung abgelegt. Falls bei der O- und NST-Kontrolle (evtl. auch bei größeren Verdünnungen) je Dose etwa die gleiche Zahl der Samen auskeimt, in den konzentrierten Abwässern dagegen weniger, kann von einer absoluten Keimungshemmung gesprochen werden. In diesem Fall ist die Zahl der gekeimten Samen in den verschiedenen Abwasserverdünnungen im Verhältnis der bei den Kontrollen gekeimten Samen anzugeben. Ebenso besteht die Möglichkeit der Angabe einer Verhältniszahl, wenn die Keimlinge nach einigen Tagen in ihrer Entwicklung auffallend zurückbleiben oder sich Mißbildungen zeigen.

Die Schwierigkeiten treten bei der schon beschriebenen Entwicklung der Keimlinge auf. Hier bleibt die Möglichkeit der Beschreibung der Befunde und des Vergleichs der verschiedenen Verdünnungen des unbehandelten und des gereinigten Abwassers untereinander und mit den Kontrollen.

Vom rein abwassertechnischen Standpunkt aus genügt eine solche Wertung. Erfolgt im gereinigten Abwasser in der Verdünnung 1 : 10 die gleiche Entwicklung wie bei unbehandelten Abwasser 1 : 100 oder 1 : 1000, so kann von einer 90···99%igen Reinigung gesprochen werden. Ob dieser Reinigungseffekt ausreicht oder nicht, hängt u. a. von der Entwicklung der Pflanzen, der weiteren Verdünnung des Abwassers im Betrieb bzw. im Vorfluter ab.

Spezielle Auswertungen

In Fällen, in denen eine genaue Kenntnis der Giftstoffe erforderlich ist, muß bei der K-A-Testung eine eingehendere Untersuchung der Keimlinge und der jungen Pflanzen vorgenommen werden. Für pflanzenphysiologische Untersuchungen ist die Wasserkultur ein allgemein verbreitetes Verfahren. Einzelheiten sind der einschlägigen Literatur zu entnehmen (Brauner und Bukatsch, Strassburger und Koernicke, Lundegarth, Farkas, Neurenberck; Strassburger, Noll u. a.; Braune u. a.; Luckner; Szalai; Giesecke).

Bei eingehenden Untersuchungen besteht die Möglichkeit, aus dem zu untersuchenden Abwasser gewisse Wirkstoffe zu isolieren bzw. deren Konzentrate herzustellen und in entsprechenden Konzentrationen zu testen oder nach anderen Methoden zu untersuchen.

Allgemeine Bemerkungen zum K-A-Test

Der K-A-Test ist gegenüber einigen Wirkstoffen sehr empfindlich. Schadwirkungen 1 : 100000, 1 : 1000000 wurden beobachtet. Er zeigt Schädigung der jungen Pflanzen in Fällen an, wo durch den A-Z-Test nach Knöpp und der Keimungstest nach Heynig (Breitig) keine Schadwirkungen mehr nachzuweisen sind.

Interessant war ein Befund, daß z. B. die Herbizide der Wirkstofftypen, wie z. B. 2,4-Dichlorphenoxyessigsäure, von Bakterien nur langsam verzehrt werden und das Wachstum der Algen nicht schädlich beeinflussen.

Der A-Z-Test und die Angabe von Knöpp zeigen also keine oder höchstens eine minimale schädliche Verseuchung. In einem Versuch (ähnlich ausgeführt wie der von Heynig, aber bei stärkerer Beleuchtung, einer Konzentration von 1000 mg/l 2,4-Dichlorphenoxyessigsäure veralgte das Filterpapier. Auf einem ausgeschnittenem Teil des Filterpapiers in einer Nährstofflösung ebenfalls mit 1000 mg/l 2,4 Dichlorphenoxyessigsäure/l vermehrten sich die Algen weiter mit. Auch Pringsheim berichtet über die Unwirksamkeit von Auxinen auf die Algen.

Triasinderivate beeinflussen die Keimung nicht, wohl aber die Assimilation. So zeigte ein Kontrollversuch (nach Heynig ausgeführt), auch am achten Tag keine Schadwirkung, wobei der Deckel der Petrischalen nach viel Tagen entfernt und das verdunstete Wasser mit destilliertem Wasser ständig ersetzt wurde so daß das Filterpapier stets feucht blieb. Die Petrischalen wurden im gestreuten Licht gehalten und die Keimlinge zeigten eine typische Etiolierungserscheinung. Beim K-A-Test begannen die Keimblätter am siebenten bis zehnten Tag eine hellere Farbe anzunehmen, dann verkümmerten sie und sämtliche Pflanzen waren am vierzehnten Tag eingegangen, während die O-Kontrolle schon dunkel gefärbte Keimblätter besaß und bei der NST-Kontrolle sich die Laubblätter zu entwickeln begannen.

Die getesteten Verdünnungen enthielten 10 und 100 mg/l Triazinwirkstoff in der Nährlösung und etwa die zehnfache Menge an Fettalkoholsulfat.

Nach den bisherigen Versuchen kann mit dem K-A-Test oft das Vorhandensein von Schadstoffen festgestellt werden, die mit anderen Verfahren nicht mehr erfaßt werden können und die Eliminierung dieser Schadstoffe kann bei der Abwasserreinigung kontrolliert werden.

Literatur

Bemerkungen und Literatur:

Die mit ° bezeichneten Literaturzitate sind dem Verfasser nur als Referate bekannt, die mit + bezeichneten enthalten weitere, ausführliche Literaturangaben bzw. sind Bücher, die sich auch mit den Grenzgebieten des Themenkreises ausführlich befassen. — Bei der außerordentlich umfangreichen Literatur über „Toxizität" war es dem Verfasser nicht möglich, das gesamte Gebiet ausführlich zusammenzustellen. Eine größere Zahl der botanischen und pflanzenphysiologischen Lehr- und Handbücher wird aufgeführt, um den Abwasserchemikern eine Einführung in die Probleme zu erleichtern.

+BEGER, H.: Leitfaden der Trink und Brauchwasserbiologie. 2. Aufl. (überarbeitet von Z. GERLOFF, D. LÜDEMANN), G. Fischer, Stuttgart, 1966

BERSIN, Th.: Kurzes Lehrbuch der Enzymologie. Akad. Verlagsges. Geest u. Portig, Leipzig

+BRAUNE, W., A. LEMAN H. TAUBERT: Pflanzenanatomisches Praktikum. VEB G. Fischer, Jena, 1967

+BRAUNER, F., BUKATSCH: Das kleine pflanzenphysiologische Praktikum. VEB G. Fischer, Jena., 7. Auflage, 1964

+BREITIG, G.: Zur Notwendigkeit der Standardisierung von Toxizitätstesten. Verh. Internat. Verein Limnol. **16** (1966), 979

BRINGMANN, G., R. KÜHN: Vergleichenden wassertoxikologische Untersuchungen an Bakterien, Algen und Kleinkrebsen. Ges. Ing. **80** (1959a), 115

DIESELBEN: Wassertoxikologische Untersuchungen mit Protozoen als Testorganismen. Ges. Ing. **80** (1959b), 239.

+BUCKSTEEG, W., H. THIELE, K. STÖLTZEL: Die Beeinflussung von Fischen durch Giftstoffe aus Abwässern. Vom Wasser Bd. XXII (1955), 194

Nach BUKATSCH (22) S. 275 soll dieser Ausdruck von C. F. GAUSS, in KÜSTER's Logarithmische Rechentafeln für Chemiker, Pharmazeuten, Mediziner und Physiker als Motto zitiert sein und vom HAGEN stammen

+FARKAS, G.: Növényi anyagcsere élettan Akadémiai Kiadă, Budapest, 1968 (ungarisch) (Stoffwechselphysiologien der Pflanzen)

+FREIMUTH, U., J. KAEDING, H. BÖHME, U. HÖFER, C. PÜSCHMANN, U. ZSCHUNKE, I. LUDWIG: Beiträge zur Bestimmung des organisch gebundenen Kohlenstoffs in Wässern und Sedimenten. Fortschritte der Wasserchemie Heft **11** (1969), 189

°GERICKE, W. F.: Soil Sci. **29** (1930), 207

+GIESECKE, F.: Der Vegetationsversuch. 2. Der Gefäßversuch und seine Technik, in der Reihe: Methodenbuch. Band IX. Naumann Verlag, Radebeul-Berlin, 1954

GOTTSCHALDT, N.: Detergensek toxicitásanak meghatározási modszere. Vegyipari szennyvizek es levegőszennyezés. II–III. Füzet 103–110. Budapest, 1966.(ungarisch) – (Toxizitätsbestimmungen von Detergentien. Vortrag, gehalten auf der Tagung: Abwasserfragen der chemischen Industrie in Balatonszéplak (Ungarn) April 1966) 26

GRIMBERG, M.: Einfaches Verfahren zur Bestimmung des zulässigen Verdünnungskoeffizienten von gereinigten industriellen Abwässern. Gas- u. Wasserfach **105** (1964), 98

°GÜNTHER, B.: Testung der Toxizität von Abwasserstoffen für *Asellus aquaticus* und *Stylaria lacustris*. Z. ges. Hyg. **10** (1964), 97

+GUTTENBREG, H. v.: Lehrbuch der allgemeinen Botanik. Akademie Verlag, Berlin

HEYNIG, H.: Erfahrungen mit dem Keimungstest zur toxikologischen Beurteilung von Abwässern für Bewässerungszwecke. Wasser u. Abwasser (1968), 53

KNÖPP, H.: Der A-Z-Test, ein neues Verfahren zur toxikologischen Prüfung von Abwässern. Dtsch. Gewässerkundl. Mitt. **5** (1961), 66

°KNOP, W.: Der Kreislauf des Stoffes. J. H. HASSEL, Leipzig, 1868

KOLLER, S.: Graphische Tafeln zur Beurteilung statistischer Zahlen. Th. Steinkopff, Dresden, 1943, 2. Aufl.

+KRETSCHMER, H.: Einfluß von Bor aus Wachstum, Ertrag und Zusammensetzung von Senf (*Sinapis alba* L.) A. Thaer Arch. **8** (1964), 337. Die Erfahrungen von KRETSCHMER stimmen mit den eigenen gut überein, der Bormangel ist nämlich nur bei dem Beginn der Assimilation wahrnehmbar, nach der Entwicklung der Keimblätter, bei der Entfaltung der Laubblätter. Der Zusatz von Bor zur Nährlösung ist also unbedingt notwendig, bei der A–K-Testung, weil der Bormangel als Hemmfaktor der Assimilation eine Schadwirkung des Abwassers vortäuschen kann!

+LIEBMANN, H.: Handbuch der Frisch- und Abwasserbiologie. I–II. Bd., Jena, 1958, 1960.

LUCKNER, M.: Der Sekundärstoffwechsel in der Pflanze und Tier. VEB G. Fischer, Jena, 1969

LÜDEMANN, D., H. KAYSER: Beiträge zur Toxizität von Herbiziden auf die Lebensgemeinschaft der Gewässer. Teil I. Fische. Gas u. Wasserfach **106** (1965), 220

DIESELBEN: Teil II. Fischnährtiere. Gas- und Wasserfach **107** (1966), 256

LUNDEGARDH, H.: Pflanzenphysiologie. G. Fischer, Jena, 1960

MANNINGER, E., M. ANTAL: Untersuchung über die Sterilisierung von Samen. Zbl. f. Bakt., II. Abt. **118** (1964), 379

MARVAN, P.: Zur Methodik der Auswertung von Toxizitätstesten. Sci. Pap. Inst. Chem. Techn. 7 (1963), 271 (deutsch)

NEURENBERGK, E. L.: Mesterséges fény ės a novények. — Mezőgazdasági Kiadò, Budapest (ungarisch, original: Kunstlicht und Pflanzenkultur, BLV Verlagsgesellschaft, München–Bonn–Wien)

Prof. Dr. NYÉKI JENŐ, Agrártudományi Főiskola, Keszthely, Ungarn, (Agrarwissenschaftliche Hochschule)

NYIRI, F., ST. RAPP-SIK: Zusammenhang zwischen organischem Stoffgehalt und chemischem Sauerstoffverbrauch. Bestimmung des organischen Stoffgehaltes der Abwässer der chemischen Industrie. Fortschritte der Wasserchemie Heft **10** (1968), 61

PETERSEN, A.: Die Gräser als Kulturpflanzen und Unkräuter auf Wiese, Weide und Acker, 3. Aufl. Akademie Verlag, Berlin, 1953

°PRAT, S., V. SLADEČEK: An inexpensive bio assay aimed at the agricultural disposal of waste waters. Hydrobiologie **23** (1964), 264

PRINGSHEIM, E. G.: Farblose Algen, S. 317: „... die einen Einfluß auf das Wachstum der Organe höherer Pflanzen ausüben. Der übliche Ausdruck ist Auxine (Hilfsstoffe). Sie sind bei Algen, soweit untersucht, unwirksam" — VEB G. Fischer, Jena, 1963

SCHROPP, W.: Der Vegetationsversuch, 1. Methodik der Wasserkultur höherer Pflanzen. In der Reihe: Handbuch der landwirtschaftlichen Versuchs- und Untersuchungsmethodik (Methodenbuch) 8. Band, Neumann Verlag, Radebeul und Berlin

SIRK, H.: Mathematik für Naturwissenschaftler und Chemiker, Th. Steinkopff, Dresden

+SRASSBURGER, E., M. KOERNICKE: Das kleine botanische Praktikum für Anfänger. G. Fischer, Jena

+STRASSBURGER, NOLL, SCHENK, SCHIMPER: Lehrbuch der Botanik für Hochschulen. 29. Aufl., VEB G. Fischer, Jena, 1967

+SZALAI, I.: Növenyélettan. Tankönyvkiadó, Budapest, 1968 (ungarisch) (Pflanzenphysiologie)

°TURNBULL, J. et al.: Toxicity of various refinery materials to fresh water fish. — Ind. Eng. Chem. **46** (1954), 324

WASSERBURGER, H. J.: Daphnia magna als Testtier zum Nachweis von Kontaktinsektizidspuren. Die Pharmazie **7** (1952), 731

ZOELLER, H.: Formeln und Tabellen zur Errechnung des mittleren Fehlers. O. Schläpel, Berlin, 1925

Manuskripteingang: 26. April 1970

Anschrift des Verfassers:

E. MIGRAY, Budapest V., Sörház-u. 3, VR Ungarn

Gy. DÉVAI I. DÉVAI,

Zoologisches Institut der Universität Kossuth Lajos, Debrecen

Ein Modellsystem zur Untersuchung des Sauerstoff-Kohlendioxidhaushalts

Zusammenfassung: Ziel der Arbeit war die Gegenüberstellung des Sauerstoff- und Kohlendioxidhaushaltes der Wasserkörper verschiedener geographischer Lage und verschiedenen Typs, um daraus Folgerungen für die praktische Wassergütewirtschaft zu ziehen.

Summary: This work was aimed at comparing the oxygen and carbon dioxide balance of water bodies of different geographical location and different types and at drawing conclusions concerning water quality and water resources policy in practice.

Резюме: Целью работы было сопоставление кислородного баланса и баланса двуокиси углерода водяных призм различного географического расположения и разного типа, чтобы были возможны выводы для практической работы по качеству воды.

Einleitung

Als Ergebnis der pflanzen- und tierphysiologischen Untersuchungen wurde die Rolle und die Bedeutung des im Wasser gelösten Sauerstoffs und Kohlendioxids in den Stoffwechselvorgängen der meisten aquatischen Organismen festgestellt (RUHLAND; BUDDENBROCK).

Seit jeher widmeten die Limnologen der Aufschließung der sich im Verhältnis des Sauerstoff-Kohlendioxidhaushalts des „Lebewesen-Umwelt-Systems" (JUHÁSZ-NAGY) entstehenden verwickelten Wechselwirkungen, der Klarlegung der kausalen Zusammenhänge und der Dialektik dieser Vorgänge besondere Aufmerksamkeit.

Als Ergebnis dieser Untersuchungen wurde bereits von THIENEMANN; MAUCHA; GROTE und HARNISCH in den entsprechenden Bänden „*Binnengewässer*" hervorgehoben, daß die Lebewesen in erster Linie durch die photosynthetische Assimilation und Dissimilation den Sauerstoff-Kohlendioxidhaushalt der Gewässer beträchtlich beeinflussen, so daß in bezug auf dessen Gestaltung die Lebensfunktionen der aquatischen Organismen einen mit den physischen und chemischen Vorgängen mindestens gleichrangigen Faktor bilden.

In den letzten Jahren wurde die Annäherung mancher auf Lösung drängender aktueller Fragen der Wasserwirtschaft auf Grund der Untersuchung des Sauerstoff-Kohlendioxidhaushalts versucht. Außer der Bestimmung der Primärproduktion und der Tendenzen der darin erfolgenden Veränderungen (MÜLLER) sind wichtige Faktoren bei der Untersuchung des Sauerstoff-Kohlendioxidhaushalts u. a. in der Beurteilung der Eutrophierung (z. B. MINDER; SLÁDEČEK; v. TÜMPLING) der verschiedenen Wassertypen, in dem Nachweis der Wasserverunreinigungen und ihrer Wirkungen (DOWNING), neuerdings sogar in der Registrierung des Wirkungsgrades der Wasserreinigung (SYMONS) gefunden worden.

Die in diesem Problemkreis erzielten vielversprechenden Ergebnisse erhöhten das Interesse nicht nur für das Studium des Sauerstoff-Kohlendioxidhaushalts der natürlichen Gewässer, sondern auch z. B. für die Untersuchung der Abwässer. Auf Grund der Erkenntnisse der Möglichkeiten und auf Grund der Literaturstudien und früheren Untersuchungen setzten sich die Autoren das Ziel, den Plan einer solchen vielseitigen, einheitlichen und leicht, doch tiefgehend, auswertbaren Untersuchungsserie zu entwerfen, nach dem die Forschung des Sauerstoff-Kohlendioxidhaushalts der Wasserräume von verschiedener geographischer Lage und verschiedenem Typ unter natürlichen Verhältnissen, die Bestimmung der auf die Wandlungen des Sauerstoff-Kohlendioxidhaushalts am meisten unmittelbar (per se) wirkenden Faktoren; sodann in deren Kenntnis das Verfolgen der im Wasserraum verlaufenden Änderungen und die Aufklärung ihrer Ursachen möglich wurde.

Die Ergebnisse der im Bodrog-Totarm bei Sárospatak (NO-Ungarn) (DEVAI Gy. et al.), in den Wassersystemen des Szálajka-Bachs und der Diszóskut-Quelle im Bükk-, sowie des Kemence-Bachs im Zempléner-Gebirge (SZABÓ et al.), ferner in den Absetz- und Grundwassererhöhungsbecken der Wasserhebungsanlage Nr. *I* der Budapester Wasserwerke (SZABÓ et al.) vorgenommenen Versuche wurden bereits früher mitgeteilt. Hier sollen die bisher noch nicht dargestellten, doch konsequent befolgten allgemeinen Planungsgrundlagen der Untersuchungen und das danach ausgearbeitete Modellsystem dargelegt werden.

Planung

Der Sauerstoff-Kohlendioxidhaushalt eines Wasserraumes dürfte mittelbar oder unmittelbar durch sehr viele Faktoren — namentlich durch meteorologische, physische, chemische, biologische usw. Vorgänge — beeinflußt werden.

Der Zielsetzung der Arbeit entsprechend schien es nicht zweckmäßig, die Zahl der tatsächlich wirkenden Faktoren herabzusetzen, deshalb wurden die Untersuchungen nicht in den durch die verschiedenen Verfahren [z. B. bei der Messung der Primärproduktion mit kleinen Glasgefäßen (GOLDMAN, 1960), mit Plexiglasröhren (THOMAS), mit Kunststoffsäcken (STRICKLAND; TERHUNE), mit Hohlzylinder aus Polyvinylfolien (GOLDMAN, 1962)] abgesonderten bzw. abgegrenzten Räumen, sondern unter natürlichen Bedingungen durchgeführt.

Es ist anzunehmen, daß die Beseitigung der Wirkung einiger Faktoren (z. B. Wasserbewegung) in bezug auf andere Faktoren (z. B. Beleuchtung, Temperatur usw.) von den natürlichen Bedingungen ein abweichendes, dabei schwerer registrier- und reproduzierbaress Verhältnis schafft.

Bei der Klarlegung der charakteristischen Besonderheiten des Sauerstoff-Kohlendioxidhaushalts, der kausalen Zusammenhänge der darin stattfindenden Veränderungen und der Wirkungen der einzelnen Faktoren bzw. Faktorsysteme wurden die Ergebnisse eine Untersuchungsreihe, die den Auswertungsmöglichkeiten des im folgenden zur Darlegung kommenden Modellsystems entspricht, verglichen.

Als Grundsituation wurde der tägliche Rhythmus des Sauerstoff-Kohlendioxidhaushalts angenommen, wozu vierundzwanzigstündige Untersuchungen durchgeführt wurden. Von den Meßergebnissen schienen die Sauerstoff- und Kohlendioxidwerte der aus verschiedenen Gewässern zu fast denselben Zeitpunkten entnommenen Proben — in Kenntnis der wichtigsten Umweltfaktoren — zu einem Vergleich geeignet zu sein.

Modellsystem

Als Modell gilt eine mathematische Konstruktion, welche — falls ihr eine bestimmte wörtliche Deutung zugeordnet wird —, die zu untersuchende Erscheinung dem gesetzten Ziel entsprechend zu beschreiben vermag. Unter Modellsystem wird die Verbindung bestimmter Modelle verstanden (NEUMANN).

Die Planung der Untersuchungen und Untersuchungsreihen, die auf die Erkennung des Sauerstoff-Kohlendioxidhaushalts gerichtet sind, sowie die Auswertung der erhaltenen Resultate können in optimaler Weise gemäß einer Erwägung des Typs von Variationen mit Wiederholungen bzw. von Raumausfüllungen (Okupanz) vorgenommen werden.

Es ist bekannt (FELLER), daß die Anzahl der gesamten möglichen Variationen mit Wiederholungen (d. h. die Wiederholung der ,,Symbole" ist gestattet) von n-artigen ,,Symbolen" in k ,,Schachteln" n^k beträgt; diese Zahl bezeichnet die Anzahl der Menge der Variationen mit Wiederholungen von n Elementen (Symbolen") zur k-ten Klasse.

Im gegenwärtigen Fall gibt es vier ,,Schachteln", d. h. Mengenklassen:

- die Menge der Probeentnahmeräume: W, deren Anzahl w;
- die Menge der Probeentnahmetage: X, deren Anzahl x;
- die Menge der Probeentnahmeeinheiten: Y, deren Anzahl y;
- die Menge der Probeentnahmezeitpunkte: Z, deren Anzahl z.

Als Elemente der Menge der Probeentnahmeräume gelten die verschiedenen Wasserräume; die Elemente der Menge der Probeentnahmeeinheiten sind die durch bestimmte Koordinaten lokalisierten Volumina desselben Wasserraumes. Unter Wasserraum wird ein mit Wasser gefüllter, ununterbrochener Raum verstanden (MOSONYI), dessen Verbindung mit anderen Wasserräumen — im Vergleich zur Menge des Wassers — vernachlässigte werden darf. Wasserkörper bedeutet einen bestimmten, in der Regel physiognomisch umgrenzten Teil des Wasserraumes (MOSONYI). Der Probeentnahmetag wird lt. Kalender, der Probeentnahmezeitpunkt nach Tageszeiten verstanden.

Am einfachsten sollen nur zwei ,,Symbole" in Betracht gezogen werden 0 (unterscheidbar, d. h., z. B. jede der y Probeentnahmeräume distinguiert) und l (ununterscheidbar, d. h., z. B. irgend zwei, drei, . . . , y von den y Probeentnahmeräumen (Tab. 1).

In Tab. 1 beträgt die Anzahl der Viererreihen 2^4, d. h. 16.

Zwar können die einzelnen Zahlenreihen sämtliche adäquate Fragen, die sich in Verbindung der Untersuchung des Sauerstoff-Kohlendioxidhaushalts ergeben, ausreichend beantworten, doch scheint die Abgrenzung der folgenden zwei Grundsituationen wegen der wesentlichen Unterschiede in der Planung, der Ausführung und der Auswertung nach notwendig zu sein:

Tabelle 1
Schema der Variationen mit Wiederholungen

	W	*X*	*Y*	*Z*
1	0	0	0	0
2	0	0	0	1
3	0	0	1	0
4	0	0	1	1
5	0	1	0	0
6	0	1	0	1
7	0	1	1	0
8	0	1	1	1
9	1	0	0	0
10	1	0	0	1
11	1	0	1	0
12	1	0	1	1
13	1	1	0	0
14	1	1	0	1
15	1	1	1	0
16	1	1	1	1

Die Frage kann objektorientiert gestellt werden, d. h. nebst mehreren anderen Eigenschaften wird der Sauerstoff-Kohlendioxidhaushalt eines bestimmten Wasserraumes als Untersuchungsobjekt geprüft, dabei wird sowohl die Registrierung des dortigen Vorgangs, als auch die Klarlegung der Ursachen der dortigen Veränderungen, die Feststellung lokaler Gesetzmäßigkeiten usw. zum Ziel gesetzt.

Eine andere Möglichkeit bietet die problemorientierte Bearbeitung des Themas. In diesem Fall haben die Untersuchungen nicht an erster Stelle die „per se"-Erkennung des Objekts als Endziel, sondern sie richten sich auf irgendein Problem, wie z. B. auf die produktionsbiologischen oder saprobiologischen Zustände eines Wasserraumes, auf den Sauerstoff-Kohlendioxidhaushalts der physiognomisch gleichen Teile verschiedener Wasserräume (Wasserkörper), wie z. B. offene oder mit Laichkrautgewächse und Sumpfvegetation bedeckte Flecke oder von Wasserschichten in der Nähe der Oberfläche bzw. des Schlammes, auf die Wirkung verschiedener meteorologischer Verhältnisse usw. Ein dazu geeignetes Objekt soll also in diesem Fall nur als Testobjekt gelten, wie z. B. die Elbe für v. Tümpling in bezug auf die Frage, was für eine Korrelation sich „zwischen der Saprobität — gemessen im Saprobienindex — und dem Sauerstoffgehalt in % des „Sättigungswertes" erweisen ließ.

Wie erwähnt, weist Tab. 1 auf die Untersuchungs- bzw. Auswertungsmöglichkeiten beider Fragestellungen hin. Wird in Betracht gezogen, daß in jedem einzelnen Fall die Werte des Sauerstoffgehalts bzw. die Mengen des Kohlendioxids einerseits gesondert für sich vergleichbar sind, andererseits aber die beiden auch in ihrem Zusammenhang gegenübergestellt werden können, weiterhin, daß sich die Wandlungen der Sauerstoff-Kohlendioxidwerte auch mit den Meßergebnissen über die Veränderungen der für „a priori" wirkungsfähig angenommenen Faktoren vergleichen lassen, so ergibt sich die konkrete Bedeutung der einzelnen Reihen z. B. folgendermaßen:

1. Im gleichen Raum (Wasserraum als Probeentnahmeraum) und am gleichen Tag, in der gleichen Probeentnahmeeinheit, zum gleichen Zeitpunkt ist z. B. — auf Grund der Nebeneinanderstellung mehrerer Proben — die Zuverlässigkeit der Sauerstoffbestimmung, d. h. die Abweichung bzw. die Standardabweichung der Werte der einzelnen Proben zu prüfen.
2. Im gleichen Raum, am gleichen Tag, in der gleichen Probeentnahmeeinheit sind z. B. der Zusammenhang zwischen der Menge des gelösten Sauerstoffs und der des freien Kohlendioxids oder die Veränderung des Sauerstoff- und Kohlendioxidhaushalts in bezug auf die (verschiedenen) Zeitpunkte der Probeentnahme zu untersuchen.
3. Im gleichen Raum und am gleichen Tag, zu einem konkreten Zeitpunkt kann z. B. der gelöste Sauerstoff von Wasserkörpern eines offenen und mit Laichkrautgewächsen bedeckten Wasserspiegels untersucht und die darin übereinstimmenden und abweichenden Eigenschaften registriert werden.
4. Im gleichen Raum und am gleichen Tag, bezogen auf den Zeitpunkt der Probeentnahme (d. h. zu verschiedenen Zeitpunkten) sind z. B. die Werte des freien Kohlendioxids von Wasserschichten in der Nähe der Wasseroberfläche und der Nähe des Schlammes (d. h. in verschiedenen Probeentnahmeeinheiten) nebeneinanderzustellen und nach den Ursachen ihrer Ähnlichkeit oder Verschiedenheit zu untersuchen.
5. Im gleichen Raum, mit den zum gleichen Zeitpunkt ausgeführten und z. B. wochenweise regelmäßig wiederholten Analysen kann man z. B. die Wandlungen des gelösten Sauerstoffs während einer Vegetationsperiode z. B. in einer gegebenen Probeentnahmeeinheit der am Ufer liegenden und mit reichen Sumpfvegetation bedeckten Region verfolgen.
6. Im gleichen Raum, durch Gegenüberstellung der Ergebnisse mehrerer vierundzwanzigstündiger Meßreihen läßt sich ein klares Bild z. B. über den Sauerstoff–Kohlendioxidhaushalt einer gegebenen Einheit der offenen Wasseroberfläche erhalten, und im Falle entsprechender Planung kann daraus auf die Wirkungen der meteorologischen Unterschiede geschlossen werden.
7. Im gleichen Raum, zum gleichen Zeitpunkt mit z. B. zweiwöchentlich regelmäßig wiederholten Untersuchungen sind z. B. die lokalen Verschiedenheiten der Wasserschichten in der Nähe der Oberfläche und des Schlammes in bezug auf den Sauerstoff–Kohlendioxidhaushalt zu bestimmen und — in Kenntnis der entsprechenden Umweltfaktoren — sogar die Ursachen dieser lokal gedeuteten Unterschiede zu erörtern.
8. Die Registrierung der Beziehungen und der charakteristischen Eigenschaften, die z. B. im vorangehenden Punkt angedeutet sind, läßt sich offenbar durch die vierundzwanzigstündigen Meßreihen genauer und ausführlicher vornehmen.

Führt man diese Untersuchungen an mehreren Objekten, d. h. in verschiedenen Probeentnahmeräumen (Tab. 1, Nr. 9···16) durch, so werden die erhaltenen Ergebnisse informativer und extrapolierbarer sein und eine bessere und grundlegendere Verallgemeinerung in bezug auf die Klarlegung der Ursachen, welche die Veränderungen des Sauerstoff-Kohlendioxidhaushalts hervorrufen, wird ermöglicht.

Literatur

BUDDENBROCK, W.: Vergleichende Physiologie. VI. Blut und Herz. Birkhäuser Verlag, Basel–Stuttgart, 1967, 1

DÉVAI, GY., I. DÉVAI, K. HORVÁTH, I. BANCSI, M. TOTH: Angaben zur Kenntnis der hydrobiologischen Verhältnisse des toten Flußarmes der Bodrog bei Sárospatak. I. Sauerstoff- und Kohlendioxydhaushalt. Acta Biologica Debrecina VII. (1970)

DOWNING, A. L.: The effects of pollution on the oyxgen balance of rivers. W. a. Waste Treatment (1967/8), 360

FELLER, W.: An introduction to probability theory and its applications. I. 2nd Edition, New York – John Wiley & Sons, Inc. London – Chapman & Hall, Limited 1957, I–XV. + 1

GOLDMAN, C. R.: Primary productivity and limiting factors in three lakes of the Alaska Peninsula. Ecol. Monogr. **30** (1960), 207

GOLDMAN, C. R.: A method of studying nutrient limiting factors in situ in water colums isolated by polyethylene film. Limnology and Oceanography **7** (1962), 99

GROTE, A.: Der Sauerstoffhaushalt der Seen in: Die Binnengewässer XIV. E. Schweizerbart'sche Verlagsbuchhandlung, Stuttgart, 1934, I–VIII + 1

HARNISCH, O.: Hydrophysiologie der Tiere in: Die Binnengewässer XIX. E. Schweizerbart'sche Verlagsbuchhandlung, Stuttgart, 1951, I–VIII + 1

JUHÁSZ NAGY P.: A modern növényökológia helyzete és problemaköre. Acta Univ. Debr. VII/2. (1961), (1962), 181

MACKENTHUN, K. M.: The effects of nutrients on photosynthetic oxygen productions in lakes and reservoirs. Symposium Streamflow Regulation for Quality Control, 1965, 205

MAUCHA, R.: Hydrochemische Methoden in der Limnologie in: Die Binnengewässer XII. – E. Schweizerbart'sche Verlagsbuchhandlung, Stuttgart, 1932 I–X + 1

MOSONYI, E.: Hidraulika és muszaki hidrológia in: Muszaki Értelmezö Szótár 3. Terra, Budapest (1959) 1

MÜLLER, W.: Helldunkelflaschen-Sauerstoffmethode. Limnologica (1966/2), 281

NEUMANN, J.: The unity of knowledge L. Leary, Doubleday, New York, 1955

RUHLAND, W.: Handbuch der Pflanzenphysiologie, V. Die CO_2-Assimilation. Teil 1–2. Springer.Verlag, Berlin–Göttingen–Heidelberg, 1960, I–XL + 1; I–XIV + 1

SLÁDEČEK, V.: Posuzováni jakosti vody podle obsahu rozpusténého kysliku. Vodni Hosp. (1967/2), 80

STRICKLAND, J. D., L. D. B. TERHUNE: The study of in situ marine photosynthesis using a large plastic bag. Limnology and Oceanography **6** (1961), 93

SZABÓ, J., GY DÉVAI, I. DEVAI, K. HORVÁTH, I. BANSCI, M. TÓTH: Hidroökológiai vizsgálatok a Bükk és a Zempléni-hegység vizeiben (I. resz). Acta Biologica Debrecina VII (1970)

SZABÓ, J., GY. DÉVAI, GY. PUSZTAI, I. DÉVAI, K. GEFFERTH, K. HORVÁTH: A Fövárosi Vizmüvek (Budapest) medencés vizdusitásának néhány hidrobiológiai problémája Acta Biologica Debrecina VII (1970)

SYMONS, J. M., W. H. IRWIN, R. M. CLARK, G. G. ROBECK: Management and measurement of DO in impoundments. Proc. ASCE SA **6** (1967), 181

THIENEMANN, A.: Der Sauerstoff im eutrophen und oligotrophen See in: Die Binnengewässer IV. E. Schweizerbart'sche Verlagsbuchhandlung, Stuttgart, 1928, 1

THOMAS, E. A.: Vergleiche über die Planktonproduktion in Flaschen und Plankton-Test-Lot nach Thomas. Verh. Internat. Ver. Limnol. **14** (1961), 140

TÜMPLING, v. W.: Über den Zusammenhang zwischen saprobiologischem Zustand und dem Sauerstoffhaushalt der Elbe. Fortschritte d. Wasserchemie **5** (1967), 37

Manuskripteingang: 26. April 1970

Anschrift der Verfasser:

GY. DÉVAI, I. DÉVAI, Zoologisches Institut der Universität Kossuth Lajos, Debrecen, VR Ungarn.

B. SCHNEE

Technische Universität Dresden, Sektion Wasserwesen, Bereich Hydrobiologie

Modellversuche über den Einfluß der Oberflächenspeicherung auf die Zusammensetzung von Braunwässern*)

Zusammenfassung: Drei Braunwässer aus dem Kammgebiet des mittleren Erzgebirges wurden in zwei Modellversuchen für längere Zeit unter Bedingungen exponiert, die die wesentlichsten Eigenschaften (Licht und Temperatur) von Hypolimnion und Epilimnion einer Talsperre nachahmten. Die in bestimmten Abständen (1…2 Monate) vorgenommenen Untersuchungen dieser Wässer ergaben, daß sich die Moorgewässer im Laufe der Zeit veränderten, d. h. der Huminstoff- und Eisengehalte sowie der Kaliumpermanganatverbrauch der Wässer nahmen ab. Ein besonders großer Rückgang von organischer Substanz und Eisen konnte in den Epilimnionmodellen festgestellt werden, in denen sich Algen entwickelten. Daraus kann geschlossen werden, daß der Assimilationssauerstoff wesentlich an der „*Selbstreinigung*" der Braunwässer beteiligt ist. Am Beispiel des polyhumosen Hochmoorwassers, in dem wegen der ungünstigen Lichtverhältnisse keine Algenentwicklung stattfinden konnte, wurde nachgewiesen, daß auch heterotrophe mikrobielle Prozesse einen erheblichen Anteil bei der Veränderung von Braunwasser haben, deren Bedeutung jedoch gegenüber der Wirkung von Assimilationssauerstoff zurücktritt. Huminstoffe werden vorwiegend im ausgefällten Zustand im Bodensediment abgebaut. Das Licht selbst hatte keinen Einfluß auf die Huminstoffe. Wasserproben, in denen durch Vergiftung biogene Prozesse ausgeschaltet waren, blieben auch im Licht die gesamte Expositionszeit über unverändert. Daß Luftsauerstoff in der Lage ist, die Huminstoffe zu oxydieren, geht aus der verstärkten Abnahme von Huminstoffe Kaliumpermanganatverbrauch und Eisen hervor, die durch zusätzliche künstliche Belüftung des Braunwassers erreicht wurde. Vergleichende Betrachtungen der Untersuchungsergebnisse ergaben, daß für das Ausmaß der natürlichen Ausflockung der Braunwässer auch das Verhältnis Eisen:Huminstoffe eine Bedeutung hat. Je mehr Huminstoffe auf einen Teil Eisen kommen, um so weniger Eisen wird ausgefällt.

Ein aus Hochmoorwasser gewonnenes Huminsäurepräparat wurde chemisch untersucht und eine stimulierende Wirkung auf das Wachstum von *Haematococcus pluvialis* festgestellt, die nicht auf adsorbiertem oder organisch eingebautem Phosphat beruhte. Eine Pufferwirkung der Huminstoffe konnte nachgewiesen werden. Die drei verwendeten Testgewässer hatten niedrige Leitfähigkeitswerte, die nur wenig voneinander abwichen. Während das Wasser des Stinkenbaches und des Lehmheidner Teiches keine Pufferwirkung zeigten, wies das huminstoffreiche Hochmoorwasser ein gutes Pufferungsvermögen auf.

Summary: Three brown waters from the crest area of the central Erzgebirge were exposed in two model tests for a longer period under conditions simulating the most essential properties (light and temperature) of the hypolimnion and epilimnion of an impounding reservoir. Analyses of these waters made at regular intervals (1 or 2 months) indicated changes in bog waters with time, i. e. their humin matter and iron contents as well as their potassium permanganate consumption decreased. An exceptionally high decrease of organic

*) Die Untersuchungen sind im Rahmen einer am Institut für Hydrobiologie der Technischen Universität Dresden angefertigten Diplomarbeit durchgeführt worden. Für die Aufgabenstellung und für wertvolle Anregungen bin ich Herrn Prof. Dr. UHLMANN zu Dank verpflichtet. Mein Dank gilt ebenso allen Mitarbeitern des Hydrobiologischen Laboratoriums Neunzehnhain der Technischen Universität Dresden, die mich bei der Durchführung der Versuche unterstützten.

matter and iron was observed in the epilimnion models in which algae developed. From this fact the conclusion may be drawn that assimilation oxygen contributes essentially to the "self-purification" of brown waters. By the example of raised-bog water being rich in several humic substances in which no algae development was possible because of unfavourable light conditions, the author demonstrated that also heterotrophic microbial processes contributed considerably to changes in brown water, but that these processes were not so important as the effect of assimilation oxygen. Humic matter is digested mainly in the sediment in a precipitated state. Light itself did not influence the humic matter. Water samples in which no biogenic processes were possible due to poisoning remained unchanged under light during the whole time of exposure. The increased reduction of humin substances potassium permanganate consumption and iron, obtained by an additional artificial aeration of the brown water, shows that atmospheric oxygen is capable of oxidizing the humin substances. Comparative examinations of the investigation results have shown that the degree of natural flocculation is determined also by the iron:humnin matter ratio. The higher the humic acid of one part of iron is, the less iron will be precipitated.

By the chemical analysis of a share of humin matter preparation from raised-bog water the author has found a stimulating effect on the growth of *Haematococcus pluvialis* which was not due to phosphate adsorbed or contained in the organic matter. A buffering action of humic matter could be detected. Each of the three test waters had low conductivity values, differing only slightly from one another. Whereas the Stinkenbach water and the Lehmheidner Teich water showed no buffering action, the raised-bog water with high humic matter content showed a good buffering action.

Резюме: Во время двух длительных модельных опытов выдержалось три воды коричневатого цвета из районов гребня средних Рудоносных гор. Условия опытов подражали существенным свойствам, т. е. свету и температуре, гипо- и эпилемниона водохранилища. Судя по исследованиям этих вод, которые проводились каждый месяц или каждые два месяца, в течение времени изменились эти болотные воды: уменьшились содержание гуминовых вешеств, железа и расход перманганата. Особенно уменьшилось органическое вещество и железо в тех моделях эпилимниона, где развивались водоросли. Из этого можно делать вывод, что кислород ассимиляции существенно участвует в ,,самоочищении" коричневатых вод. На примере воды верхового болота со своим большим содержанием гуминовых веществ, где из-за неблагоприятных световых условий не могли развиваться водоросли, доказалось, что и гетеротрофные микробиологические процессы сильно влияют на перемену ,,коричневатых озер", хотя их значение уступает, по сравнению с действием кислорода ассимиляции. Гуминовые вещества разлагаются прежде всего в выделенном состоянии, в донном осадке. Сам свет не имел влияния не гуминовые вещества. Пробы воды, в которых отравление выключило биогенные процессы, во время всей выдержки оставались без изменений и в свете. Кислород воздуха может окислить гумиовые вежества: это вытекает из усиленного уменьшения гуминовых вешеств, расхода перманганата и железа, достигнутого дополнительным, искусственным подводом воздуха к ,,коричневатой воде,,. Сравнивая результаты исследований, можно установить, что для величины естественной коагуляции ,,коричневатых вод,, имеет значение и отношение между железом и гуминовыми вешествами. Чем больше гуминовых вешеств на единицу железа, тем меньше железа выделяется.

Химически исследовался гуминокислотныи препарат, полученный из воды верхового болота, причем установилось стимулирующее влияние на рост *Haematococcus pluvialis,* не базирующееся на адсорбированном или органически встроенном фосфате. Обнаружилось буферное действие гуминовых веществ. Три испытанных воды имели малые величины электропроводности, только незначительно различающиеся друг от друга. Вода ручья Штинкенбах и пруда Лемхейднер тейх не проявляли буферности, зато вода верхового болота с большим содержанием гуминовых веществ отличается хорошей буферностью.

Einleitung

Unmittelbarer Anlaß für diese Arbeit war der geplante Bau der Trinkwassertalsperre Kühnhaide/Erzgebirge, deren künftige Zuleiter aus ausgedehnten Hochmoorgebieten stammen und der Talsperre gelblich-braunes Wasser zuführen würden.

Abgesehen davon, daß dieses gefärbte Wasser für manche Industriezweige, wie z. B. Papier- und Textilindustrie, nicht zu verwenden ist, vermuten einige Autoren einen schädigenden Einfluß der Huminsäuren auf den menschlichen und tierischen Organismus, z. B. CHALUPA eine strumigene Wirkung (s. auch OBENAUS, 1965). Auch vom rein ästhetischen Standpunkt bedürfen die Braunwässer, bevor sie als Trinkwasser verwendet werden können, einer Aufbereitung. Die Beseitigung der Huminstoffe kann durch Ausfällen mit Eisen- oder Aluminiumsalzen und nachfolgende Filtration durch Schnellsandfilter geschehen, ein Verfahren, dem noch Mängel anhaften (BLACK und WILLEMS).

Bei der Projektierung solcher Aufbereitungsanlagen interessiert natürlich auch die Frage, in welchem Maße mit einer natürlichen Selbstreinigung der Braunwässer während einer theoretischen Aufenthaltszeit von ca. einem Jahr im Staubecken zu rechnen ist. Von besonderer Bedeutung ist die Reinigungswirkung der Vorbecken humoser Talsperren. Wird in den Vorbecken und -sperren ein Teil der Huminstoffe des Wassers beseitigt, kann der Sauerstoffhaushalt der Sperre entlastet werden.

In der vorliegenden Arbeit wird versucht, das Ausmaß der natürlichen Veränderung von Braunwasser mit Hilfe von Modellversuchen zu erfassen und die dafür verantwortlichen Ursachen zu erkennen. Zur Klärung dieser Probleme mußten meist eigene Untersuchungsergebnisse dienen. Es gibt eine umfangreiche Literatur über chemische und physikalische Eigenschaften der Huminsäuren (s. Literaturzusammenstellung bei CHALUPA, 1963), die zwar bei der Lösung der vorliegenden Probleme von Nutzen ist, doch wenig über die Veränderung der Huminstoffe mit der Zeit, über ihre Abbaubarkeit durch Mikroorganismen und den direkten biologischen Einfluß dieser Stoffe aussagt. Die Mehrzahl der bisher veröffentlichten Arbeiten beschäftigt sich zudem mit Huminsubstanzen aus Torf und Böden, während den Huminstoffen in Oberflächenwässern weit weniger Aufmerksamkeit zuteil wurde.

In dieser Arbeit soll der Ausdruck „Huminsäure" (HS) alle Huminstoffe des Wassers erfassen, die durch das Extraktionsverfahren mit Amylalkohol (CHALUPA, 1963) bestimmbar sind. Untersuchungen über die qualitativen chemischen Veränderungen der HS wurden nicht durchgeführt.

Material und Methoden

Um das Verhalten des Braunwassers während des Anstaus zu verfolgen, wurden Modellversuche durchgeführt, mit denen die Epi- und Hypolimnionbedingungen einer Talsperre nachgeahmt werden sollten. Diese Nachahmung der Talsperrenverhältnisse konnte natürlich nur in bezug auf Temperatur- und Lichtverhältnisse geschehen, während Turbulenzerscheinungen, die in jeder Talsperre eine große Rolle spielen, völlig außer acht gelassen werden mußten, da die Modelle weitgehend oder völlig vor Windeinwirkungen geschützt waren. Auch verblieb das Sediment, bestehend aus Ausflockungen des Huminwassers und abgestorbenen Algen, im Epilimnionmodell und belastete dort den Sauerstoffhaushalt. Auf ein kontinuierliches Modell, d. h. ständigen Zu- und Abfluß von Braunwasser muß verzichtet werden, weil die Gewässer, aus denen das Braunwasser entnommen wurde, zu große jahreszeitliche Schwankungen im Gehalt von Huminstoffen aufweisen.

Testwässer

Drei verschiedene Braunwässer wurden verwendet und bei ihrer Auswahl auf unterschiedlichen Huminsäure- und Eisengehalt, ein unterschiedliches HS:Eisenverhältnis und eine unterschiedliche Lichtfilterwirkung geachtet. Auch sollten sowohl stehende als auch Fließgewässer untersucht werden.

Wasser aus einer Hochmoorschlenke (Stengelheide)

Hierbei handelt es sich um ein polyhumoses Wasser von kaffeebrauner Farbe und hohem Eisengehalt. Die Schlenke, aus der das Wasser entnommen wurde, liegt inmitten eines dichten Sphagnumbestandes am Fuße des Torfwerkes Reitzenhain. Die HS entstammen abgestorbenen Sphagnen und Birkenblättern, die am Schlenkengrunde eine dicke Schicht bilden. Infolge der starken Wasserfärbung entwickeln sich keine Algen.

Tabelle 1

	HS [mg/l]	Kaliumpermanganat verbrauch [mg/l]	Eisen [mg/l]
*Beckenversuch	150	430	8,0
*Flaschenversuch	160	500	9,8

Erläuterung s. S. 104

Wasser aus dem Stinkenbach

In dem Stinkenbach münden die Gräben, die das Abbaugebiet des Torfwerkes Reitzenhain entwässern. Der Stinkenbach ist somit der Hauptzubringer von Huminstoffen für die Schwarze Pockau und damit für die geplante Talsperre. Er führte zur Zeit der Entnahmen ein mesohumoses Wasser. Die Lichtverhältnisse lassen eine Algenentwicklung zu.

Tabelle 2

	HS [mg/l]	Kaliumpermanganat-verbrauch [mg/l]	Eisen [mg/l]
Beckenversuch	20	67	2,0
Flaschenversuch	33	120	4,2

Lehmheidner Teichwasser

Das Wasser des Lehmheidner Teiches weist, mit dem Stinkenbachwasser verglichen, sowohl einen niedrigeren Huminstoffgehalt als auch eine geringere Eisenmenge auf. Der Teich liegt in einem Waldgebiet und wird von einem Bach entwässert, der ebenfalls in die Pockau mündet. An seinen Ufern gedeiht ein ausgedehnter Sphagnumbestand, dem die HS des Wassers entstammen. Im Teich war eine Phytoplankton- und Fadenalgenentwicklung zu beobachten.

Tabelle 3

	HS [mg/l]	Kaliumpermanganatverbrauch [mg/l]	Eisen [mg/l]
Beckenversuch	17	82	1,3
Flaschenversuch	17	82	1,3

Alle drei Gewässer hatten zur Zeit der Probeentnahme einen pH-Wert von 3,2 für Becken- und Flaschenversuch. Über die Lichtverhältnisse in den Beckenversuchen gibt Abb. 1a, b, c Auskunft. (Die erhaltenen Werte sind Mittelwerte aus zwei Messungen). Die Lichtmessungen wurden mit einem Unterwasserphotometer (Firma Schenk) und Farbfiltern aus Jena durchgeführt. Angaben

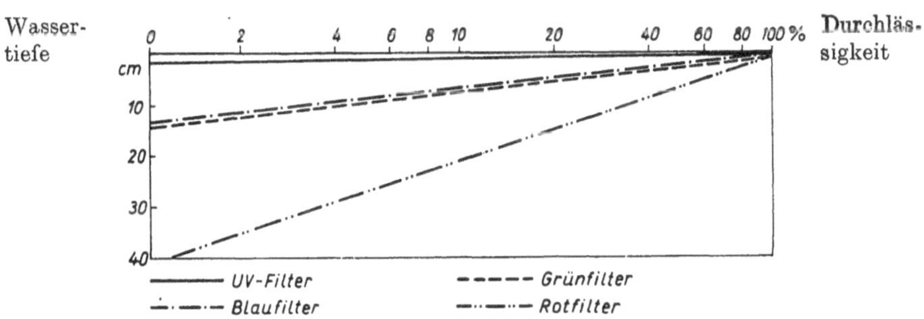

Abb. 1a: Spektrale Lichtverteilung im Wasser aus dem Stengelheidehochmoor (polyhumos)

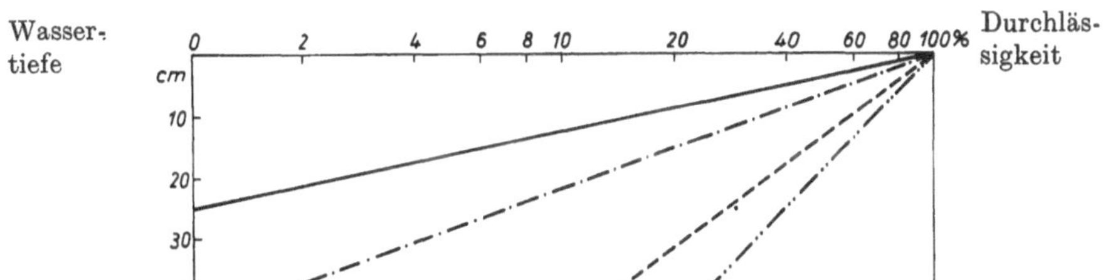

Abb. 1b: Spektrale Lichtverteilung im Stinkenbachwasser (mesohumos)

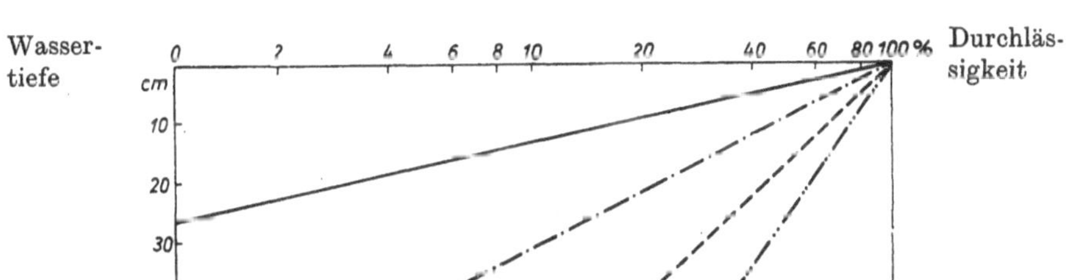

Abb. 1c: Spektrale Lichtverteilung im Wasser des Lehmheidner Teiches (mesohumos)

über die Geologie und das Klima des Gebietes sowie über den Nährstoffhaushalt und die Biologie der hier interessierenden Gewässer finden sich bei Peukert.

Beckenversuche

Als Hypolimnionmodelle dienten drei 200 l-Aquarien ($h = 50$ cm, $b = 40$ cm, $l = 100$ cm), die in einem dunklen Raum mit der konstanten Temperatur von 4 °C aufgestellt und mit Wasser gefüllt wurden. Um den Sauerstoffeintrag aus der Atmosphäre weitgehend zu verhindern, wurde die Wasseroberfläche mit Polyäthylenfolie bedeckt. Die Epilimnionmodelle waren drei entsprechende Aquarien, die auf einer Wiese eingegraben wurden, so daß das Licht nur von oben einfallen konnte. Eine über die Becken gespannte Plastefolie schützte sie vor Witterungseinflüssen und Verunreinigungen. Die Polyäthylenfolie hat gegenüber Glas den Vorteil, daß sie UV-Strahlen zu 70% eindringen läßt. Ein Nachteil war allerdings der Wärmestau unter der Folie im Sommer. Die Verdunstungsverluste wurden einen Tag vor Probeentnahme mit aqua dest. aufgefüllt und das gesamte Wasservolumen danach gut umgerührt. In den Wintermonaten (Dezember···März) wurden die Becken in einem Gewächshaus (Technische Universität Dresden, Botanisches Institut) aufgestellt.

Flaschenversuche in der Saidenbachtalsperre

Die Anregung für einen weiteren Modellversuch stammt von Åberg und Rohde. Sie schlugen vor, Flaschen, mit Braunwasser gefüllt, in verschiedene Tiefen eines Gewässers zu exponieren und die Veränderung des Braunwassers in Abhängigkeit von Temperatur und Licht zu untersuchen.

Die Saidenbachtalsperre diente gleichsam als riesiger Thermostat. Die Flaschen (2 l) wurden in 1 m- und 20 m-Tiefe deponiert und waren so den Lichtverhältnissen und dem natürlichen Temperaturgang der entsprechenden Wasserschichten innerhalb eines Jahres unterworfen. Um zu untersuchen, inwieweit die Veränderung des Braunwassers auf biologische Prozesse zurückzuführen ist, wurden Parallelproben von Stinkenbachwasser mit Chloroform (1,2 ml/2 l) vergiftet. Das Chloroform war auch am Ende des Versuches (nach neun Monaten) durch Geruch noch deutlich nachweisbar.

Die Becken und die entsprechende Serie von Flaschen wurden in bestimmten Abständen (s. graphische Darstellungen) untersucht (s. chemisch-physikalische Untersuchungsmethoden).

Aquarienversuche im 20 °C-Raum

Zur Festigung der Untersuchungsergebnisse dieser zwei Versuche, wurden im 20 °C-Raum unter Hochdruckfluoreszenzlampen noch weitere Beckenversuche (10 l-Aquarien) durchgeführt.

Dabei kamen folgende Variationsmöglichkeiten zur Anwendung:

- Stinkenbachwasser, in dem rasch eine Fadenalgen- und Phytoplanktonentwicklung einsetzte,
- Stinkenbachwasser mit Quecksilber(II)-chlorid (3%ige Lösung) vergiftet,
- Stinkenbachwasser künstlich mit Aquarienbelüfter belüftet.
- Stinkenbachwasser, verdunkelt.

Die Auswertung dieser Versuche erfolgte zwei Monate nach dem Ansatz. Dabei wurden Kaliumpermanganatverbrauch und Gesamteisengehalt bestimmt.

Chemisch-physikalische Untersuchungsmethoden

Huminsäure-, Eisengehalt und Kaliumpermanganatverbrauch wurden sowohl in der unfiltrierten als auch in der filtrierten Probe (Fritte G 5) bestimmt.

Tabelle 4

Analysengegenstand	Methode	Untersuchungsgerät	Vorbehandlung	Quellenangabe
pH	elektrometrisch	pH-Meßgerät Typ MV 11	keine	
Huminsäure	kolorimetrisch nach CHALUPA	Pulfrich-Photometer	Extraktion	CHALUPA 1963
$KMnO_4$-Verbrauch	titrimetrisch nach KUBEL	–	–	HÖLL 1960
Gesamteisen	kolorimetrisch o-Phenanthrolin-Methode nach STUMM u. LEE	HAVEMANN-Kolorimeter	+ 1 ml conc. H_2SO_4	Entwurf WWD Potsdam 1967 (unveröffentlicht)

Darstellung eines Huminsäurepräparates und Testung seiner Einwirkung auf das Wachstum von Haematococcus pluvialis FLOT.

Um eine Vorstellung von der chemischen Zusammensetzung der Huminsäuren der Gewässer des Kühnhaider Einzugsgebietes zu gewinnen und die Wirkung der Huminstoffe auf die Algenentwicklung testen zu können, wurden aus 190 *l* Wasser der Schlenke Stengelheide zwei Huminsäurepräparate durch ein Extraktionsverfahren mit n-Butanol nach CHALUPA (1963) erhalten.

Die Mikroanalysen führte dankenswerterweise das Mikrochemische Laboratorium der Technischen Universität Dresden aus.

Zur Testung des direkten Einflusses von HS auf Algen dienten Reinkulturen von *Haematococcus pluvialis* (s. HEDLICH 1965). Die lösliche Fraktion des HS-Präparates wurde in Saidenbachsperrenwasser gelöst und davon verschiedene Konzentrationsstufen hergestellt (10···60 mg/HS/*l*). Die Kulturröhrchen wurden mit der Testalge beimpft und im 20 °C- Raum täglich 16 h von zwei Leuchtstoffröhren (Beleuchtungsstärke 1000 Lux) in 10 cm Abstand beleuchtet. Die Trübungsmessung erfolgte mit dem Pulfrich-Nephelometer.

Ein Test mit natürlicherweise in Braunwässern vorkommenden Phytoplanktern war wegen der schwierigen Materialbeschaffung leider nicht möglich.

Ergebnisse

Graphische Darstellung der Untersuchungsdaten

Die Ergebnisse sind Mittelwerte aus zwei Parallelen (Abb. 2a, b; 3a, b; 4a, b).

Tabelle 5
Abnahme von Huminstoffen, Kaliumpermanganatverbrauch und Eisen in % des Ausgangswertes

		PV [%]	HS [%]	Fe [%]
Wasser der Schlenke Stengelheide				
Epilimnionmodell des Beckenversuches	nach 11 Monaten	47	47	27
Hypolimnionmodell des Beckenversuches	nach 11 Monaten	10	20	11
Epilimnionmodell des Flaschenversuches	nach 10 Monaten	18	34	21
Hypolimnionmodell des Flaschenversuches	nach 10 Monaten	4	6	4
Wasser des Stinkenbaches				
Epilimnionmodell des Beckenversuches	nach 9 Monaten	77	90	87
Hypolimnionmodell des Beckenversuches	nach 9 Monaten	15	30	33
Epilimnionmodell des Flaschenversuches	nach 10 Monaten	60	52	76
Hypolimnionmodell des Flaschenversuches	nach 10 Monaten	26	21	31
Wasser des Lehmheidner Teiches				
Epilimnionmodell des Beckenversuches	nach 9 Monaten	61	82	75
Hypolimnionmodell des Beckenversuches	nach 9 Monaten	30	24	15
Epilimnionmodell des Flaschenversuches	nach 10 Monaten	45	41	69
Hypolimnionmodell des Flaschenversuches	nach 10 Monaten	25	18	10

Die angegebenen Prozentwerte sind aus den Mittelwerten zweier Analysen berechnet worden.

Ergebnisse der Versuche mit Stinkenbachwasser im °C-Raum unter Hochdruckfluoreszenzlampen

Tabelle 6
Nach zweimonatiger Expositionszeit:

	Kaliumpermanganatverbrauch [mg/*l*]	Eisen [mg/*l*]
Stinkenbachwasser unvergiftet (Fadenalgenentwicklung)	40	0,52
Stinkenbachwasser vergiftet	49	1,36
Stinkenbachwasser belüftet	33	0,32
Stinkenbachwasser verdunkelt	46	1,16

Die Ergebnisse sind Mittelwerte aus zwei Parallelversuchen.

Zu Beginn des Versuches:

Kaliumpermanganatverbrauch 49 mg/*l*
Gesamteisengehalt 1,36 mg/*l*

Farbe. Ausflockung und Sauerstoffgehalt der Braunwässer

Das Wasser der Epilimnionmodelle zeigte im Laufe der Zeit gegenüber dem Wasser der Hypolimnionmodelle eine wesentlich hellere Farbe. Eine Ausnahme bildete das Schlenkenwasser, das in 20 m Tiefe der Saidenbachtalsperre expo-

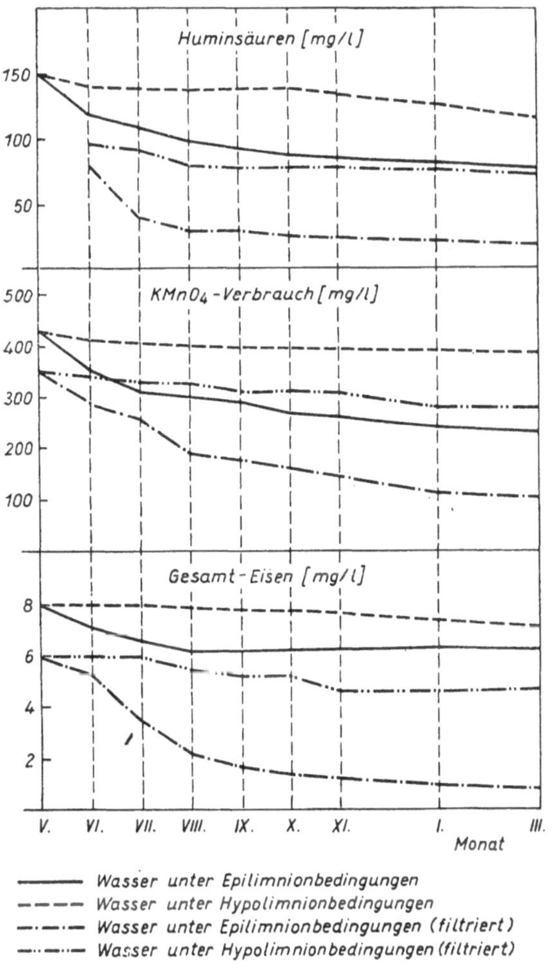

Abb. 2a: Verlauf der chemischen Veränderung von Wasser aus dem Stengelheide-Hochmoor (Beckenversuch)

niert war. In diesen Proben kam es zu einer starken Schwefelwasserstoffbildung und einer deutlichen Aufhellung der Farbe. Stand des Wasser dann mit der Luft in Verbindung, nahm es wieder eine dunklere Färbung an.

In den Epilimnionmodellen fielen große, dunkelbraune, schleimige und voluminöse Flocken aus. Die Hypolimnionmodelle dagegen zeigten kleinere und hellere Flocken von ebenfalls schleimiger Konsistenz.

Die stichprobenhafte Sauerstoffbestimmung (nach WINKLER) des Wassers der letzten Flaschenserie ergab folgende Werte:

Schlenkenwasser	1 m: kein Sauerstoff	
Stinkenbachwasser	1 m: 17,5 mg O_2/l	Mittelwerte aus
Lehmheidner Teichwasser	1 m: 11,1 mg O_2/l	zwei Bestimmungen .

Die Proben, die in 20 m Tiefe aufbewahrt wurden, enthielten keinen Sauerstoff, das Wasser der Schlenke Stengelheide roch stark nach Schwefelwasserstoff.

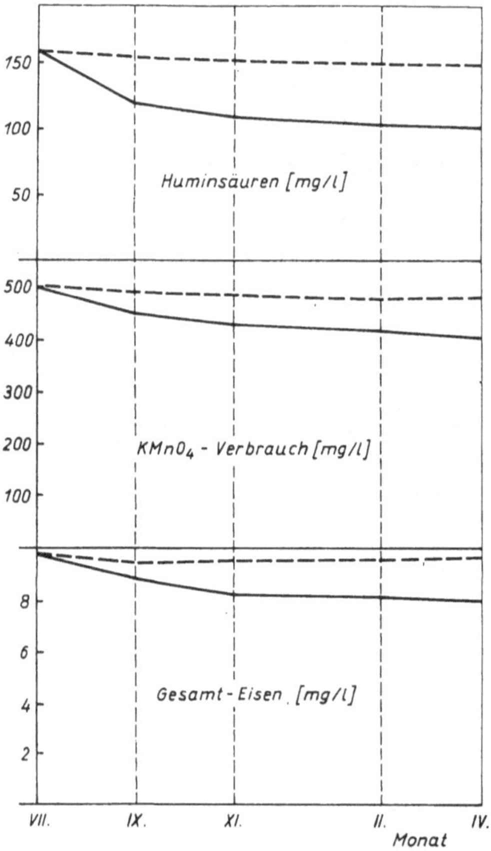

Abb. 2b: Verlauf der chemischen Veränderung von Wasser aus dem Stengelheide-Hochmoor (Flaschenversuch)

*p*H-Wert-Veränderungen während der Versuchszeit

Der pH-Wert stieg in den Epilimnionmodellen des Stinkenbachwassers und des Lehmheidner Teichwassers im Laufe der Zeit von 3,2 auf 4,8 an. Aber auch im Schlenkenwasser war ein leichter Anstieg auf 3,8 zu verzeichnen. Unter Hypolimnionbedingungen stieg der pH-Wert des Stinkenbachwassers auf 4,2 und der des Lehmheidner Teichwassers auf 4,6, während er im Falle der Schlenke Stengelheide nur geringfügig zunahm (3,6).

Die beobachtete Erhöhung des pH-Wertes kann nicht auf photosynthetischen Kohlendioxidentzug zurückgeführt werden, obwohl der etwas stärkere Anstieg in den dem Licht ausgesetzten Wässern darauf hindeutet. In den stark sauren Hochmoorgewässern kann der Kohlendioxidverbrauch durch die grünen Pflanzen verständlicherweise keinen Einfluß auf den pH-Wert haben (Gorham), da die hohe Azidität auf Mineralsäuren und Huminstoffe zurückzuführen ist (Shapiro, Berg, H. Schnee).

Es ist dagegen denkbar, daß die Zerstörung der HS durch biogene Vorgänge für die pH-Erhöhung verantwortlich ist. Damit ließe sich auch erklären, warum der pH-Wert im Schlenkenwasser viel weniger ansteigt als in den beiden

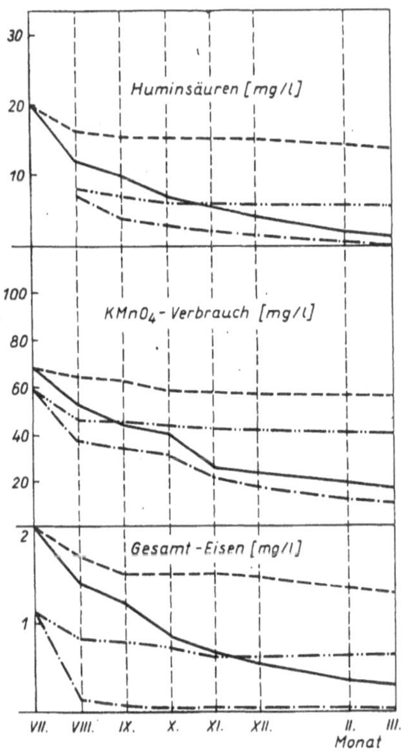

Abb. 3a

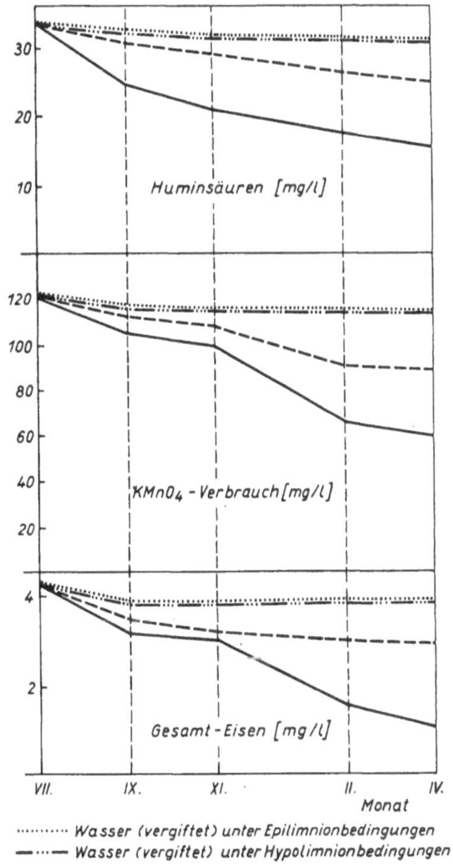

Abb. 3b

Abb. 3a: Verlauf der chemischen Veränderung des Stinkenbachwassers (Beckenversuch)

Abb. 3b: Verlauf der chemischen Veränderung des Stinkenbachwassers (Flaschenversuch)

mesohumosen Wässern. Sowohl im Hellen als auch im Dunklen fehlt hier die Photosynthese, die wichtigste Ursache für die Destruktion der HS. Die Tatsache, daß die pH-Zunahme im Hypolimnionmodell geringer ist als im Epilimnionmodell, weist ebenfalls darauf hin, daß die Destruktion der HS durch photosynthetisch erzeugten Sauerstoff auf den pH-Wert eine spürbare Wirkung hat.

Die geringe pH-Änderung des Schlenkenwassers kann auch mit seiner relativ guten Pufferung erklärt werden. Abbildung 6 zeigt deutlich, daß die HS eine Pufferkapazität haben, wie schon SHAPIRO (1957) festgestellt hat. Die Kurven wurden durch stufenweise Zugabe von 0,01 NaOH zu den drei Testgewässern (je 50 *ml* Braunwasser) gewonnen. Die beste HS-Pufferung hat entsprechend seinem sehr hohen Gehalt an Huminstoffen das Schlenkenwasser. Daß die Pufferung tatsächlich HS-bedingt ist, zeigen die Leitfähigkeitswerte, die ja im Lehmheidner Teichwasser und in der Schlenke fast gleich hoch sind.

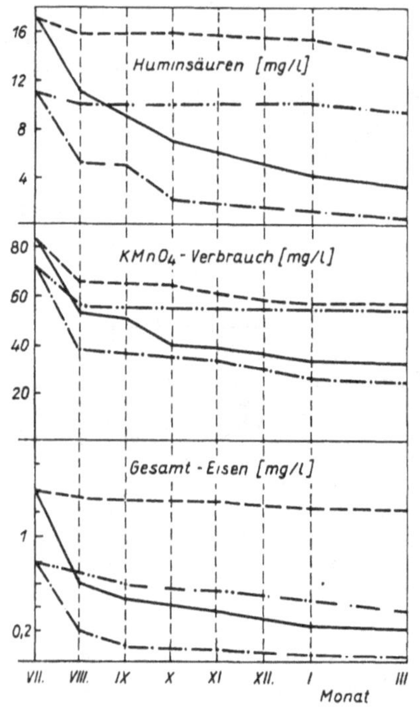

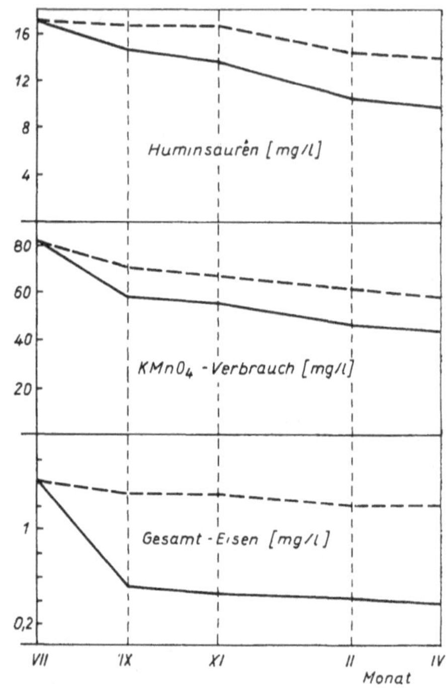

Abb. 4a

Abb. 4b

Abb. 4a: Verlauf der chemischen Veränderung von Wasser aus dem Lehmheidner Teich (Beckenversuch)

Abb. 4b: Verlauf der chemischen Veränderung von Wasser aus dem Lehmheidner Teich (Flaschenversuch)

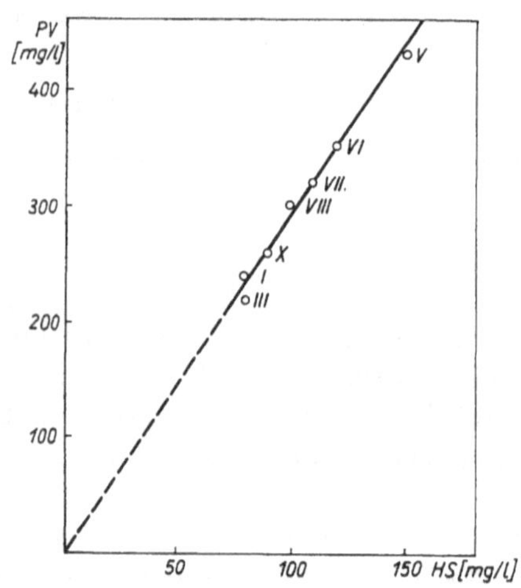

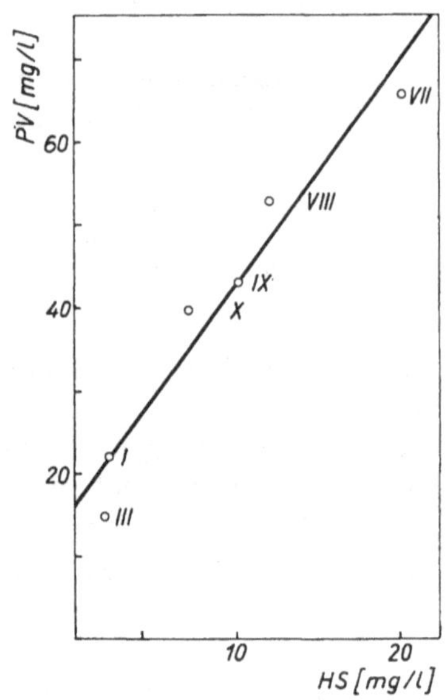

Abb. 5a

Abb. 5b

Abb. 5a: Hochmoorwasser (Stengelheide).
Beziehungen des HS-Gehaltes zur Oxydabilität während der Versuchsdauer

Abb. 5b: Stinkenbachwasser.
Beziehungen des HS-Gehaltes zur Oxydabilität während der Versuchsdauer

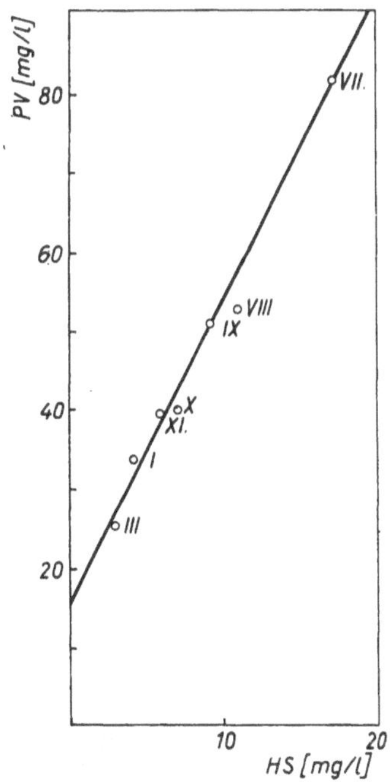

Abb. 5c: Lehmheidner Teichwasser.
Beziehungen der HS-Gehaltes zur Oxydabilität während der Versuchsdauer

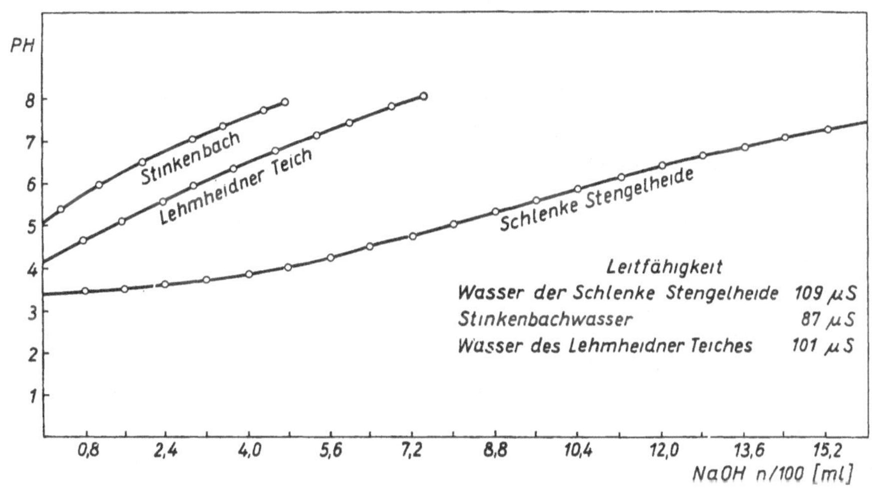

Abb. 6: Darstellung der unterschiedlichen Pufferkapazität der drei untersuchten Moorwässer

Biologische Bestandsaufnahme

Zur Orientierung über die Artenzusammensetzung der in den Wässern sich entwickelnden Algen wurden die in der Talsperre zehn Monate lang exponierten Flaschenproben untersucht. Die gefundenen Arten sind in Tab. 7 zusammengestellt.

Tabelle 7

Stinkenbach		Lehmheidner Teich	
Oscillatoria spec.	++	*Fragilaria crotonensis*	++
Merismopedia spec.	+	*Cladophora crispata*	+++
Fragilaria crotonensis	+++	*Ulothrix moniliformis*	++
Pinnularia spec.	+	*Staurastrum* spec.	+
Ulothrix moniliformis	+++	*Closterium striolatum*	+++
Cladophora crispata	+++		
Tetraedron minimum	+		
Tetraedron muticum	++		
Closterium striolatum	+		

+ = vereinzelt vorkommend
++ = häufig vorkommend
+++ = sehr häufig vorkommend

Im Wasser der Schlenke Stengelheide fand keine Algenentwicklung statt, da das Licht schon in wenigen Zentimetern Tiefe völlig absorbiert wird (s. Abb. 1a).

Die mikroskopische Untersuchung der Flocken ergab, daß sie von einer großen Anzahl Kokken, beweglichen Kurzstäbchen, kettenförmig aneinandergereihten Langstäbchen und Spirillen belebt waren.

Eine genauere Bestimmung der Mikroorganismen war im Rahmen dieser Arbeit nicht möglich.

Zusammenfassung der aus den Abbauversuchen gewonnenen Untersuchungsergebnisse

Abbildung 2, 3, 4 zeigen den Verlauf der Veränderung der Braunwässer während der gesamten Expositionszeit. In Abb. 5 sind die Kaliumpermanganatverbrauchswerte gegen die HS-Werte der einzelnen Probeentnahmen der Beckenversuche graphisch aufgetragen. Tab. 5 veranschaulicht die Veränderungen der einzelnen Proben in Prozentabnahme vom Ausgangswert. Die wesentlichsten Erkenntnisse, die daraus entnommen werden können, sind:

- Die Braunwässer verändern sich während des Anstaus. Aus Abb. 3b und den Ergebnissen der Beckenversuche im 20 °C-Raum (Tab. 6) geht hervor, daß diese Veränderung auf biogene Prozesse zurückzuführen ist. Die mit Chloroform oder Quecksilber(II)-chlorip vergifteten Proben bleiben sowohl unter Hypolimnion- als auch unter Epilimnionbedingungen im wesentlichen stabil. Das Licht selbst spielt also bei der Destruktion der HS keine Rolle.
- In den Epilimnionmodellen — sowohl in den Becken- als auch in den Flaschenversuchen — ist eine mehr oder weniger große Abnahme von Kaliumpermanganatverbrauch, Huminstoffen und Eisen zu verzeichnen. Die geringste Veränderung zeigt das Schlenkenwasser, während die Wässer des Stinkenbaches und des Lehmheidner Teiches einen beträchtlichen Rückgang des Kaliumpermanganatverbrauchs, von Huminstoffen und Eisen zeigen. Im Wasser der Schlenke Stengelheide war im Gegensatz zu den zwei anderen Testgewässern keine Algenentwicklung möglich. Im Stinkenbachwasser, das im 20 °C-Raum aufbewahrt wurde, setzte eine Algenentwicklung ein. Dieses Wasser zeigte im Gegensatz zu der Probe, bei der durch Verdunklung oder Vergiftung eine Algenentwicklung verhindert wurde, einen deutlichen Rückgang des Kaliumpermanganatverbrauchs und Eisens. Daraus kann geschlossen werden, daß die Lebenstätigkeit von photosynthetisierenden Algen einen bedeutenden Einfluß auf den HS-Gehalt der Gewässer hat.

- Die Verringerung des Kaliumpermanganatverbrauchs, der Huminstoff- und Eisenmengen in den Hypolimnionmodellen des Lehmheidner Teichwassers und des Stinkenbachwassers sowie der Epi- und Hypolimnionmodelle des Schlenkenwassers zeigt, daß die Braunwässer auch durch mikrobielle Prozesse verändert werden. Daß diese mikrobiellen Vorgänge sehr temperaturabhängig sind, ist aus den unterschiedlichen Abbauraten des Schlenkenwassers unter Epi- und Hypolimnionbedingungen zu ersehen (Abb. 2a, b).
- In den Flaschenmodellen ist eine geringere Abnahme von Huminstoffen, Eisen und des Kaliumpermanganatverbrauchs zu verzeichnen als in den Beckenversuchen. Die Temperaturen unter der Polyäthylenfolie stiegen in den Sommermonaten bei intensiver Sonneneinstrahlung stark an. Die Flaschenmodelle waren niedrigeren und ausgeglicheneren Temperaturen ausgesetzt. Ihr Wasser war außerdem völlig luftdicht abgeschlossen, während das der Beckenversuche unter Epilimnionbedingungen mit einer verhältnismäßig großen Oberfläche mit der Luft in Verbindung stand. Daß Luftsauerstoff in der Lage ist, die Huminstoffe zu oxydieren, beweist der starke Rückgang des Kaliumpermanganatverbrauchs und Eisens, der durch zusätzliche Belüftung erreicht wurde.
- Huminstoffe und Kaliumpermanganatverbrauch stehen im linearen Verhältnis zueinander (s. Abb. 5). Wenn man die Gerade, die aus der Veränderung des Kaliumpermanganatverbrauchs und Huminstoffen des Schlenkenwassers resultiert, verlängert, läuft sie durch den Nullpunkt. Die Geraden des Stinkenbach- und des Lehmheidner Teichwassers schneiden die Ordinate, was auf Vorhandensein von farblosen organischen Stoffen hinweist. Aus Abb. 5 geht deutlich hervor, daß besonders in den ersten zwei Monaten eine starke Veränderung der Braunwässer zu verzeichnen ist. Die Wässer werden dann zunehmend stabiler, denn die Veränderung innerhalb der letzten Untersuchungsmonate war nur noch gering.

Chemische Analyse der HS-Präparate

Lösliche Fraktion

Die Ausbeute aus 190 l Wasser der Schlenke Stengelheide betrug 1,7 g. Die Mikroanalyse ergab:

C = 61,12%
H = 7,13%
N = 1,14%.

Das Präparat enthält nach eigenen Analysenergebnissen kein Eisen und kein Orthophosphat. Der Gesamtphosphatgehalt beträgt 0,055%, das ist fast so viel Phosphor wie in durchschnittlicher Biomasse.

Das Präparat ist löslich in 0,5%-iger Natronlauge, 96%-igem Äthanol, teilweise in Äther, unvollständig in Wasser (ergab darin eine milchige Trübung) und in Acetatpuffer von pH 4.

Durch Säurezugabe wurden die gelösten Huminstoffe gefällt.

Beim Veraschen blieben keine Rückstände, der Aschegehalt betrug 0. Auf Grund der Löslichkeit kann angenommen werden, daß diese Fraktion die Hymatomelansäure repräsentiert (CHALUPA). Die Löslichkeitseigenschaften stimmen gut mit den von CHALUPA angegebenen überein. Auch das Fehlen von Mineralbestandteilen ist ein Beweis dafür, daß in dieser Fraktion Humate nicht vorhanden sind.

Unlösliche Fraktion (Humatfraktion)

Die Ausbeute betrug 0,7 g.

Die Mikroanalyse ergab:

C = 48,38%
H = 6,11%
N = 4,06%
Fe = 0,4% (eigenes Ergebnis).

Das Präparat ist schlecht löslich in 0,5%iger Natronlauge, unlöslich in Wasser und Alkohol. Der Aschegehalt beträgt 4,9%. Da sich die Fraktion nicht wieder im Wasser löst, hat wahrscheinlich durch die Extraktion eine irreversible Veränderung stattgefunden. Der hohe Aschegehalt weist darauf hin, daß anorganische Bestandteile im Molekül enthalten sind. Wo die anorganischen Bestandteile (Magnesium, Calcium, Aluminium, Eisen u. a.) im Molekül gebunden sind, ist noch nicht sicher geklärt. Es wird angenommen, daß es sich um salzartige Verbindungen handelt (deshalb Humatfraktion).

In Abb. 7 ist das HS : Kaliumpermanganatverbrauch-Verhältnis der zwei Präparate dargestellt. Entsprechend dem niedrigeren Kohlenstoff- und höherem Aschegehalt zeigt die unlösliche Fraktion mit 2,2 einen geringeren spezifischen Kaliumpermanganatverbrauch (s. OBENAUS 1963, 1964) als die lösliche Fraktion mit 2,5).

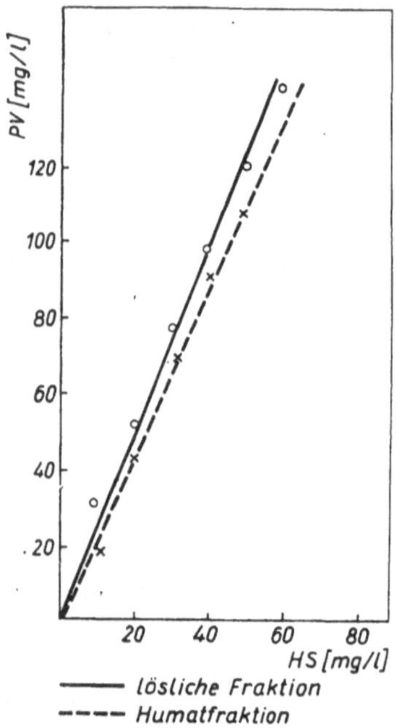

Abb. 7: Beziehungen des HS-Gehaltes zur Oxydabilität der zwei HS-Präparate
Lösliche Fraktion $y = 2{,}5\,x$
Humatfraktion $y = 2{,}2\,x$

Auswertung des Haematococcustests

In Abb. 8 ist das Ergebnis eines *Haematococcus*tests dargestellt. Insgesamt wurden drei Tests durchgeführt, die ähnliche Ergebnisse zeigten. Zum Animpfen wurde eine phosphatarm aufgezogene Kultur, die schon Haematochrom bildete, verwendet, um die Einwirkung von evtl. vorhandenem Speicherphosphat auszuschließen.

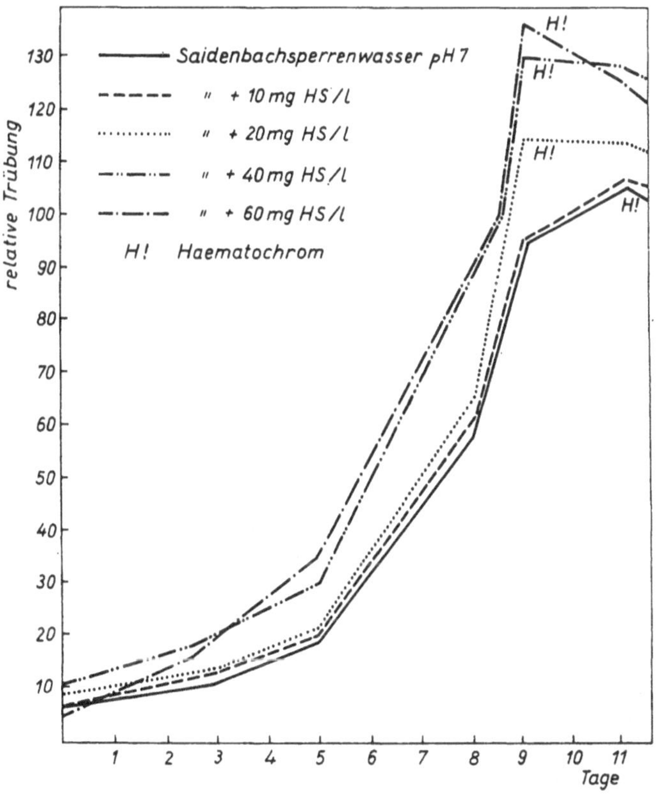

Abb. 8: Ergebnisse des Haematococcustests mit künstlichem Braunwasser unterschiedlicher Konzentration

Die wachstumsstimulierende Wirkung der Huminstoffe ist deutlich zu erkennen, besonders bei den höheren Konzentrationen (40 und 60 mg HS/*l*). Es fällt auf, daß diese stärker wachsenden Kulturen schon am neunten Tag, während die in Talsperrenwasser und mit Zusatz von 10 mg/*l* HS aufgezogenen Kulturen etwas später Haematochrombildung zeigten. Das ist ein Beweis dafür, daß die HS selbst keine Nährstoffe für die Pflanzen sind, denn die Haematochrombildung ist ein Zeichen für eingetretenen Nährstoffmangel. Das organisch gebundene Phosphat aus den HS (s. S. 113) kann nicht verwertet werden. Durch die HS wird das Wachstum der Algen intensiviert, die vorhandenen Nährstoffe werden schneller verbraucht. Auch nach erneuter HS-Zugabe zu den Kulturen, die Haematochrom gebildet hatten, konnte keine neue Wachstumsphase erreicht werden. Daraus ist die Nichtverwertung des organischen Phosphors ersichtlich.

Diskussion

Einwirkung des Lichtes

Daß das Licht selbst bei der Veränderung von Braunwasser keine oder nur eine untergeordnete Rolle spielt, verwundert zunächst und steht im Widerspruch zur Meinung verschiedener Autoren. Eine in der Literatur sehr verbreitete Ansicht ist das Ausbleichen von Naturfarben durch Licht (Whipple, zit. nach Shapiro 1957). Nach Shapiro (1965) sollen anfangs schwach gefärbte Wässer wegen ihrer größeren Lichtdurchlässigkeit vollständiger und rascher ausbleichen als dunkel gefärbte Gewässer. Åberg und Rodhe weisen darauf hin, daß auch unter sterilen Bedingungen im Licht eine rasche Entfärbung stattfindet und sehen den oxydativen Abbau der HS als photochemisch an. Drachev, der an den Talsperren bei Moskau arbeitete, mißt dem ultravioletten Anteil des Lichtes besondere Bedeutung bei der Zerstörung der HS bei.

Da sich die sterilen Wasserproben im Licht über acht Monate hinweg nicht veränderten (s. Abb. 3b), kann daraus geschlossen werden, daß rein chemische Umsetzungsprozesse, die durch das Licht hervorgerufen werden, nicht von Bedeutung sind. Zu gleichen Ergebnissen kam Moens, der ähnliche Versuche mit Phenolabwasser durchführte. Da die Huminstoffe in ihrer chemischen Grundstruktur den Phenolen sehr ähneln, können durchaus einige Parallelen gezogen werden. Moens konnte bei vergiftetem Phenolwasser trotz Belichtung ebenfalls keine Veränderung feststellen. Das Licht wirkte indirekt über die Algen und eine erhöhte Sauerstoffproduktion auf die Huminstoffe ein.

Das Eisen:HS-Verhältnis

Aus den in Abb. 2, 3, 4 dargestellten Ergebnissen ist zu erkennen, daß parallel zur Abnahme der organischen Substanz eine Abnahme des Eisens erfolgt. Es ist bekannt, daß zwischen Huminstoffen und Eisen ein enger Zusammenhang besteht. Über den Eisenhaltemechanismus der Huminstoffe sind schon viele Untersuchungen angestellt worden, das Problem kann trotzdem nicht als völlig geklärt angesehen werden. Odén und Souci vermuten eine Humatbildung, wobei das Eisenhumat, das selbst zwar unlöslich ist, in dispergierter Form in Lösung gehalten werden soll. Andere Autoren (z. B. Ramann, zit. nach Odén sind der Meinung, daß Huminstoffe gegenüber dem dreiwertigen Eisen als Reduktionsmittel wirken und dieses als zweiwertiges Eisen in Lösung geht. Shapiro (1964) wies nach, daß das Eisen durch Peptisierung und nachfolgende Bildung von Chelatkomplexen in Lösung gehalten wird, während die von Ghassemi und Christman durchgeführten Versuche mehr für eine rein chemische Bindung des Eisens an die HS sprechen. Die Eisenhaltekapazität der HS soll nach Shapiro im alkalischen Bereich am größten sein. Das widerspricht den von Ghassemi und Christman an Sephadex gewonnenen Feststellungen, die zeigen, daß die Eisen-HS-Assoziation im niedrigen und hohen pH-Bereich am stärksten und bei pH 7···8 am schwächsten ist. Nach eigenen Versuchen, die die Shapiro'schen nachahmten, trat im alkalischen Bereich (d. h. bis pH 9) eine starke Ausfällung des Eisens auf. Dieses Resultat zeigten wiederholt durchgeführte Versuche, bei denen allerdings nicht HS-Lösungen (wie bei Shapiro), sondern natürliches Stinkenbachwasser verwendet wurde. Das Wasser wurde mit 0,01 n Salzsäure bzw. 0,01 n Natronlauge auf pH-Werte von 2···9 gebracht, durch Membranfilter (0,3 μ) gegeben und im Filtrat das Eisen bestimmt.

In welcher Wertigkeitsstufe das Eisen von den Huminstoffen in Lösung gehalten wird, ist noch ungeklärt. Nach dem derzeitigen Stand der Analysentechnik ist es nur schwer möglich, Eisen(II) von Eisen(III) sicher zu unterscheiden und deshalb wurde bei den eigenen Untersuchungen auch darauf verzichtet. GJESSING ist der Auffassung, daß vor allem Eisen(II) eine Bindung mit den HS eingeht. SHAPIRO (1966) dagegen meint, daß das Eisen hauptsächlich als Eisen (III) in Lösung gehalten wird.

Die Tatsache, daß humose Gewässer oft reich an Eisenorganismen sind, ist ein Hinweis darauf, daß ein Teil des Eisens tatsächlich in der zweiwertigen Form vorliegt.

In der Literatur wird immer wieder darauf hingewiesen, daß die Schutzwirkung der HS gegenüber Schwermetallen nur dann gewährleistet ist, wenn ein gewisses Mengenverhältnis zwischen HS und Eisen besteht. Schon ASCHAN und ARNIO (zit. nach HUTCHINSON) stellten fest, daß innerhalb eines bestimmten Konzentrationsbereiches das Eisen fällend auf die HS wirkt. Dieser Konzentrationsbereich, der auch vom pH abhängt, ist bei den einzelnen Braungewässern verschieden und muß bei künstlicher Ausflockung durch Zugabe von Eisen(III)-chlorid experimentell ermittelt werden. Nach OBENAUS (1962) liegt dieser Bereich für Moorgewässer der Rostocker Heide innerhalb eines Eisen:Huminstoffverhältnisses von 1:2 bis 1:4. Bei höheren oder niedrigeren Eisenkonzentrationen bleibt die Lösung stabil. Demnach zeichnen sich die drei eigenen Testgewässer durch große Stabilität aus.

Schlenkenwasser	Eisen:HS = 1:19
Stinkenbachwasser	Eisen:HS = 1:10
Lehmheidner Teichwasser	Eisen:HS = 1:12.

Die unveränderten Analysenwerte der vergifteten Wasserproben zeigen, daß diese natürlichen Gewässer wirklich sehr stabil sind, wenn der Einfluß biogener Faktoren durch Vergiftung ausgeschlossen wird.

Ebenso schwierig wie die Trennung zwischen zwei- und dreiwertigem Eisen ist die Entscheidung der Frage, welcher Anteil des Eisens in den Braunwässern organisch oder anorganisch gelöst ist. Bei niedrigen pH-Werten wie 3,2 ist schon an eine anorganische Lösung des Eisens zu denken. Unter organischem Eisen versteht SHAPIRO (1964) Eisen, das durch Belüftung nicht ausfällt. Durch Filtration mit der G5-Fritte kommt es zur Belüftung des Wassers und das ausgefällte Eisen wird auf der Fritte zurückgehalten. Auch bei mehrmaliger Filtration findet sich stets ein brauner Niederschlag auf der Fritte. Bei dem für die Beckenversuche verwendeten Wasser ergaben sich folgende Werte:

Tabelle 8

	Eisen vor Filtration [mg/l]	Eisen nach Filtration [mg/l]	Eisenabnahme [%]
Schlenkenwasser	8,0	6,0	25
Stinkenbachwasser	2,0	1,1	45
Lehmheidner Teichwasser	1,4	0,8	43

(Ergebnisse sind Mittelwerte aus zwei Analysen.)

Nach SHAPIRO handelt es sich bei diesen ausgefällten Eisenmengen um anorganisch gelöstes Eisen. Doch ist es wahrscheinlich, daß auch das organisch gebundene Eisen entgegen SHAPIROs Ansicht in den untersuchten Wässern durch

Belüftung ausgefällt wird. Es ist anzunehmen, daß es sich bei dem durch Belüftung ausfallenden Eisen (s. Versuch im 20 °C-Raum) nicht nur um anorganische, sondern auch um organisch gebundenes Eisen handelt, denn durch die Belüftung kommt es zu einer Veränderung der HS und sie verliert die Eigenschaft, Eisen in Lösung zu halten, je mehr HS aber auf einen Teil Eisen kommt, desto schwieriger dürfte das sein. Diese Vorstellung wird durch die genannten Filtrationsergebnisse gestützt. Im Stengelheidewasser ist das Eisen durch die HS besser vor Ausfällung geschützt als in den beiden anderen Wässern, deshalb kann weniger Eisen gefällt werden.

Interessant ist weiterhin die Abnahme des Eisengehaltes der drei Gewässer während der gesamten Versuchsdauer im Vergleich mit den dazugehörigen Huminstoffwerten (Epilimnionwerte) (s. Tab. 9).

Tabelle 9
Abnahme in % des Ausgangswertes

	HS [%]	Eisen [%] des Ausgangswertes
Schlenkenwasser		
Beckenversuch	47	27
Flaschenversuch	34	21
Stinkenbachwasser		
Beckenversuch	90	87
Flaschenversuch	52	76
Lehmheidner Teichwasser		
Beckenversuch	82	75
Flaschenversuch	41	69

Während die Abnahme von HS und Eisen im Stinkenbach- und im Lehmheidner Teichwasser fast gleich bzw. die Eisenabnahme etwas stärker ist, tritt die Eisenabnahme des Schlenkenwassers gegenüber der Abnahme von HS deutlich zurück. Das könnte so gedeutet werden, daß in diesem Braunwasser das Eisen auf Grund des niedrigen Eisen: HS-Verhältnisses viel fester gebunden ist. Um hier ein Teil Eisen auszufällen, müssen mehr Teile HS zerstört werden als in den beiden anderen Wässern.

Wenn auch diese Beispiele stöchiometrisch nicht begründet werden können, geben sie doch einen Hinweis darauf, daß für das Ausmaß der Veränderung von Braunwasser nicht allein der absolute Eisen- oder HS-Gehalt von Bedeutung ist (wie von Åberg und Rodhe angenommen wurde), sondern das Eisen: HS-Verhältnis eine Rolle spielt.

Mikrobielle Veränderung von Braunwässern

Huminstoffe gelten als sehr schwer abbaubar (Krogh und Lange, Shapiro 1964). Sie bilden nach Benade gleichsam die Stabilisierungsprodukte einer Kette mikrobiologischer und chemischer Vorgänge. Während der Humifizierung pflanzlichen Materials nehmen Kohlenhydrate und andere leicht abbaubare Substanzen ab. Die Mikroanalysen (s. S. 103) der HS-Präparate aus Hochmoorwasser zeigen ein ungünstiges Kohlenstoff: Stickstoff: Phosphorverhältnis, ein Grund für die schlechte Abbaubarkeit der HS durch Mikroorganismen. H. Schnee wies nach, daß durch Neutralisation der sauren Wässer keine höhere

Abbauleistung erzielt werden konnte. Die vorhandenen Mikroorganismen sind dem natürlichen Azititätsbereich angepaßt und können dort optimal wirken. Über die Arten der Mikroorganismen, die in der Lage sind, Huminstoffe anzugreifen, ist nur sehr wenig bekannt. Hier liegen meist nur Untersuchungen bodenkundlicher Art vor. WOLKOWA, WAKSMANN (1936, zit. nach KONONOWA) und KONONOWA meinen, daß an der Zerstörung von Huminstoffen ein ganzer Komplex verschiedenartigster Mikroorganismen beteiligt ist. Von besonderer Bedeutung sollen dabei Mykobakterien und Aktinomyceten sein. Durch Zugabe von bakterienreichem Abwasser wurde versucht, die Abbauleistung im Stinkenbachwasser zu erhöhen. Trotz Neutralisation des Wassers war dabei kein Erfolg zu verzeichnen. Das ist ein Beweis dafür, daß nur Mikroorganismen mit einem besonderen Fermentapparat in der Lage sind, HS anzugreifen. Die Ausflockungen der Braunwässer zeichnen sich durch eine braune Farbe und schleimige voluminöse Beschaffenheit aus, was auf das Vorhandensein von Eisenorganismen hindeutet. Die Tätigkeit der Organismen ist dadurch gekennzeichnet, daß sie Eisen(II) zu Eisen(III) oxydieren. HARDMANN und HENRICI (zit. nach KUSNEZOV) untersuchten die vor allem in humosen Gewässern weit verbreitete *Siderocapsa treubii*. Diese Eisenorganismen ernähren sich von dem organischen Teil des Huminkomplexes, das freiwerdende Eisen schlägt sich auf ihrer Oberfläche nieder.

Auf mikrobielle Prozesse, d. h. auf die Tätigkeit sulfatreduzierender Mikroorganismen, ist ebenfalls die Schwefelwasserstoffbildung in den Flaschenmodellen des Schlenkenwassers in 20 m Tiefe zurückzuführen. Der Schwefelwasserstoff wirkt durch Reduktion der niedermolekularen Melaninvorstufen aufhellend. Bei Sauerstoffzutritt kam es in den von BENDA untersuchten Mooren zur Nachdunklung der Wasserfarbe. In den genannten eigenen Flaschenversuchen wurde in dem polyhumosen Wasser der Schlenke Stengelheide dasselbe beobachtet.

Oxydation der HS durch den Assimilationssauerstoff der Algen

Der Assimilationssauerstoff der Algen hat bei der Oxydation der HS eine große Bedeutung, die die Wirkung der Mikroorganismen übertrifft. Schon ODÉN und auch GESSNER berichten über eine Aufhellung des Braunwassers durch Algenentwicklung. ODÉN schreibt von agressivem Assimilationssauerstoff, der in der Lage ist, die HS zu oxydieren. H. SCHNEE und PEUKERT beobachteten ein Hellerwerden des Probewassers während des Wachstums von *Haematoccus pluvialis*. MOENS wies den großen Einfluß von Algen auf die Aufhellung von Phenolabwasser nach. Sauerstoffgehalt in den Proben und Farbverminderung gehen miteinander parallel. Bei den eigenen Untersuchungen stehen Sauerstoffgehalt des Wassers (s. S. 107) und Abnahme der organischen Substanz und des Eisens ebenfalls in direkter Beziehung zueinander. Die geringere Abnahme von HS,Kaliumpermanganatverbrauch und Eisen in den Hypolimnionmodellen ist vor allem auf eine fehlende Algenentwicklung zurückzuführen. Das Stengelheidewasser, in dem keine photosynthetisierenden Organismen vorkommen, zeigt gegenüber den beiden mesohumosen Wässern den geringsten Rückgang an organischen Stoffen und Eisen.

Oxydation der HS durch Luftsauerstoff

Durch zusätzliche Belüftung des Stinkenbachwassers konnte ein größerer Rückgang von Eisen und organischer Substanz erreicht werden. (s. S. 106). Auch die stärkere Abnahme in den Beckenversuchen gegenüber der Abnahme in den Flaschenversuchen kann auf eine bessere Belüftung der Beckenmodelle zurückgeführt werden. (s. S. 113). Die natürliche Oxydation der HS durch Luftsauerstoff verläuft dagegen nur sehr langsam. Nach ASCHAN und ODÉN spielt dabei das Eisen eine vermittelnde Zwischenrolle, da es selbst sehr leicht oxydiert wird und dann als Oxydationsmittel wirken soll. Bei der Braunwasseraufbereitung in den Vereinigten Staaten und einigen anderen Ländern verwendet man Ozon, ein sehr wirkungsvolles, doch teures Verfahren (s. BLACK und WILLEMS). Wie die Oxydation der HS vor sich geht, an welchen Stellen des Makromoleküls der Sauerstoff angreift und welche Produkte dadurch entstehen, ist noch nicht geklärt. Eine in der Praxis oft angenommene Meinung ist der Zerfall der Huminstoffe in Kohlendioxid und Wasser (s. auch ODÉN). BLACK und CHRISTMAN konnten jedoch auch in den durch Oxydation farblos gewordenen Wässern einen CSB feststellen. Das Infrarotabsorptionsspektrum dieser farblosen Wässer ist dem von Fulvosäureproben sehr ähnlich und es kann angenommen werden, daß die HS durch Oxydation zunächst in niedermolekulare, farblose Verbindungen zerfallen.

Verhältnis Abbau:Ausfällung

Der Huminstoff–Eisenkomplex kann auf verschiedene Weise angegriffen werden. Die Huminstoffe werden mikrobiell abgebaut und durch Oxydation zerstört. Sie verlieren dadurch die Fähigkeit, Eisen in Lösung zu halten. Nach ODÉN üben die dabei freiwerdenden Eisenionen eine koagulierende Wirkung auf noch intakte HS–Eisenkomplexe aus. Anderseits kann das Eisen durch Mikroorganismen oxydiert werden, als Eisen(III)-hydroxid ausfallen und ebenfalls die Huminstoffe mitreißen. Daß ein Teil der HS nur ausgefällt und nicht abgebaut wurde, zeigt folgender Versuch mit Wasser der Schlenke Stengelheide, das vier Monate in 1 m Tiefe der Saidenbachtalsperre exponiert war. In der Probe hatten sich große, dunkelbraune Flocken gebildet. Der ursprüngliche Kaliumpermanganatverbrauch betrug 502 mg/l. Nach kräftigem Durchschütteln des Wassers betrug dieser nach vier Monaten 442 mg/l (88% des Ausgangswertes). Im Kaliumpermanganatverbrauch wurden auch die HS erfaßt, die nur ausgefällt und nicht abgebaut wurden. Wurden die Flocken jedoch durch Zentrifugieren vom übrigen Wasser getrennt, betrug der Kaliumpermanganatverbrauch 397 mg/l (79% des Anfangswertes). Von 21% Abnahme der organischen Substanz sind also nur 12% echt abgebaut oder oxydiert worden und beeinflussen den Kaliumpermanganatverbrauch nicht.

Es ist schwierig, das Größenverhältnis Ausfällung:Abbau abzuschätzen, da beide ineinander übergehen. Die Huminstoffe werden vor allem im ausgefällten Zustand mikrobiell angegriffen. Mikroorganismen kommen bekanntlich vor allem auf festen Substratflächen bzw. Partikeln vor. Das Sediment humoser Gewässer, der *Dy* zeichnet sich dementsprechend durch eine hohe Aktivität aus, was aus Sedimentaktivitätsbestimmungen der humosen Talsperre Carlsfeld

(s. Rühle) hervorgeht. Während im freien Wasser mikroskopisch keine Mikroorganismen festgestellt werden konnten, war das Sediment in Becken und Flaschen von Mikroorganismen stark besiedelt (s. S. 112).

Biologische Wirkung der HS auf Algen

Über die wachstumsfördernde Wirkung der Humusstoffe des Bodens liegen zahlreiche Untersuchungen vor (s. Literaturübersicht bei Kononowa). Shapiro (1957) konnte durch aus Oberflächenwasser extrahierte HS eine stimulierende Wirkung auf das Wachstum von *Haematococcus pluvialis* Flot. erzielen. Ohle vermutete schon viel früher eine Erhöhung der pflanzlichen Produktion durch die HS. Die wachstumsfördernde Wirkung der HS konnte auch durch die eigenen, mit einem HS-Präparat aus natürlichem Moorwasser ausgeführten *Haematococcus*-Versuch, nachgewiesen werden. Das verwendete HS-Präparat (lösliche Fraktion) war frei von Orthophosphat und Eisen. Die organische Substanz selbst wurde offenbar nicht angegriffen, da der Kaliumpermanganatverbrauch der Huminsäurelösung vor und nach dem Test gleich war. Dabei kann allerdings nicht ganz außer acht gelassen werden, daß die *allochtone* organische Substanz z. T. von neugebildeten organischen Stoffen ersetzt wurde, die durch die Lebenstätigkeit der Algen entstehen. Worauf die stimulierende Wirkung der HS zurückzuführen ist, ist noch nicht restlos geklärt.

Shapiro (1957) vermutet, daß die HS das Eisen durch Chelatbildung in für die Pflanzen günstigerer Form halten und sie als Wuchsstoffe dienen. Einige Autoren (Kleist, Salmi, Mitchell, beide zit. nach Schweigart) konnten in HS viele Spurenelemente nachweisen. Die Wirkung der HS soll ähnlich der von EDTA sein (s. Lewin). Die Nährstoffe und Spurenelemente sollen durch die Chelierung von den Pflanzen besser verwertet werden können.

Prakash und Rashid untersuchten die Einwirkung von HS auf das Wachstum von *Dinoflagellaten*. Sie stellten ebenfalls einen positiven Effekt der HS auf die Phytoplanktonentwicklung fest, der zum großen Teil unabhängig von der Nährstoffkonzentration war. Die Autoren führen diese Stimulierung des Wachstums nicht nur auf Chelierungsprozesse zurück, sondern vor allem auch auf die Beeinflussung des Stoffwechsels der Phytoplankter durch die Huminstoffe.

Demgegenüber ist Wetzel der Auffassung, daß durch die Chelierung die Konzentration von Spurenelementen so erniedrigt wird, daß ein Mangel für die Algen eintreten kann. Eine wichtige Funktion der Chelatbildner sieht er aber darin, daß durch die Chelationen die Nährstoffe, vor allem Phosphat, in Lösung gebracht werden.

Literatur

Åberg und Rodhe: Über die Milieufaktoren in einigen südschwedischen Seen. Symb. Bot. Upsal 5 (1942), 3

Aschan, O.: Die wasserlöslichen Humusstoffe (Humussole) der nordischen Süßgewässer. Jour. Prakt. Chemie N.F. 77 (1908), 172

Benade: Mikrobiologie der Moore. Linz, Wien, Frankfurt/M., 1954

Benda: Mikrobiologische Untersuchungen über das Auftreten von Schwefelwasserstoff in den anaeroben Zonen des Hochmoores. Archiv für Mikrobiologie 27 (1957), 337

BERG, A.: Expose des mèthodes d'analyse chimique et physico-chimique des eaux huminique. Mem. Ist. Ital. Idrobiol. **15** (1962), 183

BLACK und CHRISTMAN: Chemical Characteristics of Fulvic Acids. JAWWA **55** (1963), 897

BLACK und WILLEMS: Electrophoretics studies of Coagulation for Removal of Organic Color. JAWWA **55** (1963), Nr. 3

CHALUPA, J. :Humic acids in water. 1. Methods of preparation and determination. Sbornik **7** (1963), 17

CHALUPA, J.: Humic acids in water. 2. Treatment of analytical data. Sbornik **7** (1963), 57

DRACHEV: The oxygen regime and the processes of self-purification in reservoirs with retarded. Advances in Water Pollution Research **1** (1964), 17

GESSNER, F.: Nitrat und Phosphat im dystrophen See. Arch. Hydrobiol. **27** (1934), 131

GHASSEMI, M. und CHRISTMAN: Properties of the yellow organic acids of natural waters. Limnology and Occanographie **13** (1968)

GSESSING, E. T.: Ferrous Iron in Water. Limnology and Oceanography **9** (1964), 272

GORHAM, E.: The ionic composition of some bog and fen waters in the English Lage District. Jour. Ecology **44** (1956), 142

GORHAM, E.: Of the chemical composition of some waters from the Moor House Nature Reserve. Jour. Ecology **44** (1956), 375

HEDLICH, R.: Erfahrungen mit dem Haematococcustest.
Vortrag, gehalten anläßlich der Tagung der Biologischen Gesellschaft der DDR, Erfurt, 1965

HÖLL, K.: Untersuchung, Beurteilung, Aufbereitung von Wasser. De Gruyter, Berlin, 1960

HUTCHINSON, G. E.: A Treatise on Limnology. Vol. 1. Geography, Physics and Chemistry. New York, John Wiley & Sons., Inc. London Chapmana Hall, Ltd., 1957

KLEIST, H.: Untersuchungen über den Ladungszustand einiger Metallionen in Gegenwart von Huminsäuren. Acta biol. med. germ. **11** (1963), 156

KONONOWA, M. M.: Die Humusstoffe des Bodens. VEB Deutscher Verlag der Wiss., Berlin, 1957

KROGH, A. und E. LANGE: Quantitative Untersuchungen über Plankton, Kolloide und gelöste organische und anorganische Substanz in dem Furesee. Int. Rev. ges. Hydrobiol. **26** (1932), 20

KUSNEZOW: Die Rolle der Mikroorganismen im Stoffkreislauf der Seen. VEB Deutscher Verlag der Wissenschaften, Berlin, 1959

LEWIN: Physiology and biochemistry of Algae. Academic Press, 1962

MOENS: The influence of Light on Destruction of Fenol in Water. Hydrobiologica **24** (1964), 540

OBENAUS, R.: Huminsäuren natürlicher Gewässer. Quantitative Bestimmung und Charakterisierung durch ihre oxydimetrischen Eigenschaften. Diss., Mat.-Nat. Fak. Halle-Wittenberg, 1962

OBENAUS, R.: Huminsäuren natürlicher Gewässer. Schweiz. Z. Hydro'. **25** (1963), 9

OBENAUS, R.: Eine neue Methode zur Bestimmung des spezifischen PV von Huminsäuren. Z. anal. Chemie **201** (1964), 428

OBENAUS, R.: Toxikologische Untersuchungen von Moorwasser-HS und deren Metallchelatverbindungen. Kurzreferat auf dem IX. Moorkongreß in Keszthely, Ungarn, 1965

ODÉN, S.: Die Huminsäuren. Kolloidchemische Beihefte **11**, (1919), 75

OHLE, W.: Chemische und physikalische Untersuchungen norddeutscher Seen. Arch. Hydrobiol. **26** (1934), 386, 584

PRAKASH, A. und M. A. RASHID: Influence of humic substances on the growth of marine phytoplankton. Dinoflagellates. Limnology and Oceanography **13** (1968), 598

PEUKERT, V.: Biologische, chemische und physikalische Untersuchungen an den Zuflüssen geplanter Trinkwassertalsperren. Dipl.Arb. Math.-Nat. Fak. Leipzig, 1964

RÜHLE: Sedimentaktivität .Limnologica **4** (1966), 323

SCHNEE, H.: Nährstoffhaushalt und Produktivität von Braunwässern unterschiedlicher Typen. Dipl.Arb. Math.-Nat. Fak. Leipzig, 1966

SCHWEIGART, H. A.: Die Bedeutung der Sorptionskolloide des Moores unter besonderer Berücksichtigung des Mineralstoffkomplexes. Bericht über den V. Internat. Kongreß für Universelle Moorforschung in Lindau, 1957

SHAPIRO, J.: Chemical and Biological Studies of the Yellow Organic Acids in Lake Water. Limnol. Oceanogr. **2** (1957), 161

SHAPIRO, J.: Effect of Yellow Organic Acids on Iron and Other Metals in Water. Jour. AWWA **56** (1964), 1062

SHAPIRO, J.: The relation of humic color to iron in Natural waters. Int. Ver. f. th. und angew. Limnologie Verhandl. **16** (1965), 477

SHAPIRO, J.: Iron available to algne Preliminary report on a new approach to its estimation in Leak water through use of the "ferigram". Pres. to the International Biological Program Symposium "Chemical Enviroment in the Aquatic Habitat", 1966

SOUCI: Chemie der Moore mit besonderer Berücksichtigung der Huminsäuren. Enke Verlag, Stuttgart, 1938

WOLKOWA: Der Abbau von Huminsäuren durch Mikroorganismen (russ.). isw. akademii nauk ser. biol. **1** (1954)

WETZEL, R. C.: Dissolved organic matter and phytoplanctonie productivity in marl lakes. Mitt. Int. Verh. Limnol. **14** (1968), 261

Manuskripteingang: 24. November 1970

Anschrift der Verfasserin:

Dipl.-Biol. B. SCHNEE, 7113 Markkleeberg, Birkenweg 18, DDR

K. Rudolf

VEB Wasserversorgung und Abwasserbehandlung Magdeburg

Entmanganung durch Zweistufenfiltration*)

Zusammenfassung: Bei gleichzeitiger Anwesenheit hoher Eisen- und Manganmengen im Rohwasser und der Notwendigkeit der Abscheidung beider Komponenten in einem Filterbett gestaltet sich die Entmanganung zu einem schwierigen Aufbereitungsprozeß. Das Eisen wird auf Grund seiner geringeren notwendigen Oxydationskapazität schneller in die unlösliche Form überführt, ummantelt das Korn des Filtersandes und blockiert somit die katalytischen Flächen, die zur Entmanganung notwendig sind. — Diese Schwierigkeiten können durch eine Zweistufenfiltration behoben werden, wobei in der ersten Stufe eine Enteisenung und in der zweiten Stufe die Entmanganung vorgenommen wird.

Der vorliegende Beitrag berichtet über die künstliche Einarbeitung der Manganstufe, die Untersuchungen hinsichtlich einer hydraulischen Belastbarkeit und den Zustand der damit verbundenen qualitativen Parameter des Reinwassers. Die Betriebsergebnisse zeigten, daß nach einer abgeschlossenen Einarbeitung der Manganstufe bis zu einer Durchsatzmenge von 250 m^3/h pro Schnellfilter ein manganfreies Filtrat erreichbar ist.

Summary: If large amounts of iron and manganese are present together in raw water and both components have to be separated in a filter bed, demanganization will be difficult. Due to its lower oxidation capacity, iron is converted faster to the insoluble form, it covers the filter sand grains and, thus, clogs the catalytic surfaces necessary for demanganization. — These difficulties can be overcome by two-stage filtration; at the first stage iron removal and at the second stage demanganization being effected.

This paper reports on how the demanganization stage was artificially prepared for operating at full capacity, on investigations concerning the hydraulic pollution load capacity and on the state of the qualitative clear water parameters connected with it. Operational results showed that on reaching the full capacity of the demanganization stage of up to 250 m^3/h per rapid filter a manganese-free filtrate can be obtained.

Резюме: Одновременное присутствие в исходной воде больших количеств железа и марганца и необходимость отделения обеих составляющих в одном фильтрующем ложе значительно осложняет процесс обезмарганцевания. Из-за меньшей необходимой окислительной емкости железо быстрее становится нерастворимым, покрывает оболочкой зерно фильтрующего песка и блокирует таким образом нужные для обезмарганцевания каталитические поверхности. — Эти трудности можно устранить с помощью двухступенчатой фильтрации, причем на первой ступени происходит обезжелезивание, а на второй ступени обезмарганцевание.

В настоящей статье сообщается об искусственном включении марганцевой ступени, об исследованиях гидравлической нагружаемости и о состоянии связанных с тем качественных параметров чистой воды. Производственные результаты показали, что после оконченного включения марганцевой ступени можно достигать фильтрата, свободного от марганца, а именно до расхода 250 м³ в час по одному скорому фильтру.

*) Vortrag, gehalten auf der Jahrestagung des Fachverbandes Wasserchemie der Chemischen Gesellschaft in der DDR, Dresden, Oktober 1970

Mangan muß auf Grund seiner weiten Verbreitung und seiner Schwierigkeiten bei der Entfernung als einer der störendsten Faktoren bei der Wasseraufbereitung angesehen werden. Die auftretenden Schwierigkeiten durch Manganverbindungen im Trink- und Brauchwasser sind vielfältig und sowohl für den Konsumenten als auch für den Produzenten äußerst lästig. Oxydationsprodukte des Mangans in Form von schwarzbraunen Flocken führen zu Färbungen und Flecken in der Wäsche und in Behältnissen, beeinträchtigen somit den Gebrauchswert des Wassers beträchtlich und setzen unerwünschte ästhetische Aspekte hinsichtlich des Geruchs, des Geschmacks und des Aussehens beim Konsumenten. Den Produzenten stört die besonders unangenehme Eigenschaft der Manganoxydationsprodukte, sich an den Rohrwandungen festzusetzen und somit eine Verengung der Rohrquerschnitte hervorzurufen. Rückgang der Durchsatzmenge, Fehler bei Meßgeräten und empfindliche Störungen durch Abrieb bei Änderung der Strömungsgeschwindigkeit sind die Folgen. In vielen Fällen wird parallel dazu eine Massenentwicklung von Manganbakterien festgestellt, die den Ablagerungsprozeß in den Rohrleitungen rasant verstärkt.

Mangan ist charakteristisch für sauerstofffreie bzw. sauerstoffarme Wässer und wird demzufolge dort anzutreffen sein, wo reduktive Prozesse auftreten. Dies kann im echten Grundwasser, beim Uferfiltrat bzw. künstlich angereicherten Grundwasser und im Tiefenwasser der Talsperren der Fall sein. Als Quellen für den Mangangehalt im echten Grundwasser und im Uferfiltrat sind die verschiedensten mineralischen Erscheinungsformen und die von Bucksteeg formulierten sekundären Manganvorkommen anzusehen. Mangan als wichtiges Bioelement wird von den Pflanzen häufig über die als Biokatalysator benötigte Menge hinaus aufgenommen und in den peripheren Pflanzenteilen gespeichert. Die sekundären Ablagerungen im Boden und die Anwesenheit in der Biomasse sind besonders bei der Uferfiltration Ursache der auftretenden Schwierigkeiten. Der erhöhte Gehalt des Wassers an organischer Substanz führt durch den biologischen Abbau zur Entwicklung eines Reduktionsmilieus, in dessen Rahmen unter weitgehend anaeroben Bedingungen die Überführung der Mangan(III)- und -(IV)-oxidhydrate in Mangan(II)-Verbindungen stattfindet. Die beim Abbau der organischen Substanz freiwerdende aggressive Kohlensäure bewirkt die Lösung der gebildeten Mangan(II)-Verbindungen:

$$Mn^{++} + 2\,H_2CO_3 \rightarrow Mn(HCO_3)_2 + 2\,H^+ .$$

Mit zunehmender Verschmutzung der Oberflächengewässer und dem Nachlassen der Selbstreinigungskraft wird dieser Prozeß bedeutend intensiviert. Der Sauerstoffgehalt des Wassers reicht bei der Uferfiltration zum Abbau der organischen Substanz nicht mehr aus, der Abbau verläuft nun unter anaeroben Bedingungen. Das vorhandene Reduktionsmilieu wird permanent und erfüllt alle Voraussetzungen, um das Mangan in Lösung zu bringen. Dieser Löseprozeß wirkt sich ebenfalls auf die Eisenvorräte im Boden aus, und in den meisten Fällen liegt im Rohwasser Mangan mit Eisen vergesellschaftet vor. Diese Kombination ruft in der Wasseraufbereitungstechnik erhebliche Schwierigkeiten hervor.

Kommt für die Abscheidung des Eisens im Prinzip ausschließlich als einziges Verfahren die Belüftung des Wassers und die anschließende Entfernung des ausgefällten Eisen(III)-oxidhydrats durch Sedimentation oder Filtration zur Anwendung, so sind die Aufbereitungsvorgänge trotz vieler Momente naher Verwandtschaft nicht ohne weiteres auf Mangan übertragbar. Die Verfahren zur Entmanganung sind deshalb vielfältig und reichen über die Filterverfahren (biologische Filter, eingearbeitete Mangandioxidfilter), die oxydativen Verfahren unter Einsatz von Chlor, Ozon oder Kaliumpermanganat bis zu den Fällungsverfahren unter Verwendung von Kalk. Über eine interessante Variante der Entmanganung, die sich nicht für den Dauerbetrieb eignet, aber immerhin eine geringe brauchbare Reserve darstellt, berichtet LIEBSCHER. Bei diesem als unterirdische Entmanganung bezeichneten Verfahren wird Luft über Wasserstrahlpumpen in den Brunnen gebracht und somit eine Oxydation des gelösten Mangans und eine Filtration im Boden erreicht. Nach einer dreitätigen Einarbeitungszeit ist der Brunnen betriebsbereit. Dieses Verfahren könnte bei aller ihm innewohnenden Problematik eine brauchbare Möglichkeit bei Havariefällen darstellen.

Mechanismen der Manganabscheidung

Die Schwierigkeiten bei der Entfernung des Mangans aus dem Wasser ergeben sich aus der Tatsache, daß zur Erzielung der unlöslichen und damit einwandfrei eliminierbaren Manganverbindungen ein höherer pH-Wert und eine höhere Oxydationskapazität als beim Eisen vorliegen müssen. Aus diesem Grunde versagt die Entmanganung bei der Belüftung und Filtration häufig. Auch bei der Reaktionskinetik sind wesentliche Unterschiede zwischen Eisen und Mangan zu finden (HABERER). Während das Eisen nur ein Redoxsystem zwischen dem löslichen zweiwertigen und dem unlöslichen dreiwertigen Eisen darstellt, läuft das Redoxsystem des Mangans wesentlich komplizierter über die zwei-, drei- und vierwertige Stufe ab. In diesem Zusammenhang sei auf die Geschwindigkeitsgesetze der Enteisenung und Entmanganung hingewiesen, wie sie MORGAN und STUMM formulierten:

$$\frac{-d\,\mathrm{Fe(II)}}{dt} = k\,[\mathrm{Fe(II)}] \cdot [\mathrm{O_2}] \cdot [\mathrm{OH^-}]^2$$

$$\frac{-d\,\mathrm{Mn(II)}}{dt} = k_0\,[\mathrm{Mn(II)}] + k\,[\mathrm{Mn(II)}] \cdot [\mathrm{MnO_2}]\,.$$

Die Unterschiede zwischen beiden Verfahren werden an dieser Stelle besonders deutlich. Stellt die Oxydation des Eisens eine einfache Reaktion dar, 1. Ordnung bei Eisen(II) und Sauerstoff, 2. Ordnung bei Hydroxylionen, ist die Entmanganung ein katalytischer Prozeß, der durch die zweite Komponente der Gleichung mit einer eigenen Geschwindigkeitskonstante und dem Auftreten des Reaktionsproduktes Mangandioxid charakterisiert ist. Dieser Prozeß der Autokatalyse ist in verschiedene Schritte zerlegbar, die mit unterschiedlicher Geschwindigkeit ablaufen (HABERER):

$\mathrm{Mn(II)} + \mathrm{O_2} \rightarrow \mathrm{MnO_2}$ (langsamer Prozeß)
$\mathrm{Mn(II)} + \mathrm{MnO_2} \rightarrow \mathrm{Mn(II)MnO_2}$ (schneller Prozeß)
$\mathrm{Mn(II)MnO_2} + \mathrm{O_2} \rightarrow 2\,\mathrm{MnO_2}$ (langsamer Prozeß) .

Der dritte Schritt ist auch als Proportionierung äquivalenter Mengen der Mangan(II)- und Mangan(IV)-verbindungen zu Mangan(III)-hydroxid möglich, dem dann die Oxydation zum vierwertigen Mangan durch den gelösten Sauerstoff folgt (Bucksteeg). Das Geschwindigkeitsgesetz der Entmanganung stellt somit die mathematische Erfassung des Vorganges dar, der in der Wasseraufbereitungstechnik als „*Einarbeitungszeit*" eines Sandfilters bezeichnet wird. Dieser zeitabhängige Prozeß ermöglicht durch die Ausbildung katalytisch wirkender Flächen auf dem Filterkorn eine Entmanganung durch Belüftung und anschließende Sandfiltration.

Die Entfernung des Mangans auf diesem Wege ist allerdings nur bei einem eisenfreien Wasser möglich. Bei gleichzeitiger Anwesenheit hoher Eisen- und Manganmengen im Rohwasser und der Notwendigkeit der Abscheidung beider Komponenten in einem Filterbett versagt diese Methode. Das Eisen wird auf Grund seiner geringeren notwendigen Oxydationskapazität schneller in die unlösliche Form des Eisen(III)-oxidhydrats überführt, ummantelt das Korn des Filtersandes und blockiert somit die katalytischen Flächen, die zur Entmanganung notwendig sind. Der Mangangehalt des Rohwassers ist in solchen Fällen häufig quantitativ im Reinwasser zu finden.

Darstellung der Betriebssituation

Die dargestellten Schwierigkeiten bei der Entmanganung hatten bei einem Wasserwerk im Bereich des VEB Wasserversorgung und Abwasserbehandlung Magdeburg eine kritische Phase erreicht. Das betreffende Werk war 1936 in Betrieb gegangen und hatte damals eine Jahresförderung von 800000 m^3 aufzuweisen. Das Rohwasserdargebot ist Uferfiltrat der Elbe, das über vier Vertikalkiesschüttungsbrunnen im Elbvorgelände entnommen wurde und durch eine Dükerleitung im Fluß (2×NW 500) zum rd. 2 km entfernt liegenden Wasserwerk gelangte. Das Rohwasser hatte zu dieser Zeit einen Eisengehalt von 0,7 mg/*l*.

Dieser Versorgungszustand war bis 1953 stabil. Dann reichte das Angebot an Rohwasser zur Abdeckung der gestiegenen Anforderungen nicht mehr aus und in den folgenden Jahren (bis 1961) wurden im Elbvorgelände sechszehn neue Brunnen angelegt, die aber alle starken Verockerungsprozessen unterlagen. Die zunehmende Flußwasserverschmutzung wirkte sich deutlich auf die Wasserqualität des Uferfiltrats aus. Eisen, Mangan, aggressive Kohlensäure, Ammonium und die organische Substanz im Rohwasser stiegen an, Geruchs- und Geschmacksstoffe traten auf (Abb. 1). Charakteristisch für dieses Werk ist das Schwanken der Rohwasserbeschaffenheit. Bei hohem Elbwasserstand wird vorwiegend Uferfiltrat mit erhöhter organischer Belastung, Geruchs- und Geschmacksstoffen, bei niedrigem Elbwasserstand vorwiegend echtes Grundwasser mit hohen Eisen-, Mangan- und Kohlensäurenwerten gefördert. Dieses Pendeln zwischen den wechselnden Elbwasserständen war auch die Ursache der Verockerung. Das „*Einziehen*" von sauerstoffhaltigem Wasser in den Fassungsbereich der Brunnen bei hohem Elbwasserstand war der auslösende Faktor.

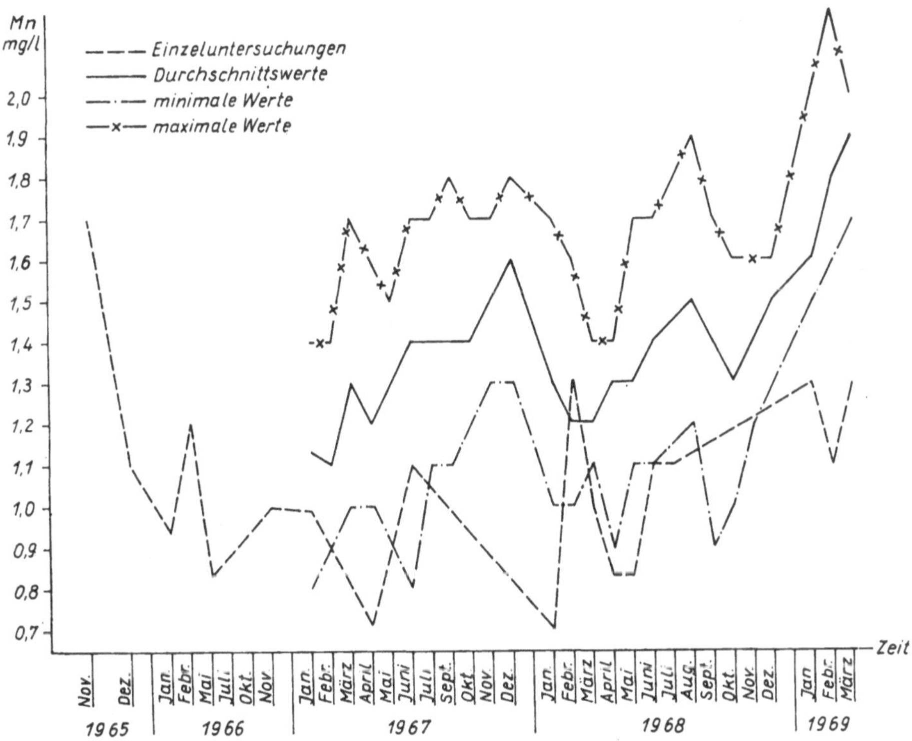

Abb. 1: Manganwerte vom Rohwasser

Den erhöhten Anforderungen an die Wasserbereitstellung mußte auch durch eine spürbare Aufstockung der Aufbereitungskapazität begegnet werden. Die Filterfläche wurde von 72 auf 135 m², die Verdüsungsfläche von 120 auf 180 m² und der Oxydationsraum von 280 auf 496 m³ gesteigert. Mit diesen Maßnahmen ließ sich zu diesem Zeitpunkt noch eine gute Reinwasserqualität gewährleisten. Das Wasserwerk war nun mit sieben Schnellfiltern ausgestattet worden, deren Decarbolithfüllung 1963 auf Quarzkies (d_w 1,0···1,5) umgerüstet wurde. Die vorgesehene Leistung war unter den vorliegenden Bedingungen mit 6000 bis 7000 m³/d angesetzt.

Tabelle 1 macht die Anforderungen deutlich, die in den weiteren Jahren an das Werk herangetragen wurden und zu deren Abdeckung es auf Grund der zu geringen Aufbereitungskapazität und der nicht optimalen Aufbereitungstechnologie nicht mehr in der Lage war.

Nach der Erweiterung des Werkes 1954 hatte sich 1966 die bereitgestellte Wassermenge mehr als verdoppelt, ohne daß ein neuer Zuwachs der Aufbereitungskapazität erfolgt wäre. Erhöhte Anforderungen an die Wasserbereitstellung und eine weitere Verschlechterung der Rohwasserqualität führten zu einer Summierung aller ungünstigen Faktoren, so daß Ende 1966 Spitzenwerte von 1,7 mg Fe/l und 0,99 mg Mn/l im Reinwasser zu finden waren. Ein neues Wasserwerk wurde geplant, das die bestehenden Anforderungen abdecken sollte und 1963 mit der intensiven Bauausführung begonnen. Tab. 1 zeigt das be-

Tabelle 1

	m³/Jahr	für Bevölkerung	für Industrie
1936	800000	480000	320000
1940	1100000	633000	467000
1946	780000	483000	297000
1949	1000000	620000	380000
1952	1320000	778000	542000
1954	1610000	890000	720000
1958	2960000	1332000	1628000
1962	3140000	1160000	1980000
1966	3620000	1302000	2318000
1968	3830000	1382000	2448000
1969	4680000	1392000	3288000

sonders starke Anwachsen des industriellen Wasserbedarfs. Es war jedoch nicht möglich, den Industriewasseranteil wenigstens teilweise aus dem Aufbereitungsprozeß auszugliedern, um für den Trinkwassersektor günstigere Bedingungen zu erhalten, da sich im Versorgungsbereich wichtige industrielle Großbetriebe, u. a. ein Gelatinewerk und ein maisverarbeitender Betrieb befinden, die hohe Anforderungen an die Wasserqualität stellen. Der Möglichkeit, durch Bereitstellung von minderwertigerem Reinwasser für einen Teil der industriellen Nutzer eine Entlastung herbeizuführen, standen durch die damit verbundene Notwendigkeit der Verlegung neuer Rohrleitungen über weite Strecken unerfüllbare ökonomische Voraussetzungen gegenüber. Aus diesem Grunde mußte unter Beibehaltung der schlechten Reinwasserqualität weiter auf den Bau des neuen Werkes orientiert werden, das unter Berücksichtigung der Zuwachsraten eine Endausbaukapazität von 30000 m³/d erhalten sollte. Als Aufbereitungstechnologie war eine Verdüsung mit anschließender Filtration über offene Schnellfilter vorgesehen. Während der Projektierung und beim Bau des neuen Werkes hatten die Schwierigkeiten bei der Manganabscheidung noch keine Berücksichtigung gefunden. Mit seiner Inbetriebnahme im November 1968 waren zwar die Überschreitungen hinsichtlich des Eisens behoben, das Mangan befand sich jedoch noch in einer durchschnittlichen Konzentration von 1,1 mg/*l* im Reinwasser.

Einführung der Zweistufenfiltration

Als eine Möglichkeit zur Abscheidung des Mangans bot sich die Zweistufenfiltration an. Durch die Aufgliederung der Filterkapazität in zwei nacheinander geschaltete Komplexe, deren erster Teil eine Enteisenung vornimmt, erhält man nach Passage der ersten Stufe ein eisenfreies Filtrat. Die für die Entmanganung verantwortliche zweite Stufe garantiert nach ihrer „*Einarbeitung*", d. h. nach der Schaffung von katalytisch wirkenden Flächen von Mangandioxid auf dem Filterkorn, eine Entfernung des Mangans, ohne daß die Aufbereitungsleistung durch eine Blockade mit Eisen(III)-oxidhydrat gestört wird, wie es bisher bei einer Filtrationsstufe der Fall war. Zur Einführung der Zweistufenfiltration im neuen Wasserwerk wurden nun im Rahmen des laufenden Betriebes Großversuche durchgeführt.

Der erste Schritt der Versuchsdurchführung war die künstliche Einarbeitung von zwei Schnellfiltern, die für die Entmanganung vorgesehen waren. Die Bildung des katalytisch wirkenden Mangandioxids, die unter normalen Betriebsbedingungen längere Zeiträume in Anspruch nimmt, kann durch eine künstliche Steuerung wesentlich verkürzt werden. Bei diesem Verfahren werden Mangan-(II)-salze (Manganchlorid, Mangansulfat) in wäßriger Lösung als „*Netzmittel*" eingesetzt. Die zweiwertigen Manganionen haften nach Ablassen des Netzmittels in einer dünnen Wasserlamelle auf dem Filterkorn. Nun werden die Manganionen durch Kaliumpermanganat oxydiert und als Mangandioxid auf der Oberfläche des Filterkorns ausgefällt und abgelagert. Nach einer gründlichen Spülung zur Entfernung des überschüssigen Mangandioxidschlamms kann das Filter erneut mit dem Netzmittel beschickt werden. Dieser Einarbeitungsvorgang kann in dieser Form mehrmals wiederholt werden, wobei das Netzmittel wiederverwendet werden kann, die Kaliumpermanganatlösung jedoch immer neu angesetzt werden muß. Abbildung 2 zeigt die künstliche Einarbeitung der

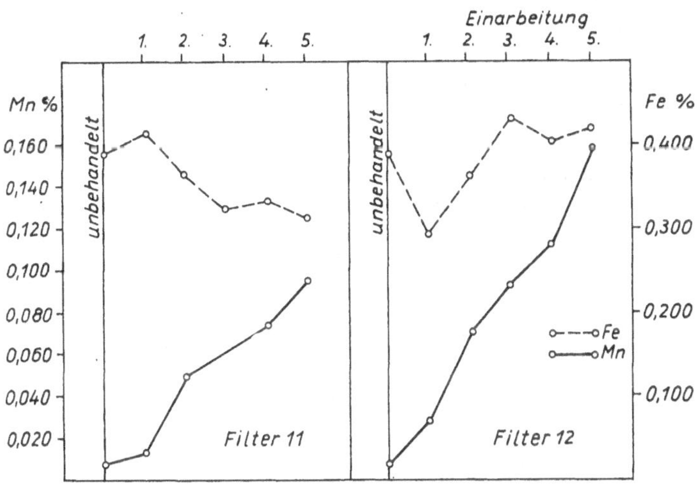

Abb. 2: Künstliche Einarbeitung der Manganfilter

Manganfilter. Nach den jeweiligen Einarbeitungsvorgängen wurden aus den beiden Filtern Kiesproben entnommen, von denen das aufgelagerte Eisen und Mangan wieder abgelöst und quantitativ bestimmt wurde. Es ist ersichtlich, daß in der unbehandelten Probe vorwiegend Eisen und kaum Mangan aufgelagert war. Eisen bleibt in den verschiedenen Einarbeitungsstufen annähernd gleich, Mangan zeigt eine deutliche Zunahme. Dieser Einarbeitungseffekt war beim Filter 12 deutlicher ausgeprägt; dieses Filter wurde auch für die weiteren Versuche benutzt. Es diente wie das Filter 11 der Entmanganung als zweite Stufe, nachdem das weitgehend eisenfreie Filtrat von zwei Filtern entnommen und über eine Kreiselpumpe den beiden Filtern zugeführt worden war. Die künstliche Einarbeitung der Manganfilter läßt sich aus Gründen des Chemikalieneinsatzes meistens nicht bis zur vollen Wirksamkeit durchführen. Zur vollen Erreichung des katalytischen Effektes bietet sich die Kombination mit einem oxydativen Verfahren an. Bei der Zugabe von Kaliumpermanganat zum eisenfreien Filtrat der ersten Stufe laufen die gleichen Prozesse ab, wie sie bei der künstlichen Einarbeitung beobachtet wurden. Waren es dort künstlich zugegebene Mangan(II)-ionen, die durch das Kaliumpermanganat ausgefällt wurden, wirkte dasselbe nun auf die im Rohwasser vorhandenen Ionen der Manganverbindungen. Nach stöchiometrischer Ausfällung wird das gebildete Mangandioxid zum Teil in Flockenform abfiltriert, zum Teil an das Filterkorn angelagert und verstärkt somit den katalytischen Effekt.

Das weitere Versuchsprogramm zur Zweistufenfiltration hatte folgende Punkte zu klären:

- Ermittlung der erforderlichen Kaliumpermanganatmenge zur stöchiometrischen Ausfällung des Mangans im Rohwasser unter Berücksichtigung des beginnenden katalytischen Effektes nach der künstlichen Einarbeitung
- Überprüfung der Wirksamkeit dieses Prozesses unter den Bedingungen großer Durchsatzmengen
- Aussagen über die Kapazität, bis zu der unter den Bedingungen der Zweistufenfiltration ein eisen- und manganfreies Reinwasser erzielt werden kann.

An das Filter 12 wurde ein Profil angelegt, um den Ablauf der Manganabscheidung im Filterbett verfolgen zu können (Abb. 3). Beim Betrieb des Filters ohne Kaliumpermanganatzusatz ist bis auf eine geringe, auf den beginnenden katalytischen Effekt nach der künstlichen Einarbeitung zurückzuführende Abnahme Mangan noch fast quantitativ im Ablauf zu finden. Unter Einbeziehung dieses Effektes wurde nun das restliche Mangan stöchiometrisch durch Kaliumpermanganat ausgefällt und im Verlaufe der Filterbettpassage restlos abgeschieden. Es zeigte sich, daß von den benötigten 1,9 mg nur noch 1,5 mg Kaliumpermanganat zur Ausfällung von 1 mg Mangan erforderlich

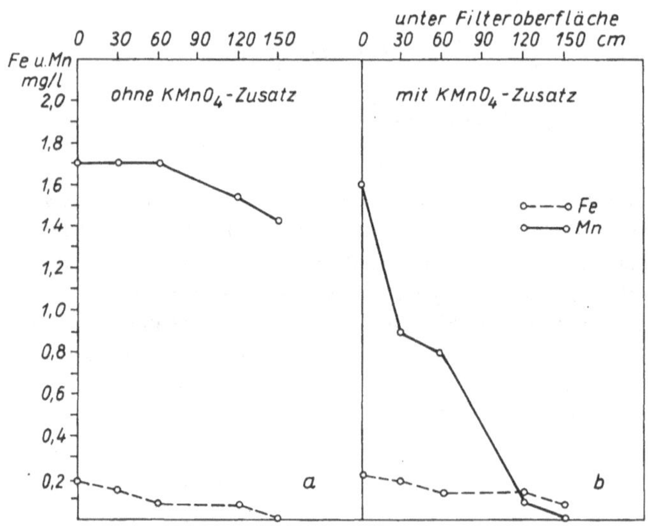

Abb. 3: Profiluntersuchungen am Filter 12

waren. Die Dosierung erfolgte von einem Lösegefäß aus über eine Kolbendosierpumpe. Der Lösebehälter faßte 800 l und war zur Auflösung des Kaliumpermanganats mit einem Rührwerk versehen.

Die Überprüfung des Prozesses in Abhängigkeit von der Durchsatzmenge erfolgte in drei Belastungsstufen. Bei der relativ geringen Durchsatzmenge von 60 m^3/h waren noch Schwierigkeiten bei der exakten Dosierung des Kaliumpermanganats vorhanden. Diese Versuchsstufe diente im wesentlichen zur Erprobung der beteiligten Systeme in bezug auf die Dosierung, und die Durchsatzmenge und soll im folgenden nicht näher betrachtet werden. Die Ergebnisse der Belastung des Versuchsfilters bis zu 160 m^3/h sind in Abb. 4 dargestellt.

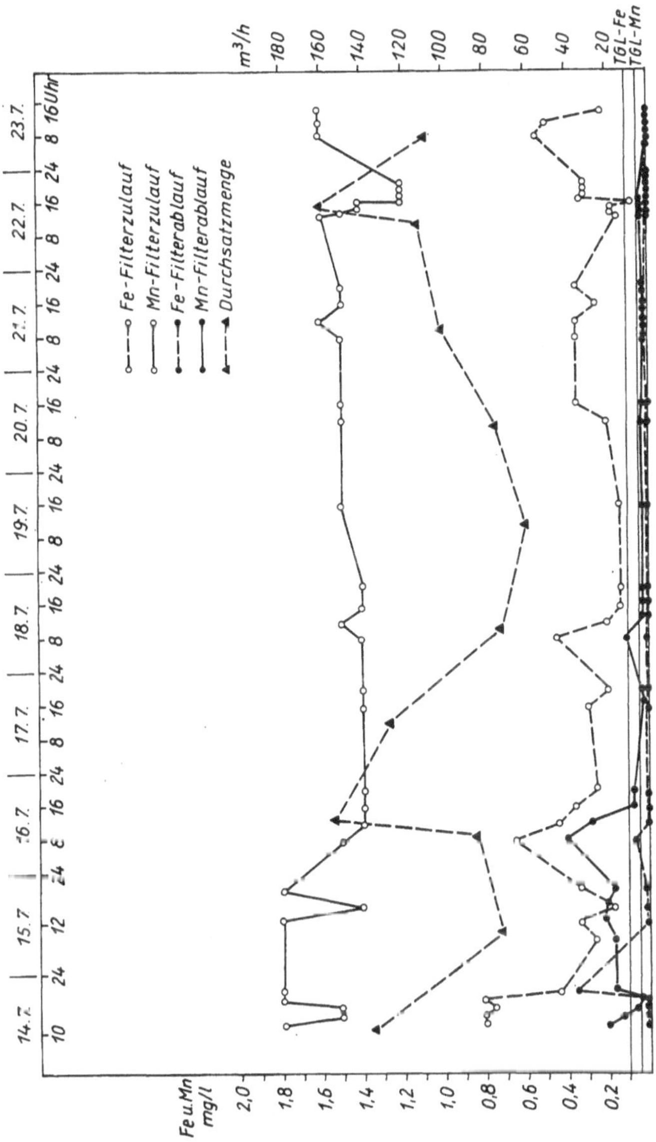

Abb. 4: Zweistufenfiltration (Belastung bis 160 m^3/h)

Der Mangangehalt im Filterzulauf lag im Durchschnitt bei 1,5 mg/l, der Eisengehalt pendelte zwischen 0,1 und 0,8 mg/l.

Im Filterablauf war ein eisenfreies Filtrat zu finden, auch Mangan bewegte sich tagelang nahe der Nachweisgrenze. Gelegentliche Anstiege des Mangans (z. B. am 16. 7.) dürften auch in diesem Falle auf Unsicherheiten bei der Dosierung zurückzuführen sein. An dieser Stelle sei noch einmal auf Abb. 3 verwiesen, die den Filtrationsprozeß im Profil darstellt. Mangan ist beim Kaliumpermanganatzusatz in einer Tiefe von 1,20 m fast bis zum TGL-Wert entfernt

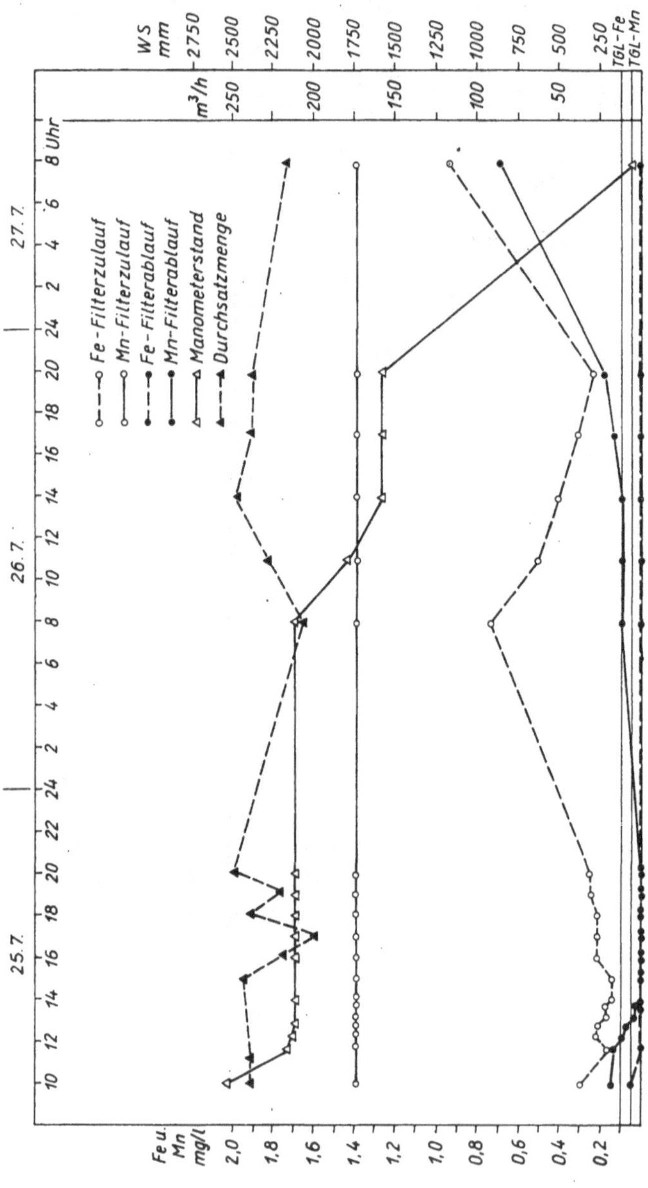

Abb. 5: Zweistufenfiltration (Belastung bis 250 m³/h)

und bei 1,50 m nur noch in Spuren nachzuweisen. Auffällig ist, daß die Kurve der Eisenabscheidung wesentlich flacher verläuft, d. h., daß Eisen eine wesentlich größere Eindringtiefe als Mangan besitzt. Im Hochleistungsversuch wurde das Versuchsfilter mit 250 m^3/h belastet (Abb. 5). Neben dem Eisen- und Mangangehalt im Zu- und Ablauf sowie der Durchsatzmenge wurde auch der Manometerstand der Filterwiderstandsanzeige ausgewertet. Während Eisen im Filterablauf bei der gesamten Versuchsdauer unter dem TGL-Wert lag, zeigte Mangan rd. 26 h einen günstigen Wert. Erst nach der Erschöpfung der Schlammaufnahmefähigkeit des Filters, charakterisiert durch den abfallenden Manometerstand, war ein Mangananstieg im Filterablauf zu verzeichnen.

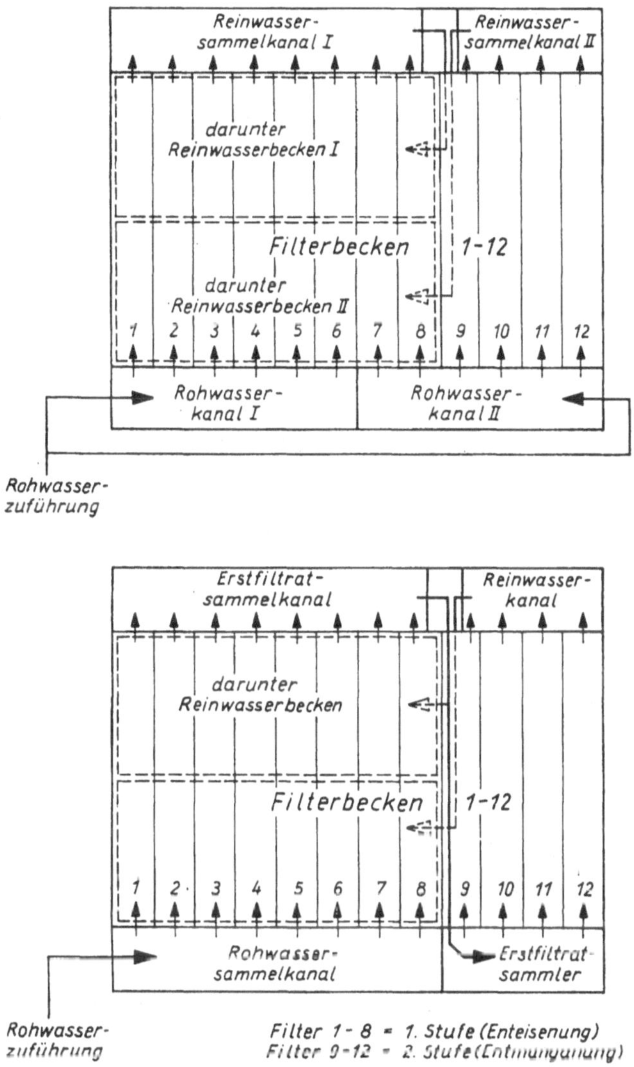

Abb. 6: Schematische Darstellung des Fließweges nach dem ursprünglichen Projekt (oben) und nach dem Umbau zur Zweistufenfiltration (unten)

Aus diesen Leistungsversuchen konnten zwei wichtige Schlußfolgerungen gezogen werden. Die Ausfällung der zweiwertigen Manganionen durch Kaliumpermanganatzusatz läuft unter Einbeziehung des Effektes der Einarbeitung bis zu einer Durchsatzmenge von 250 m^3/h stöchiometrisch ab. Bei einem Umbau von vier Schnellfiltern zur zweiten Stufe bleibt eine Tageskapazität von 24000 m^3 erhalten, was eine durchaus erträgliche Reduzierung der projektierten Leistung bedeutet und einen wesentlichen Gewinn bei der Wasserqualität darstellt.

Auf der Grundlage des Versuchsprogramms wurde die bauliche Realisierung der Zweistufenfiltration vorgenommen. Von den zwölf vorhandenen offenen Schnellfiltern wurden acht Filter als erste Stufe für die Enteisenung und vier Filter für die zweite Stufe zur Entmanganung vorgesehen. Dieser Umbau mußte im Rahmen des laufenden Betriebes erfolgen und wurde über einige Zwischenstufen abgewickelt.

Den endgültigen Zustand der Zweistufenfiltration zeigt Abb. 6 in einem schematischen Fließschema. Durch das Sammeln des Erstfiltrats nach der Enteisenungsstufe im ehemaligen Reinwassersammelkanal und anschließendes Fördern mit einer Spülwasserpumpe auf die Entmanganungsstufe wurde kein Sammelraum notwendig, so daß die beiden Reinwasserbecken weiterhin voll für die Speicherreserve zur Verfügung stehen. Die neu zu verlegenden Rohrstrecken für die Zuleitung umfaßten rd. 70 m, der Gesamtkostenaufwand war mit ca. 20 TM relativ gering.

Die beiden neu in den Entmanganungsprozeß einbezogenen Schnellfilter waren nicht künstlich eingearbeitet worden, so daß nach dem Umbau eine weitere Kaliumpermanganatdosierung erforderlich war. Die zugegebene Menge konnte in dem Maße verringert werden, wie die katalytisch wirkende Menge des Mangandioxids auf dem Filterkorn anstieg. Nach der völligen Einarbeitung der Manganstufe konnte die Kaliumpermanganatdosierung außer Betrieb genommen werden und die gesamte Manganabscheidung erfolgte rein katalytisch.

Literatur

BUCKSTEG, W.: Folgen des Manganvorkommens im Boden und Oberflächenwasser für die Gewinnung von Trink- und Brauchwasser. Gesundheits-Ing. 87 (1966) 2, 236

HABERER, K.: Die Entmanganung des Trinkwassers an Beispielen aus Deutschland. Gas, Wasser, Wärme **21** (1967) 12, 269

LIEBSCHER, A.: Maßnahmen gegen den Mangangehalt im Trinkwasser der Landeshauptstadt Klagenfurt. Gas, Wasser, Wärme **21** (1967) 9, 209

MORGAN, J. J. und W. STUMM: The Role of Multivalent Metal Oxides in Limnological Transformations as Exemplified by Iron and Manganese. Proc. of the Second Intern. Water Pollution Research Conf., Tokyo 1964, 103

Anschrift des Verfassers:

K. RUDOLF, VEB Wasserversorgung und Abwasserbehandlung, 301 Magdeburg, Herrenkrugstr. 14, DDR

H. Bernhardt, J. Clasen

Wahnbachtalsperrenverband, Siegburg

Die Aufbereitung planktonreicher Talsperrenwässer zu Trinkwasser*)

Zusammenfassung: Erhöhte Planktonmengen in Talsperrenwässern, aus denen Trinkwasser gewonnen werden soll, können zu einer wesentlichen Störung des Aufbereitungsganges führen und somit eine Beeinträchtigung des abzugebenden Trinkwassers verursachen.

In den meisten Fällen kommt es zu vorzeitiger Verstopfung der Filter, was eine Verminderung der Aufbereitungsleistung nach sich ziehen kann. Verschiedene Algen lassen sich jedoch mit üblichen Aufbereitungsmethoden (einfache Schnellsandfiltration durch feinkörniges Material bzw. normale Flockung mit Aluminiumsalzen und nachfolgender Filtration) nicht ausreichend aus dem Wasser entfernen und brechen durch die Filter durch. Sie können als abbaubare organische Substanz zu unerwarteten Wiederverkeimungen im Verteilungsnetz Anlaß geben. Dies gilt besonders für fädige Algen, Flagellaten und Nannoplankter. Während sperrige Algen in einem verhältnismäßig hohen Maße durch Mikrosiebfilter zurückgehalten werden können, wodurch die nachgeschalteten Sandfilter entlastet werden, ist dieses Verfahren bei den schwer abscheidbaren letztgenannten Algen nicht wirksam. Sie können durch mehrfach hintereinandergeschaltete Flockung und Anwendung von anionischen Flockungshilfsmitteln in eine abscheidbare Form gebracht werden.

Auch die Anwendung von Ozon mit nachgeschalteter Filtration über Mehrschichtfilter kann gute Resultate ergeben.

Summary: Larger plankton loads in reservoir waters which are to be used for drinking-water conditioning may cause considerable disturbances of the treatment process and, thus, an impairment of the drinking water to be supplied.

In most cases, filters are clogged prematurely, which may result in a decrease of treatment efficiency. Several algae species, however, cannot be sufficiently removed by means of common purification methods (simple rapid sand filtration using fine-grained material or normal flocculation using aluminium salts and subsequent filtration), and they force their way through the filters. As a digestible organic matter, they may cause unexpected re-germinations in the supply system. This especially applies to filamentous algae, flagellates and nannoplankton. Whereas a relatively high proportion of bulky algae can be held back by micro-strainer filters, relieving the subsequent sand filters, this process does not operate with the last-mentioned algae, which are hard to separate. They can be made separable by means of repeated flocculation and the use of anionic coagulant aids.

Good results can be obtained also by using ozone with subsequent filtration by multilayer filters.

Резюме: Большие количества планктона в водохранилищах, служащих для добывания питьевой воды, могут ощутительно нарушать приготовление питьевой воды, ухудшая таким образом ее отдачу. Чаще всего преждевременно забиваются фильтры, чем вызывается уменьшенная мощность приготовления. Однако обычные методы приготовления (простая скорая филь-

*) Vortrag, gehalten auf der Jahrestagung des Fachverbandes Wasserchemie der Chemischen Gesellschaft in der DDR, Dresden, Oktober 1970

трация мелкозернистым материалом или нормальная коагуляция при помощи алюминиевой соли и последующей фильтрации) не являются достаточными, чтобы устранить все водоросли. Некоторые из них прорываются через фильтры, и разлагаемое их органическое вещество может производить повторные прорастания в распределительной сети. Это прежде всего относится к нитевидным водорослям, к флагеллятам и наннопланктону. Громоздкие водоросли в относительно высокой степени задерживаются перед сетчатыми микрофильтрами, тем самым разгружая последующие песочные фильтры. Нитевидные водоросли, в свою очередь, только тогда принимают разлагаемую форму, когда несколько раз повторяется флокуляция и применяются неионогенные коагулянты. И применение озона с последующей фильтрацией многослойными фильтрами может давать хорошие результаты.

Einleitung

Durch die zunehmende Eutrophierung unserer stehenden Oberflächengewässer, besonders aber unserer der Trinkversorgung dienenden Talsperren, gewinnt das Problem der Planktonentnahme im Rahmen der Aufbereitung derartiger Wässer in zunehmendem Maße an Bedeutung.

Aus der Sicht der Trinkwasseraufbereitung sind Algen gleichzusetzen mit organischen Verbindungen, die in ungelöster Form im Wasser als negativ geladene hydrophile Biokolloide vorliegen. Brechen diese Algenzellen durch die Filter durch, so bedeutet dies eine empfindliche Minderung der Güte des abgegebenen Trinkwassers.

Algen im Filtrat stören den Entkeimungsprozeß insofern, als sie in ihren Schleimabsonderungen häufig Bakterien und Viren enthalten, die so der Einwirkung des Entkeimungsmittels — Chlor oder Ozon — und damit dem Entkeimungsprozeß schlechthin entzogen werden können (Knorr, Jayangondar). Darüber hinaus reagieren sie als organische Verbindung mit dem Entkeimungsmittel, das dadurch dem eigentlichen Ziel der Abtötung der Bakterien bzw. Inaktivierung der Viren entzogen wird (Jayangondar, Carlson u. Hasselbarth, Hasselbarth, Lund). Organische Verbindungen im zu entkeimenden Wasser, mögen sie nun in Form von Algenzellen oder in gelöster Form vorliegen. stören also bei der Trinkwasseraufbereitung den Entkeimungsprozeß empfindlich und können Ursache unvollständiger Entkeimung des abzugebenden Trinkwassers sein.

Wird ein derartiges Wasser ins Rohrnetz gegeben, so laufen die durch organische Verbindungen hervorgerufenen Chlorzehrungsprozesse weiter. Im Rohrnetz können daher im Trinkwasser vorhandene Algen und ihre Abbauprodukte Ursache für unerwartete Wiederverkeimungen sein (Roggenkamp) und darüber hinaus Nahrungsgrundlage für höhere Organismen (Wasserasseln, Würmer usw.) bilden. Weiterhin beeinträchtigen sie die Appetitlichkeit des abgegebenen Trinkwassers, wenn die Algen, wie das z. B. bei langen, fädigen Arten der Fall ist, mit bloßem Auge im Trinkwasser zu erkennen sind.

Planktonentnahme im Aufbereitungsprozeß

Langsamsandfiltration

Durch optimal betriebene Langsamsandfilter werden Algen fast vollständig, wenn nicht sogar restlos, aus dem Wasser entfernt. Allenfalls Flagellaten können noch bis in tiefere Filterbettschichten eindringen (Jansa, Matheson, Rössner, Schmidt, 1966). Darüber hinaus werden Abbauprodukte der Planktonzellen im Rahmen des Langsamfilterprozesses weitgehend mineralisiert, wenn der hierfür erforderliche Sauerstoff zur Verfügung steht (Schmidt, 1966; 1968; 1970). Die Langsamsandfiltration stellt also im Hinblick auf die Entnahme von Algen und deren Abbauprodukte das z. Zt. immer noch wirksamste Aufbereitungsverfahren dar (Wuhrmann). Übermäßige Entwicklung von Algen in Anreicherungsbecken, also unmittelbar vor Beginn des Langsamfilterprozesses, kann jedoch dadurch zu Störungen führen, daß die Langsamsandfilter sich schnell verstopfen und die Qualität des zu filtrierenden Wassers wesentlich verschlechtert wird (Schmidt, 1970). Durch gezielte Maßnahmen läßt sich dies jedoch, zumindest in gewissen Grenzen, vermindern (Schmidt, 1970; 1963).

Mikrosiebfiltration

Die Mikrosiebfiltration wird in den letzten Jahren mehr und mehr besonders zur Algenentnahme als Vorfiltrationsschritt eingesetzt. Ihre Wirksamkeit hängt im wesentlichen von der Zusammensetzung des abzufiltrierenden Planktons im aufzubereitenden Wasser und der Maschenweite des eingesetzten Siebmaterials ab. So berichtet Lehn von Versuchen im Wasserwerk Konstanz mit Siebmaterial der Maschenweite 0,04 mm, daß die Gesamtalgenentnahme, die er als Durchschnittswert mit 70% für das aufzubereitende Bodenseewasser angibt, erhöht werden kann, wenn die Planktondichte und der Anteil großer koloniebildender Algen am Gesamtplankton im aufzubereitenden Wasser zunimmt. Unter diesen Umständen konnte er eine Gesamtalgenentnahme bis zu 93% feststellen. Große, koloniebildende Algen, wie *Asterionella* oder *Fragillaria*, wurden nach seinen Angaben zu 80···90% dem Wasser entnommen. Kleine Flagellaten, wie beispielsweise *Rhodomonas lacustris*, wurden zu 50% und zentrale *Diatomeen* zu 30% dem Bodenseewasser entnommen. Die letztgenannten Entnahmewerte stiegen an, wenn der Anteil großer, koloniebildender Algen am Gesamtplankton zunahm und die Möglichkeit bestand, daß sich ein Algenbelag am Mikrosieb abschied, der selbst für eine bessere Rückhaltung der kleinen Algenzellen sorgte. Zooplankton wurde vollständig zurückgehalten.

Grim gibt auf Grund von Versuchen mit Mikrosieben, die er zur Prüfung der Wirkungsgröße bei der Bodenseewasserversorgung durchgeführt hat, an, daß bei ständig drehender und rückgespülter Mikrosiebtrommel (Maschenweite 0,04 mm) große Algen, wie *Asterionella* und *Fragillaria* im Kolonieverband fast völlig, insgesamt gesehen zu etwa 50%, kleine Algen (*Rhodomonas lacustris*, *Cyclotella comta*, *Stephanodiscus hantzschii*) zu 40% entnommen wurden. Betrieb man die Mikrosiebfilter jedoch, was sich besonders in Zeiten geringen Planktongehaltes des aufzubereitenden Bodenseewassers als sehr vorteilhaft erwiesen hat (Grim, 1967), intermittierend, d. h., daß die Siebtrommeln nur dann gedreht und dabei gespült wurden, wenn die Druckdifferenz bis auf 80 mm Wassersäule angestiegen war, so erhöhte sich die Entnahme für *Asterionella*, *Fragillaria*, *Synedra* und *Diatoma* bis auf 90% und hinsichtlich der kleinen genannten Algen bis auf 70%.

Versuche, die über mehrere Jahre mit Mikrosiebfiltern bei den Wasserwerken der Stadt Zürich zur Entnahme der vor Jahren im Zürichsee vorherrschenden

Blaualge *Oscillatoria rubescens* gefahren wurden, ergaben, daß diese Alge als Vertreter langer, fädiger Algen durch Mikrosiebfilter nur zu maximal 10% entnommen wird (Diedlicher). Lange, dünne, fädige Algen lassen sich demnach mit Hilfe dieses Aufbereitungsverfahrens nicht zufriedenstellend aus dem Wasser entnehmen.

Andererseits zitiert Uhlmann aus einer unveröffentlichten Arbeit, daß andere wasserblütenbildende Blaualgen mit Hilfe feinmaschiger Mikrosiebfilter von 0,01 mm Maschenweite weitgehend zurückgehalten werden.

Aus Versuchen an der Saidenbachtalsperre ergab sich, daß gallertartige Kolonien, z. B. *Asterionella, Fragillaria*, besonders gut zurückgehalten werden, während Einzelzellen dieser Kieselalgen viel leichter durch die Siebmaschen schlüpften, so daß die Gesamtentnahme für diese beiden Kieselalgen nach Angaben von Hänel, zitiert bei Uhlmann, in der Aufbereitungsanlage von Karl-Marx-Stadt nur zwischen 60 und 70% lag.

Rummel und Starke berichten von einer Planktonentnahme bis 98%, die jedoch in Gegenwart von mineralischen Feststoffteilchen auf 45% zurückgehen kann.

Eine 90%ige Algenentnahme durch Mikrosiebanlagen geben Parabrahmam u. Mitarb. an.

Schnellsandfilter

Die meisten Wasserwerke, die Talsperrenwasser aufbereiten, arbeiten mit Schnellsandfiltern, z. T. ohne vorhergehende Flockung und Verwendung von Sandkörnungen <1 mm, z. T. mit Flockung und entsprechend gröberen Sandkörnungen im Bereich von 1···2 mm.

Schnellsandfiltration ohne Flockung

Die großen, koloniebildenden Algen, wie *Asterionella* und *Fragillaria*, werden durch Schnellsandfilter weitgehend zurückgehalten, wenn die Körnung nicht gröber als 0,8 mm ist. So berichtet Grim (1967), daß *Asterionella*, die im aufzubereitenden Bodenseewasser zeitweise in Mengen bis zu 2000 Individuen/m*l* vorkam, von den Schnellsandfiltern der Bodenseewasserversorgung (Körnung 0,5···0,8 mm) völlig zurückgehalten wurde. Es kam jedoch zu einer schnellen oberflächlichen Abdichtung der Sandfilter und damit zu einer vorzeitigen Beendigung der Filterlaufzeit durch Verstopfung. Bei diesem Prozeß dürfte eine Siebwirkung der Filter überwiegen. Eine entscheidende Abhilfe konnte durch den Einsatz von Mikrosiebfiltern (Grim) und dem Umbau der Sandfilter zu Zweischichtfiltern (Sand/Aktivkohle) erreicht werden (Sontheimer).

Auch an der Saidenbachtalsperre führte das übermäßige Auftreten der Kieselalge *Asterionella formosa* zu vorzeitigen Filterverstopfungen und kurzen Filterlaufzeiten. Darüber hinaus kam es aber hier auch zu *Asterionella*-Durchbrüchen, da die Filtersandkörnung mit 1,0···2,0 mm zu grob war, um selbst diese koloniebildenden Algen ohne Flockung zufriedenstellend aus dem Wasser entnehmen zu können (Bartzsch).

Schalekamp führte im Wasserwerk St. Gallen Versuche mit verschieden gekörnten Schnellsandfiltern und einem Zweischichtfilter (Sand/Hydroanthrazit) mit Bodenseewasser, das vorwiegend nicht näher bestimmte Kieselalgen enthielt, durch und fand, daß Algenzellen $>20\,\mu$ von einem Filtersand mittleren Korndurchmessers (60% 0,7···1,2 mm; 40% 1,2···1,9 mm) schlechter zurückgehalten wurden, als von einem feinkörnigen Filtersand (66% 0···0,7 mm; 34% 0,7···1,2 mm), während Algenzellen $<20\,\mu$ vom erstgenannten Filtermaterial etwas besser, von beiden Filtermaterialien insgesamt gesehen jedoch schlechter entnommen wurden (Tab. 1).

Tabelle 1
Planktonentnahme durch Schnellfilter bzw. Zweischichtfilter (Sand/Hydroanthrazit) unterschiedlicher Körnungen nach Angaben von SCHALEKAMP

	Rohwasser	Sandfilter 0,7···1,5 mm		Sandfilter 0···1,2 mm		Zweischichtfilter Sand/Hydroanthrazit 0···1,2 mm/1···3 mm	
	Zellen/ml	Zellen/ml	% E	Zellen/ml	% E	Zellen/ml	% E
Zellen $>20\,\mu$	121,4+)	14,3	88,2	9,1	92,5	–	–
Zellen $>20\,\mu$	82,6*)	10,6	87,2	–	–	5,1	93,8
Zellen $<20\,\mu$	33,4+)	16,1	51,8	19,2	42,5	–	–
Zellen $<20\,\mu$	42,7*)	26,7	37,5	–	–	19,8	53,6

+) Mittelwerte aus 5 Einzelmessungen
*) Mittelwerte aus 4 Einzelmessungen

Das Zweischichtfilter ergab eine bessere Entnahmewirksamkeit, besonders für die Algen $<20\,\mu$. Das feinkörnige Filtermaterial brachte dreimal kürzere Filterlaufzeiten als das Filtermaterial mittleren Korndurchmessers. Dieser Nachteil ließ sich durch den Zweischichtfilteraufbau beseitigen. Insgesamt gesehen traten aber doch noch Restplanktonkonzentrationen im Filtrat auf, die nicht vernachlässigt werden durften.

Für die kleinen Algen, wie beispielsweise *Chlorella* oder *Scenedesmus*, kann nach FOESS u. BORCHARDT kein Siebeffekt mehr als Erklärung für ein, wenn auch geringeres Rückhaltevermögen bei der Schnellsandfiltration angenommen werden. Vielmehr konnten die Autoren eine Veränderung der Entnahmeleistung an Versuchsfiltern (mittlerer Sandkorndurchmesser 0,7 mm) in Abhängigkeit vom pH-Wert der Algensuspension feststellen. So lag die Entnahmeleistung für eine *Scenedesmus*suspension von 31900 Zellen/ml zwischen 80 und 90%, wenn der pH-Bereich der zu filtrierenden Algensuspension auf 2,5···2,9 eingestellt wurde. Sie ging jedoch im alkalischen pH-Bereich (pH 8,9) von 60 auf 10% zurück. Da die Algen, wie festgestellt wurde, bei diesen niedrigen pH-Werten nicht ausflockten und für eine auf einer Siebwirkung beruhende Entnahme zu klein waren, schließen die Verfasser, daß die gute Entnahmeleistung der Algen bei niedrigen pH-Werten auf chemischen Reaktionen zwischen peripherer Zellwandsubstanz der Algenzellen und Sandkornaußenschicht im Filter beruht. Daß die Algen im alkalischen pH-Bereich nicht so gut entnommen werden, erklären Verfasser mit zunehmender elektrostatischer Abstoßung der im alkalischen Bereich stärker negativen Ladung der Algenzellen und Sandkörner (Abb. 1). Demgegenüber können im sauren pH-Bereich bei noch geringen negativen Restladungen VAN DER WAALS-Kräfte sowie Wasserstoffbrückenbindungen und kovalente Anlagerungsmechanismen in Übereinstimmung mit der Ansicht von O'MELIA u. STUMM für die Algenfestlegung am Filtermaterial verantwortlich gemacht werden.

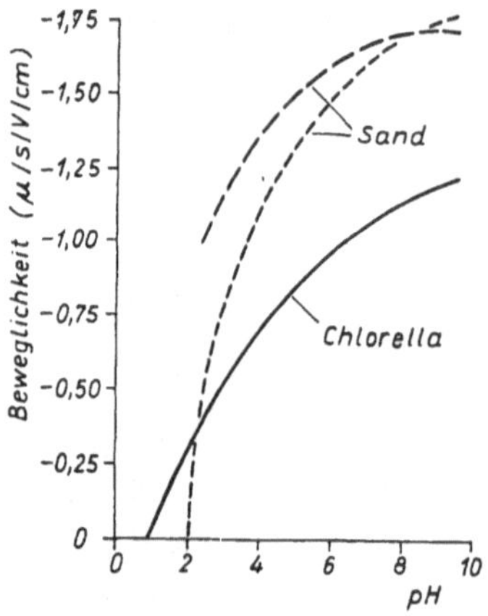

Abb. 1: Abhängigkeit der elektrophoretischen Beweglichkeit von *Chlorella* und Sand vom pH-Wert
—— Messungen von FOESS u. BORCHARDT
- - - Eigene Messungen (BERNHARDT)

Lange, fädige Algen werden auch von feinkörnigen Schnellsandfiltern nur in geringem Umfang festgehalten. GROMBACH fand bei Versuchen an einer Schnellfilteranlage am Zürichsee, daß *Oscillatoria* durch diese Filter, deren Körnung im Bereich von 0,8···1,2 mm lag, bei einer Filtriergeschwindigkeit von 5 m/h durchbrach und der Durchbruch nur durch einen Raumfiltereffekt verzögert wurde. Seine Untersuchungen ergaben, daß die Algenfäden nach der Rückspülung des Filters langsam das ganze Filterporenvolumen ausfüllten und dann begannen, durch das Schnellsandfilter durchzubrechen.

GUSSJEWA berichtet ebenfalls, daß auch *Oscillatoria agardhii*, die im Utschinsker Staubecken 1937 in großen Mengen auftrat, weitgehend durch die vorhandenen Schnellsandfilter hindurchlief. Die Algen konnten mit bloßem Auge als feine Fädchen im Wasser festgestellt werden.

BORCHARDT u. O'MELIA veröffentlichten die Ergebnisse von Flockungsversuchen mit den Grünalgen *Scenedesmus* und *Ankistrodesmus* und der Blaualge *Anabaena*, in deren Verlauf sie bestimmte Algenkonzentrationen einem reinen Wasser zusetzten und über Versuchsfilter mit unterschiedlichen Körnungen (ca. 0,3···0,52 mm) abfiltrierten. Einfache Filtration ohne vorhergehende Flockung ergab hier nach etwa zwölfstündiger Filtrationszeit, je nach angewendeter Sandkörnung (0,5···0,3 mm), Entnahmewerte, die bis auf 10···33% zurückgingen. Die Filtriergeschwindigkeit, die von den Verfassern zwischen 0,5 und 5 m/h variiert wurde, zeigte keinen wesentlichen Einfluß auf die Entnahmeleistung. Interessanterweise ließ sich hierbei die fädige Blaualge *Anabaena* besser abfiltrieren als die kompaktere Grünalge *Ankistrodesmus*. Jedoch wurden auch hierbei sehr unterschiedliche Ergebnisse bei Anwendung jeweils der gleichen Planktonart in der Entnahmeleistung beobachtet. Die Verfasser führten dies auf den unterschiedlichen Zustand der Algen während der einzelnen Versuche zurück.

Taylor teilt mit, daß das massenhafte Auftreten der Kieselalge *Stephanodiscus hantzschii* in einem Reservoir bei London zu Filterdurchbrüchen und Filterverstopfungen führte. Gegenmaßnahmen, durch die diese Kieselalge im Staubecken verschwand, ergaben die Massenentwicklung kleiner Grünalgen, die die Filter passierten und zu Geschmacksbeeinträchtigungen des Wassers nach Chlorzusatz führten. Auch bildeten sich grüne Wandbeläge in Glasgefäßen.

Nach Angaben von Mangerel brach die sich im aufzubereitenden Oberflächenwasser in großem Umfang entwickelnde kleine Alge *Cosmarium inconspicuum* von maximal 10 µ Durchmesser durch die Schnellsandfilter durch und färbte das Filtrat grün.

Schnellsandfiltration mit Flockung

Über die Ergebnisse der Algenentnahme nach Flockung und Schnellsandfiltration liegen zahlreiche Literaturangaben vor, die an anderer Stelle bereits diskutiert worden sind (Bernhardt u. Clasen).

Auf den Flockungs- und Filtrationsprozeß von Algensuspensionen haben folgende Faktoren einen Einfluß:

- Morphologie der Algenzellen
- Größenverhältnis zwischen Algenzelle und Oxidhydratflocke
- Hinderung der gegenseitigen Annäherung der Algenzellen, z. B. durch Schwebeborsten
- Eigenbeweglichkeit der Algen
- Elektrokinetische Ladung und chemische Affinität der funktionellen Gruppen der peripheren Zellwandsubstanzen
- Zelloberfläche bzw. Ladung der gesamten Zelloberfläche/Volumeneinheit der Algensuspension.

Morphologie der Algenzellen

Die bisher vorliegenden Erfahrungen deuten darauf hin, daß sperrige, sowie große und koloniebildende Algen, wie beispielsweise *Asterionella*, *Fragillaria*, *Tabellaria*, *Cylcotella* durch Flockung und Filtration dem Wasser gut entnommen werden können. Kleine, kugelige Algen, aber auch lange, dünne, fädige Algen lassen sich demgegenüber schlecht flocken und durch Filtration dem Wasser entnehmen.

In der Schnellfilteranlage an der Wahnbachtalsperre (Aufbereitungssystem s. Abb. 2) ließen sich durch einmalige Zugabe von Aluminiumsulfat ohne Flockungshilfsmittelzugabe *Cyclotella comta* und *Asterionella formosa* zu 100%, *Oscillatoria rubescens* ohne ein hierauf abgestimmtes Flockungssystem aber nur zu 60% dem Wasser entnehmen (Tab. 2). Speedy, Fischer u. McDonald fanden bei Flockung mit Aluminiumsulfat und anschließender Kalkenthärtung (Feststoffkontaktanlage) eine 98%ige Entnahme von *Cyclotella* und eine 90%ige von *Fragillaria*. Demgegenüber ließen sich *Chlorella* und *Scenedesmus* nur zu 75 bzw. 89% dem so behandelten Wasser entziehen. Diese Werte konnten jedoch durch nachgeschaltete Schnellsand- bzw. Zweischichtfilter auf >99% erhoht werden.

Größenverhältnis zwischen Algen und Flocke

Lange, fädige Algen, wie beispielsweise *Oscillatoria rubescens*, aber auch *Melosira granulata angustissima*, sind im Verhältnis zu den polynuklearen

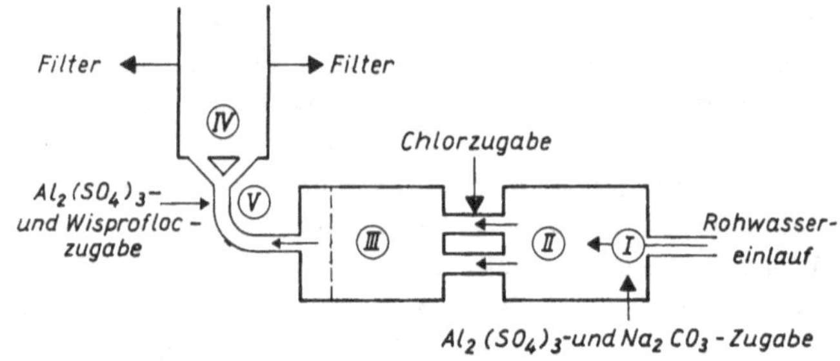

Abb. 2: Schema der Flockung in der Schnellfilteranlage des Wahnbachtalsperrenverbandes

I Zugabe von $Al_2(SO_4)_3 \cdot 18H_2O$ und Na_2CO_3

II, III Reaktionsbecken von insgesamt 15···30 min Aufenthaltszeit

IV Verteilungskanal für das geflockte Wasser zur Beaufschlagung der rechts und links angeordneten insgesamt 8 Doppelfiltern
Körnung 1,2···1,8 mm
Filtriergeschwindigkeit 2,5···5 m/h.
Schichthöhe 2 m

V Nochmalige Zugabe von $Al_2(SO_4)_3 \cdot 18H_2O$ und einem anionischen Flockungshilfsmittel (*Wisprofloc*) zur Flockung fädiger, langer Algen

Tabelle 2

Unterschiedliche Entnahmeleistung der normal betriebenen Aufbereitungsanlage des Wahnbachtalsperrenverbandes für große und koloniebildende Kieselalgen bzw. fädige, lange Blaualgen

Datum	Dosierung $Al_2(SO_4)_3 \cdot 18\,H_2O$ g/m³	*Cyclotella comta* Rohwasser Zellen/ml	*Cyclotella comta* Reinwasser Zellen/ml	*Cyclotella comta* Entnahme %	*Asterionella formosa* Rohwasser Zellen/ml	*Asterionella formosa* Reinwasser Zellen/ml	*Asterionella formosa* Entnahme %	*Oscillatoria rubescens* Rohwasser Zellen/ml	*Oscillatoria rubescens* Reinwasser Zellen/ml	*Oscillatoria rubescens* Entnahme %
6. 3. 67	8	44	0	100	62	0	100	–	–	–
18. 3. 67	8	150	0	100	22	0	100	–	–	–
21. 4. 67	6	160	0	100	50	0	100	1,7	0,6	65

Hydroxokomplexen, die sich im Zuge des Hydrolyseprozesses nach Zugabe der zur Flockung üblicherweise angewendeten dreiwertigen Ionen von Eisen und Aluminium im Wasser bilden, wesentlich größer und können durch einen einmaligen Flockungsschritt mit begrenzten Flockungsmitteldosierungen nicht zu größeren, abfiltrierbaren Verbänden zusammengelagert werden. Sie brechen bei Anwendung dieses Flockungssystemes in großer Zahl durch die Filter durch und gelangen in das Trinkwasser (Bernhardt, b). Hierzu durchgeführte Versuche ergaben zwar bei 70···100 *Oscillatoria*fäden/*ml* Rohwasser nach Zusatz von 100 mg/*l* $Al_2(SO_4)_3 \cdot 18\,H_2O$ durch Bildung voluminöser Oxidhydratkomplexe eine Festlegung der Algenfäden in diesen großen Flocken, so daß die Algen abfiltriert werden konnten. Jedoch führte dieser hohe Flockungsmittelzusatz so schnell zum Verstopfen der Filter, daß er aus betriebstechnischen Gründen nicht angewendet werden konnte. Nur eine zweimalige Flockungsmittelzugabe und die Anwendung eines Flockungshilfsmittels führen zum Erfolg, worauf noch eingegangen wird.

Hinderung der gegenseitigen Annäherung der Algenzellen, z. B. durch Schwebeborsten

Typisches Beispiel hierfür ist die kleine Kieselalge *Stephanodiscus hantzschii*, die solche Schwebeborsten besitzt. Diese erschweren die Zusammenlagerung von *Stephanodiscus*zellen zu einer Flocke, so daß sehr große Hydroxidflocken erforderlich sind, um die *Stephanodiscus*zellen einschließen zu können.

Eigenbeweglichkeit der Algenzellen

Besonders die stark beweglichen kleinen Flagellaten, wie z. B. die *Cryptomonaden*, widersetzen sich einer Festlegung in einer Oxidhydratflocke durch ihre Eigenbewegung und können sich aus diesem Flockenverband auch wieder befreien. Dies erklärt die beobachtete schlechte Flockbarkeit von *Rhodomonas* und *Cryptomonas*, die sich durch Zusatz von 8 g $Al_2(SO_4)_3 \cdot 18\ H_2O/m^3$ nur zu 60% bzw. 55% aus dem aufzubereitenden Wahnbachtalsperrenwasser entnehmen ließen, in dem sie zu 20 bzw. 230 Zellen/m*l* vorhanden waren. Auch kleine farblose und grüne Flagellaten konnten, gegenüber den sperrigen bzw. koloniebildenden großen Kieselalgen, die keine Eigenbewegung besitzen, nur schlecht geflockt und abfiltriert werden (Tab. 3).

Der in der Sperre zeitweise auftretende kleine Dinoflagellat *Gymnodinium* ließ sich durch eine entsprechende Aluminiumsulfatzugabe und anschließende Schnellsandfiltration überhaupt nicht aus dem Wasser entnehmen. Andere kleine, nicht näher bestimmte Flagellaten konnten mit Hilfe dieses Aluminiumsulfatzusatzes, je nach ihrer Konzentration im Rohwasser, unterschiedlich gut dem Wasser entnommmen werden. Dabei zeichnete sich für einen bestimmten Flockungsmittelzusatz allgemein ab, daß die Entnahmewerte besser wurden, je geringer die Konzentration dieser Flagellaten im Rohwasser war. Auf diese Zusammenhänge wird noch einmal eingegangen.

Elektrokinetische Ladung und chemische Affinität der funktionellen Gruppen der peripheren Algenzellwandsubstanzen

Von Einfluß auf den Verlauf der Flockung und Filtration der verschiedenen Algen sind die negative elektrokinetische Ladung der Algenzellen, die durch die chemische Zusammensetzung der peripheren Zellwandsubstanzen und deren funktionellen Gruppen bestimmt wird, sowie die chemischen Wechselbeziehungen, die diese funktionellen Gruppen unmittelbar mit dem Flockungsmittel und den Sandkornoberflächen eingehen. Die gleichsinnige negative Ladung der Algenzellen kann u. U. zu einer gewissen Abstoßung führen und gemeinsam mit anderen Faktoren eine Zusammenlagerung verhindern.

Diese negativ geladenen Algenzellen lagern sich, wie IVES in Mikroaufnahmen verdeutlichen konnte, mit den im Wasser durch die Hydrolyse der zugesetzten Eisen(III)- oder Aluminium(III)-ionen gebildeten positiv geladenen polynukle aren Hydroxokomplexen (STUMM u. MORGAN) zusammen, wobei sie in den sich bildenden Flocken eingeschlossen und in ihrer Gesamtladung, je nach zugesetzter Flockungsmittelmenge, mehr oder minder weitgehend oder vollständig entladen

Tabelle 3

Vergleich der Wirksamkeit einfacher Aluminiumsulfatflockung und Schellsandfiltration auf die Entnahme großer, sperriger oder koloniebildender Kieselalgen und kleiner Flagellaten mit starker Eigenbewegung (Betriebsdaten aus der Aufbereitungsanlage an der Wahnbachtalsperre)

Datum	Dosierung $Al_2(SO_4)_3 \cdot 18\,H_2O$	*Cyclotella comta*			*Melosira italica*			*Asterionella formosa*			kleine farbl. Flagellaten			keine grüne Flagellaten		
		Roh-wasser	Rein-wasser	Ent-nahme	Roh-wasser	Rein-wasser	Ent-nahme	Roh-wasser	Rein-wasser	Ent-nahme	Roh-wasser	Rein-wasser	Ent-nahme	Roh-wasser	Rein-wasser	Ent-nahme
	g/m³	Zellen/ml		%	Zellen/ml		%	Zellen/ml		%	Zellen/ml		%	Zellen/ml		%
6. 3. 67	8	44	0	100				62	0	100	18	13	36	14	<1	>93
18. 3. 67	8	150	0	100				22	0	100	15	8	47	10	<1	>90
21. 4. 67	8	160	0	100				50	0,3	99	50	27	46	20	4	80
12. 5. 67	6	16	0	100							60	50	17	2	1	50
7. 6. 67	4	11	<1	>91	25	<1	>96				11	5	55			
19. 6. 67	4	18	0	100	35	<1	>97				35	18	49			

oder sogar umgeladen werden (Abb. 3). Zu ähnlichen Vorstellungen kamen TENNEY u. STUMM auf Grund ihrer Flockungsversuche an Bakteriensuspensionen mit synthetischen Polyelektrolyten. Sie stellten fest, daß nur kationische Polyelektrolyte eine Flockung der in ihren Versuchen verwendeten Bakteriensuspensionen erzielten und zogen daraus den Schluß (TENNEY u. STUMM) „it appears that in the interaction of polyelectrolytes with cells, electrostatic forces are necessary in order to "bond" positively charged segments of the polyelectrolyte to the microbiol surface".

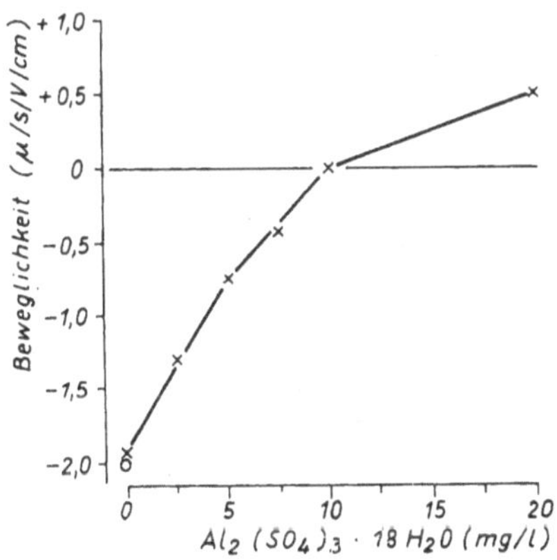

Abb. 3: Veränderung der elektrophoretischen Beweglichkeit einer *Nitschiaart* (Kieselalge) in Abhängigkeit vom $Al_2(SO_4)_3 \cdot 18\ H_2O$-Zusatz

TENNEY u. Mitarb. haben dann diese Zusammenhänge an Algen selbst studiert und die gleichen Ergebnisse gefunden: Während kationische Polyelektrolyte zur Flockung der eigentlichen Algen führten, wurden bei alleiniger Anwendung von anionischen oder nichtionischen Polyelektrolyten zwar Anlagerungen der Polyelektrolytmoleküle an die Zelloberflächen gefunden, aber keine Zusammenlagerung der Algen durch Vernetzung, weil aller Wahrscheinlichkeit nach die noch vorhandenen elektrostatischen Abstoßungskräfte zwischen den unvermindert negativ geladenen Algenzellen so groß waren, daß die Algenzellen nicht genügend nah aneinander kamen und die Länge der Polymerkettenmoleküle zur Vernetzung durch Brückenbildung zwischen den Algenzellen nicht ausreichte. Die von ihnen mit kationischen Polyelektrolyten gefundenen Kurven der elektrophoretischen Beweglichkeit in Abhängigkeit vom Polyelektrolytzusatz entsprach den eigenen Kurven, die mit polynuklearen Aluminium-Hydroxokomplexen erhalten wurden (siehe Abb. 3, 5, 7 (BERNHARD u. CLASEN). Diese Überlegungen kann man also auch für den Reaktionsmechanismus der polynuklearen Aluminium(III)- oder Eisen(III)-hydroxokomplexe mit den Algenzellen postulieren.

In gleicher Weise spielen chemisch adsorptiv bedingte Bindungen zwischen den Metallionen und den funktionellen Gruppen der periphären Algenzellwände eine wesentliche Rolle. TENNEY u. STUMM weisen deutlich darauf hin, daß nur die positiv geladenen Hydrolyseprodukte der dreiwertigen Metallionen, nicht aber diese Metallionen selbst eine Zusammenlagerung der Mikroorganismen bewirken, wobei Wasserstoffbrücken und koordinationschemische Bindungen, z. B.

durch Komplexbildung der Metallionen in den Hydrolysekomplexen mit den funktionellen Gruppen der peripheren Zellwandsubstanzen, evtl. Hydroxylionenaustausch, entstehen. Es findet also keine Koagulation durch Kolloidentstabilisierung über positiv geladene Gegenionen (z. B. Al^{+++}, Fe^{+++}) statt, sondern in Anlehnung an das von LaMer u. Healy entwickelte Modell eine Adsorptionskoagulation (Stumm u. Hahn), bei der die Schultze-Hardy-Regel (alleinige Koagulation) nicht mehr anwendbar ist, bei der aber elektrostatische Kräfte und chemische Affinitäten gemeinsam vorherrschen.

Von diesem Mechanismus getrennt ist die Flockung der Algenzellen zu sehen, die sich entweder durch ihre Gestalt (z. B. die schwebeborstentragende *Stephanodiscus hanztschii*) oder ihre dominierende Eigenbeweglichkeit (z. B. einige Cryptomonaden) der Zusammenlagerung zu größeren Aggregaten widersetzen. In diesen Fällen muß der Flockungsmittelzusatz so hoch bemessen werden, daß es sehr schnell zur Ausfällung eines reaktiven $Al(OH)_3 \cdot x\,H_2O$ oder $Fe(OH)_3 \cdot x\,H_2O$ kommt und diese Algenzellen während des Fällungsprozesses gleichsam eingepackt werden. Nach der Systematik von Stumm u. Hahn fällt dieses Verfahren schon mehr unter die Fällungsflockung (sweep coagulation Stumm, O'Melia). Dieser Vorgang wurde einmal sehr treffend mit der Wirkung des verstreuten Sägemehls beim trockenen Aufkehren von Staub im Zimmer verglichen, bei dem der Staub von Sägemehl festgelegt und kehrfähig gemacht wird. Bei diesem Prozeß spielen natürlich elektrostatische Kräfte und stöchiometrische Zusammenhänge zwischen Algensuspensionsdichte und Flockungsmittelzusatzmenge keine Rolle mehr.

Einfluß der Größe der gesamten Zelloberfläche bzw. der durch die unterschiedlichen Ladungsdichte der verschiedenen Algen bedingten Gesamtladung pro Volumeneinheit der Algensuspension

Aus dem vorstehend Gesagten läßt sich leicht ableiten, daß mit Ausnahme der Fällungsflockung die Menge des zuzugebenden Flockungsmittels proportional der Algenkonzentration in der Suspension, genauer gesagt der Größe der gesamten Zelloberfläche pro Volumeneinheit ist, um optimale Flockungseffekte zu erreichen. Deshalb wird von einer stöchiometrischen Beziehung zwischen diesen beiden Größen (Größe der gesamten Zelloberfläche pro Volumeneinheit Algensuspension und Flockungsmittelzugabemenge) gesprochen (Stumm u. O'Melia), die in zahlreichen Versuchen nachgewiesen wurde (Tenney u. Stumm, Stumm u. O'Melia). In Abb. 4 sind diese Zusammenhänge für Eisen- bzw. Aluminiumverbindungen als Flockungsmittel zur Ausflockung einer Bakteriensuspension nach Angaben von Tenney u. Stumm wiedergegeben. Anstelle der gesamten Zelloberfläche pro Volumeneinheit der auszuflockenden Bakteriensuspension wurde hier der chemische Sauerstoffbedarf (COD) als Konzentrationsmaß benutzt. Da es sich bei diesen Versuchen jeweils um die gleiche Bakterienart handelte, konnte die Bakterienkonzentration anstelle der Oberflächenkonzentration verwendet werden.

Tenney u. Mitarb. fanden bei ihren Untersuchungen mit Algen, daß eine optimale Flockung einer Algensuspension (gemessen als Resttrübung in der

Versuchsflüssigkeit nach einer bestimmten Sedimentationszeit, Becherglasversuche) gegeben war, wenn 50% der Zelloberflächen mit kationischen Polyelektrolytmolekülen bedeckt waren.

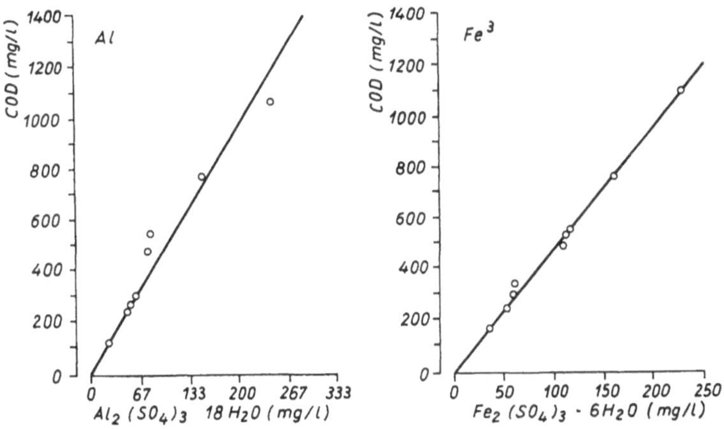

Abb. 4: Stöchiometrische Beziehung zwischen Konzentration an Mikroorganismen (Bakterien), ausgedrückt durch den chemischen Sauerstoffbedarf (COD) und der erforderlichen Flockungsmittelzugabemenge, um eine 50%ige Ausflockung der Mikroorganismen zu erreichen (nach TENNEY u. STUMM)

IVES, der den elektrostatischen Kräften bei der Zellzusammenlagerung mit Hilfe von Metalloxidhydraten mehr Bedeutung zumißt, kommt auf Grund zahlreicher Versuche mit Kiesel-, Grün- und Blaualgen zu der Ansicht, daß die Ladungsdichte der einzelnen Algenarten, die in Abhängigkeit von der unterschiedlichen Größe der Zelloberflächen gegenüber dem Zetapotential der verschiedenen Arten stark voneinander abweichen können (Tab. 4), für den optimalen Flokkungsmittelzusatz verantwortlich sind. Nach seiner Ansicht muß um so mehr Flockungsmittel zugesetzt werden, je höher die Ladungsdichte einer bestimmten

Tabelle 4
Zetapotential und Ladungsdichte verschiedener Algen bei unterschiedlichen pH-Werten (*nach* IVES)

Algenart	pH	Zetapotential mV	Ladungsdichte esu/cm²
Asterionella	8,2	11,6	3,49
Fragillaria	8,2	7,8	1,18
Stephanodiscus a.	8,8	8,6	2,07
Stephanodiscus h.	7,6	9,6	3,01
Synedra	8,2	10,9	1,61
Closterium	8,8	8,5	2,57
Pandorina	8,0	8,5	1,26
Anabaena	8,0	8,6	1,30
Aphanizomenon	8,0	7,6	1,17
Microcystis	7,2	10,4	2,94
Tribonema	7,6	8,6	2,55

Algenart ist. Er berechnet die Ladungsdichte unter Verwendung der Formel von GOUY:

$$u = \frac{\delta \cdot d}{\pi} \tag{1}$$

u = elektrophoretische Beweglichkeit
δ = Ladungsdichte
d = Doppelschichtdicke, berechnet nach ABRAMSON u. Mitarb.
n = Viskosität

Die Algen wurden hierbei auf vereinfachte geometrische Körper zurückgeführt. Danach gibt IVES für mehrere von ihm untersuchte Algen entsprechende Werte an (Tab. 4).

Aus diesen Überlegungen ergibt sich, daß nicht das Zetapotential der Algen als Maß für die zuzusetzende Flockungsmittelmenge genommen werden kann, um eine optimale Flockung der Algen zu erreichen, sondern die gesamte Zelloberfläche der auszuflockenden Algen pro Volumeneinheit bzw. die gesamte Ladung pro Volumeneinheit der Algensuspension. Übereinstimmend hiermit konnte bei eigenen Versuchen festgestellt werden, daß eine zu große Aluminiumsulfatzugabe zur Entladung und Umladung der Algenzellen führt (Abb. 3, 5, 7;

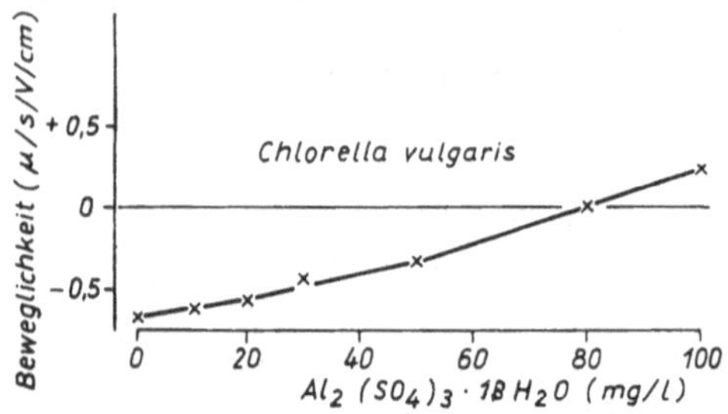

Abb. 5: Veränderung der elektrophoretischen Beweglichkeit von *Chlorella vulgaris* in Abhängigkeit vom $Al_2(SO_4)_3 \cdot 18\ H_2O$-Zusatz bei konstantem Flockungs-pH-Wert (6,9···7,0)

(BERNHARDT u. CLASEN, siehe auch TENNEY u. Mitarb.). Dabei zeigte sich, daß im Falle der Ent- oder Umladung die Algenzellen nicht mehr so eng vernetzt mit den gebildeten Oxidhydratflocken vorlagen sondern zum Teil sogar wieder frei im umgebenden Medium angetroffen wurden. Die Flocken waren nicht mehr kompakt, sie waren locker und voluminös.

Es ist anzunehmen, daß bei einem zu hohen Zusatz an Flockungsmittel die jetzt im Überschuß vorliegenden Aluminiumhydroxokomplexe schneller mit sich selbst unter Bildung von Aluminiumoxidhydrat reagieren, wobei die während des Entstehens der positiv geladenen polynuklearen Hydroxokomplexe vorhandenen aktiven Zentren besetzt werden, so daß die Algenzellen an den Aluminiumhydroxokomplexen nur ungenügend festgelegt werden können.

Außerdem wurde in der eigenen Aufbereitungsanlage festgestellt, daß die entladenen Flocken — Algen — Agglomerate in großem Umfang durch die Filter durchbrachen, während die noch schwach negativ geladenen Flocken gut zurückgehalten wurden. Auf diese Erscheinung wird nachfolgend nochmals eingegangen (BERNHARDT, a).

Interessant ist in diesem Zusammenhang auch der Erfahrungsbericht von CLARKE, der besagt, daß nach der starken Zunahme des großen Dinoflagellaten *Ceratium hirundinella* (400 μ) im Wasser eines kleinen englischen Sees die Aufbereitung dieses Seewassers durch Flockung mit Hilfe von 30 g/m³ eines Eisenaluminiumsalzes praktisch zusammenbrach, weil keine zufriedenstellende Flokkung mehr möglich war. Erst nach Erhöhung der Aluminiumsulfatzugabemenge auf 40 g/m³, später auf 80 g/m³ konnte wieder eine einwandfreie Flockung erzielt werden. Daß sich die hohen Algen- und Flockungsmittelzugabemengen ungünstig auf die Filterlaufzeiten auswirkten (minimal 45 min), sei hier nur vermerkt.

Generell kann also festgestellt werden, daß die zur Flockung einer Algensuspension zuzugebende Flockungsmittelmenge in einem stöchiometrischen Verhältnis zur Gesamtzelloberfläche/ml Algensuspension bzw. zur gesamten in 1 ml dieser Algensuspension vorhandenen elektrokinetischen Ladung steht, es sei denn, andere, bereits genannte Faktoren beeinflussen diesen Algenflockungsprozeß. Damit gehorcht auch die Flockung der Algenzellen im allgemeinen dem von STUMM u. O'MELIA aufgezeigten Prinzip der Kolloiddestabilisierung.

Die Bedeutung der chemischen Zusammensetzung der peripheren Zellwandsubstanzen auf den Algenflockungsprozeß

In einer früheren Arbeit (BERNHARDT u. CLASEN) wurde versucht, die unterschiedliche Flockbarkeit der verschiedenen Algenarten mit Unterschieden im chemischen Aufbau der peripheren Zellwandsubstanzen auf Grund verschiedener Literaturangaben elektronenmikroskopischer Untersuchungen an Algenzellen zu erklären. Hierzu wurde als Arbeitshypothese ein Schema entworfen, in dem die verschiedenen Klassen der in unseren Seen üblicherweise auftretenden planktischen Algen nach der chemischen Zusammensetzung ihrer peripheren Zellwandsubstanzen eingegliedert waren, wobei zwischen Algen mit Pektinen, Mucopolysacchariden, Lipoproteiden und Hemizellulosen als bestimmende periphere Zellwandsubstanzen unterschieden wurde. Dabei wurde angenommen, daß sich besonders die unterschiedlichen funktionellen Gruppen dieser verschiedenen peripheren Zellwandsubstanzen auf den Flockungsprozeß der betreffenden Algen auswirken würden. Auf diese Weise sollte erreicht werden, die unterschiedlichen Flockungseigenschaften der verschiedenen Algenarten in ein derartiges, aus vier großen Gruppen bestehendes System einbauen zu können, um so zu einem begrenzten Katalog bestimmter Flockungsbedingungen zu kommen, die für die in unseren Seen und Talsperren üblicherweise vertretenen Algen verbindlich sind, ohne hierfür entsprechende Versuche mit allen Algen selbst durchführen zu müssen. Damals wurde jedoch schon darauf hingewiesen, daß dieses System nur eine Hypothese sein kann, da noch zu wenig über den Aufbau der peripheren Zellwandsubstanz der verschiedenen Algen bekannt war.

Um hierüber größere Kenntnisse zu erlangen, führte Diplombiologe HINSSEN am Institut für Cytologie und Mikromorphologie an der Universität Bonn (Dir. Prof. Dr. Wolfart-Bottermann) in unserem Auftrage sowohl eine Literatursammlung auf dem Gebiet des peripheren Zellwandaufbaues der Algen als auch eigene elektronenmikroskopische Untersuchungen an den Grünalgen *Chlorella fusca* und *Chlorella vulgaris* durch. Im Rahmen dieser Literaturstudie wies Hinssen darauf hin, daß ältere elektronenmikroskopische Untersuchungen keinen Aufschluß über die äußersten Schichten der Zellwand geben, weshalb derartige Untersuchungen mit Hilfe neuerer Methoden ergänzt werden müssen. Die mit neueren Methoden nachweisbaren äußersten Zellwandschichten wurden auch bei den Untersuchungen von Soeder, die er vor einigen Jahren an den beiden Algen *Chlorella fusca* und *Chlorella vulgaris* durchführte, nicht erfaßt. Soeder stellte fest, daß die auf Grund der damals vorhandenen Präparationsmethoden noch als äußerste Zellwandbegrenzung aufgefaßte Schicht bei *Chlorella vulgaris* aus Pektin mit eingelagerten Zellulosefibrillen aufgebaut ist (Grünberg u. Roeder). Für *Chlorella fusca* vermutete Soeder, daß diese Schicht aus Lipoproteiden besteht (Soeder). Hinssen ergänzte die Arbeiten von Soeder mit Hilfe neuerer Untersuchungsmethoden. Seine Ergebnisse wurden anschließend mit Soeder abgestimmt. Dabei zeigte sich, daß sowohl bei *Chlorella fusca* als auch bei *Chlorella vulgaris* der eigentlichen kompakten Zellwandoberfläche noch mikrofibrilläre Strukturen aufsitzen, die saure Polysaccharide enthalten. Die Strukturelemente, die die Zelle gegen das Außenmedium abgrenzen und die letztlich für die Flockungseigenschaften entscheidend sein dürften, bestehen also bei beiden Algen im Prinzip aus den gleichen Substanzen. Generell kam Hinssen auf Grund seiner Untersuchungen zu dem Ergebnis, daß zumindest bei allen bisher untersuchten Algenarten der äußersten Zellwandschicht eine Gallerte vorliegt, die aus sauren Polysacchariden besteht. Die bei verschiedenen Algen neben den sauren Polysacchariden vorhandenen Proteine oder Proteide dürften demgegenüber nur eine untergeordnete Rolle spielen und keine Auswirkungen auf die elektrokinetische Eigenladung der Algenzellen und den Flockungsprozeß haben. Dies gilt beispielsweise auch für die Überlegungen von Foess u. Borchardt, die bei ihren Untersuchungen an *Chlorella* und *Scenedesmus*zellen davon ausgingen, daß in den peripheren Zellwandsubstanzen dieser Algen Proteine dominierten. Sie erwarteten deshalb einen isoelektrischen Punkt im pH-Bereich von 4, der aus dem unterschiedlichen Ladungseinfluß der COOH- und NH_2-Gruppen im Proteinmolekül resultieren mußte. Sie konnten jedoch keinen isoelektrischen Punkt finden (Abb. 1). In diesem Zusammenhang sind auch die Untersuchungen von Ives interessant, die er mit *Chlorella*, *Navicula* und *Mesotaenium* aus Kulturen in destilliertem Wasser durchführte. Er fand zwar eine deutliche Abhängigkeit sowohl des Zetapotentials als auch der Ladungsdichte vom pH-Werte mit einem ausgeprägten Minimum im Neutralbereich, jedoch keinen isoelektrischen Punkt. Die elektrokinetische Eigenladung der Algen blieb bei allen pH-Werten negativ. Eine Entladung wurde nicht festgestellt. In Reservoirwasser zeigte sich bei seinen Untersuchungen keine Abhängigkeit des Zetapotentials bzw. der Ladungsdichte der verschiedenen Algen vom pH-Wert im pH-Bereich 2···10,5.

Eigene Versuche ergaben im pH-Bereich 3···11 eine Abnahme der elektrokinetischen Ladung der Zellen von *Scenedesmus obliquus*, entsprechend der Verschiebung des pH-Wertes in den sauren Bereich (Bernhardt u. Clasen). Eine Entladung konnte jedoch in diesem pH-Bereich ebenfalls nicht festgestellt werden. Die Ergebnisse decken sich mit denen von FOESS u. BORCHARDT, die an *Chlorella*zellen im pH-Bereich 1···10 durchgeführt wurden (Abb. 1). Das Fehlen eines isoelektrischen Punktes im mittleren pH-Bereich deutet zumindest darauf hin, daß nicht Proteine die ladungsbestimmenden Substanzen der peripheren Zellwandsubstanz dieser Algen sind.

Auf Grund der Ergebnisse der Arbeit von HINSSEN kann die früher aufgestellte eigene Arbeitshypothese nicht mehr aufrecht erhalten werden. Unterschiedliche Zetapotentialwerte verschiedener Algenarten, wie sie beispielsweise von IVES (siehe Tab. 4) gemessen werden, lassen sich demnach nur durch Unterschiede in der Art der funktionellen Gruppen am Polysaccharidmolekül und ihrer Zahl pro Zelloberflächeneinheit erklären.

Hierbei muß jedoch außerdem berücksichtigt werden, daß, wie GRÜNBERG feststellte, selbst bei ein und derselben Algenart starke Schwankungen der elektrokinetischen Ladung je nach dem Entwicklungsstadium auftreten können. Seine Untersuchungen an einer synchron gehaltenen *Chlorella-fusca*-Kultur zeigten, daß sich während unterschiedlicher Entwicklungsstadien sehr stark voneinander abweichende Zetapotentialwerte einstellten. Diese Alge änderte ihr elektrokinetisches Potential in der Dunkelphase von −2···−10 mV bis auf −30 mV, wobei dieser Maximalwert zu Beginn der Autosporenfreisetzung erreicht wurde. Dies weist auf eine wesentliche Veränderung der Beschaffenheit der peripheren Zellwand dieser Alge als Folge physiologischer Aktivität hin und könnte den Flockungsprozeß nicht unerheblich beeinflussen. Damit gewinnt als Faktor, der die Flockbarkeit von Algen beeinflußt, nicht nur die chemische Beschaffenheit der peripheren Zellwandsubstanz an sich an Bedeutung, sondern auch das Entwicklungsstadium der betreffenden zu flockenden Algen, das seinerseits die chemische Beschaffenheit der peripheren Zellwand zu beeinflussen scheint.

Folgerungen für die Flockungspraxis

Nachfolgend sollen die verschiedenen Faktoren, die die Flockung von Algensuspensionen beeinflussen können, aus der Sicht der Aufbereitungspraxis behandelt werden, wobei auf besondere Aufbereitungsmaßnahmen hingewiesen wird.

Der Einfluß der Gestalt der Algenzellen auf den Flockungsprozeß unter Berücksichtigung der gesamten Zelloberfläche bzw. der Ladung der gesamten Zelloberfläche pro Volumeneinheit der Algensuspension

Aus dem Vergleich der Flockung der koloniebildenden großen Kieselalge *Fragillaria* mit der mit Schwebeborsten ausgerüsteten sehr kleinen Kieselalge *Stephanodiscus hantzschii* läßt sich der erschwerende Einfluß der Schwebeborsten auf die Zusammenlagerung der Algenzellen in den Flocken und damit auf den Flockungsprozeß verdeutlichen. Die für diesen Versuch verwendete *Fragillaria crotonensis* wurde aus dem Wasser der Wahnbachtalsperre isoliert und im eigenen biologischen Laboratorium in Erlenmeyerkolben weitergezüchtet. Für die Flokkungsversuche wurde eine Suspension von 8000 Kolonien/m*l* benutzt. Eine Abschätzung der gesamten Zelloberfläche dieser Algendichte ergab ca. 100 mm²/m*l*.

Die für die Flockungsversuche verwendete Suspensionsdichte wurde durch Verdünnen der Algenkultur mit aufbereitetem Talsperrenwasser eingestellt. Für die Kultur der Algen wurde eine modifizierte Nährlösung nach RHODE benutzt.

Die Flockungsversuche erfolgten mit Aluminiumsulfat unter Konstanthaltung eines Flockungs-pH-Wertes von 6,9···7,0, eingestellt durch entsprechende Sodazusätze. Zuerst wurde 2 min mit 100 U/min, anschließend 25 min mit 80 U/min gerührt. Die Veränderung der elektrophoretischen Beweglichkeit der geflockten Algenzellen, gemessen mit einem Zetameter der Firma Zeta Meter Inc., New York, wurde in Abhängigkeit von Aluminiumsulfatzusatz aufgetragen.

Zur Ermittlung des günstigsten Flockungseffektes wurde die Sandfiltration über Versuchssandfilter unter konstanten und stets reproduzierbaren Bedingungen angewendet, ein Verfahren, das der Filtrationspraxis entspricht und die Ermittlung optimaler Flockungsbedingungen unter Berücksichtigung der in der Trinkwasseraufbereitungstechnik üblichen Schnellsandfiltration ermöglicht (BERNHARDT u. CLASEN).

Die verschiedenen geflockten Algensuspensionen wurden über Versuchssandfilter von 5,7 cm Durchmesser mit einer 12 cm starken Sandschicht, Körnung 3 mm, und einer stets konstant gehaltenen Filtriergeschwindigkeit von 0,1 m/h filtriert. Die Filterfläche betrug bei allen Versuchen 26 cm^2. Sandkörnung und Filtriergeschwindigkeit wurden bei diesen Versuchen so gewählt, daß vernünftige Filterlaufzeiten resultierten. Jeweils wurde die bis zum Algendurchbruch vergangene Filterlaufzeit gemessen. Der Algendurchbruch erfolgte bei derart kleinen Filtersandschichten sehr plötzlich und konnte bei den hier angewandten hohen Algenkonzentrationen bei einiger Übung schnell durch visuelle Trübungs- und Farbvergleichsmessungen ohne großen apparativen Aufwand festgestellt werden.

Werden die so ermittelten Filterlaufzeiten gegen die zugesetzten Aluminiumsulfatmengen und die hierbei gemessenen elektrophoretischen Beweglichkeitswerte aufgetragen, ergeben sich Kurven, aus denen die günstigsten Flockungs- und Filtrationsbedingungen abgelesen werden können. Die längste ermittelte Filterlaufzeit bis zum Durchbruch der Algen an dieser Versuchsfiltersäule ist für einen bestimmten Flockungsmittelzusatz gleichbedeutend mit der besten Filterwirkung und damit auch der wirksamsten Flockung der Algensuspensionen.

Für die Flockungsversuche mit *Stephanodiscus hantzschii* wurde Wasser aus einem Vorbecken der Wahnbachtalsperre benutzt, in dem z. Zt. der Entnahme eine Massenentwicklung dieser Alge herrschte. Die Algensuspensionsdichte betrug 60000 Zellen/ml. Da die Zellen dieser Alge wesentlich kleiner sind als die Fragillariazellen, betrug die Zelloberfläche pro Volumeneinheit dieser *Stephanodiscus*suspension trotz siebenmal größerer Zelldichte nur ca. 20 mm^2/ml, also etwa den fünften Teil des Wertes der *Fragillaria*suspension.

Unter Berücksichtigung der Ladungsdichte dieser beiden Algen ergeben sich folgende Zusammenhänge:

Fragillaria crotonensis (Kulturflüssigkeit mit Talsperrenwasser verdünnt)

Ionenstärke des Talsperrenwassers	$\mu = 0{,}002328$
elektrophoretische Beweglichkeit	$u = 1{,}56 \cdot 10^{-4}\ \mu m \cdot s^{-1} \cdot V \cdot cm^{-1}$

Dicke der Doppelschicht nach ABRAMSON — $d = 0{,}00634 \cdot 10^{-4}$ cm
($0{,}327 \cdot 10/ \cdot \sqrt{\mu}$ [cm^{-1}])
Viskosität (20 °C dest. Wasser) — $\mu = 0{,}01065$ g/sec · cm
Ladungsdichte (nach (1)) — $= 2{,}62$ esu/cm^2
Ladung pro auszuflockender Zelloberfläche in 1 *ml* Algensuspension $= 2{,}62$ esu/cm^3
(100 mm^2/*ml*)

Stephanodiscus hantzschii (aus einem Talsperrenvorbecken)
Ionenstärke — $\mu = 0{,}004563$
elektrophoretische Beweglichkeit — $u = 0{,}99 \cdot 10^{-4}$
$\mu m \cdot s^{-1} \cdot V \cdot cm^{-1}$
Dicke der Doppelschicht — $d = 0{,}00453 \cdot 10^{-4}$ cm
Ladungsdichte — $= 2{,}33$ esu/cm^2
Ladung pro auszuflockender Zelloberfläche in 1 *ml* Algensuspension (20 mm^2/*ml*)
$= 0{,}47$ esu/cm^3.

Danach ist die Ladung pro auszuflockender Zelloberfläche in 1 *ml* Algensuspension für *Stephanodiscus* wesentlich niedriger als für *Fragillaria*. Trotzdem konnte die *Fragillaria*suspension optimal durch einen Zusatz von 10 mg/*l* Aluminiumsulfat geflockt und durch Filtration dem Wasser entnommen werden (Abb. 6),

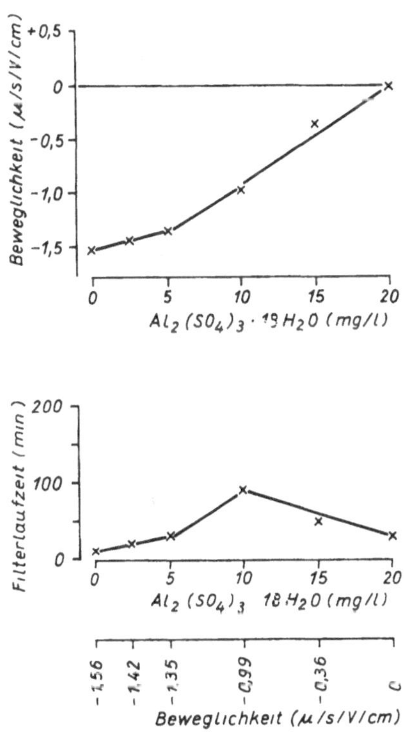

Abb. 6: Veränderung der elektrophoretischen Beweglichkeit und Filterlaufzeit (Versuchsfilter) für *Fragillaria crotonensis* in Abhängigkeit vom $Al_2(SO_4)_3 \cdot 18\ H_2O$-Zusatz. Der optimale Zusatz betrug 10 mg/*l* $Al_2(SO_4)_3 \cdot 18\ H_2O$

während bei der *Stephanodiscus*suspension hierfür 80···100 mg/*l* Aluminiumsulfat erforderlich waren (Abb. 7). Auf Grund der unterschiedlichen Gestalt dieser beiden Algen kann also angenommen werden, daß ein Teil des zugegebenen Flockungsmittels bei der Flockung der *Stephanodiscus*zellen als eine Art

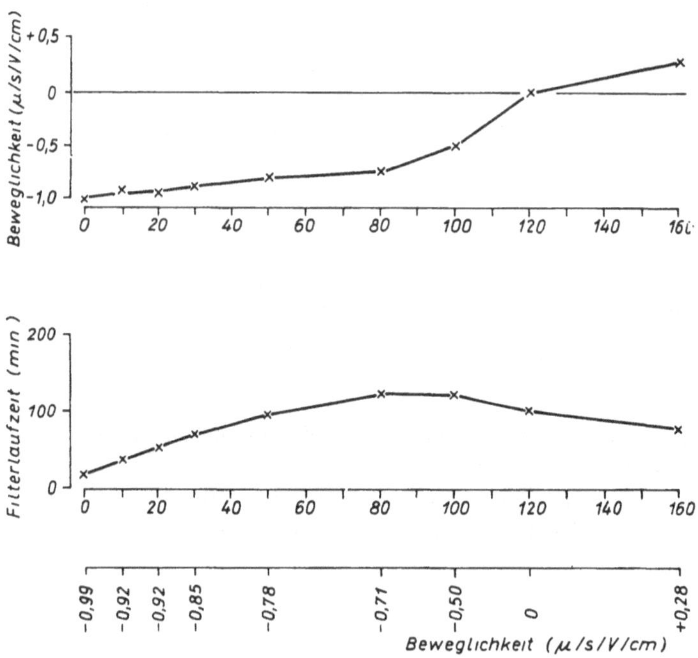

Abb. 7: Veränderung der elektrophoretischen Beweglichkeit und Filterlaufzeit (Versuchsfilter) für *Stephanodiscus hantzschii* in Abhängigkeit vom $Al_2(SO_4)_3 \cdot 18\ H_2O$-Zusatz. Der optimale Zusatz lag bei 80…100 mg/*l* $Al_2(SO_4)_3 \cdot 18\ H_2O$

Füllmaterial gedient hat, um die durch die Schwebeborsten der *Stephanodiscus*-zellen bei der Zusammenlagerung in der Flocke notwendigerweise entstehenden Zwischenräume auszufüllen. Dies geht auch deutlich aus der unterschiedlichen Beschaffenheit der Flocken hervor. Während die die *Fragillaria*zellen enthaltenden Flocken kompakt sind und fast kein Aluminiumoxidhydrat im Mikroskop erkennen lassen, sondern lediglich eine Zusammenballung der Algenkolonien darstellen, sind im anderen Fall große Aluminiumoxidhydratflocken erkennbar, in denen die kleinen *Stephanodiscus*zellen enthalten sind. Es verwundert deshalb nicht, daß die Aufbereitung eines Rohwassers, das größere Mengen dieser kleinen Kieselalge *Stephanodiscus hantzschii* enthält, durch den wesentlich höheren Aluminiumsulfatzusatz, der zur Flockung dieser Algenzellen notwendig ist, zu einer erheblichen Verkürzung der Filterlaufzeit führt.

Einfluß des Größenverhältnisses Alge zu Flocke

Bei einem Vergleich des *Oscillatoria*fadens mit den ebenfalls sichtbaren Aluminiumoxidhydratflocken, sind die unterschiedlichen Größenverhältnisse deutlich zu erkennen. Es überrascht also nicht, daß fädige, große Algenzellen durch Anwendung üblicher Flockungstechnik nicht zufriedenstellend im Flockenverband festgelegt werden können, es sei denn, man wendet, wie eigene Untersuchungen gezeigt haben, etwa 100 mg/*l* Aluminiumsulfat an, um entsprechend große, voluminöse Oxidhydratflocken zu erhalten, in denen die *Oscillatoria*fäden dann einigermaßen zufriedenstellend festgelegt werden können. Dies würde jedoch zu einer derartigen Belastung der Schnellfilter führen, daß dieses Verfahren ausscheidet. Ein sehr guter Flockungseffekt ist auch bei diesen fädigen, großen Algen, zu erreichen wenn dem Wasser zusätzlich zu der normalen Flokkungsmittelzugabe vor der Filtration nochmals Flockungsmittel zusammen mit einem anionischen Flockungshilfsmittel zusetzt wird. Durch die vernetzende und brückenbildende Wirkung des anionischen Flockungshilfsmittels (BLACK, TENNEY u. STUMM, TENNEY u. Mitarb.) kommt es sowohl durch chemische Adsorptionsvorgänge zu einer Anlagerung der Polyelektrolytmoleküle an die periphere Zellwandsubstanzen der Algen als auch zu einer Anlagerung der negativ geladenen Polyelektrolyte an die in der Lösung vorhandenen positiv geladenen polynuklearen Hydroxokomplexe des gegebenen Flockungsmittels. Hierdurch gelingt es, die *Oscillatoria*fäden durch mehrere Oxidhydratflocken so miteinander zu verbinden und zusammenzulagern, daß sie anschließend abfiltriert werden können. Dies ist aber, wie die Versuche gezeigt haben (BERNHARDT, u. a.) nur in Gegenwart frisch gebildeter Aluminium- oder Eisenhydroxokomplexe möglich. Deshalb ist die nochmalige Zugabe von Flockungshilfsmittel an dieser Stelle erforderlich. Die alleinige Zugabe eines anionischen Flockungshilfsmittels reicht hierfür nicht aus. Diese Erfahrungen stimmen mit den Untersuchungsergebnissen von TENNEY u. Mitarb. überein, die fanden, daß die Algenzellen durch alleinigen Zusatz von anionischen Polyelektrolyten nicht ausgeflockt werden können.

Eigene Untersuchungen, die an einer Versuchsfilteranlage mit Eisensalzen als Flockungsmittel und Wisprofloc als anionischen Flockungshilfsmittel zur Ermittlung der optimalen Zugabestellen dieser Chemikalien durchgeführt wurden, ergaben, daß Flockungsmittel- und anionischer Polyelektrolytzusatz an gleicher Stelle erfolgen müssen. Aus Abb. 8 geht hervor, daß die Zugabe des Flockungsmittels (in diesem Fall Eisen(III)-chlorid) vor dem anionischen Flockungshilfsmittel (z. B. Wisprofloc) zwar zu längeren Filterlaufzeiten, aber zu schlechteren Entnahmewerten für die bei dieser Versuchsreihe auszuflockenden kleinen grünen Flagellaten (13000 Zellen/cm^3) und *Stephanodiscus*zellen (13000 Zellen/cm^3) geführt hat. Werden demgegenüber Flockungs- und Flockungshilfsmittel an derselben Stelle zugesetzt, ergibt dies zwar eine Verminderung der Filterlaufzeit, aber die beste Entnahmewirksamkeit für diese normalerweise nur schlecht flock- und filtrierbaren Algen. Die gleichen Ergebnisse wurden auch bei der Flockung und Filtration von *Oscillatoria rubescens* in der Aufbereitungsanlage gefunden.

Weiterhin ist es wichtig, daß die so gebildeten Flocken, die die Algenfäden enthalten, auf dem Wege bis zum Filter nicht mehr wesentlichen mechanischen Beanspruchungen ausgesetzt werden. Alle Turbulenzstrecken, Wasserüberstürze, die in den Wasseraufbereitungsanlagen leider vorhanden sind, wirken sich sehr ungünstig auf die Stabilität dieser Flocken aus. Bereits geringe mechanische Beanspruchungen, wie beispielsweise der Überfall des Wassers aus der Rohwasseraufgaberinne auf die Schnellfilter, können zu einer erneuten Freisetzung der Algen aus den Flocken und damit zum Algendurchbruch durch die Filter führen.

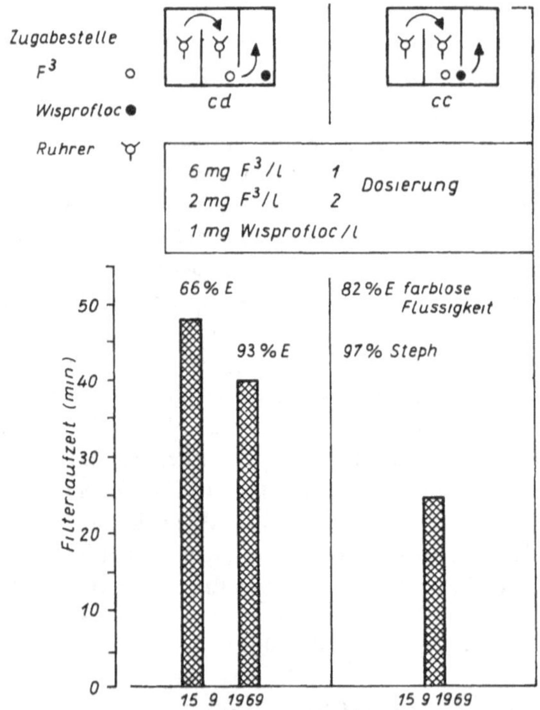

Abb. 8: Abhängigkeit der Filterlaufzeit (Versuchsfilter) und der Planktonentnahme von der Zugabestelle des Flockungs- und Flockungshilfsmittels

Nach eigenen Erfahrungen hat sich das in Abb. 2 wiedergegebene Flockungsverfahren zur Entnahme fädiger Algen als optimal herausgestellt. Die erste Zugabe des Aluminiumsulfates und die zur Einsteuerung der erforderlichen Alkalität des Rohwassers und des gewünschten Flockungs-pH-Wertes notwendige Sodamenge erfolgt an der eigentlichen Zugabestelle I. Nach Durchströmen des Kontakt (II)- und Reaktionsbeckens (III) werden dem Wasser dann vor dem Einlauf in den Rohwasserverteilungskanal (IV) in einer Zone ruhigen Fließens nochmals Aluminiumsulfat und 0,5···1,0 mg/*l* Wisprofloc zugefügt (V). Nach dieser Behandlung liegen die Algenfäden, wenn sie die Filter erreichen, geflockt vor und können vollständig abfiltriert werden.

Einfluß der Beweglichkeit der Algenzellen auf den Flockungs- und Filtrationsvorgang

Um den störenden Einfluß der starken Eigenbeweglichkeit verschiedener kleiner Flagellaten, wie z. B. der *Cryptomonaden*, während des Flockungsprozesses ausschalten zu können, müssen dem Wasser erhöhte Flockungsmittelmengen zugesetzt werden. Dies geht aus Tab. 5 hervor, in der die prozentualen Entnahmewerte mehrerer Versuchsreihen, die an einer Versuchsanlage unter Anwendung von Eisen(III)-salz als Flockungsmittel durchgeführt wurden, eingetragen sind. Es zeigt sich, daß unter den während des Versuchszeitraumes ge-

Tabelle 5

*Abhängigkeit der Entnahme von kleinen Flagellaten (+) mit starker Eigenbewegung von der Flockungsmittelzugabemenge im Vergleich zu Algen mit geringer *) oder fehlender Eigenbeweglichkeit °)*

Plankton	Rohwasser Ind./ml	Eisensalzzugabe (als Fe^{+}) 2 mg/l	4 mg/l	6 mg/l
			Filtrat	
		% E	% E	% E
Cryptomonas+)	470	57	85	94
*Chysococcus**)	920	98	99	99
Ankistrodesmus°)	150	100	100	100

gebenen Wasserqualitätsbedingungen die stark bewegliche *Cryptomonade Cryptomonas* mit 6 mg/l Fe^{3+} erst zu 94% dem Wasser entnommen werden konnte, während die wenig bewegliche *Chrysophycee Chrysococcus* bzw. die unbewegliche Grünalge *Ankistrodesmus* bereits durch Zusatz von 2 mg/l Fe^{3+} zu 98% bzw. 100% aus dem Wasser entfernt werden konnten. 2 mg/l Fe^{3+} ergaben demgegenüber bei der stark beweglichen *Cryptomonas* nur einen Entnahmewert von 57%. Auch in diesem Fall geht die bessere Entnahme der Algen auf Kosten der Filterlaufzeit, die sich u. U. um die Hälfte verringert. Dies kann man mitunter durch einen erhöhten Zusatz eines anionischen Flockungshilfsmittels ausgleichen.

In den in Tab. 6 wiedergegebenen Versuchsergebnissen wird der Gehalt des Filtrates an ungelösten Phosphorverbindungen als Maß für die Menge durchbrechender Planktonorganismen benutzt. Planktonorganismen enthalten

Tabelle 6

Einfluß der Wisprofloc- und Eisensalzzugabemenge auf Planktonentnahme, ausgedrückt durch den Gehalt an ungelösten Phosphorverbindungen im Filtrat und auf die Filterlaufzeit

Datum 1968	Fe^{3+}-Zugabe 1. Zugabe mg/l		2. Zugabe mg/l	Wisprofloc-Zugabe mg/l	Filter-laufzeit h	ungelöste Phosphor-verbindungen µg/l
8. 5.	5	+	2	0,4	8 D	15
10. 5.	4	+	2	0,4	11 D	25
14. 5.	4	+	2	1,0	15 D	5
15. 5.	6	+	2	1,0	7 D	5
11. 6.	4	+	2	0,4	14 D	35
12. 6.	5	+	2	0,4	6 D	3
14. 6.	4	+	2	0,4	16 D	40

Phosphor und führen, wenn sie durch das Filter durchbrechen, deshalb zu einer Erhöhung der Konzentration ungelöster Phosphorverbindungen im Sandfiltrat. Diese Versuche wurden während einer Massenentwicklung der Kieselalge *Stephanodiscus* (12000 Zellen/cm^3) durchgeführt. Daneben traten in allerdings kleineren Mengen kleine grüne Flagellaten sowie pennate Diatomeen und die Grünalge *Dictyosphaerium* auf. Die Flockung erfolgte mit zweifacher Eisenzugabe und wechselnden Mengen Wisprofloc als anionischen Flockungshilfsmittel. Im Versuchszeitraum 8.···15.5. ergab eine Erhöhung der Wisprofloczugabemenge von 0,4 auf 1,0 mg/*l* bei gleichbleibender Eisen(III)-salzzugabe (4 + 2 Fe^{3+} mg/*l*) eine deutliche Verhinderung des Durchbruchs der Algenzellen durch das Filter, ausgedrückt durch die Verringerung der Restkonzentration an ungelösten Phosphorverbindungen im Filtrat von 25 auf 5 μg/*l*. Die Laufzeiten konnten in diesem Falle mit 11 bzw. 15 h konstant gehalten werden. Demgegenüber ergab die Erhöhung der ersten Eisensalzzugabe von 4 auf 5 mg/*l* bzw. 6 mg/*l* eine wesentliche Verkürzung der Filterlaufzeit auf 8 bzw. 7 h. Die deutliche Laufzeitverkürzung bei gleichzeitiger Verbesserung der Planktonentnahme geht auch aus den Ergebnissen der Versuche vom 11.···14. 6. hervor, bei denen die Wisprofloczugabe mit 0,4 mg/*l* konstant gehalten, während die Eisen(III)-salzzugabe an der ersten Zugabestelle um 1 mg erhöht wurde.

Die auf Grund ihrer starken Eigenbeweglichkeit schwer flock- und filtrierbaren kleinen Flagellaten kann man auch durch eine Vorchlorung beseitigen. Durch diese Maßnahme werden diese Plankter nicht nur abgetötet, vielmehr zerplatzen auch die Zellen, so daß sie (anschließend) im Wasser nicht mehr erkennbar sind. Dabei ist allerdings zu berücksichtigen, daß die Zellsubstanzen als organische Verbindungen im aufzubereitenden Rohwasser verbleiben und durch den anschließenden Aufbereitungsschritt nicht mehr aus dem Wasser entfernt werden können. Dieses Verfahren kann also nicht als eine Alternative zur Entnahme der Flagellaten durch Flockung und Filtration angesehen werden, da es die organischen Verbindungen lediglich maskiert macht, aber im Wasser beläßt.

Die Steuerung des Flockungsmittelzusatzes durch Einstellung einer negativen elektrokinetischen Restladung der gebildeten Flocken zur Erzielung optimaler Filtrationseffekte und Filterlaufzeiten

Zahlreiche sowohl in der Aufbereitungsanlage als auch im Laboratorium durchgeführte Untersuchungen zeigten, daß die optimalen Flockungs- und Filtrationseigenschaften der abzufiltrierenden Partikel dann gegeben sind, wenn das negative elektrokinetische Potential der gebildeten Flocken durch entsprechende Flokkungsmittelzugaben soweit verringert wurde, daß eine elektrophoretische Beweglichkeit dieser Flocken von etwa −0,5 bis −1,0 $\mu m \cdot s^{-1} \cdot V\,cm^{-1}$ verbleibt (Bernhardt, a). Diese Aussage gilt auf Grund eigener Untersuchungsergebnisse auch für auszuflockende Algenzellen (vgl. Abb. 6 und 7). Die größten Filterlaufzeiten, die an den verwendeten Versuchsfiltern erreicht werden konnten, traten dann auf, wenn dieser negative Restladungsbereich der gebildeten Flokken eingestellt wurde (Abb. 9). Entlädt man jedoch durch einen zu hohen Flockungsmittelzusatz die dann bereits geflockt vorliegenden Algenzellen oder lädt man sie sogar um, so bleiben die Algenzellen nicht mehr so eng mit den gebildeten Oxidhydratflocken vernetzt und werden sogar wieder frei im umgebenden Medium angetroffen. Es kommt jetzt zu größeren Flockungs-, Algen- und Agglomeratdurchbrüchen. Dieser Befund wurde durch einen Großversuch in der Aufbereitungsanlage bestätigt. Auf Grund dieser Ergebnisse ist anzunehmen, daß für eine optimale Entnahme im Schnellsandfilter neben anderen Bedingungen eine gewisse negative Restladung der gebildeten Flocken vorhanden sein muß, damit eine Anlagerung an die Sandkörner möglich wird, die im pH-Bereich 7 bei ständiger Anwendung einer Eisen- oder Aluminiumsalzflockung schwach positiv gelegen zu sein scheinen.

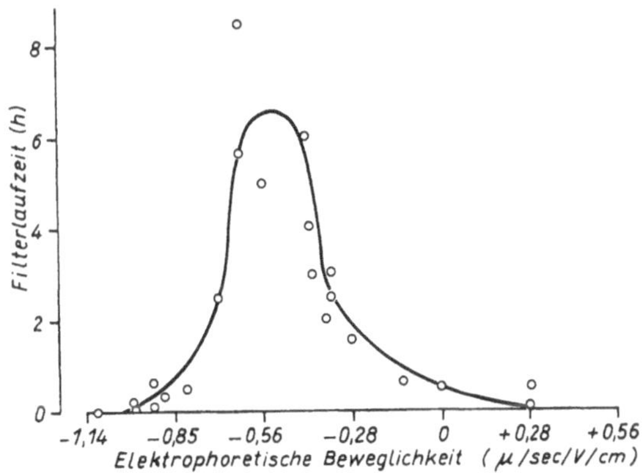

Abb. 9: Abhängigkeit der Filterlaufzeit geflockter Algensuspensionen von der elektrokinetischen Ladung der Flocken (Versuchsfilter).

Auswertung mehrerer Versuche mit *Chlorella fusca*; *Oscillatoria rubescens*; *Melosia granulata angustisima*; Kolloide des Talsperrenwassers

Mackenzie fand bei Zetapotentialmessungen an gemahlenen Quarzsandpartikeln ($1 \cdots 2\ \mu$) in Gegenwart von $5{,}7 \cdot 10^{-3} \cdots 5{,}7 \cdot 10^{-5}$ Mol/l $FeCl_3$ im pH-Bereich 3···7 positiv geladene Partikel als Folge der Anlagerung der sich in der Lösung bildenden positiv geladenen Eisenhydroxokomplexe, die sowohl durch Coulombsche Kräfte zwischen den positiv geladenen Hydroxokomplexionen und negativ geladenen Sandkornoberflächen als auch durch Wasserstoffbrückenbindungen zwischen den OH-Gruppen der Hydroxokomplexe und den z. T. dissoziierten Si-OH-Gruppen der Sandkornoberflächen zu Stande kommen. Die z. T. auch im pH-Bereich 6···8 festgestellte positive Ladung der Quarzsandpartikel kann jedoch nach Mackenzie nicht mehr durch positiv geladene Eisenhydroxokomplexionen erklärt werden, da die in diesem pH-Bereich nur noch zu 10^{-9} g/l gegenwärtig sind, sondern durch positiv geladene Eisen(III)-oxidkolloide. Danach existieren bei pH 7 Eisen(III)-oxidkolloide von etwa 550 Å, die sich unterhalb pH 7,2 durch Kollisionen mit Quarzsandpartikeln z. T. hier anlagern können. Ein Teil der Quarzsandpartikel bleibt dagegen unbeeinflußt und damit negativ geladen. Auch für diese Anlagerung postuliert Mackenzie sowohl Coulombsche Kräfte auf Grund der entgegengesetzten Ladungen der Teilchen als auch Wasserstoffbrückenbindungen über die reaktiven OH-Gruppen. O'Melia u. Stumm heben in diesem Zusammenhang die chemischen Anlagerungsmechanismen durch Ionenaustausch, Wasserstoffbrückenbindung und koordinative Bindungen und Vernetzungen hervor.

Wenn diese Versuche auch mit wesentlich kleineren Quarzsandpartikeln, als sie in den Sandfiltern üblicherweise vorliegen, gemacht wurden, so können im Prinzip die hierbei gewonnenen Ergebnisse doch auf die von uns festgestellten Bedingungen übertragen werden, wonach optimale Entnahme bei der Schnellsandfiltration erzielt wird, wenn die abzufiltrierenden Oxidhydratflocken durch entsprechende Flockungsmitteldosierung auf eine geringe negative Restladung eingestellt werden.

Auf Grund dieser Untersuchungen ist festzustellen, daß elektrostatischen Kräften bei der Festlegung der gebildeten Flocken an den Sandkörnern eines Filters eine gewisse Bedeutung zukommt. Dies wird auch von verschiedenen anderen Autoren angenommen (OULMAN u. BAUMANN, v. d. VLOED), BERKEFELD, FILTER-GES., JORDED). Sicherlich spielen darüber hinaus chemisch-adsorptive Bindungen zwischen Flocken und Sandkorn eine wesentliche Rolle, worauf vor allem O'MELIA u. STUMM hinweisen. Für die Praxis der Flockung und Filtration von Algensuspensionen erscheint jedoch die Bestimmung der elektrophoretischen Beweglichkeit der geflockten Kolloide ein brauchbares Hilfsmittel zu sein, mit dem in gewissen Grenzen der Flockungsmittelzusatz gesteuert werden kann. Daß dabei andere Faktoren, auf die im einzelnen eingegangen worden ist, von entscheidendem Einfluß sein können, darf nicht außer Betracht gelassen werden.

Für die Durchführung der Versuche möchten wir unseren Mitarbeitern Herrn WILHELMS und Herrn MÜLLER besonders danken.

Zusammenfassung

Nachdem zuerst an Hand von Literaturzitaten auf die Störungen hingewiesen wird, die bei der Trinkwasserversorgung auftreten können, wenn Algen in gößerer Menge durch die Aufbereitungsanlage durchbrechen und in das Trinkwasser gelangen, werden dann die verschiedenen Filtrationsverfahren (Langsamsand-, Mikrosieb- und Schnellsandfiltration) hinsichtlich ihrer Algenentnahmewirkung behandelt. Dabei beschäftigt sich der wesentliche Teil der Arbeit mit der Flockung von Algen und Entnahme aus dem Wasser durch nachgeschaltete Schnellsandfilter.

Die Erfahrung hat gezeigt, daß sich die verschiedenen Algenarten nicht gleich gut flocken und durch Filtration aus dem Wasser entfernen lassen.

Die in einer früheren Arbeit auf Grund von Literaturangaben über elektronenmikroskopische Zellwanduntersuchungen an Algen postulierte Arbeitshypothese für die Flockung der verschiedenen Algen, die davon ausging, daß ein unterschiedlicher chemischer Aufbau der äußersten Zellwandsubstanz gegeben ist, der den Verlauf der Flockung von Algenzellen entscheidend beeinflußt, kann nicht aufrecht erhalten werden, da eine am Institut für Cytologie und Mikromorphologie der Universität Bonn im Auftrag der Verfasser durchgeführte Literaturarbeit, bei der auch elektronenmikroskopische Untersuchungen durchgeführt wurden, ergeben hat, daß die Zellen der meisten planktonischen Algen wahrscheinlich von einer Gallerte umgeben sind, die als äußerste Zellwandsubstanz aufzufassen ist und aus sauren Polysacchariden besteht. Damit bestimmen deren Carboxylgruppen und sonstige funktionellen Gruppen die negative Ladung und das Flockungsverhalten der Algen. Die Ladungsdichte der Algen variiert allerdings sowohl bei den verschiedenen Algenarten als auch bei ein und derselben Alge in Abhängigkeit von ihrem Entwicklungsstadium. Eine Systematik der Flockbarkeit der Algen nach dem chemischen Aufbau der peripheren Zellwandsubstanz ist nach Meinung der Verfasser nicht möglich, allerdings wird die Flockbarkeit der Algen von verschiedenen anderen Faktoren z. T. wesentlich beeinflußt. So lassen sich z. B. Algen, die Schwebeborsten tragen, wodurch eine gegenseitige räumliche Annäherung im Flockungsprozeß erschwert wird, schlechter flocken als solche, die keine derartigen räumlichen Hinderungen aufweisen. Dies gilt z. B. für die sehr kleine Kieselalge *Stephanodiscus hantzschii*, für die erheblich höhere Flockungsmittelmengen erforderlich sind, als der dieser Alge entsprechenden gesamten Zelloberfläche bzw. Ladung pro Volumeneinheit Zellsuspension zukommt. Demgegenüber lassen sich große koloniebildende und sperrige Algen viel leichter flocken und abfiltrieren (z. B. *Asterionella formosa*, *Fragillaria crotonensis*, *Cyclotella comta*, *Tabellaria*).

Kleine Flagellaten mit starker Eigenbewegung lassen sich schlechter flocken als unbewegliche Algen, weil sie sich aus den gebildeten Flocken wieder befreien können. Dies kann nur durch eine erhebliche Erhöhung des Flockungsmittelzusatzes weitgehend verhindert werden.

Lange fädige Algen, die wesentlich größer sind als die sich im Wasser durch die Hydrolyse der zugesetzten anorganischen Flockungsmittel bildenden Aluminium- oder Eisenoxidhydrate können nur wirksam in Flockungsverbänden festgelegt werden, wenn zusätzlich zum kationisch wirkenden Flockungsmittel noch ein anionisch wirkendes Flockungsmittel hinzugesetzt wird, was durch Brückenbildung und dreidimensionale Vernetzung für filtrierbare Agglomerate sorgt. Hierbei ist jedoch eine nochmalige und gleichzeitige Zugabe von Aluminium- oder Eisen(III)-salzen zusammen mit den Flockungshilfsmitteln notwendig. Die so gebildeten Flocken dürfen danach nicht mehr wesentlich mechanisch beansprucht werden, z. B. durch scharfe Rohrkrümmungen, Überstürze usw.

Überhaupt hat es sich herausgestellt, daß eine zweimalige Flockungsmittelzugabe, bei der zusammen mit der zweiten Flockungsmittelzugabe ein anionisches Flockungshilfsmittel zugesetzt wird, eine wesentliche Verbesserung der Planktonentnahmeleistung erbringt. In all diesen Fällen muß jedoch mit einer z. T. erheblichen Verkürzung der Filterlaufzeit gerechnet werden. U. U. kann dies jedoch durch eine alleinige Erhöhung der Zugabe des anionischen Flockungshilfsmittels vermieden werden.

Die Flockung der Algen gehorcht mit Ausnahme der bereits genannten Faktoren dem normalen Flockungsmechanismus für größere Kolloide. Entscheidend für die Höhe des Flockungsmittelzusatzes ist nicht die Suspensionsdichte der Algen, sondern die Größe der gesamten Algenzellenoberfläche bzw. der durch die unterschiedliche Ladungsdichte und Größe der Algenzellen bedingte Gesamtladungsbetrag pro Volumeneinheit der Zellsuspension. Diese negative Eigenladung der Algenzellen muß durch den Zusatz positiv geladener Flockungsmittel (positiv geladene polynukleare Aluminium(III)- oder Eisen(III)-hydroxokomplexe, gegebenenfalls auch kationische Polyelektrolyte) soweit vermindert werden, daß die ladungsbedingten gegenseitigen Abstoßungskräfte weitgehend unwirksam werden und chemisch-adsorptiv bedingte Anlagerungen der Algenzellen an die Flockungsmittelmoleküle wirksam werden können. Damit gewinnt die elektrokinetische Eigenladung der Zellen zusammen mit chemischen Adsorptionsreaktionen, die u. a. auf dier Bildung von Wasserstoffbrücken und kovalenten Bindungen beruhen, wesentlich an Bedeutung.

Die besten Entnahmewerte für geflockte Algenzellen durch Schnellsandfilter werden erreicht, wenn die ursprünglich gegebene negative Ladung der Algenzellen durch die sich bei der Hydrolyse der zugesetzten Eisen- oder Aluminiumionen im Wasser bildenden positiv geladenen polynuklearen Metallhydroxokomplexe bzw. amorphen Oxidhydrate auf eine geringe negative Restladung reduziert wird. Eine Ent- oder gar Umladung der gebildeten Flocken führt in jedem Fall zu schlechteren Entnahmewerten.

Literatur

ABRAMSON, H., L. MAYER u. M. GORIN: Electrophoresis of Proteins. Reinhold Publ. Corp. New York, 1942

BARTZSCH, W.: Versuche zur Grobreinigung von Oberflächenwasser mittels einer Schwebefilteranlage. Wasserwirtsch.-Wassertechn. 10 (1960), 138

Berkefeld-Filter-Gesellschaft, Schweizer Patent N. 235557 vom 3. 4. 1945

BERNHARDT, H.: a) Das Zeta-Potential als Hilfsmittel der Flockungstechnik. Vom Wasser **32** (1965), 193

BERNHARDT, H.: b) Über die Entfernung von *Oscillatoria rubescens* aus einem Talsperrenwasser durch Flockung und Filtration. Archiv f. Hydrobiol. **61** (1965), 311

BERNHARDT, H. u. J. CLASEN: Probleme der Entfernung von Mikroorganismen durch Flockung in der Trinkwasseraufbereitung. Veröffentl. der Abt. und des Lehrstuhls für Wasserchemie der Univ. Karlsruhe Heft 3 (1967), 294

BLACK, A. P.: Basic mechanismus of coagulation. Journal AWWA **52** (1960), 492

BORCHARDT, J. A. u. Ch. R. O'MELIA: Sand filtration of algal suspensions. Journal AWWA **53** (1961), 1493

CARLSON, S. u. U. HÄSSELBARTH: Das Verhalten von Chlor und oxydierend wirkenden Chlorsubstitutionsverbindungen bei der Desinfektion von Wasser. Vom Wasser **35** (1968), 266

CLARKE, K. B.: Treatment difficulties dueto massive crop of *Ceratium hirundinella*. J. Inst. of Water Engineers **15** (1961), 233

DIETLICHER, K.: Persönliche Mitteilung

FOESS, G. W. u. J. A. BORCHARDT: Electrokinetic phenomena in the filtration of algal suspensions. Journal AWWA **61** (1969), 333

GRIM, G.: Persönliche Mitteilung

GRIM, G.: Der Einfluß limnologischer Untersuchungen auf Planung, Bau und Betrieb der Trinkwassergroßentnahme aus dem Bodensee (Bodensee — Wasserversorgung). Vortrag anläßlich der Jahrestagung der Deutschen Limnologischen Gesellschaft in Koblenz, 1967

GROMBACH, H.: Zur Frage der Vorgänge in Schnellfiltern. Monatsbull. d. Schweiz. Vereins von Gas- und Wasserfachmännern **30** (1950), 297

GRÜNBERG, H. u. C. J. SOEDER: Zeta-Potential synchron kultivierter Chlorellen. Die Naturwissenschaften **4** (1967), 205

GRÜNBERG, H.: Über das Zeta-Potential zweier synchron kultuvierter Chlorella-Stämme. Arch Hydrobiol. Suppl. **33** (Falkou-Arbeiten VI) (1968), 331

GUSSJEWA, K. A.: Prochosh depie fitoplanktona tscheres filtry. Gigiena i. Sanitarija Nr. 3 (1939)

GUSSJEWA, K. A.: Trudy wsjesojusnogo gidrobiologitscheskogo obschtschestwa IV (1952), S. 3. (Werke der Hydrobiologischen Gesellschaft d. ges. UdSSR)

HÄSSELBARTH, U.: Die Einstellung desinfizierend wirkender Redoxpotentiale durch Chlorung in: Die Desinfektion von Trinkwasser. Schr.Reihe Ver. Wasser–Boden–Lufthygiene Heft 31 (1970), 119

IVES, K. J.: The significance of Surface electric change on algae in Water Purification. Journal of Biochemical and Microbiological Technology and Engieneering **1** (1959), 37

IVES, K. J.: Electrokinetic phenomena of planctonic algae. Proc. of the Society for Water Treatment and Examination **5** (1956), 41

JANSA, V.: Artificial replenishment on undergroundwater. General Report Nr. 2. 2. Congress Int. Water Supply Ass., Paris 1952

JAYANGONDAR, J. S. u. S. V. GONAPATI: Algae of importance and their control in water supplies. Hydrobiologia **26** (1965), 317

JORDEN, R. M.: Electrophorectic Studies of Filtration. Journal AWWA **55** (1963), 771

KNORR, M.: Oberflächenwasser als Rohstoff für Trinkwasser in hygienischer Sicht. Gas- u. Wasserfach **107** (1966), 541

LA MER, V. K. u. T. W. HEALY: Adsorption-Flocculation Reactions of macromolecules at the solid-liquid interface. Reviews of Pure and Applied Chemistry **13** (1963), 112

LEHN, H.: Phytoplanktonuntersuchungen an der Mikrosiebfilterversuchsanlage im Wasserwerk Konstanz. Gas- u. Wasserfach **110** (1969), 90

LUND, E.: Die Inaktivierung der Enteroviren. Gas- u. Wasserfach **110** (1969), 41

MACKENZIE, J. M. W.: Zeta Potential of quartz in the presence of ferrie iron. Transactions Society of Mining Engineers (1966), 82

MANGEREL, P.: La microflore dans les eaux destinées à l'alimentation. Techniques et Sciences Municipales **58** (1963), 135

MATHESON, D. H.: The effects of algae in water supplies. General Report Nr. 7. 2. Congress Int. Water Supply Ass., Paris 1952

O'MELIA, Ch. R. u. W. STUMM: Theory of water filtration. Journal AWWA **59** (1967), 1393

OULMAN, Ch. S. u. E. R. BAUMANN: Streaming Potentials in Diatomite Filtration of Water Journal AWWA **56** (1964), 915

PARABRAHMAM, M., J. S. S. LAKSHIMINARAYANA u. M. V. BOPARKIKAR: Application of microstrainer to watertreatment ut Nagpur (India) Water Res. **2** (1968), 225

RÖSSNER, F. X.: Organismen in den technischen Anlagen der Wasserversorgung. Neue DELJWA-Ztschr. März 1966, 93

ROGGENKAMP, K. H.: Auswirkungen der Verchlorung von Oberflächenwasser bei der Trinkwasseraufbereitung in: Die Desinfektion von Trinkwasser. Schr.Reihe Ver. Wasser-, Boden-, Lufthygiene Heft **31** (1970), 57

RHODE, W.: Environmental requirements of freshwater plankton algae. Symbolae Botanicae Upsalienses X: I (1948), 149

RUMMEL, W. u. W. STARKE: Stand der Entwicklung auf dem Gebiet der Trink- und Brauchwasseraufbereitung. Fortschr. d. Wasserchemie und ihre Grenzgebiete. Heft **9** (1969), 9

SOEDER, C. J.: Elektronenmikroskopische Untersuchungen an ungeteilten Zellen von *Chlorella fusca*. Archiv für Mikrobiologie (1964), 311

SONTHEIMER, H.: Möglichkeiten und Probleme der Mehrschichtfiltration. Vom Wasser **34** (1967), 97

SPEEDY, R., N. B. FISHER u. D. B. McDONALD: Algal Removal in Unit Processes. Journal AWWA **61** (1969), 289

SCHALEKAMP, M.: Vergleichsuntersuchungen zwischen Ein- und Zweischichtfiltern. Gas, Wasser, Abwasser des schweizer. Vereins von Gas- und Wasserfachmännern 1969/6

SCHMIDT, K. H.: Das Langsamsandfilter als offenes biologisches System. Veröffentl. der Hydrol. Forschungsabteilung der Dortmunder Stadtwerke AG Nr. 9 (1966), 85

SCHMIDT, K. H.: Rohwassergüte und Reinigungswirkung von Langsamsandfiltern. Gewässerschutz — Wasser — Abwasser Bd. **2** (1968), 83

SCHMIDT, K. H.: Biologische Gesichtspunkte bei der Trinkwassergewinnung aus Flüssen. DVGW-Broschüre: Wassergewinnung – Wassergüte 1970, 42–49

SCHMIDT, K. H.: Die Abbauleistung der Bakterienflora bei der Langsamsandfiltration und ihre Beeinflussung durch die Rohwasserqualität und andere Umwelteinflüsse. Biologische Studien zur künstlichen Grundwasseranreicherung. Veröffentl. der Hydrol. Forschungsabt. der Dortmunder Stadtwerke AG, Nr. 5 (1963)

STUMM, W. u. H. HAHN: Kinetik der Flockung. Veröffentl. der Abt. und des Lehrstuhles für Wasserchemie der Universität Karlsruhe Heft **3** (1967), 98

STUMM, W. u. Ch. R. O'MELIA: Stöchiometry of coagulation. Journal AWWA **60** (1968), 514

STUMM, W. u. J. J. MORGAN: Chemical Aspects of Coagulation. Journal AWWA **54** (1962), 971

TAYLOR, E. W.: The control of algal growths in a small reservoir by intermittent chlorination. Verh. Int. Ver. Limnologie **12** (1955), 671

TENNEY, M. W. u. W. STUMM: Chemical flocculation of microorganisms in biological waste tratment. Journal Water Pollution Control Federation **37** (1965), 1370

TENNEY, M. W., W. F. ECHELBERGER, R. G. SCHUESSLER u. J. C. PAVONI: Algal flocculation with synthetic organic polyelectrolytes. Appl. Microbiol. **18** (1969), 965

UHLMANN, D.: Ursachen biologischer Störungen in Wasserwerksanlagen und Gegenmaßnahmen. Wasserwirtsch.-Wassertechn. **18** (1968), 195

Van de VLOED, A.: Vergleich zwischen Langsamsandfiltern und Schnellfiltern. JWS-Kongreß (1955), Thema Nr. 7

WUHRMANN, K.: Seewasseraufbereitung. Österreichische Wasserwirtschaft **20** (1968), 175

Anschrift des Verfassers:

Dr. BERNHARDT, Wahnbachtalsperrenverband, 52 Siegburg, Postfach 27, BRD

W. Huhn

Technische Universität Dresden, Sektion Wasserwesen, Bereich Hydrochemie, Dresden

Adsorptionskinetik und innere Struktur von Aktivkohle*)

Zusammenfassung: Die empirischen und thermodynamischen Untersuchungen werden in zunehmendem Maße durch kinetische Messungen ersetzt. Nach Schwuger ist die Diffusion in den Poren der geschwindigkeitsbestimmende Schritt. Damit sind der effektive Diffusionskoeffizient, Porenquerschnitt, Konzentrationsgefälle und Korndurchmesser entscheidende Faktoren. Zur exakten Deutung der Adsorptionsvorgänge ist die Kenntnis der inneren Struktur von Aktivkohlen unerläßlich. Neben der Porenstruktur und der Gesamtoberfläche sind Hohlraumvolumen und Hydrophobizität von Interesse. Mit Hilfe der Quecksilberporosimetrie wurde von einer Anzahl Aktivkohlen die Porenverteilung bestimmt Die Gesamtoberflächen wurden nach der BET-Methode ermittelt.

Summary: Empirical and thermodynamic investigations are more and more replaced by kinetic measurements. According to Schwuger, rate is determined by diffusion in the pores. The effective diffusion coefficient, pore cross-section, concentration gradient and grain diameter are thus dominating factors. Knowledge of the interior structure of activated carbon is indispensalble for the exact interpretation of adsorption processes. Besides pore structure and total surface area, also void space and hydrophobicity are of interest. The pore distribution of a number of activated carbon samples was determined by means of mercury porosimetry. Total surface areas were determined according to the BET method.

Резюме: Эмпирические и термодинамические исследования все более заменяются кинетическими измерениями. Согласно Швугеру диффузия в порах определяет скорость. Таким образом коэффициент диффузии, поперечное сечение пор, перепад концентраций и диаметр зерен составляют решающие факторы. Для точного раз'яснения адсорпционных процессов необходимо знание внутренней структуры активных углей. Кроме структуры пор и общей поверхности представляют интерес об'ем полостей и гидрофобность. С помощью ртути в некоторых активных углях измерилось распределение пор по размерам. Общие поверхности определились по методу БЕТ.

Einführung

Mit der zunehmenden Nutzung von Oberflächenwasser für die Trinkwasserversorgung steigt auch die Notwendigkeit, Farbe, Geruch und Geschmack durch Aufbereitung zu verbessern. Sauer schlug 1918 als erster in Deutschland Aktivkohle zur Beseitigung von Geruchs- und Geschmacksstoffen vor. Die ersten Großverfahren wurden 1928 in Hamm und 1930 in Magdeburg eingeführt. In dieser Zeit wurde auch in Amerika mit dem Einsatz von Aktivkohle begonnen.

*) Vortrag, gehalten auf der Jahrestagung des Fachverbandes Wasserchemie der Chemischen Gesellschaft in der DDR, Dresden 1970

Seitdem ist die Bedeutung der Aktivkohle in der Wasseraufbereitung ständig gestiegen, und man bemüht sich heute um ein tieferes Verständnis der Adsorption von gelösten Wasserinhaltsstoffen im Inneren der Kohle.

Die innere Struktur der Aktivkohle

Jeder feste Körper adsorbiert an seiner Oberfläche Gase, Dämpfe, Flüssigkeiten oder gelöste Stoffe. Das Adsorptionsvermögen kommt durch unabgesättigte Bindungskräfte an der Oberfläche zustande. Da die Bindungskräfte im Inneren verschiedener Natur sein können, ist auch das Auftreten qualitativ unterschiedlicher Restkräfte zu erwarten. So bewirken die heteropolaren Bindungsanteile im Siliciumdioxid eine elektrisch negativ geladene Oberfläche, an der bevorzugt polare Substanzen wie Wasser und gut in Wasser lösliche organische Stoffe adsorbiert werden; Siliciumdioxid ist ein hydrophiles Adsorbens. Aktivkohle dagegen besitzt homöopolare Bindungen und adsorbiert bevorzugt unpolare hydrophobe Substanzen. Ein exaktes Maß für die Hydrophobizität eines Adsorbens ist die spezifische Benetzungswärme, die von Wollschläger in einem empfindlichen Kalorimeter direkt gemessen wurde. Während die Wasser-Adsorption an Kohle nur Werte zwischen 50···100 erg/cm² ergibt, beträgt der Wert an SiO_2 261 erg/cm². Die bei der Aktivkohle auftretende Differenz in der Hydrophobizität beruht nach Boehm auf einer unterschiedlichen Reaktion des Wasserdampfes mit der Kohleoberfläche bei der Aktivierung. Wird überwiegend Wasserstoff gebunden, so ist die Kohle schlecht benetzbar, während bei der Bildung von Oberflächenoxiden die Benetzbarkeit zunimmt. Tschö bestimmte die Hydrophobizität von Kohle durch selektive Adsorption aus einem Lösungsmittelgemisch mit einer polaren und einer unpolaren Komponente (z. B. Äthanol und Benzol) und aus der Methylenblauadsorption, die zwischen 10···30 mg/m² lag. Die Übereinstimmung mit der Benetzungswärme war gut.

Da Adsorptionskräfte Oberflächenkräfte sind, sind sie der Größe der Oberfläche direkt proportional. Eine große Oberfläche kann durch sehr feine Zerteilung oder durch eine hohe Porosizität des Festkörpers erreicht werden. Die Aktivkohle besitzt eine ausgeprägte Porenstruktur. Ihr qualitatives Studium kann bis zu einem gewissen Grad mit dem Elektronenmikroskop betrieben werden. Wollschläger erzielte mit einem aufwendigen zweistufigen Matrizenabdruckverfahren scharfe Abbildungen. Mikroporen mit einem Radius unter 70 Å sind nicht mehr zu erkennen; Porenradienbestimmungen sind mit einem Fehler von $\pm$ 70% behaftet. Die räumliche Gestalt der Poren, die sich zwischen Kugel- und Spaltform bewegen kann, ist nur grob einschätzbar.

Nach Shdanow (in Witzmann) sind typische Porenformen möglich (Abb. 1).

Abb. 1: Porenformen n. Shdanow

Für die Berechnungen zur Porenstruktur werden im allgemeinen idealisierte Zylinderporen zugrunde gelegt. Entsprechend ihrem Radius werden die Poren eingeteilt in:

Makroporen	1000…100000 Å	($\sim$0,1 m²/g)
Übergangsporen	100…1000 Å	(1…10 m²/g)
Mikroporen	$<$ 100 Å	(250…900 m²/g) .

Bei PRUSS ist die Einteilung in

Leerraum	$>10^7$ Å
Kapillarraum	10…10^7 Å
Kraftraum	$>$10 Å

zu finden.

Die Anteile der einzelnen Porenradien am inneren Volumen lassen sich von 50 μ bis herab zu 100 Å mit der Quecksilber-Porosimetrie bestimmen. In den Quecksilber-Porosimetern wird das Quecksilber mit steigendem definierten Druck in die Poren gepreßt. Der Porenradius läßt sich nach folgender Gleichung errechnen:

$$r = -\frac{2\varrho\cos\varphi}{p}$$

r = Porenradius (Å)
φ = Oberflächenspannung (dyn/cm) (480 bei 20 °C)
ϱ = Benetzungswinkel (grad) (140)
p = Druck (atm) .

Als Beispiel seien angeführt:

1 atm:	$r = 7 \times 10^4$ Å
700 atm:	$r =$ 100 Å
3500 atm:	$r =$ 20 Å .

Fehler treten durch Verunreinigung des Quecksilbers, schrittweises Auffüllen der großen Poren, Zerstörung der Porenstruktur bei hohen Drücken und durch Hysterese in Flaschenporen und an der Wand fest angedrücktes Quecksilber auf (JÜNTGEN u. SCHWUGER, SAHAROW).

Für die Mikroporen $>$20 Å ist die Kapillarkondensation geeignet. In sehr feinen Poren wird der Dampfdruck von Gasen und Dämpfen derart erniedrigt, daß eine Kondensation eintritt. Für die Berechnung des Radius nach der Kapillarkondensationsmethode gilt die THOMPSONsche Gleichung:

$$r = \frac{2\sigma M\cos\varphi}{\gamma\,\mathrm{RT}\ln\frac{p_s}{p}}$$

M = Molekulargewicht (g)
γ = Dichte der Flüssigkeit (g/cm³)
p_s = Sättigungsdampfdruck über einer ebenen Flüssigkeitsoberfläche (atm)
p = Sättigungsdampfdruck in der Kapillare (atm) .

Am beliebtesten ist Benzol als Kondensationsflüssigkeit, da $\varphi = 0$ ist.

Graphisch dargestellt wird entweder die integrale oder die differentielle Porenverteilung, wobei cm³/100 g oder dV/d lg r über der Porengröße aufgetragen werden. Nach SCHWUGER besitzen Holzkohlen Poren im Bereich von 3 bis 500000 Å, während Steinkohlen vorwiegend über Poren <75 Å und zwischen 1000…5000 Å verfügen. Vom radiochemischen Laboratorium des Zentralinstitutes für Kernforschung in Rossendorf bei Dresden wurde die Porenverteilung zwischen 75 und 75000 Å von in der Deutschen Demokratischen Republik handelsüblichen Aktivkohlen und zwei Vergleichskohlen mit dem Hg-Porosimeter bestimmt. Abb. 2 zeigt die integrale Porenverteilung für die Sorten R 4 und B 4 aus Premnitz, WD-K 14 und WD-W 24 aus Schwarzheide, Hydraffin S (ČSSR) und Norit PKST (Belgien).

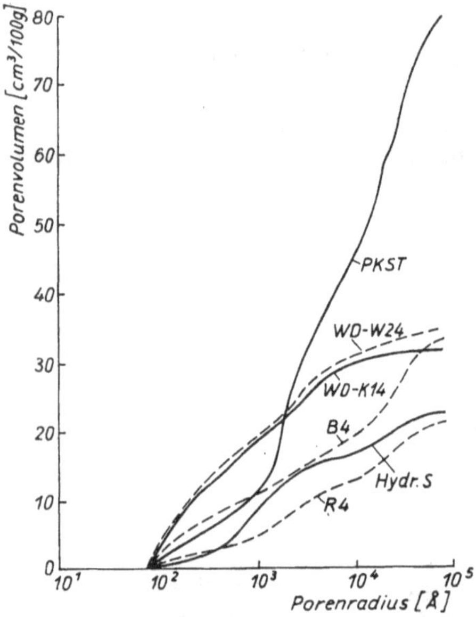

Abb. 2

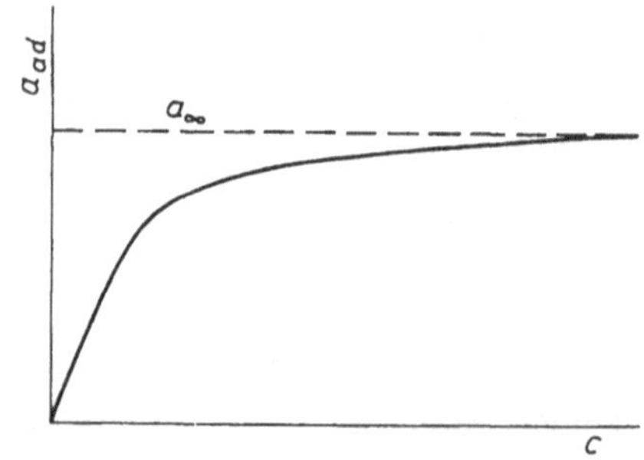

Abb. 3

Abb. 2: Integrale Porenverteilung handelsüblicher A-Kohlen im Bereich 75…75000 Å nach der Hg-Porosimetrie

Abb. 3: Adsorptionsisotherme nach LANGMUIR

Das gesamte Hohlraumvolumen ergibt sich aus der Differenz zwischen scheinbarer Dichte, die aus der Volumenverdrängung von Quecksilber ohne Druck bestimmt wird, und wahrer, pyknometrisch mit Benzol oder Methanol gemessener Dichte.

Die gesamte Oberfläche ergibt sich aus der vollständigen Adsorption von Gasen wie Stickstoff, Argon oder Krypton bei tiefen Temperaturen oder aus der Adsorption von Dämpfen organischer Flüssigkeiten wie gesättigte Kohlenwasserstoffe, Benzol oder Cyclohexan bei Normaltemperatur. Die Berechnung erfolgt auf der Grundlage der allgemeinen Multischichttheorie von BRUNAUER, EMMETT und TELLER. Die BET-Oberfläche der obengenannten Aktivkohlen wurde im Zentralinstitut für Kernforschung mit einem vereinfachten Verfahren nach DÜMGEN und HAUL bestimmt, das auf der Stickstoffadsorption beim

Kondensationspunkt beruht. Stickstoff wird deshalb gern als Eichsubstanz verwendet, weil sein Flächenbedarf pro Molekül am genauesten bekannt ist (15 Å^2). Da die Durchmesser der Mikroporen in der Größenordnung der Moleküldurchmesser liegen (z. B. H_2O 3,2 Å, C_6H_6 5 Å), erhält man, genau genommen, nur die jeweils zugängliche Oberfläche. Die Gesamtoberfläche von Aktivkohlen liegt zwischen einigen Hundert und etwa 1200 m^2/g. BAKER untersuchte zehn Kohlen und fand Werte zwischen 540 und 1164 m^2/g. In eigenen Versuchen wurden für die angeführten sechs Aktivkohlen folgende Oberflächen erhalten:

WD-K 14:	410 m^2/g
WD-W 24:	450 m^2/g
B 4:	1210 m^2/g
R 4:	1000 m^2/g
Hydraffin S:	865 m^2/g
Norit PKST:	590 m^2/g

Für poröse Körper mit sehr kleinen Porenradien, wie sie die Aktivkohlen im allgemeinen darstellen, gilt die LANGMUIR-Isotherme. Sie wird durch folgende Formel beschrieben:

$$a_{ad} = \frac{a_\infty \cdot c}{b + c}$$

a_{ad} = adsorbierte Menge
a_∞ = adsorbierte Menge bei der Sättigung
c = Konzentration des Adsorbates
b = Kostante .

Abbildung 3 zeigt die Form dieser Adsorptionsisotherme. Ihre Gültigkeit wurde durch Messung der Adsorption verdünnter Lösungen organischer Stoffe und Stoffgemische an Aktivkohle mehrfach bestätigt.

Die Kinetik der Adsorption organischer Stoffe in wäßriger Lösung an Aktivkohle

Der Entfernung bzw. Anreicherung gelöster organischer Stoffe aus natürlichen Wässern durch Aktivkohle liegt eine theoretisch äußerst schwierig zu behandelnde Vielkomponentenmischadsorption zu Grunde. Das Lösungsmittel Wasser und die organischen Inhaltsstoffe, letztere auch untereinander, stehen in Konkurrenz, wobei es während der Laufzeit zu einer gegenseitigen Verdrängung kommt. Erst im letzten Jahrzehnt begannen systematische Untersuchungen mit dem Ziel, die Anwendung der Aktivkohle in der Wasseraufbereitung auf wissenschaftlicher Grundlage optimal zu gestalten.

MORRIS u. WEBER veröffentlichten in den Vereinigten Staaten seit 1962 diesbezügliche Arbeiten, SCHWUGER, JÜNTGEN und PETERS seit 1966 in der Bundesrepublik.

SCHWUGER nahm zunächst folgende, den Adsorptionsverlauf bestimmende Einzelvorgänge an:

- Einstellung einer konstanten Schichtdicke des Grenzfilmes in Abhängigkeit von der Rühr- bzw. Filtergeschwindigkeit,
- Diffusion durch den Grenzfilm,
- Diffusion in das Porensystem,

- teilweise Adsorption an der inneren Oberfläche,
- teilweise Desorption,
- Konzentrationsausgleich im ganzen Korn.

Seine Untersuchungen ergaben in Übereinstimmung mit den amerikanischen Autoren, daß die Diffusion in den Poren der langsamste und damit für den ganzen Adsorptionsprozeß geschwindigkeitsbestimmende Schritt ist. Diese Erkenntnis gestattet weitere Folgerungen. Das grundlegende Diffusionsgesetz ist das FICKsche Gesetz:

$$\frac{dn}{dt} = -D \cdot q \cdot \frac{dc}{dx}$$

$\frac{dn}{dt}$ = Änderung der Molzahl mit der Zeit
D = Diffusionskoeffizient
q = Porenquerschnitt
$\frac{dc}{dx}$ = Konzentrationsgefälle.

Die Adsorptionsgeschwindigkeit wird also stark vom Diffusionskoeffizienten abhängen. Diese Stoffkonstante wird wesentlich von der Größe des Moleküls und von der Viskosität des Lösungsmittels bestimmt. Für kugelförmige Teilchen gilt das STOKES-EINSTEIN'sche Gesetz.

$$D = \frac{kT}{6\eta \cdot r}$$

und

$$D \sim \frac{1}{\sqrt{M}}.$$

Die Adsorption wird um so schneller vor sich gehen, je kleiner das Molekulargewicht und damit der Radius des entsprechenden Stoffes und je wärmer die Lösung ist. Moleküle mit stark verzweigten Strukturen werden langsamer entfernt als kompakte Moleküle. SCHWUGER gibt an, daß die absolute Dauer der Adsorption vom effektiven Diffusionskoeffizienten bestimmt wird und in der Größenordnung von Stunden und Tagen liegt. Für Verbindungen mit hohem Molekulargewicht, wie Tetra- oder Dodecylbenzolsulfonat, stellt sich nach WEBER u. MORRIS (1963) das Gleichgewicht erst nach einigen Wochen ein. Alle Einflüsse können die Kinetik nur in diesem Rahmen verändern.

Der günstigste Porenquerschnitt q ist direkt von der Größe der zu adsorbierenden Moleküle abhängig. Er sollte nicht so klein sein, daß er die Diffusion behindert oder unmöglich macht, andererseits ist ein großes Zuleitungsporensystem für die Adsorption nicht nutzbar.

Die Adsorptionsgeschwindigkeit muß weiterhin um so größer sein, je größer der Konzentrationsunterschied dc eines Stoffes zwischen seiner Konzentration am Anfang des Porensystems, also praktisch im zulaufenden Wasser, und am Ende ist. Sie wurde als eine lineare Funktion der Quadratwurzel der Konzentration bestimmt (WEBER u. MORRIS 1963). Bei gleichbleibender Außenkonzentration nimmt die Adsorptionsgeschwindigkeit mit zunehmender Beladung der Kohle ab.

Aus dem FICKschen Gesetz ist außerdem zu schließen, daß die Adsorptionsgeschwindigkeit mit steigendem Diffusionsweg dx sinkt. Damit erhält der Durchmesser der Kohleteilchen eine beträchtliche Bedeutung. Die Adsorptionsgeschwindigkeit ist dem Quadrat des Durchmessers umgekehrt proportional (WEBER u. Mitarb., 1963). Dies gilt streng allerdings nur für ein homogenes Porensystem (SCHWUGER). Je größer die Körnung der Kohle ist, desto länger muß auch die Kontaktzeit gewählt werden.

Bei einer konstanten Ausgangskonzentration kann für ein gegebenes Adsorbens der Reinigungseffekt nur über das Verhältnis Adsorbensmenge m zu Lösungsvolumen V verändert werden. Steigt dieses Verhältnis, so wird der Anlaufvorgang schneller, die Gleichgewichtseinstellung dauert aber länger und liegt bei niedrigeren Beladungen. Die relative Konzentrationsänderung und damit der Reinigungseffekt steigen, die Ausnutzung der Kohle sinkt.

Bei einem konstanten Verhältnis m/V wird die Gleichgewichtseinstellung durch eine Vergrößerung des Porenvolumens wesentlich beschleunigt, ohne daß sich die Adsorptionsisotherme ändert (SCHWUGER).

Die westdeutschen Autoren schlagen vorläufig zur Beschreibung des kinetischen Verlaufes der Adsorption organischer Wasserinhaltsstoffe in Aktivkohle die Gleichung

$$Q = Q_{\text{Gl.}} \frac{t}{t + a\,R^m}$$

vor

Q = zur Zeit t adsorbierte Menge (Mol/g)
$Q_{\text{Gl.}}$ = im Gleichgewicht adsorbierte Menge (Mol/g)
t = Zeit (sec)
a = $\frac{Y_{1/2}}{D_{eff}}$ (s/cm²)
$y_1/_2$ = Halbwertszeit in Einheiten von $\frac{R^2}{D_{eff}}$
R = Kornradius (cm)
m = Steigungsfaktor im lg $t_1/_2$/lg R-Diagramm.

Eine entsprechende Gleichung wurde 1963 von KAWECKA u. a. empirisch aufgestellt.

$Q_{\text{Gl.}}$, a und m müssen experimentell bestimmt werden.

Da die Untersuchungen von SCHWUGER mit zwölf verschiedenen organischen Substanzen vom Molekulargewicht 80⋯490 zu dem Ergebnis geführt haben, daß Phenol für Molekulargewichte unter 144 infolge seiner längsten Adsorptionszeit repräsentativ ist, wird dieses vorteilhaft für kinetische Messungen benutzt.

Die bisherigen Betrachtungen beschränkten sich auf die Adsorption einer Komponente aus der Lösung. Von WEBER und MORRIS (1964) wurden folgende binäre Systeme untersucht:

Alkylbenzolsulfonat – Phenol
Phenol – Dodecylbenzolsulfonat
Nitrochlorbenzol – Dodecylsulfonat.

Sie fanden eine gegenseitige Verringerung der Gleichgewichtskapazität, deren Grad vom Verhältnis der Größen, Adsorptionsaffinitäten und Konzentrationen der gelösten Moleküle abhängt. Die Summe der aufgenommenen Menge ist jedoch größer als die Kapazität für eine einzelne Substanz. Wird das Aufnahmevermögen für nur einen Inhaltsstoff bestimmt, so ist dieser Wert ein Minimum für die Kapazität gegenüber Lösungen mit mehreren Komponenten.

Zur genauen Beurteilung der selektiven Adsorption aus verdünnten wäßrigen Lösungen an Aktivkohle ist die chromatographische Methode nach Baker gut geeignet. Die zu untersuchende Lösung wird über eine Aktivkohlesäule gegeben und die ablaufenden Fraktionen werden gaschromatographisch bestimmt. Man erhält die an verschiedenen Aktivkohlen adsorbierte Menge als Funktion der Zeit bei einer bestimmten Belastung, den Durchbruchpunkt und Angaben über die Natur der selektiven Adsorption–Desorption für komplexe Mischungen organischer Stoffe.

Aktivkohle zur Entfernung organischer Verunreinigungen

Nach wie vor ist Aktivkohle das geeignetste und oft auch einzigste Mittel zur Entfernung in Wasser gelöster organischer Verunreinigungen. Ihr Einsatz wird heute noch von der Notwendigkeit bestimmt, das Wasser zu schönen. In Zukunft sind aber auch die organischen Stoffe zu berücksichtigen, die keinen oder nur einen geringen Einfluß auf Farbe, Geruch und Geschmack des Wassers haben.

Bei der theoretischen Auswahl der geeignetsten Kohlensorte, von der mindestens die Gesamtoberfläche und die Porenverteilung bekannt sein müssen, ist für ein bestimmtes Wasser die umfassende Analyse der organischen Inhaltsstoffe Voraussetzung. Eine besondere Bedeutung kommt den effektiven Moleküldimensionen zu. Das moderne Verfahren der Gelchromatographie kann dabei eine große Hilfe sein, da auch bei ihm die Diffusion in den Poren die entscheidende Rolle spielt. Hendrickson und Moore haben so die effektiven Dimensionen zahlreicher organischer Stoffe bestimmt und mit der Berechnung aus Strukturelementen verglichen. Eine Kohle kann optimal ausgenutzt werden, wenn die Verteilung der Adsorptionsporen etwa der Molekülgrößenverteilung entspricht. Einen ähnlichen Wert besitzt die Bestimmung des effektiven Diffusionskoeffizienten. Daneben sind die Konzentrationen der organischen Stoffe und ihre Adsorbierbarkeit wesentlich.

In der Wasseraufbereitung hat sich Aktivkohle bei der Entfernung von Phenol und seinen Derivaten, Mineralölprodukten, Canzerogenen und Pestiziden bewährt. Detergentien werden zum Teil nur ungenügend adsorbiert. Die Färbung eines Oberflächenwassers wird häufig durch humin- oder ligninartige Stoffe, aber auch von hochmolekularen Fettsäuren verursacht. Da derartig große Moleküle nur sehr wenig in die Poren eindringen können und außerdem einen großen Flächenbedarf haben, ist für sie die Kapazität der Kohle nur gering. Sie blockieren auch den Zugang für kleine Moleküle. Bei Meinck, Stooff und Kohlschütter sind Tabellen über die Adsorbierbarkeit einzelner organischer Verbindungen an Aktivkohle zu finden.

Vor der Aktivkohlebehandlung muß das Wasser von allen suspendierten und auch kolloidal gelösten Stoffen befreit werden, da sonst das Porensystem verstopft wird. Eine Zugabe von Pulverkohle im Flockungsbehälter ist daher wenig sinnvoll. Es besteht ein deutlicher Zusammenhang zwischen der Flockungsmittelmenge und der Wirksamkeit der Kohle (HYNDSHAW, 1965). Auch die Entfernung von Eisen und Mangan ist notwendig, weil sie oft eine rasche Erhöhung des Filterwiderstandes bewirken (HOPF).

Neben der sorgfältigen Vorreinigung des Wassers ist die Filtriergeschwindigkeit von großer Bedeutung. Je gröber das Kohlekorn und je größer die Moleküle sind, desto länger muß die Kontaktzeit sein. Die anfängliche, für die Kornkohle benutzte Kontaktzeit von 1 min war entschieden zu gering (SIERP), während bei der Pulverkohle mit Einwirkungszeiten von einer halben Stunde gearbeitet wurde (MÜLLER). Aus den Untersuchungen zur Kohle-Adsorptions-Methode (BOOTH, ENGLISCH u. MCDERMOTT) geht hervor, daß die Kontaktzeit nicht unter 5 min liegen sollte. Dies entspricht gewöhnlich einer Filtergeschwindigkeit um 8 m/h. In der Regel wird man die Kohlebehandlung vor der Chlorung vornehmen, wodurch gleichzeitig die Chlorzehrung herabgesetzt wird. Es werden aber auch Fälle beschrieben, wo die Oxydationsprodukte besser adsorbierbar sind (HYNDSHAW, 1965). Der Chlorüberschuß muß dann möglichst niedrig gehalten werden, damit die Kohle nur wenig mit Chlor beladen wird. Anschließend muß das Wasser nochmals gechlort werden. Chloramin wird nur unbeträchtlich von der Kohle adsorbiert (HYNDSHAW, 1962).

Aktivkohle zur Anreicherung organischer Wasserinhaltsstoffe

Die Voraussetzung für die nähere Untersuchung organischer Wasserinhaltsstoffe ist ihre Anreicherung. Seit den Untersuchungen von BRAUS, MIDDLETON und WALTON werden dafür Filter mit gekörnter Aktivkohle eingesetzt. Als Elutionsmittel haben sich in den weiteren Arbeiten Chloroform und anschließend 95%iges Äthanol bewährt. Während im Kohle–Chloroform-Extrakt (CCE) unpolare lipophile Substanzen zu finden sind, enthält der Kohle–Alkohol-Extrakt (CAE) polarere, hydrophilere sauerstoffhaltige Substanzen unterschiedlicher Oxydationsstufen. Da der CCE sowohl hinsichtlich der Geruchs- und Geschmacksbeeinträchtigung des Wassers als auch wegen der größeren Gefahr für die menschliche Gesundheit im Vordergrund steht, wurde sein Grenzwert mit 0,2 mg/*l* stellvertretend für die Gesamtheit der organischen Inhaltsstoffe 1960 in die amerikanischen Trinkwasserstandards aufgenommen (HOPKINS u. GULLANS). 1962 wurde eine vorläufige Methode zur Bestimmung des CCE veröffentlicht (Autorenkollektiv).

Eine Betrachtung der bis heute erzielten Ergebnisse im Zusammenhang mit den grundlegenden Studien über die Adsorptionskinetik an Aktivkohle ergibt folgende kritische Einschätzung:

1. Neben einer sorgfältigen Vorbehandlung der Kohle ist eine sehr gute mechanische Reinigung des zufließenden Wassers erforderlich. Suspendierte, kolloidale und ausflockende Partikel verstopfen sehr rasch das Porensystem.
2. Unter einer Mindestkontaktzeit von 5 min ist die Extraktmenge stark von der Filtergeschwindigkeit abhängig.

3. Der mit der Kohle-Adsorptionsmethode gewonnene Extrakt entspricht nicht dem Verhältnis der organischen Stoffe im Wasser. Die Adsorption ist selektiv und in der Regel umso besser, je geringer eine Substanz in Wasser löslich ist. Die Tatsache, daß nach Ansäuern des Wassers in einer zweiten Säule noch beträchtliche Mengen adsorbiert werden, wird auf einen Rückgang der Ionisierung saurer Substanzen und damit auch deren Löslichkeit in Wasser zurückgeführt (RYCKMAN u. a.). Nach HEIL kommt hinzu, daß die sauren und basischen Oberflächenoxide im alkalischen Bereich der Kohle eine negative, im sauren Bereich eine positive Ladung verleihen. Ein entscheidender Faktor ist weiterhin die Molekülgröße. Kleinere Moleküle besitzen eine größere Diffusionsgeschwindigkeit und gelangen eher in das Poreninnere als größere Moleküle. Ein Molsiebeffekt ist die Folge. Da kleinere Moleküle außerdem einen geringeren Flächenbedarf und einen vollständigeren Zugang zum Mikroporensystem haben, ist für sie die Kapazität der Kohle größer. Hinzu kommt, daß bei verschiedenen Stoffen, wie z. B. Hexachlorcyclohexan (STRÖHL) und 3,4-Benzpyren (ETTINGER), die Elution unvollständig ist.

Schlußbemerkungen

Die intensiven Untersuchungen der inneren Struktur von Aktivkohlen und der Kinetik der Adsorption aus wäßrigen Lösungen in den letzten Jahren lassen zusammen mit den Fortschritten bei der Bestimmung organischer Wasserinhaltsstoffe erwarten, daß es in Zukunft möglich sein wird, die für ein zu behandelndes Wasser geeignetste Aktivkohle und effektivste Technologie einzusetzen. Besonders der Vorreinigung des Wassers, der angemessenen Kontaktzeit und dem rechtzeitigen Auswechseln erschöpfter Kohle ist mehr als bisher Aufmerksamkeit zu schenken. Bei der Anreicherung lipophiler organischer Wasserinhaltsstoffe ist die Kohle-Adsorptionsmethode infolge der zahlreichen wirkenden Mechanismen recht unübersichtlich. Sie sollte durch die zwar aufwendigere, aber wesentlich aussagekräftigere kontinuierliche Flüssig–Flüssig-Extraktion ersetzt werden.

Diese Studie wurde im Auftrage des WTZs der VVB Wasserversorgung und Abwasserbehandlung im Bereich Hydrochemie der Sektion Wasserwesen der Technischen Universität Dresden, Leitung Prof. Dr. rer. nat. habil. J. KAEDING, durchgeführt. Die Bestimmung der BET-Oberfläche und Porengrößenverteilung erfolgte im Zentralinstitut für Kernforschung Rossendorf bei Dresden.

Literatur

Autorenkollektiv: JAWWA **54** (1962), 223
BAKER, R. A.: JAWWA **56** (1964), 92
BOEHM, H. P.: Angew. Chem. **78** (1966), 617
BOOTH, R. L., J. W. ENGLISH u. G. N. MCDERMOTT: JAWWA **57** (1965), 215
BRAUS, H., F. M. MIDDLETON u. G. WALTON: Analytic. Chem. **23** (1951), 1160
ETTINGER, M. B.: JAWWA **57** (1965), 453
HEIL, G.: Veröffentl. der Abt. und des Lehrst. Wasserchemie der TU Karlsruhe, Heft 4 (1969)
HENDRICKSON, J. G. u. J. C. MOORE: J. Polymer. Sci. A-I-4 (1966), 167
HOPF, W.: Gas- u. Wasserfach **101** (1960), 330
HOPKINS, O. C. u. O. GULLANS: JAWWA **52** 1960), 1161
HYNDSHAW, A. Y.: JAWWA **54** (1962), 91
HYNDSHAW, A. Y.: J. New England Water Works Assoc. **79** (1965), 236
JÜNTGEN, H. u. M. SCHWUGER: Chem. Ing.-Techn. **38** (1966), 1271

Kawecka, J., J. Klosinska, A. Korta, u. M. Lason: Chemia Stosowana **3** (1963), 441
Meinck, Stoof, Kohlschütter: „Industrie-Abwässer", Gustav Fischer Verlag, Stuttgart, 1968
Morris, J. C. u. W. J. Weber: Proc. First Internat. Conf. on Water Poll. Research, Pergamon Press Ltd.
Müller, C.: Wasser u. Gas **23 9/10** (1933)
Pruss, W.: Brennstoffchemie **42** (1961), 157
Ryckman, D. W., N. C. Burbank u. E. Edgerley: JAWWA **56** (1964), 975
Saharow, A. J.: Shurnal Fisitschesskoi Chimii **37** (1963), 465
Schwuger, M. J.: Dissertation Technische Hochschule Aachen 1966
Schwuger, M. J., u. H. Jüntgen: Gas- u. Wasserfach **109** (1968), 1281
Schwuger, M. J., u. H. Jüntgen u. W. Peters: Chem.-Ing.-Technik **40** (1968) 903
Sierp, F.: Gas- u. Wasserfach **33** (1931)
Ströhl, G. W.: Gesundheits-Ing. **88** (1967), 382
Tschö, A.: Dissertation Technische Universität Dresden, 1966
Weber, W. J., u. J. C. Morris: J. San. Eng. Div. **89** (1963), 31
Weber, W. J. u. J. C. Morris: JAWWA **56** (1964), 447
Witzmann, H.: Methoden der Strukturuntersuchung an hochdispersen und porösen Stoffen. Akademie-Verlag, Berlin, 1961
Wollschläger, K.: Dissertation Technische Universität Dresden, 1968

Anschrift des Verfassers:
Dipl.-Chem. Dr. W. Huhn, 8036 Dresden, Goldammerweg 12, DDR

I. Röske

Zoologisches Institut der Karl-Marx-Universität, Abt. Trink-, Brauch- und Abwasserbiologie, Leipzig und Technische Universität Dresden, Sektion Wasserwesen, Bereich Hydrobiologie Dresden

Der Gashaushalt einer Oxydationsteichanlage

Zusammenfassung: In einer Oxydationsteichanlage wurde der Gashaushalt der Teiche unter besonderer Berücksichtigung des Sauerstoffhaushaltes untersucht. – Zur Produktionsmessung dienten drei Methoden: das Verfahren mit hellen und dunklen Flaschen, die Verwendung von lichtdurchlässigen und lichtundurchlässigen Rohren sowie die Anwendung der *rate of change*-Kurven. Durch gleichzeitige Anwendung der Meßmethoden konnte ein Vergleich der Genauigkeit und eine Einschätzung der spezifischen Fehlerquellen jedes Verfahrens gegeben werden.

Summary: In an oxidation pond plant the gas balance of the ponds was tested with special consideration of the oxygen balance. – For measuring production three methods were used: the method with bright and dark bottles, the use of transparent and opaque tubes and the use of rate-of-change curves. By applying the measuring methods simultaneously it was possible to compare the accuracies and to evaluate the specific error sources of each of the methods.

Резюме: В комплексе окислительных прудов исследовался газовый баланс прудов с особым учетом кислородного баланса. — Для производственных измерений служило три метода: способ с применением светлых и темных бутылок, употребление светопроницаемых и непроницаемых труб, а также применение кривых *rate of change*. Вследствие одновременного применения измерительных методов были возможны сравнивание точности и оценка специфических источников погрешностей каждого способа.

Einleitung und Beschreibung der Anlage

Zur Abwasserreinigung in ländlichen Gemeinden werden in zunehmendem Umfang Oxydationsteiche verwendet. Die angestrebten maximalen Abbauleistungen sind nur bei genauer Kenntnis der Stoffwechseldynamik des gesamten Systems zu erreichen, wobei der Gashaushalt als wichtiger Teil des Gesamtstoffwechsels in dieser Arbeit besonders untersucht wird.

Wie sich bei niederen Organismen das Leben als Summe des Stoffwechsels der einzelnen Körperzellen ergibt, können analog die Erscheinungen eines Gewässers als Summe elementarer Stoffwechselprozesse beschrieben werden, wobei unbedingt die Wechselwirkungen aller ablaufenden Reaktionen zu beachten sind. Der Sauerstoffhaushalt der Anlage wird besonders betrachtet.

Die weiterhin in den Teichen entstehenden Gase, ihre Wirkung auf den Sauerstoffhaushalt und ihr Einfluß auf den Abbau werden ebenfalls erfaßt.

Aus der Synthese der erhaltenen Meßergebnisse kann der Gesamtstoffwechsel des Systems unter Berücksichtigung der Sauerstoffbilanz berechnet werden.

Alle Untersuchungen sind vom Sommer 1966 bis zum Sommer 1967 an zwei Oxydationsteichen auf dem Gelände der Kläranlage Leipzig–Rosental durchgeführt worden (Abb. 1).

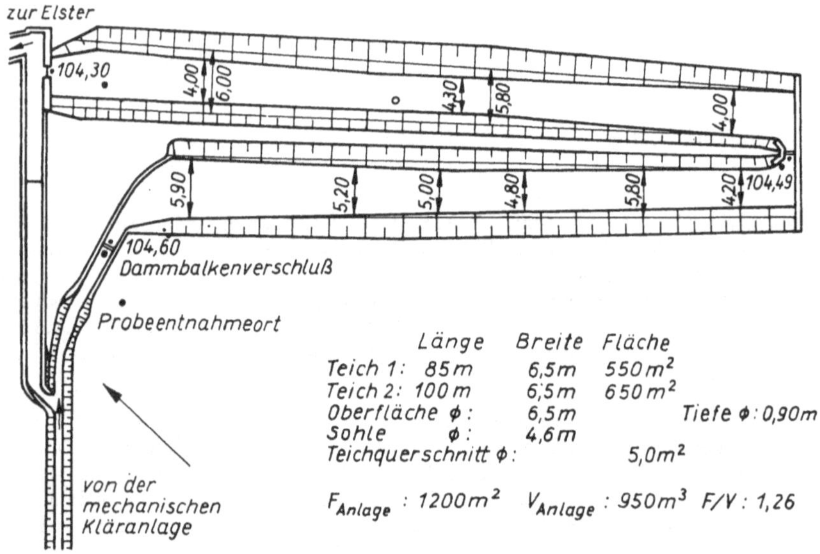

Abb. 1: Ansicht der Oxydationsteiche
(links unten Einlauf Teich 1, rechts Überlauf zu Teich 2, links oben Auslauf Teich 2)

In Teich 1 (Oberfläche 550 m², Volumen 450 m³, mittlere Tiefe 0,8 m, mittlere Stärke der Schlammschicht 10 cm) gelangt mechanisch vorgereinigtes Abwasser der Kläranlage. Durch Bakterien werden die hochmolekularen Verbindungen zu niedermolekularen gespalten, und diese Spaltprodukte werden im Stoffwechsel der Algen verwertet. Im anschließenden Teich 2 (Oberfläche 650 m², Volumen 500 m³, mittlere Tiefe 0,9 m, mittlere Stärke der Schlammschicht 0···2 cm) befinden sich Zooplankter — meist Daphnien —, welche die aus Teich 1 überfließenden Algen und Bakterien als Nahrung verwenden, wodurch sich in diesem Teich ein Klarwasserstadium herausbildet.

Untersuchungsmethoden

Zur Bestimmung der Sauerstoffproduktion wurden drei Methoden parallel angewendet: die Hell–Dunkel-Flaschen-Methode (*H–D-Methode*), das Verfahren mit durchsichtigen und lichtundurchlässigen Rohren (*Rohr-Methode*) und die Messung des Sauerstofftagesganges über 24 h (*rate of change-Methode*, RC-Verfahren).

Beim RC-Verfahren ist der Sauerstoffgehalt in jeder Schicht des Teiches über 24 h bestimmt worden. Nach ODUM wurde die stündliche Sauerstoffänderung (*rate of change*) graphisch dargestellt. Der Anteil des Sauerstoffes, der durch

Diffusion zusätzlich in das Wasser gelangt oder der durch diesen Vorgang verlorengeht, wird durch die Korrektur der *rate of change*-Kurven berücksichtigt (Korrekturfaktor $S \cdot K$, S = Sättigungsdefizit, K = Diffusionskonstante).

Die mittlere Nachtatmung wurde als Atmungswert für den ganzen Tag angenommen (*Respirationslinie*). Die Fläche zwischen Respirationslinie und korrigierter *rate of change*-Kurve repräsentiert die tägliche Sauerstoffproduktion und damit die neugebildete organische Substanz.

Zur Bestimmung des Eintrages von atmosphärischem Sauerstoff in das Gewässer durch Diffusion wurde ein Modellversuch durchgeführt (GRIMBERG).

Dabei ergab sich eine mittlere Diffusionskonstante von $k = 0{,}2$ mg $O_2/l \cdot h$ bei 20 °C.

Die Einwirkung des Schlammes auf den Sauerstoffhaushalt ist durch Messungen unter natürlichen und Laboratoriumsbedingungen bestimmt worden. Der Sauerstoffverbrauch des Sedimentes R_S wurde mit Hilfe von Kunststoffrohren (∅ 12,5 cm) bestimmt. Hierzu wurden ein Rohr mit Boden und ein Rohr ohne Boden senkrecht im Teich exponiert. Beide Rohre enthielten sauerstoffangereichertes Teichwasser. Den Gasaustausch mit der Atmosphäre verhinderte eine Schicht von flüssigem Paraffin auf der Wasseroberfläche im Rohr.

Die Abnahme des Sauerstoffes ergab für das Rohr mit Boden die Atmung im Wasserkörper (bestehend aus dem Sauerstoffverbrauch der Abwasserinhaltsstoffe, R_A und der Respiration der Plankter, R_p).

Im Rohr ohne Boden erhält man die Gesamtatmung

$$R = R_A + R_p + R_S \, .$$

Die Differenz des täglichen Sauerstoffverbrauches in beiden Rohren ergab die tägliche Zehrung des Schlammes.

Unter Laboratoriumsbedingungen wurde der aus den Teichen entnommene Schlamm in Aquarien mit sauerstoffangereichertem Wasser überschichtet. Diese Aquarien wurden im Dunklen bei konstanter Temperatur (4 °C und 20 °C) aufbewahrt. Der Gasaustausch mit der Luft wird wie bei den Teichversuchen durch eine Schicht flüssigen Paraffins auf der Wasseroberfläche verhindert. Das verwendete Wasser war Teichwasser oder abgestandenes gut durchlüftetes Leitungswasser von bekanntem Sauerstoffgehalt. Für das Teichwasser wurde die Atmung in Flaschen ermittelt. Zur Sauerstoffanreicherung des Wassers dienten wahlweise reiner Sauerstoff oder Luft.

Als Zehrung wurde der mittlere Sauerstoffverbrauch angegeben, wobei die Versuchsdauer 1···10 Tage betrug. Bei vollständigem Sauerstoffschwund konnte man den Schwefelwasserstoffgehalt als Maß der Zehrung verwenden.

Die Schlammgase wurden in einem Trichter (∅ 0,3 m), der über dem Teichgrund angeordnet war, aufgefangen und gaschromatographisch analysiert.

Ergebnisse

Produktion und Respiration

Die wichtigste Quelle des Sauerstoffes im Wasser ist die Assimilation der Phytoplankter. Dieser Vorgang wurde mit den angegebenen drei Methoden erfaßt und in Tab. 1 zusammengestellt.

Tabelle 1
Tägliche Produktion und Respiration

Datum	rate of change			H–D-Flaschen			Rohr-Methode		
	Brutto-produk-tion	Atmung $\frac{g\ O_2}{m^2 \cdot d}$	P/R	Brutto-produk-tion	Atmung $\frac{g\ O_2}{m^2 \cdot d}$	P/R	Brutto-produk-tion	Atmung $\frac{g\ O_2}{m^2 \cdot d}$	P/R
Teich 1									
9.–10. 8. 66	6,5	9,1	0,71	3,9	5,4	0,72	5	9,8	0,51
26.–27. 8. 66	1,6	10	0,16				–0,6	11	
23.–24. 9. 66	3	4,3	0,7	1,5	3,2	0,47	2,8	4,4	0,64
30.– 1.10. 66	2,5	4,4	0,57	2,3	5,0	0,46			
11.–12. 4. 67	8,2	5,2	1,5	4,6	5,0	0,92	5,6	4,8	1,2
Teich 2									
2.– 3. 8. 66	10,2	15,0	0,68	1,9	8,5	0,22	6,8	6,5	1,0
9.–10. 8. 66	7,8	17,9	0,44	14,6	12,5	1,17	5	9,8	0,51
26.–27. 8. 66	1,5	4,8	0,31	0,75	2,3	0,32			
23.–24. 9. 66	1,4	5,2	0,27				1,4	5,0	0,28
18.–19. 2. 67	5,0	3,9	1,3	4,1	3,1	1,3			
14.–15. 3. 67				2,8	3,6	0,78			
11.–12. 4. 67	1,4	5,0	0,28	1,3	4,3	0,3			

Der Wert der Bruttoproduktion liegt in den Grenzen von $1{,}3 \cdots 14{,}6$ g $O_2/m^2 \cdot d$. Zwei Meßbeispiele nach dem RC-Verfahren sind in Abb. 2 dargestellt.

Als durchschnittlichen Ausnutzungsgrad der Sonnenenergie erhält man 1,1% bis 4,4%, wobei angenommen wurde, daß die Phytoplankter nur 50% der Globalstrahlung verwerten können. Für einen theoretischen Ansatz zur Berechnung der täglichen Sauerstoffproduktion wurden der Chlorophyllgehalt und die Globalstrahlung verwendet. Die Auswertung der Meßwerte ergab empirisch folgende Beziehung:

$$P = 0{,}18 \cdot c \cdot g \tag{1}$$

P = tägliche Sauerstoffproduktion in $mg/l \cdot d$
c = Chlorophyllgehalt in mg/l
g = Globalstrahlung in $cal/cm^2 \cdot d$.

Die so errechnete Produktion ist in Abb. 3 den tatsächlich gemessenen Werten gegenübergestellt. Als gemessene Produktion ist die mittlere Produktion der oberen lichtdurchdrungenen Schichten angegeben (nach RC-Methode bestimmt).

Im Modellversuch führte Uhlmann (unveröffentlicht) Produktionsmessungen in Aquarien durch. Diese Versuche wurden ebenfalls nach (1) ausgewertet und in Abb. 3 dargestellt.

Die Hauptorganismenarten in den Teichen während der Untersuchungszeit sind in Abb. 4 dargestellt.

In den betrachteten Gewässern wurde die Gesamtatmung der Freiwasserregion mit der H–D-Methode und nach dem RC-Verfahren sowie im Rohr mit Boden bestimmt. Diese Werte sind ebenfalls in Tab. 1 angegeben. Als geringste Atmung ergibt sich 3,1 g $O_2/m^2 \cdot d$. Der Maximalwert beträgt 12,5 g $O_2/m^2 \cdot d$.

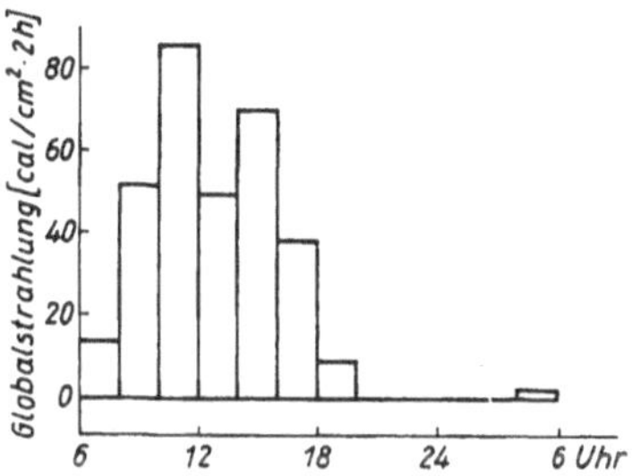

Abb. 2a 1

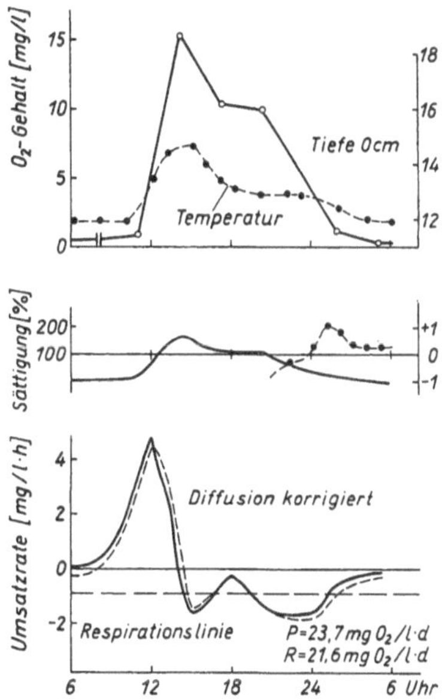

Abb. 2a 2

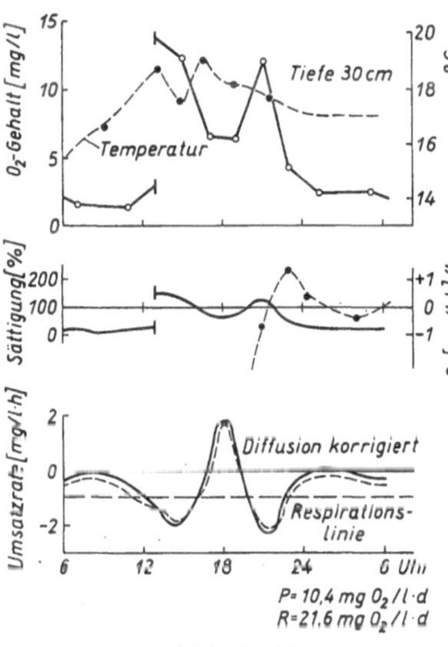

Abb. 2a 3

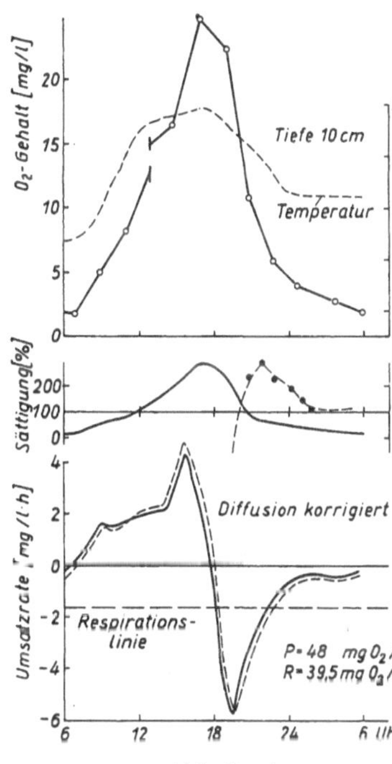

Abb. 2a 4

Abb. 2a: Produktionsmessung nach dem RC-Verfahren am 2…3. VIII. 1966 für Teich 2. Diffusionskonstante $k = 0{,}2$ mg $O_2/l \cdot h$

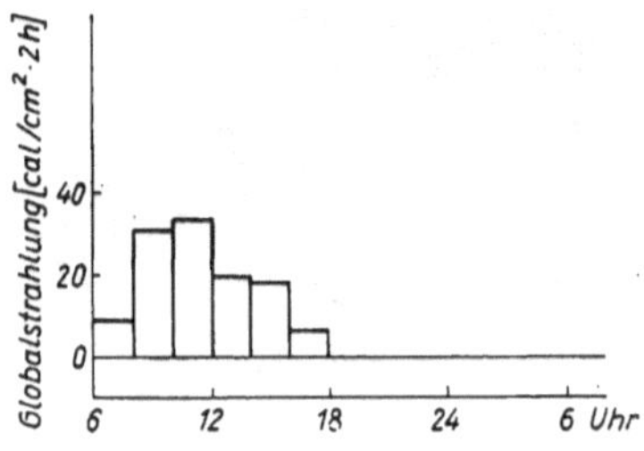

Abb. 2 b 1

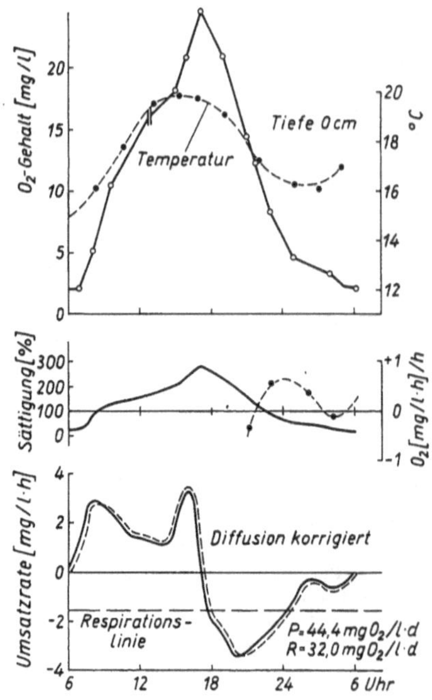

Abb. 2 b 2

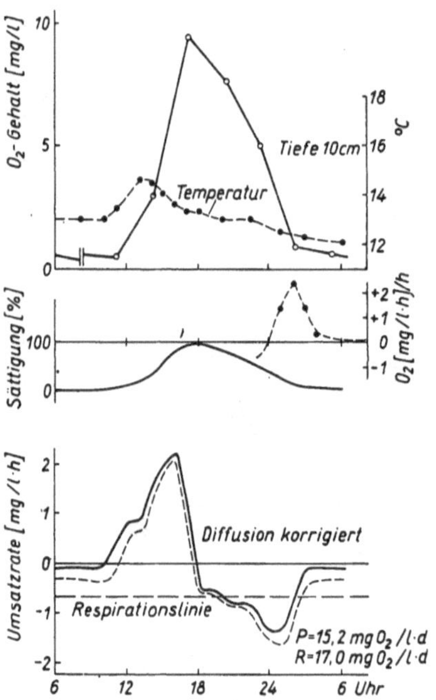

Abb. 2 b 3

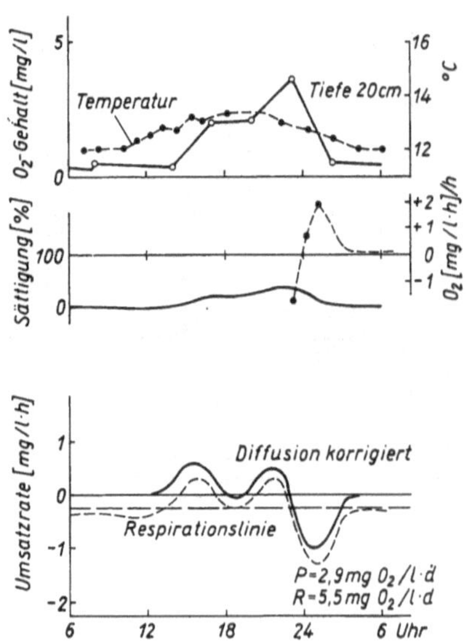

Abb. 2 b 4

Abb. 2b: Produktionsmessung nach dem RC-Verfahren am 30. IX.···1. X. 1966 für Teich 1. Diffusionskonstante $k = 0{,}2$ mg $O_2/l \cdot h$

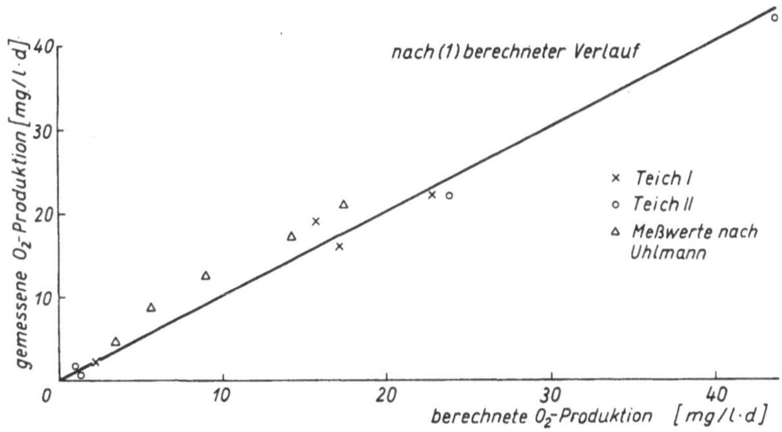

Abb. 3: Vergleich der berechneten und gemessenen Produktion

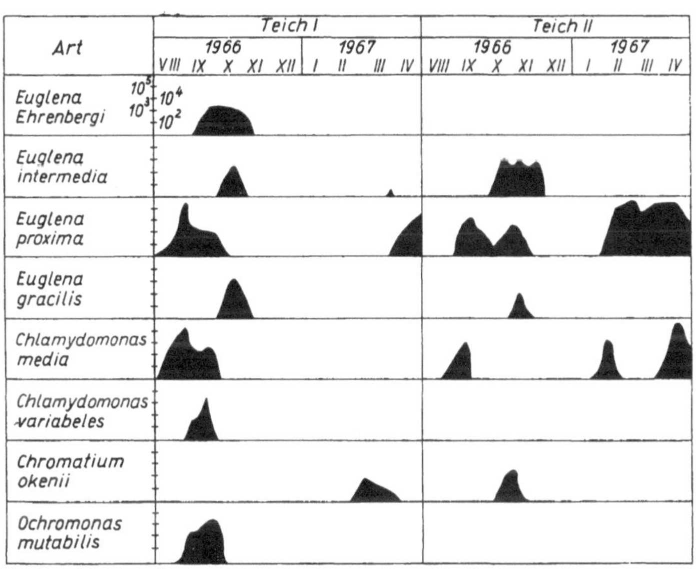

Abb. 4: Hauptorganismen in den Teichen während der Untersuchungszeit

Sauerstoffverbrauch des Schlammes

Der Sauerstoffverbrauch des Schlammes liegt für Teich 1 zwischen 0,5 g O_2 pro $m^2 \cdot d$ und 3,0 g $O_2/m^2 \cdot d$ (Mittelwert: 1,9 g $O_2/m^2 \cdot d$). In Teich 2 fand nur kurzzeitig eine Schlammablagerung statt, so daß ein wesentlich geringerer Einfluß des Schlammes in diesem Gewässer auftritt (0···0,03 g $O_2/m^2 \cdot d$).

Abb. 5 zeigt einen typischen Verlauf der Messung mit Rohren bei einer Temperatur von 3,6 °C in den Teichen 1 und 2. Für die Aquarienversuche ist in Abb. 6 ein Beispiel angegeben, das die Sauerstoffzehrung bei 4 °C und 20 °C über längere Zeit zeigt. In diesem Fall wurde die Zehrung nach vollständigem

Sauerstoffschwund durch Bestimmung des Schwefelwasserstoffs (= negativer Sauerstoff) berechnet. Hierbei ergeben sich aber geringere Werte der Sauerstoffzehrung des Schlammes, da die Sulfatreduktion die ablaufenden Vorgänge verlangsamt.

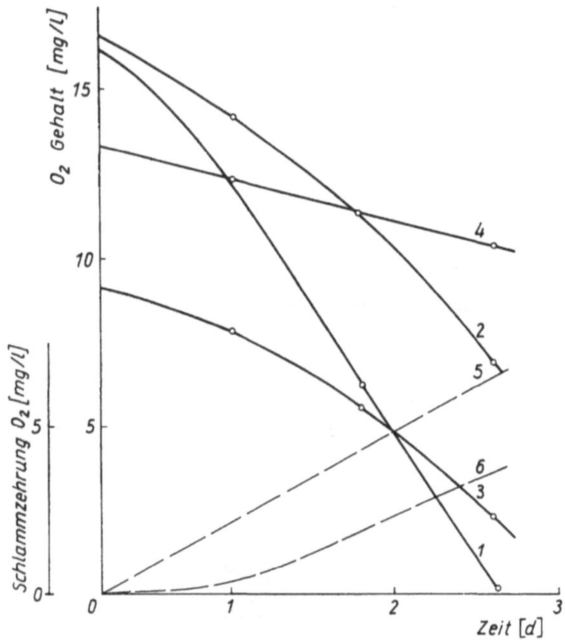

Abb. 5: Sauerstoffabnahme in Rohren

1 – Teich 1, Rohr ohne Boden; 2 – Teich 1, Rohr mit Boden; 3 – Teich 2, Rohr ohne Boden; 4 – Teich 2, Rohr mit Boden; 5 – Teich 1, Sauerstoffverbrauch der Schlammes; 6 – Teich 2, Sauerstoffverbrauch des Schlammes

Zur Bestimmung der aktiven Schlammschicht wurden der tägliche Sauerstoffbedarf von 1 g Schlamm in einer 1-l-Flasche mit zehrungsfreiem Wasser unter Luftabschluß gemessen und gleichzeitig für den Schlamm unter natürlichen Bedingungen die Zehrung Z (= Sauerstoffbedarf pro Oberfläche und Tag) bestimmt.

Aus diesen beiden Größen erhält man bei bekannter Dichte D des Schlammes die wirksame Schlammschicht (SCHPET und FELDMAN).

Für eine beliebige Schlammoberfläche O_i ist die Zehrung Z_i bekannt. Außerdem wurde für den Schlamm der Sauerstoffverbrauch V_i in der Flasche (mg O_2 pro g Schlamm · d) ermittelt, so daß das Volumen $O_i \cdot d$ (d = Dicke der aktiven Schlammschicht) berechnet werden kann, welches die Zehrung Z_i hervorruft:

$$d = \frac{Z}{V \cdot D} \tag{2}$$

d = Dicke der aktiven Schlammschicht in mm
Z = Zehrung des Schlammes in mg $O_2/m^2 \cdot d$
V = Sauerstoffverbrauch des Schlammes in g O_2/g Schlamm · d
D = Dichte des Schlammes in g/cm³ .

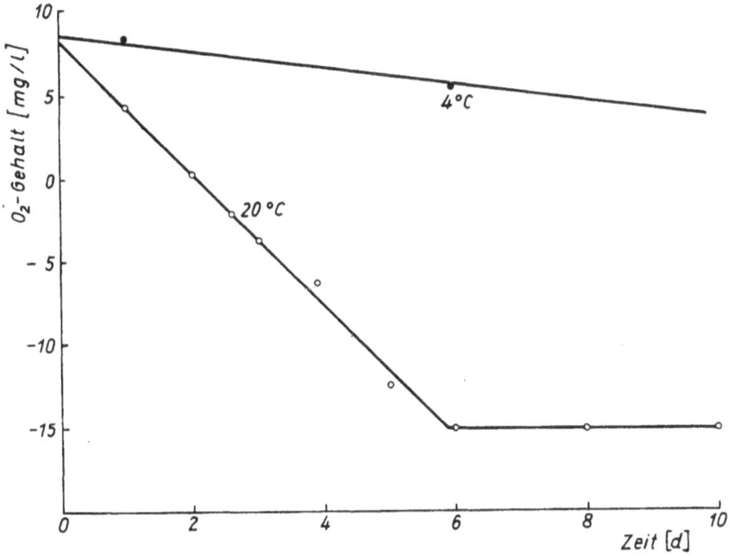

Abb. 6: Sauerstoffabnahme im Aquarium

Meßbeispiel (8. 8. 1966 Teich 1):

$Z = 3$ g $O_2/m^2 \cdot d$
$D = 1{,}07$ g/cm^3
$V = 1{,}5$ mg O_2/g Schlamm $\cdot$ d,
damit wird $d = 1{,}9$ mm.

Gasbildung im Schlamm

In Teich 2 wurde trotz zweimonatiger Exponierung der Gastrichter keine Gasentwicklung festgestellt, weil sich bei der geringen Schichtdicke des Schlammes über dem Kiesuntergrund kein Gas bilden kann. Die großen Gasmengen, die in Teich 1 entstanden, sind das Ergebnis der anaeroben Prozesse im Schlamm beim Abbau hochmolekularer Verbindungen. Je nach der Schlammdicke und Temperatur ergab sich ein Gasvolumen von 0,9⋯8,0 $l/m^2 \cdot d$, Mittelwert 5,7 l pro $m^2 \cdot d$.

In Tab. 2 ist die Zusammensetzung der Schlammgase angegeben, die mit den Messungen anderer Autoren (PARKER, MOENS) gut übereinstimmt (GRIMBERG).

Schwefelwasserstoff konnte nie gasförmig nachgewiesen werden, obwohl zeitweise große Mengen (14 mg/l) im Wasser gelöst waren. Ursache ist seine gute Löslichkeit im Wasser.

Beim Durchströmen der Wasserschichten vom Teichgrund zur Oberfläche wird ein Teil des Methans durch den im Wasser gelösten Sauerstoff oxydiert:

$$CH_4 + 2\,O_2 \rightarrow CO_2 + 2\,H_2O\,. \qquad (3)$$

Durch Anbringen der Gasauffangtrichter in unterschiedlichen Höhen wurde eine Oxydation von 3,5% des Methans (bei 60 cm Steighöhe) festgestellt. Das entspricht im Mittel einem Verbrauch von 0,4 g $O_2/m^2 \cdot d$.

Tabelle 2
Zusammensetzung der Schlammgase in Prozent

Gas	Streubereich	Mittelwert
CH_4	80···88	85
N_2	4,6···12,4	8,3
CO_2	1,8···6	4,3
H_2	1,2···2,6	1,7
CO	0,4···1	0,2
O_2	0,2···0,8	0,5

Sauerstoff- und Energiebilanz

Eine Möglichkeit, den Gesamtstoffwechsel der Oxydationsteichanlage näherungsweise zu erfassen, stellt die Sauerstoffbilanz dar. Hierzu werden die Ergebnisse aller ablaufenden Hauptprozesse in eine einheitliche Größe, den Sauerstoffwert (g $O_2/m^2 \cdot d$), umgerechnet.

Sauerstoffquellen sind die Photosynthese und der Sauerstoffeintrag aus der Atmosphäre. Sauerstoffverbrauchende Prozesse sind die Atmung des Phytoplanktons, des Zooplanktons und der Bakterien sowie die Zehrung des Schlammes, des im Schlamm gebildeten Gases und die Sauerstoffabgabe an die Atmosphäre. Die Sauerstoffbilanz für einen Teich im stationären Zustand (kontinuierlicher Betrieb) lautet damit:

$$S_p + S_A = S_R + S_S + S_G \tag{4}$$

S_p = Sauerstoff, der bei der Photosynthese erzeugt wird
S_A = Sauerstoffaustausch mit der Atmosphäre (Eintrag oder Abgabe von Sauerstoff)
S_R = Atmung der Plankter und Bakterien
S_S = Schlammzehrung
S_G = Sauerstoffverbrauch der aufsteigenden Gase.

Beispiel: Sauerstoffbilanz für einen Sommertag (9. 8. 66, Teich 1)

S_p = Der durch Photosynthese erzeugte Sauerstoff wurde über das RC-Verfahren berechnet.

$S_p = 6{,}5$ g $O_2/m^2 \cdot d$

S_A = Da die Sauerstoffproduktion nach der RC-Methode bestimmt wurde, ist der Austausch mit der Atmosphäre bereits berücksichtigt $S_A = 0$.

S_R = Die H–D-Flaschenmethode liefert die Atmung im Wasserkörper. Der in den lichtundurchlässigen Flaschen erhaltene Zehrungswert beträgt: $S_R = 5{,}4$ g $O_2/m^2 \cdot d$.

S_S = Über die Rohr-Methode erhält man

$S_S = 3{,}0$ g $O_2/m^2 \cdot d$.

S_G = Wie zuvor angegeben, ist der näherungsweise Sauerstoffverbrauch der aufsteigenden Gase

$S_G = 0{,}4$ g $O_2/m^2 \cdot d$.

Für einen Wintertag (13. 2. 67, Teich 1) ergeben sich analog folgende Werte:

$S_p = 5{,}0$ g $O_2/m^2 \cdot d$
$S_R = 3{,}1$ g $O_2/m^2 \cdot d$
$S_S = 0{,}5$ g $O_2/m^2 \cdot d$
$S_G = 0{,}4$ g $O_2/m^2 \cdot d$.

Für einen Frühjahrstag (12. 4. 67, Teich 1) gilt:

$S_p = 8{,}2$ g $O_2/m^2 \cdot d$
$S_R = 5{,}0$ g $O_2/m^2 \cdot d$
$S_S = 1{,}0$ g $O_2/m^2 \cdot d$
$S_G = 0{,}4$ g $O_2/m^2 \cdot d$.

Über den Energiesatz läßt sich eine ähnliche allgemeingültige Beziehung wie über die Sauerstoffbilanz angeben, um die Stoffwechseldynamik der Teiche zu beschreiben. Alle Stoffwechselprodukte werden in eine einheitliche Größe, die Energie (in kcal/m$^2 \cdot$ d) umgerechnet.

In den untersuchten Teich gelangt Energie durch die Sonnenstrahlung und durch zufließendes Abwasser. Ein Teil dieser Energie entweicht in Gestalt der Schlammgase in die Atmosphäre oder wird bei der Atmung frei. Als Sediment bleibt ein bestimmter Prozentsatz der Energie im Teich gespeichert. Die nicht abgebauten Substanzen verlassen den Teich (Abb. 12). Bei 100%igem Abbau wäre der Energieinhalt des abfließenden Abwassers gleich Null.

Mit der Annahme, daß alle betrachteten Vorgänge vollständig ablaufen, lautet der Energiesatz für einen Teich:

$$E_p + E_{A1} - E_{A2} = E_G + E_R + E_S + E_V \qquad (5)$$

E_p = Energie, die dem Teich als Strahlungsenergie zur Verfügung steht (Primärproduktion)
E_{A_1} = Energieinhalt des zufließenden Wassers
E_{A_2} = Energieinhalt des abfließenden Wassers
E_G = Energieinhalt der in die Atmosphäre entweichenden Gase
E_R = Bei der Atmung freiwerdende Energie
E_S = Energie, die im Teich als Ablagerung (Sediment) gespeichert wird
E_V = Verlustenergie: Energie, die zusätzlich von der Umgebung eingetragen wird (z. B. Erwärmung durch die Strahlung) oder die an die Umgebung abgegeben wird (z. B. (Wärmeausstrahlung).

Für alle weiteren Betrachtungen wird $E_V = 0$ gesetzt.

Beispiel: Energiebilanz für einen Herbsttag (Teich 1)

(Alle verwendeten Meßwerte sind Mittelwerte aus mehreren Messungen im Herbst. BSB-Werte nach ALBERT).

E_p = Für einen Herbsttag ergibt sich bei einer mittleren Produktion von 5 g $O_2/m^2 \cdot d$ die Energie
$E_p = 18{,}4$ kcal/m$^2 \cdot$ d .
E_{A_1} = Der Energieinhalt des zufließenden Abwassers ist über den Sauerstoffbedarf (BSB) errechnet worden.
$E_{A_1} = 24{,}0$ kcal/m$^2 \cdot$ d
E_{A_2} = Der durchschnittliche BSB-Abbau beträgt 80%, so daß der Energieinhalt am Auslauf 4,8 kcal/m$^2 \cdot$ d beträgt.
E_G = Die Energie der nicht brennbaren Gase wurde aus den Reaktionsgleichungen errechnet, nach denen diese Gase entstehen (CAMP).
Bei den brennbaren Gasen ist der Heizwert bestimmt worden. Im Mittel gilt:
$E_G = 7{,}5$ kcal/m$^2 \cdot$ d .
E_R = Die Respiration im Wasserkörper stellt einen Energieverlust dar. Für die mittlere Atmung ergeben sich 4,5 g $O_2/m^2 \cdot d$
$E_R = 16{,}4$ kcal/m$^2 \cdot$ d ,
E_S = Als Sediment setzt sich im Mittel 2,0 g organische Substanz pro m^2 und Tag ab.
$E_S = 10$ kcal/m$^2 \cdot$ d .

Als Gesamtenergie werden dem Teich 37,6 kcal/m² · d zugeführt. In die Atmosphäre entweichen 7,5 kcal/m² · d. 10 kcal/m² · d lagern sich als Sediment ab und 10,4 kcal/m² · d werden veratmet.

Weitere Energiewerte s. GRIMBERG

Diskussion

Methoden zur Produktionsmessung

Die Unterschiede zwischen den Produktionswerten (Tab. 1) bei Verwendung der drei Meßmethoden sollen im folgenden diskutiert werden. Die Durchführung der H–D-Methode erfordert einen relativ geringen Aufwand bei guter Genauigkeit der Meßergebnisse. Bei der Auswertung müssen aber einige prinzipielle Fehler dieser Methode beachtet werden.

Im Gegensatz zum freien Wasser bleiben in den Flaschen alle Umschichtungen im Wasserkörper sowie die Austauschvorgänge mit der Atmosphäre unberücksichtigt.

Außerdem hemmt der in den Hellflaschen gebildete Sauerstoff die weitere Produktion von Sauerstoff und damit den normalen Ablauf der Assimilation. Der Einfluß dieser Sauerstoffgegenspannung auf die Produktion in Hellflaschen kann durch folgende Beziehung (aus Versuchsergebnissen gemittelt) ausgedrückt werden.

$$P = P_1 \left(1 - \frac{\Delta S}{4}\right) \qquad (6)$$

P = Produktion bei der Sättigung S
P_1 = Produktion bei der Sättigung S_1 (100% Sauerstoffsättigung) ·
ΔS = Sättigungsdefizit = $S - S_1$.

1. Beispiel: Sauerstoffanfangswert 32,8 mg O_2/l bei 10 °C
$S = 3$ (300% Sättigung)
$\Delta S = S - S_1 = 3 - 1 = 2$
$P = P_1 \cdot 0{,}5$.

Also werden nur 50% des Sauerstoffes produziert, der bei hundertprozentiger Sättigung erzeugt würde.

2. Beispiel: Sauerstoffanfangswert 8,8 mg O_2/l bei 10 °C
$S = 0{,}8$ (80% Sättigung)
$\Delta S = S - S_1 = -0{,}2$
$P = P_1 \cdot 1{,}05$.

In diesem Fall werden 5% mehr Sauerstoff als bei vollständiger Sättigung produziert, weil das Sättigungsdefizit in diesem abgeschlossenen System die Sauerstoffproduktion fördert.

Der Geltungsbereich von (6) ist nach den Versuchsergebnissen die Sättigungskonzentration von 80···300%.

Als weiterer verfälschender Faktor bei der Produktionsbestimmung ist die Abschwächung der Strahlung durch die Glaswände der Flaschen zu beachten. Diese Verminderung der Strahlung (besonders im ultravioletten Bereich) bewirkt eine geringere Produktion in den Hellflaschen.

Der Einfluß auf die gemessene Produktion durch unterschiedliche Meßdauer mit Hell–Dunkel-Flaschen ist in Abb. 7 dargestellt. Bei allen durchgeführten Untersuchungen ist die Produktion aus der Summe der kurzzeitigen Exponierung größer als bei vierundzwanzigstündiger Anordnung.

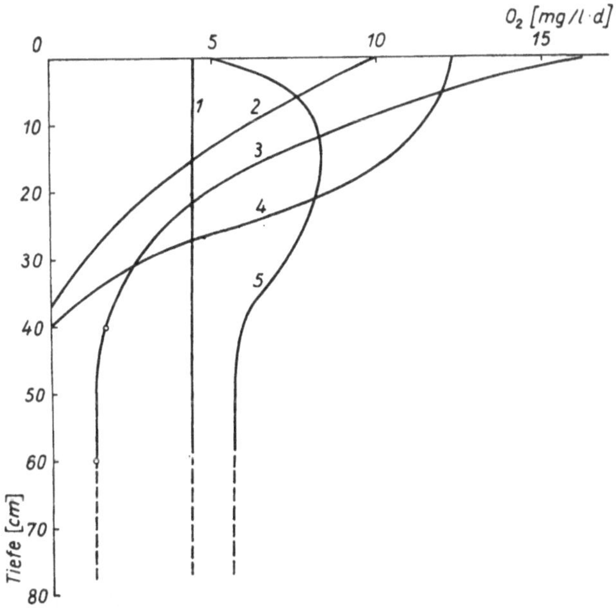

Abb. 7: Vertikale Unterschiede von Primärproduktion und Atmung am 23.···24. IX. 1966 in Teich 1

1 – Respiration nach der HD-Methode; *2* – Produktion nach der HD-Methode (24stündige Exposition); *3* – Produktion nach dem RC-Verfahren; *4* – Produktion nach der HD-Methode (Summierung über kurzzeitige Exposition); *5* – Respiration nach dem RC-Verfahren

Eine quantitative Einschätzung des Einflusses der Versuchsdauer kann aus den durchgeführten Meßreihen nicht gegeben werden. Mit den Dunkelflaschen wurde die Atmung bestimmt. Die Ergebnisse zeigen, daß die Atmung in der gesamten Tiefe annähernd konstant ist.

Bei der Produktionsbestimmung mit Hilfe der eingesetzten Rohre wird ein größeres Teichvolumen umfaßt, weil der Stoffwechsel eines vollständigen Profiles untersucht wird. Die Atmung im Dunkelrohr (∅ 12,5 cm mit Boden) repräsentiert die vorhandene Respiration der Plankter und Bakterien ähnlich wie bei den anderen Methoden. Als produktionshemmende Faktoren im Hellrohr (∅ 10 cm) gelten wie bei der H–D-Flaschen-Methode die Strahlungsschwächung durch das Glas bzw. Paraffin, im geringeren Umfang der Einfluß der Wandeffekte und die beschränkte Bewegung des Phytoplanktons.

Mit der RC-Methode werden alle Vorgänge im freien Wasser während der gesamten Meßdauer erfaßt. Bei den untersuchten Oxydationsteichen genügten Messungen im zweistündigen Abstand.

Nach Differentiation und Festlegung der Respirationslinie als Durchschnittswert der Nachtatmung wird die Produktion planimetrisch bestimmt. Ein Problem dieser Methode liegt in der Erfassung desjenigen Sauerstoffanteiles, der dem Gewässer durch Diffusion in die Atmosphäre verlorengeht oder der in das System bei Sauerstoffmangel hineindiffundiert. Dieser Vorgang wird durch die Korrektur der *rate of change-Kurve* durch die Diffusionskonstanten k berücksichtigt. ODUM und HOSKIN geben für k folgende Beziehung an:

$$k = 100 \frac{q_m - q_e}{S_m - S_e}$$

q_m = Sauerstoffänderung bei Sonnenaufgang
q_e = Sauerstoffänderung bei Sonnenuntergang
S_m = Sättigungsdefizit bei Sonnenaufgang
S_e = Sättigungsdefizit bei Sonnenuntergang.

Wird dieses Berechnungsverfahren auf die untersuchten Teiche übertragen, ergeben sich Werte für k bis 15 mg $O_2/l \cdot h$.

Um einen gültigen Wert zu erhalten, ist der Sauerstoffeintrag experimentell bestimmt worden, wobei die gemessene Größe (0,2 mg $O_2/l \cdot h$) nur bei völliger Windstille und vernachlässigbarer Durchmischung des Wasserkörpers gilt.

Wegen der Unsicherheit anderer Bestimmungsmethoden wurde zur Auswertung der *rate of change*-Kurven immer der experimentell bestimmte Wert der Diffusionskonstanten verwendet.

Zur Berechnung der Produktion und Respiration ohne Berücksichtigung von Diffusionsvorgängen kann die Kurve des täglichen Sauerstoffganges direkt ausgewertet werden. Die tägliche Respiration R in mg $O_2/l \cdot d$ ergibt sich aus der Beziehung:

$$R = 24 \frac{S_{\max} - S_{\min}}{t_{\max} - t_{\min}}$$

$S_{\max}$ = maximaler Sauerstoffgehalt im Tagesgang in mg O_2/l
$S_{\min}$ = minimaler Sauerstoffgehalt im Tagesgang in mg O_2/l
$t_{\max} - t_{\min}$ = Zeitdifferenz zwischen beiden Extrema des Sauerstoffgehaltes in Stunden.

Die Abweichung der so erhaltenen Werte von den Atmungswerten nach dem RC-Verfahren beträgt im Mittel 6%. Zur Produktionsbestimmung wird eine Parallele zur Zeitachse durch den Punkt $S_{\min}$ der Kurve des täglichen Sauerstoffganges gezeichnet. Die Fläche zwischen dieser Parallelen und der Sauerstoffkurve ergibt die Bruttoproduktion in mg $O_2/l \cdot d$. Die Differenz zwischen der Bruttoproduktion und der täglichen Respiration stellt die Nettoproduktion dar. Die mittlere Abweichung der so erhaltenen Produktion von den Werten nach dem RC-Verfahren beträgt 10%.

Genaue Ergebnisse sind mit dieser direkten Integration nur zu erhalten, wenn bei einer vierundzwanzigstündigen Messung kein Sprung im täglichen Sauerstoffgang auftritt. (Sauerstoffkonzentration im Wasser erreicht nach 24 h wieder den Ausgangswert.) Alle in dieser Arbeit angegebenen Werte sind nach dem Verfahren von ODUM über Differentiation und Sättigungskorrektur berechnet worden.

Bei allen bisherigen Betrachtungen ist ein direkter Zusammenhang zwischen der Sauerstoffsättigung und der Sauerstoffänderung angenommen worden. Nach ABBOT besteht aber zwischen der Sauerstoffsättigung und der zweiten Ableitung des täglichen Sauerstoffganges eine signifikante Beziehung zum nächtlichen Sauerstoffrückgang. Danach ist die zweite Ableitung des täglichen Sauerstoffganges positiv, solange die Sauerstoffsättigung nicht unter 85% liegt. Die zweite Ableitung ist konstant gleich Null bei Sättigungswerten um 75%. Dieser an Modellen gemessene Zusammenhang konnte bei den Freiwasseruntersuchungen nur teilweise bestätigt werden, weil die Sättigungswerte und andere Einflußgrößen an verschiedenen Tagen und in unterschiedlichen Schichten stark voneinander abweichen. Prinzipiell läßt sich aus den Messungen folgendes zusammenfassen:

Der Verlauf der zweiten Ableitung während des nächtlichen Sauerstoffrückganges zeigt nach Sonnenuntergang einen Anstieg von negativen Werten bis ca. +1 (mg $O_2/l \cdot h$)/h. Der Nulldurchgang dieser Kurve findet unter normalen Bedingungen (d. h. beim Fehlen verfälschender Einflüsse wie starkem Wind, Regen, stoßartiger Abwasserzufluß usw.) etwa bei Sonnenuntergang statt. Dieser Zeitpunkt bedeutet für den täglichen Sauerstoffgang einen Wendepunkt. Nach ständig geringer werdender Produktion in den Abendstunden finden ab Sonnenuntergang nur noch sauerstoffverbrauchende Prozesse statt. Der Nulldurchgang ist markant für alle erhaltenen Kurven. In der ersten Nachthälfte ist noch eine Sauerstoffübersättigung vorhanden, die infolge der Atmung und der Abgabe an die Atmosphäre aufgezehrt wird (Rückgang der Übersättigung auf 100···80%). Wegen dieses ständig langsamer werdenden Verbrauches wird der Abfall des täglichen Sauerstoffganges immer geringer und die zweite Ableitung ist in diesem Sättigungsbereich positiv.

Erst in der zweiten Nachthälfte stellt sich ein stabiler Zustand ein (2. Ableitung gleich Null). Sauerstoffgehalt und -verbrauch führen dann vorübergehend zu einem linearen Verlauf des täglichen Sauerstoffganges (Sättigungswerte betragen 100···30%).

In dieser Zeit haben sich die sauerstoffverbrauchenden Prozesse stabilisiert, d. h. sie verlaufen mit konstanter Intensität pro Zeiteinheit. Der im Wasser vorhandene Sauerstoff (aus der täglichen Sauerstoffproduktion und aus atmosphärischem Eintrag) reicht für die ablaufenden Prozesse aus.

Mit diesen Ergebnissen kann ein prinzipieller Zusammenhang zwischen 2. Ableitung des täglichen Sauerstoffganges und Sättigung in der angegebenen Art angenommen werden. Andererseits müßte noch untersucht werden, ob die diskutierte Beziehung tatsächlich zwischen 2. Ableitung und Sauerstoffsättigung besteht, denn der Verlauf des täglichen Sauerstoffgehaltes (und damit auch der 2. Ableitung) ist auch dann ähnlich dem von ABBOTT bestimmten und in Abb. 2 und 3 dargestellten, wenn die Sättigung z. B. tagsüber ständig unter 50% bleibt.

Die von ABBOTT weiterhin angegebene Abhängigkeit zwischen Sauerstoffeintrag und Atmung konnte durch die Messungen in den untersuchten Teichen nicht nachgewiesen werden. Auch wenn man die Diffusionskonstante k nach dem angegebenen Verfahren aus dem Tagesgang des Sauerstoffgehaltes berechnet, ergibt sich keine Beziehung zwischen den Größen Sauerstoffeintrag und Atmung.

Ein Nachteil des Verfahrens mit den *rate of change*-Kurven ist, daß die Herkunft des Sauerstoffes nicht genau bekannt ist. Wenn innerhalb des Wassers der Sauerstoff durch Austauschvorgänge in eine andere Schicht gelangt, dann täuscht er in dieser Schicht eine zusätzliche Sauerstoffproduktion vor. Die Messungen zeigten aber, daß bis auf die Produktion unter einer Eisdecke solche Austauschvorgänge nicht stattfanden. Der Sauerstoffgehalt spiegelte in allen anderen Fällen die tatsächliche Produktion der Phytoplankter unter der Wirkung der Sonnenstrahlung wider.

Bei Berücksichtigung des Schichtbildes der Sauerstoffisoplethen können aber zusätzliche Diffusionsvorgänge unter besonderen äußeren Einflüssen (z. B. Eisdecke) erkannt werden.

Abb. 8 zeigt die Sauerstoffisoplethen für eine Meßreihe im Frühjahr für Teich 1 mit zusätzlicher Angabe der Windgeschwindigkeit. Der Anstieg des Sauerstoffgehaltes durch die Photosynthese bis zum Nachmittag und der verti-

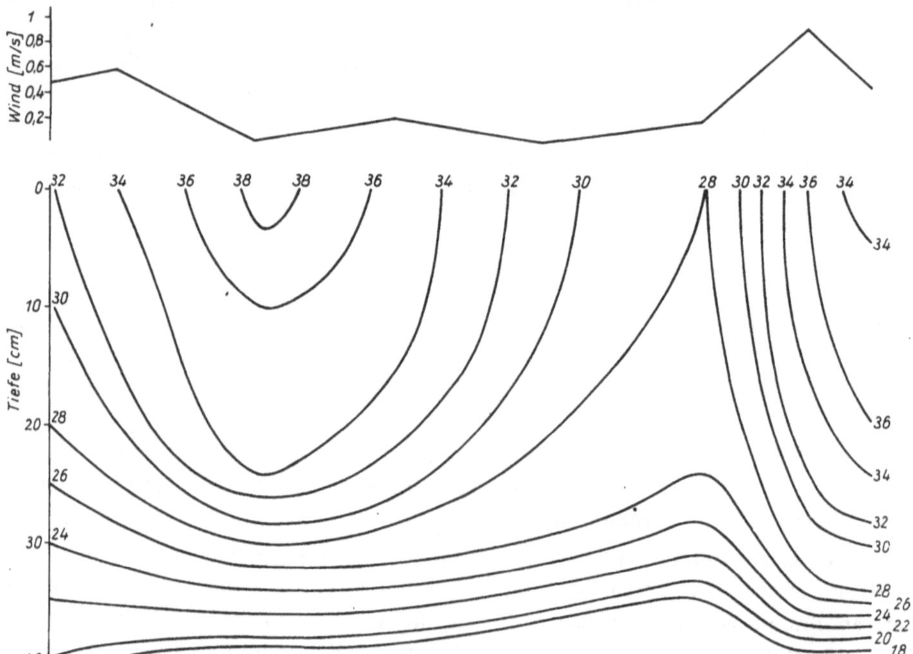

Abb. 8: Tagesgang des Sauerstoffgehaltes am 11.···12. IV. 1967 in Teich 1

kalen Sauerstoffgradienten ist deutlich erkennbar. In den Abend- und Nachtstunden ohne Sauerstoffproduktion ist in den oberen Schichten kein vertikaler Sauerstoffgradient festzustellen. In den unteren Schichten bleibt die stabile Schichtung erhalten. Nach Sonnenaufgang beginnt von der Oberfläche her wieder die photosynthetische Sauerstoffproduktion.

Die Diskussion der einzelnen Methoden und Tab. 1 zeigen, daß die Meßwerte der Produktion in einigen Fällen annähernd übereinstimmen. Wenn man beim Auswerten die spezifischen Fehlerquellen jeder Methode beachtet, ergeben sich vergleichbare Werte.

Sauerstoffproduktion der Oxydationsteichanlage

Die Sauerstoffbilanz im Gewässer ist das Ergebnis zweier gegenläufiger Prozesse, der Gewinnung von Sauerstoff (Photosynthese und Eintrag aus der Atmosphäre) und des Sauerstoffverbrauches im Wasser und Schlamm.

Bei den untersuchten Teichen ergab sich eine Produktion von 1,3···14,6 g O_2 pro $m^2 \cdot d$. Die höchste Produktion pro Volumen fand in der lichtoptimalen Schicht statt und erreichte Werte von 48 mg $O_2/l \cdot d$. Das entspricht 50% der Gesamtproduktion über alle Tiefen, weil die hohe Selbstbeschattung des Phytoplanktons auf die unteren Schichten produktionsbegrenzend wirkt. (In den H–D-Flaschen wurde an diesem Tag nur bis 20 cm Tiefe eine Produktion nachgewiesen.)

Ähnliche hohe Werte der Sauerstoffproduktion pro Volumen in einer Schicht treten im Sommer und Frühjahr häufig auf und beweisen die hohe Produktionsfähigkeit des Phytoplanktons unter mitteleuropäischen Temperatur- und Strahlungsbedingungen. Mit dieser hohen Produktivität erreichen die Oxydationsteiche in Leipzig durchaus Produktionswerte, die in subtropischen Seen gemessen wurden. Im Mariut-See, Ägypten, bestimmten Anwar und Samaan z. B. 19 mg $O_2/l \cdot 12$ h···68 mg $O_2/l \cdot 12$ h. Die hohe Sauerstoffproduktion und damit das schnelle Wachstum der Algen in Oxydationsteichen gestatten sogar eine industriemäßige Verwendung der Primärproduzenten unter günstigen Bedingungen.

Untersuchungen anderer Autoren an Flachgewässern in der Umgebung von Leipzig bestätigen die gemessenen Produktionswerte, sofern eine ausreichende Phytoplanktondichte und günstige Strahlungsbedingungen vorliegen (Uhlmann, Gleinich, Rammner).

Die unterschiedlichen Produktionswerte (Tab. 1) an verschiedenen Tagen können durch den jeweiligen Zustand der Teiche — charakterisiert durch den Sauerstoffgehalt — erklärt werden. Aus der Jahreskurve, Abb. 9, ist zu erkennen, daß der Sauerstoffgehalt an der Oberfläche von Teich 1 nur im Herbst und Frühjahr kurzzeitig über der Sättigungsgrenze liegt, während in den unteren Schichten ständig Schwefelwasserstoff vorhanden ist.

Die in Teich 1 eintretenden Abwasserinhaltsstoffe stellen für das Teichsystem einen hohen Nährstoffimport dar und führen zu einer Vergrößerung der Respiration. Das gemessene P/R-Verhältnis entspricht den Werten, die Copeland für Abwasserteiche in Oklahoma bestimmte.

Während des anaeroben Zustandes von Oktober bis März konnte in Teich 1 nur Sauerstoff aus der Atmosphäre verbraucht werden. Sowohl die eigenen Messungen (4,8 g $O_2/m^2 \cdot d$) als auch die Angaben anderer Autoren zeigen, daß der atmosphärische Sauerstoffeintrag für Oxydationsteiche von Bedeutung ist. Vergleichbare Werte sind zum Beispiel 4···7 g $O_2/m^2 \cdot d$ bei Siwko, 1,5 g $O_2/m^2 \cdot d$

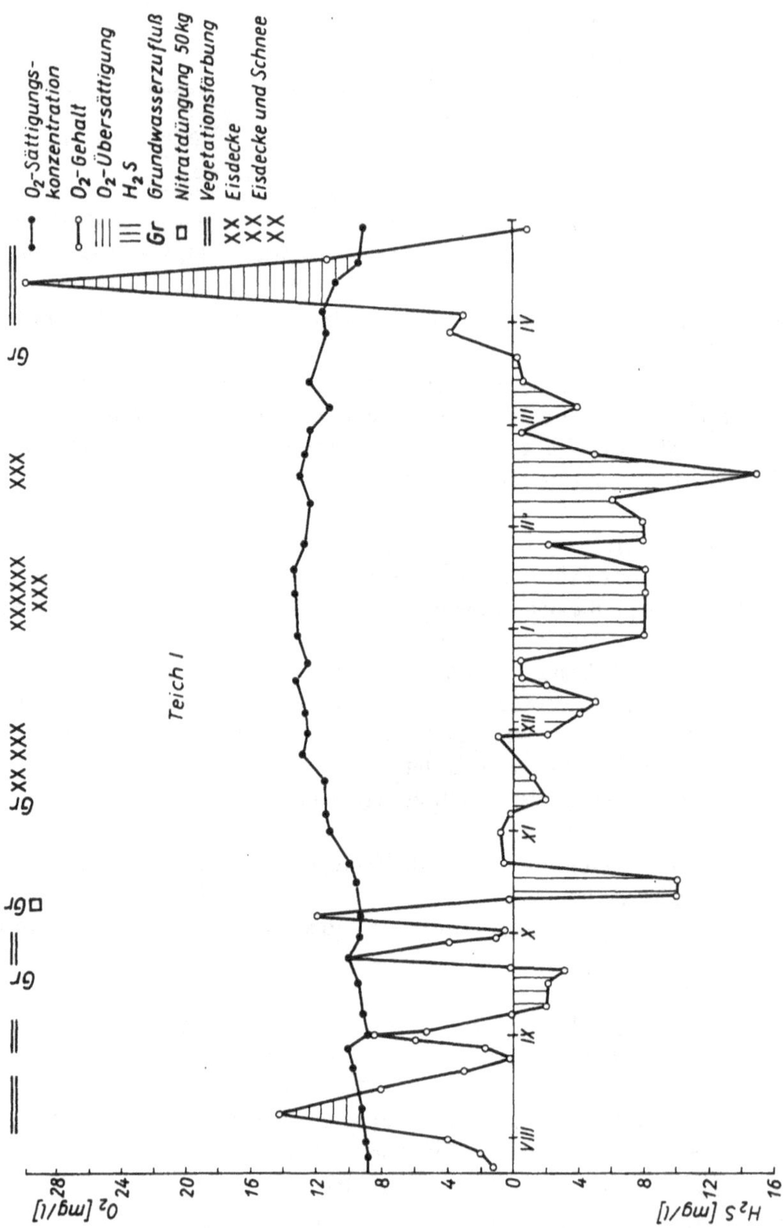

Abb. 9: Jahreskurve des Sauerstoff- und Schwefelwasserstoffgehaltes an der Oberfläche von Teich 1

bei IMHOFF, 5,9 g $O_2/m^2 \cdot d$ bei GLEINICH. Alle angegebenen Werte sind in großem Umfang von der Windgeschwindigkeit und dem vorhandenen Sauerstoffdefizit abhängig.

Bei günstigen Produktionsbedingungen liegt der Gradient des Sauerstoffanstieges im Mittel bei 1,25 mg $O_2/l \cdot d$. Trotz dieser hohen Produktivität der Phytoplankter fällt der Sauerstoffgehalt durch hemmende Faktoren im System zeitweise stark ab (im Mittel 0,9 mg $O_2/l \cdot d$). Infolge der geringen Strahlung im Winter bleibt der Teich während dieser Zeit im anaeroben Zustand. Der Anstieg des Sauerstoffgehaltes nach der winterlichen Stagnation beträgt im Frühjahr über fünfunddreißig Tage 1,1 mg $O_2/l \cdot d$.

Die Jahreskurve des Sauerstoffgehaltes für Teich 2, Abb. 10, zeigt wesentliche Unterschiede zu Teich 1. Im August entwickelte sich in dem mit Abwasser ge-

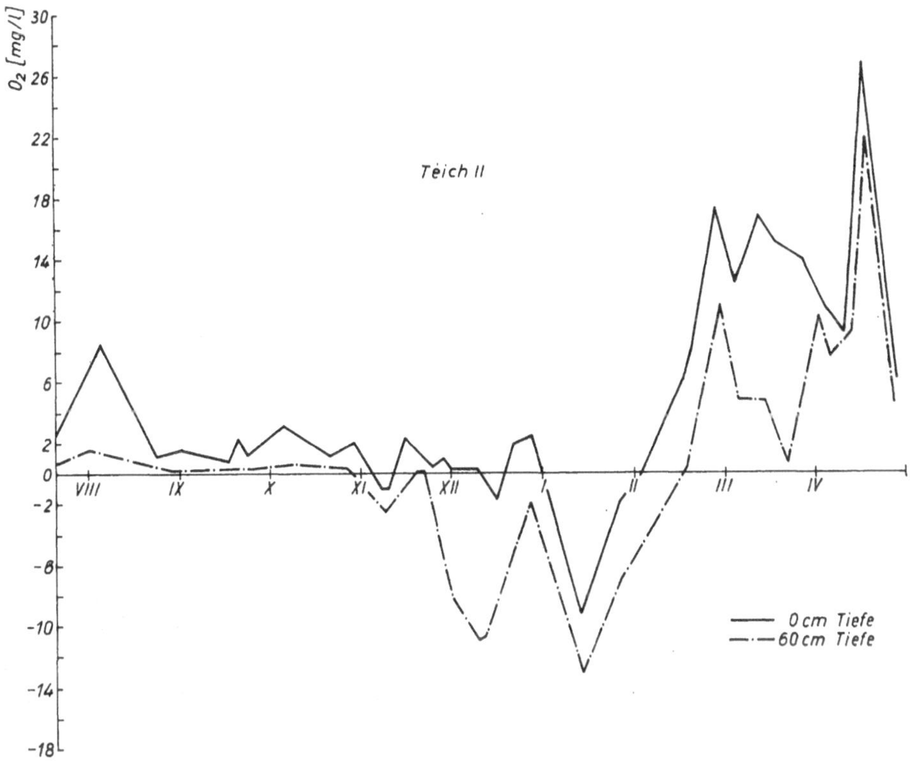

Abb. 10: Jahreskurve des Sauerstoff- und Schwefelwasserstoffgehaltes in Teich 2

füllten Teich eine Euglenenvegetation. Diese Anstiegsphase ist in Abb. 11 gesondert dargestellt. Die Steigerung des durchschnittlichen Sauerstoffgehaltes ist unter den vorhandenen Bedingungen ein Maß für die Zunahme der organischen Substanz im Gewässer.

Vom 20. Juli···3. August ist klar die logarithmische Zunahme zu erkennen.

Empirisch festgestellter Anstieg:

$$G = 2{,}7 \cdot e^{0{,}083} \cdot t$$

Geschwindigkeitsbeiwert $k = 0{,}083/\text{d}$

G = Sauerstoffgehalt in mg O_2/l

t = Zeit in Tagen, gerechnet von $t = 0$ am 20. Juli.

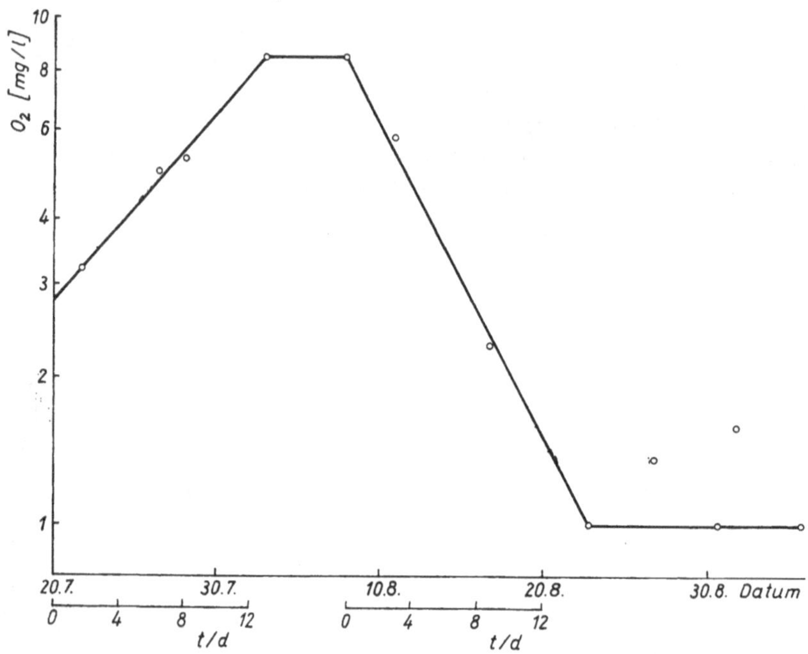

Abb. 11: Sauerstoffgehalt in Teich 2, gemessen 5 h nach Sonnenaufgang

Es erfolgte eine Verdopplung des Sauerstoffgehaltes in neun Tagen. Dieses Wachstum der Algen hält bis zum 3. August an. Darauf folgt ein Stillstand des Zuwachses bis zum 8. August. Diese Stagnation wurde durch das Aufkommen von am 29. Juli eingesetzten Daphnien verursacht. Bereits am 2. August waren einzelne Daphnien in allen Teilen des Teiches zu beobachten, die hier optimale Lebensbedingungen fanden. Bis zum 8. August reichte der Zuwachs der Algen aus, um den Verlust zu decken, der durch die Nahrungsaufnahme der Daphnien entstand. Seit dieser Zeit überwog die Verlustrate gegenüber der Vermehrungsrate bei den Algen.

Auch diese Abnahme des Sauerstoffgehaltes erfolgt logarithmisch. Aus Abb. 11 ist zu entnehmen:

$$G = 8{,}4 \cdot e^{-0{,}166} \cdot t$$

Geschwindigkeitsbeiwert $k = 0{,}166/\mathrm{d}$
t = Zeit in Tagen, gerechnet vom 8. August.

Als Endzustand stellt sich im Teich 2 ein Daphnia-Klarwasserstadium bei einem mittleren Sauerstoffgehalt von 1 mg/l ein. (Die Streuung der Meßwerte in Abb. 11 vom 20. 8. bis 10. 9. erscheint nur durch den logarithmischen Maßstab so erheblich. Die mittlere Abweichung beträgt 0,2 mg O_2/l.)

Dieses Stadium ist durch eine geringe Produktion (im Mittel 1,5 g $O_2/m^2 \cdot d$) und durch das Fehlen eines vertikalen Sauerstoffgradienten gekennzeichnet.

Obwohl der Sauerstoffgehalt über dem Grund zeitweise nur 0,2 mg/l beträgt, schlägt der Teich nicht in Fäulnis um. Das Daphnia-Klarwasserstadium ist ein sehr stabiler Zustand für ein Gewässer, weil die Daphnien einen variablen biologischen Puffer darstellen. Die neu in den Teich gelangenden Phytoplankter werden durch die Freßaktivität der Daphnien herausfiltriert. Beim Fehlen von Algen werden auch Bakterien und sonstige organische Substanzen von den Daphnien aufgenommen (UHLMANN 1964), was zu einem extremen Klarwasserstadium führt.

Die Sedimentation der organischen Substanzen (4,5 g/m^2 · d) in dieser Zeit müßte zur Bildung einer sauerstoffzehrenden Schlammschicht im Teich 2 führen. Es zeigte sich aber, daß in Teich 2 fast kein Schlamm vorhanden war, so daß eine Stabilisierung des Sedimentes angenommen werden mußte. Einzige Sauerstoffquelle ist in diesem Falle der atmosphärische Sauerstoff (4,8 g O_2/m^2 · d). Zur Stabilisation des gemessenen Sedimentes werden 3,2 g O_2/m^2 · d benötigt. Infolge der Turbulenz der Daphnien kann aus der Atmosphäre eingetragener Sauerstoff auch in die unteren Wasserschichten dringen, wo er zur Stabilisation des Schlammes verwendet wird.

Infolge hoher Niederschläge strömte am 17. November 1966 stark schwefelwasserstoffhaltiges Abwasser aus Teich 1 ein, und Teich 2 ging in den anaeroben Zustand über. Trotz der ungünstigen Lichtbedingungen und der Ausbildung einer Eisdecke kam es noch im Dezember zu einer phytoplanktischen Sauerstoffentwicklung bis in 20 cm Tiefe.

Im Januar war die Eisdecke mit Schnee bedeckt, so daß im Gewässer nur noch sauerstoffverbrauchende Vorgänge abliefen. Ab Februar zeigte der Teich wieder eine Vegetationsfärbung. Der ständige Sauerstoffanstieg, zwanzig Tage lang, betrug trotz zeitweiliger Eisschicht 1,3 mg O_2/l · d.

Die Berechnung der Sauerstoffproduktion nach (1) ergibt für die untersuchten Teiche eine gute Übereinstimmung mit den gemessenen Werten (siehe Abb. 3). Trotz der verschiedenen Lebensräume beschreibt diese Beziehung auch die Produktion in Aquarienversuchen von UHLMANN hinreichend genau.

Eine Anwendung der Formel für die Berechnung der Produktion in anderen Gewässern ist zur Zeit nicht möglich, weil vergleichbare Meßwerte fehlen.

Sauerstoffverbrauchende Prozesse

Wichtigste sauerstoffverbrauchende Prozesse sind die Atmung des Phytoplanktons, des Zooplanktons und der Bakterien sowie die Zehrung des Schlammes, der im Schlamm gebildeten Gase und die Sauerstoffabgabe an die Atmosphäre. Die höchsten Werte der Atmung ergaben sich dann, wenn die Bruttoproduktion am größten ist.

Mit den verwendeten Methoden ist keine Unterscheidung zwischen Algen- und Bakterienatmung möglich.

In Teich 2 wird die Atmung vor allem durch die Daphnien verursacht. Nach eigenen Messungen verbraucht im Mittel ein Individuum *Daphnia magna* 0,33 mg O_2/l · d (UHLMANN 1958 gibt 0,132 mg/l · d an).

Aber infolge der Daphnienturbulenz wird ständig atmosphärischer Sauerstoff in den Wasserkörper eingetragen (UHLMANN 1964), so daß der Sauerstoffgehalt nicht unter 0,2 mg/l absinkt. Dadurch tritt in diesem Gewässer keine Sulfatreduktion ein.

Wegen der Flachheit der Teiche muß die Wirkung des Schlammes auf den Wasserkörper besonders beachtet werden. Die errechnete Dicke der aktiven Schlammschicht von 1,9 mm stimmt mit den Werten von SCHPET (1···1,5 mm) gut überein. So sind also weder Gewicht noch Volumen, sondern die Oberfläche des Schlammes für die Sauerstoffzehrung ausschlaggebend.

GLEINICH ermittelte im Stausee Rötha 0,5···2,7 g $O_2/m^2 \cdot d$, RAMMNER 0···3 g O_2 pro $m^2 \cdot d$ als Sauerstoffverbrauch des Schlammes. Bei dieser Betrachtung ist aber der Sauerstoffverbrauch unberücksichtigt, der durch das Aufwirbeln des Schlammes zusätzlich entsteht. Dieser Einfluß ist auch der Grund für die Abweichungen der Meßwerte im Teich von denen im Modellversuch. In die Aquarien konnte das Wasser so eingefüllt werden, daß der vorher eingebrachte Schlamm nicht aufgewühlt wurde. Hingegen ließ sich bei den Teichversuchen nicht verhindern, daß beim Einsetzen der Rohre und beim Belüften mit Sauerstoff Schlammteilchen in das freie Wasser gelangten, die eine zusätzliche Zehrung hervorriefen. Die Messungen während mehrerer Tage (Abb. 6) sind nach völligem Sauerstoffschwund als Schwefelwasserstoffbestimmungen durchgeführt worden. Hierbei ist zu beachten, daß noch genügend Sulfatsauerstoff zur Reduktion vorhanden sein muß. In Abb. 6 kann man die Zehrung bei 20 °C z. B. nur aus dem Verlauf bis zum 6. Versuchstag errechnen, weil nach dieser Zeit kein Sulfatsauerstoff mehr vorhanden ist. (Bei der Umrechnung von Schwefelwasserstoffwerten in Sauerstoffwerte wird die Oxydation des Schwefelwasserstoffs bis zum Sulfat vorausgesetzt.)

Abbildung 5 zeigt die Sauerstoffabnahme in Rohren über mehrere Tage. Die Differenz zwischen dem Sauerstoffgehalt im Rohr mit Boden und im Rohr ohne Boden ergibt den Sauerstoffverbrauch des Schlammes (s. Kurven 5 und 6). Kurve 5 errechnet sich aus der Differenz des Sauerstoffgehaltes in den Rohren von Teich 2 und zeigt einen linearen Anstieg mit der Zeit. Durch hemmende Faktoren erfolgt die Sauerstoffabnahme im Rohr mit Boden in Teich 2 (Kurve 4) linear. Deshalb ergibt sich für die Zehrung des Schlammes ein exponentieller Anstieg.

Zu beachten ist aber das Auftreten von Chironomuslarven in Teich 2, welche die obersten Schlammschichten durchwühlen, so daß der durch die Daphnien herangetragene Sauerstoff noch einige Zentimeter unter der Schlammoberfläche wirksam werden kann (UHLMANN 1964).

Schlammgase

Wie berechnet, ergibt sich für die untersuchten Teiche stets ein Energieüberschuß in Form von Schlammablagerungen. Dieser hohe Energieinhalt wird teilweise in Gase umgewandelt, die in die Atmosphäre entweichen.

Der Hauptbestandteil des Schlammgases ist Methan, ein Produkt der Cellulosezersetzung und des Eiweißabbaues.

Die eigenen Messungen stimmen bezüglich der Gaszusammensetzung mit den Meßergebnissen anderer Autoren überein. Je höher die Temperatur ist, umso größer ist auch die Gasproduktion. Im Bereich von 7 °C···15 °C ist die Gasproduktion bei den untersuchten Teichen jedoch annähernd konstant.

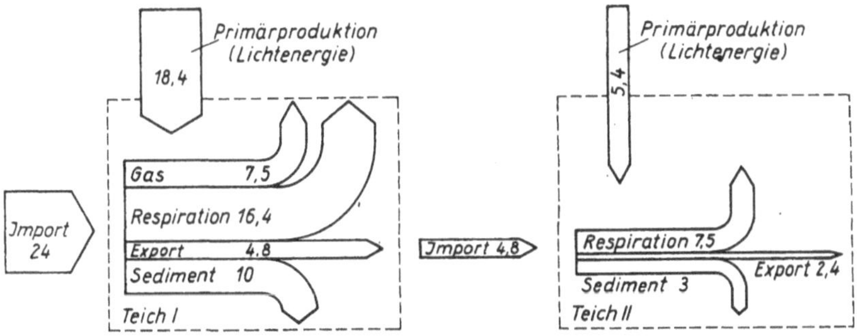

Abb. 12: Energiebilanz für das Teichsystem (alle Werte in kcal/m² · d)

Die Einwirkung der Schlammgase auf den Sauerstoffhaushalt der untersuchten Flachgewässer ist gering, wie aus der Exposition von Trichtern in unterschiedlichen Tiefen hervorgeht. Die Kontaktzeit zwischen Gas und Wasser ist sehr kurz, so daß die Oxydation des Methans nur in geringem Umfang stattfinden kann (3···6% bei 15 °C).

Wegen des geringen Sauerstoffverbrauches sind also die Schlammgase in Flachgewässern primär von geringer Bedeutung. Eine sekundäre Wirkung dieser Gase ist die vertikale Durchmischung des Wasserkörpers (Methankonvektion), wobei die Verteilung des Schwefelwasserstoffs von besonders schädlicher Wirkung ist.

Schwefelwasserstoff bildet sich bei der Sulfatreduktion und beim anaeroben Abbau von Eiweißkörpern.

Desulfurierungsvorgänge finden bei Vorhandensein von Sulfaten, desulfurierenden Bakterien, genügend organischer Substanz und anaerobem Milieu statt. Im vorliegenden Fall sind alle diese Bedingungen erfüllt, daher entstehen also große Mengen von Schwefelwasserstoff an der Oberflächenschicht des Schlammes. Erst die aufsteigenden Schlammgase der darunterliegenden Schichten reißen den entstandenen Schwefelwasserstoff in das freie Wasser, wo er oxydiert wird und so eine Sauerstoffzehrung hervorruft.

Wie aus Tab. 2 hervorgeht, ist der elementare Stickstoff nach Methan ein Hauptbestandteil des Gases. Quellen des gasförmigen Stickstoffes sind physikalische, biochemische und chemische Vorgänge.

Auf Grund der im Oxydationsteich vorhandenen Bedingungen ist der anaerobe Eiweißabbau (unmittelbare Destruktion der Aminogruppen) die Quelle des gasförmigen Stickstoffes (Bach).

Der Kohlendioxidgehalt des Schlammgases resultiert aus anaeroben und aeroben Atmungsprozessen. Wie mit der Anordnung von Trichtern in unterschiedlichen Tiefen fesgestellt wurde, stammt das gasförmig aufgefangene Kohlendioxid vom Grund des Gewässers.

Herrn Prof. Dr. rer. nat. habil. D. Uhlmann danke ich für die Anregung zu dieser Arbeit und die kritische Durchsicht des Manuskriptes.

Literatur

ABBOTT, W.: Microcosm studies on estuarine waters. J.W.P.C.F. **38** (1966), 258

ALBERT, W.: Die reinigende Wirkung der biologischen Systeme von Oxydationsteichen. Diplomarbeit Math.-Nat.-Fak. Universität Leipzig, 1967

ANWAR, A. A. et al.: Productivity of Lake Mariut Egypt. Int. Rev. Hydrobiol. 54

BACH, H. u. F. SIERP: Zur Frage der Stickstoffbildung in Abwasserfaulräumen. Zbl. f. Bakt. Abt. II **60** (1923) 14/17

CAMP, T. R.: Water and Its Impurities, New York, 1963

COPELAND, B. J., W. R. WITHWORTH: Oxygen Metabolism of Four Oklahoma Farm Ponds. Publ. Institute of Marine Science Texas 9 (1963), 156

GLEINICH, W.: Der Einfluß des Schlammes auf den Sauerstoffhaushalt im Betriebsstausee Rötha. Diplomarbeit Math.-Nat.-Fak. Univ. Leipzig, 1965

GRIMBERG-RÖSKE, I.: Der Gashaushalt einer Oxydationsteichanlage. Diplomarbeit Math.-Nat. Fak. Universität Leipzig, 1967

IMHOFF, K.: Taschenbuch der Stadtentwässerung. VEB Verlag für Bauwesen Berlin, 1962

MOENS, W. J.: Untersuchungen über den Schlamm und die Gasbildung in den Amsterdamer Grachten in den Jahren 1929—1931. Hydrobiologia (1957)

ODUM, H. T., CH. M. HOSKIN: Comparative Studies of the Metabolism of Marine Waters. Publ. Inst. Mar. Sci. Univ. Texas **5** (1958), 16

PARKER, C. D.: Microbiological aspects of lagoon treatment. J.W.P.C.F. **34** (1962), 149

SCHPET, G. J., M. B. FELDMAN: Kisnewij reschim stawiw w umowach intensiwnowo koropowowo gospodarstwa. Widawnitzwo ukrainskoi akademii silskowo spodarskich nauk Kiew, 1961

SIWKO, T. N.: Opit otschistki w biologitscheskich prudach stotschnich wod Minska. Isdatelstwo akademii nauk BSSR, Minsk, 1961

UHLMANN, D.: Beziehungen zwischen Stoffhaushalt und Plankton-Massenwechsel extrem nährstoffreicher Flachgewässer. Habilitationsschrift Math.-Nat.-Fak. Universität Leipzig, 1964

UHLMANN, D.: Produktion und Atmung im hypertrophen Teich. Verh. Int. Verein. Limnol. **16** (1966), 934

Anschrift des Verfassers:

Dipl.-Biol. I. RÖSKE, 90 Karl-Marx-Stadt, Fritz-Schmenkel-Str. 1, DDR

U. BEHRENS, M. RINGPFEIL, H. THIELEMANN, G. KLAPPACH und D. PÖHLAND

Institut für organisch-technische Chemie der Akademie der Wissenschaften der DDR, Leipzig

Bau und Betrieb eines Laboratoriumsfermentors für kinetische Messungen an Abwässern

Zusammenfassung: Der Bau eines Laboratoriumfermentors für die Untersuchung von biologischen Reinigungsvorgängen in Awässern wird beschrieben. Dieser besteht aus einem 16-*l*-Jenaer-Hängegefäß mit einer wirkungsvollen Belüftungseinrichtung. Die biologische Abwasserbehandlung kann diskontinuierlich, kontinuierlich und kontinuierlich mit Schlammrückführung betrieben werden. Temperatur und pH-Wert sind regulierbar. In der Abluft werden Kohlendioxid und Sauerstoff automatisch bestimmt.

Summary: The construction of a laboratory fermenter for studying biological purification processes in wastewaters is described. It consists of a 16 l suspended vessel of Jena glass having an efficient aeration system. Biological wastewater treatment can proceed discontinuously, continuously and continuously with sludge return. Control of temperature and pH value is possible. Carbon dioxide and oxygen are automatically determined in the outgoing air.

Резюме: Описывается конструкция лабораторного ферментера для исследования процессов биологической очистки сточных вод. Ферментер состоит из подвесного сосуда об'ема 16 литров, иенского производства, с эффективной аэрационной установкой. Биологическая обработка сточных вод проводится прерывно, непрерывно и прерывно с рециркуляцией ила. Температура и концентрация водородных ионов — регулируемые величины. В отходящем воздухе автоматически определяются двуокись углерода и кислород.

Aufgabenstellung

In mikrobiologischen Laboratorien werden für die Kultivierung von Mikroorganismen Fermentoren benutzt, die ein Füllvolumen von nur wenigen Litern und einen hohen Automatisierungsgrad haben. Die Hauptaufgaben derartiger Fermentoren bestehen darin, Messungen zur Reaktionskinetik eines mikrobiologischen Prozesses zu ermöglichen und diesen Prozeß zu optimieren.

Zur Untersuchung des biologischen Abbaues in Abwässern sowie für die Ermittlung von Projektierungs- und Betriebsparametern für Belebtschlammanlagen sind Laborfermentoren geeignet (BEHRENS u. KLAPPACH; RICKARD u. GAUDY; WILLIMON u. ANDREWS). In der Literatur wurden zahlreiche Modelle beschrieben (CHAIN, PALADINO u. a.; ŘIČICA). Einige Firmen bieten Laborfermentoren verschiedener Größe mit zahlreichen Zusatzeinrichtungen für die Meß- und Regeltechnik an (CALAM). Viele dieser Fermentoren enthalten Vorrichtungen, die für eine biologische Abwasserreinigung nicht benötigt werden, wie z. B. Einrichtungen für die Sterilisation oder Vorrichtungen, die für eine biologische Abwasserreinigung ungeeignet sind, wie leicht verstopfende Dosiervorrichtungen.

Im ehemaligen Institut für Verfahrenstechnik (jetzt Institut für technische Chemie) wurden seit Jahren Laborfermentoren für die Untersuchung von Vorgängen bei der biologischen Abwasserreinigung benutzt. Diese hochautomatisierten Fermentoren wurden aus Geräten und Vorrichtungen zusammengebaut, die entweder in der Deutschen Demokratischen Republik handelsüblich sind oder von einer mechanischen Werkstatt ohne Schwierigkeiten angefertigt werden können.

Zur Beschreibung und Auslegung eines Belebtschlammverfahrens sind folgende Messungen bzw. Aussagen notwendig:

- Verlauf der Substratabnahme und der Schlamm-(Biomasse-)Bildung bei diskontinuierlicher und kontinuierlicher Kultivierung
- Einfluß der Verweilzeit auf den biologischen Abbau und die Schlammbildung; Ermittlung des Ausbeutekoeffizienten
- Einfluß der Schlammrückführung (Schlammbelastung) auf die biologische Reinigung
- Optimierung des biologischen Prozesses (Temperatur, pH, Nährsalze usw.)
- Sauerstoffbedarf.
- Ermittlung kinetischer Daten, wie Abbau- und Wachstumsgeschwindigkeiten
- Veränderung der mikrobiologischen Population durch Variation der Betriebsweise.

Der Fermentor muß somit einen kontinuierlichen Betrieb bei weitgehender Veränderbarkeit der Verweilzeit zulassen. Er muß über Einrichtungen verfügen, die eine kontinuierliche Dosierung des rückzuführenden Belebtschlammes ermöglichen. Biomasse- und Substratbestimmungen (z. B. als BSB_5) müssen in den weitaus meisten Fällen nach Entnahme einer Probe mit konventionellen Methoden durchgeführt werden. Der Fermentor muß daher ein Arbeitsvolumen haben, das groß genug ist, um nicht durch Probenahmen signifikant verkleinert zu werden und das klein genug ist, um mit einer nicht zu großen Menge Abwassers die erforderlichen Untersuchungen durchführen zu müssen. Die Belüftungsintensität muß sowohl hinsichtlich der Luftmenge als auch der Umdrehungsgeschwindigkeit des Rührers ebenso wie die Temperatur und der pH-Wert einstellbar bzw. automatisch regulierbar sein. Aus der Menge des gebildeten Kohlendioxids kann in vielen Fällen auf den Substratverbrauch geschlossen werden; eine Kohlendioxidmessung in der Abluft — zweckmäßigerweise in Verbindung mit einer Sauerstoffmessung — ersetzt zumindest häufige Substrat- und Biomassebestimmungen.

Die hier vorgestellte Fermentorkonstruktion erlaubt die Erfassung der oben genannten Parameter sowie den Betrieb nach diesen. Die Kosten für einen Fermentor sind weitaus geringer als die, die für ein handelsübliches Modell aufgebracht werden müssen.

Konstruktion

Es ist zweckmäßig, zwei Fermentoren zur gleichen Zeit zu betreiben. Zwei der wichtigsten Argumente hierfür sind die Durchführung von Parallelversuchen und die Durchführung einer zweistufigen Fermentation.

Neben dem bewährten Grundtyp, der konstruktiv der einfachste ist, wurde auch ein anderer Fermentortyp entwickelt. Das gleiche gilt für bestimmte Meß- und Regeleinrichtungen. Diese Varianten werden gesondert aufgeführt.

Fermentor (Grundtyp)

In ein Gestell (vergl. Abb. 1) werden zwei Fermentoren eingebaut. Jedes Fermentorgefäß besteht aus

- Jenaer Hängegefäß, 16 *l* Inhalt (Kenn-Nr. 08501/150)
- Doppelschellenverbindung für Hängegefäße (Kenn-Nr. 08560) mit folgenden Einzelteilen:
  2 Schellen, 1 Holzrollenkette, 6 Sechskantschrauben mit Muttern und 1 Dichtring
- Deckelplatte mit Lagerung für die Rührwelle (Eigenbau, vergl. Abb. 2a und 2b).

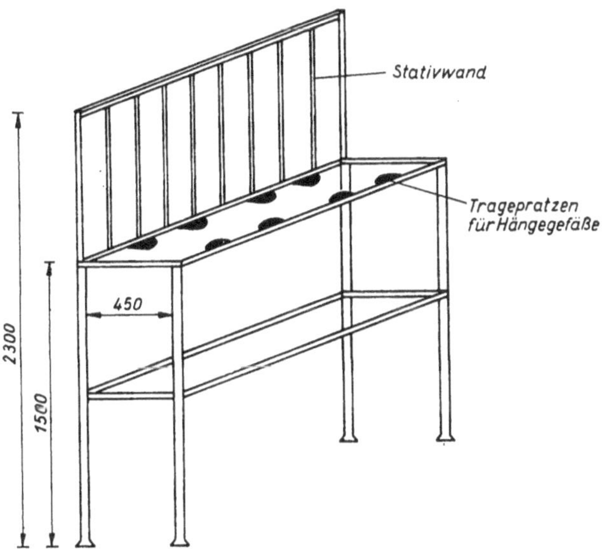

Abb. 1: Fermentorgestellt für zwei Fermentoren mit Stativwand
[Maßangabe in mm]

Belüftungseinrichtung

Die Belüftungseinrichtung besteht aus:

- Rührer (Eigenbau, vergl. Abbildung 3a und 3b)
- Elektromotor (ca. 0,2 kW)
- Antriebseinrichtung mit Keilriemenscheiben verschiedener Durchmesser und Keilriemen
- Luftzuführung mit Anschluß an einen Kompressor, an ein Kleingebläse o. ä. (ca. 500 *l* Luft/h)
- Strombrecher (Eigenbau, vergl. Abbildung 4).

Konstruktive Einzelheiten – Deckelplatte

Die zu den Jenaer Hängegefäßen gehörigen Deckelplatten aus Glas sind für die vorgesehenen Zwecke ungeeignet, da in den meisten Fällen eine Rührgeschwindigkeit von etwa 1000 U/min notwendig ist. Die Rührerwelle muß sorgfältig gelagert werden. Hierfür gibt es zahlreiche konstruktive Lösungen.

Abbildung 2 zeigt die Konstruktion einer Deckelplatte. Um Korrosionsschäden zu vermeiden, sollte V2A-Stahl verwendet werden. In die Deckelplatte sind sechs Arbeitsöffnungen von etwa 3 cm Durchmesser eingelassen (Abb. 2b).

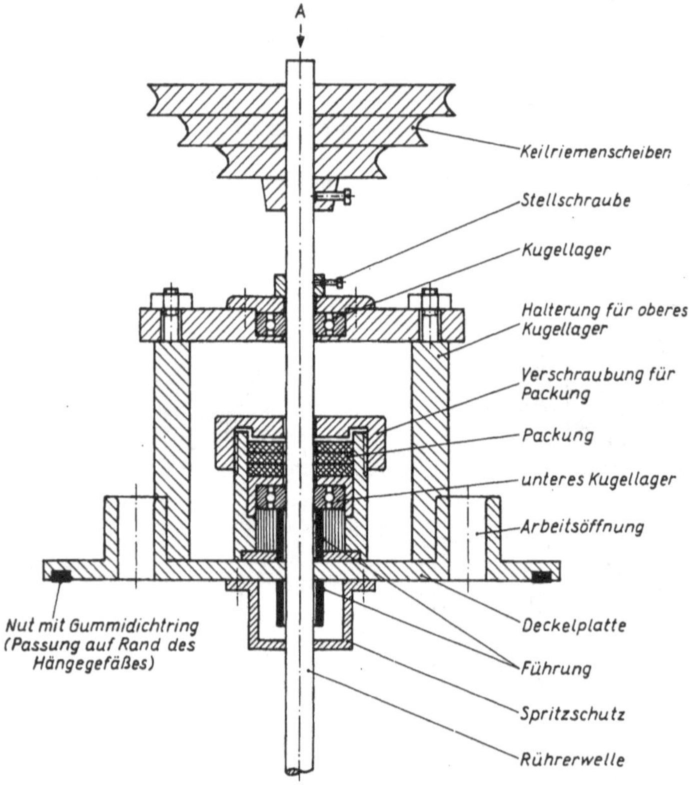

Abb. 2a: Deckelplatte (Schnitt)

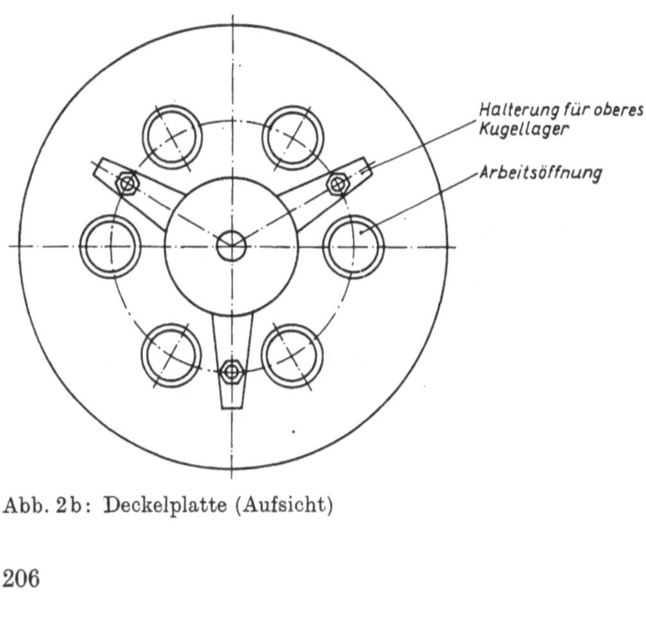

Abb. 2b: Deckelplatte (Aufsicht)

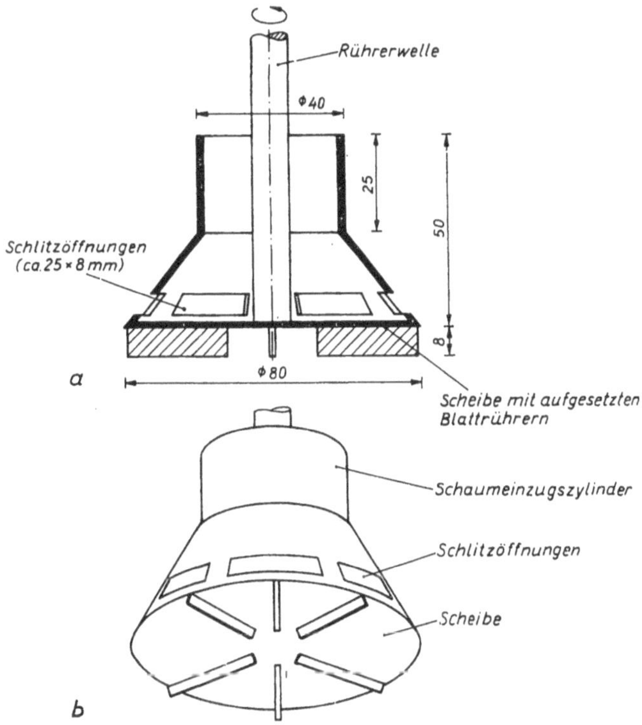

Abb. 3a: Rührer mit aufgesetztem Schaumeinzugszylinder (Schnitt)

Abb. 3b: Rührer mit aufgesetztem Schaumeinzugszylinder
(perspektivische Ansicht von unten)
[Maßangabe in mm]

Die Arbeitsöffnungen sind nach außen durch Zylinder von gleichem inneren Durchmesser um etwa 3 cm erhöht, damit die einzuführenden Armaturen durch Gummistopfen fest, jedoch leicht ausbaubar und gegen Vibrationen geschützt, eingebaut werden können. Die Konstruktion der Führung für die Rührerwelle ist in Abb. 2b dargestellt. In die Unterseite des Deckels ist ein kreisförmiger Nut gefräst, dessen innerer Durchmesser etwas kleiner und dessen äußerer Durchmesser etwas größer ist als der des oberen Randes des Hängegefäßes. In den Nut ist eine Gummidichtung eingepaßt, das die Deckelplatte fest mit dem Hängegefäß verschraubt werden kann. In Abb. 2a ist als Abdichtung über dem unteren Kugellager eine Packung gezeichnet, die einen gasdichten, sterilen Verschluß der Rührerwelle ermöglicht, was für Abwasseruntersuchungen in den meisten Fällen nicht notwendig ist. Für die Lagerung der Rührerwelle genügen die Führung am unteren Teil des Deckels und die beiden über dem Deckel angebrachten Kugellager.

Rührer

Abbildung 3 zeigt die konstruktiven Details des Rührers, der fest mit der Rührerwelle verbunden ist. Die Befestigung erfolgt durch Verschrauben mit der

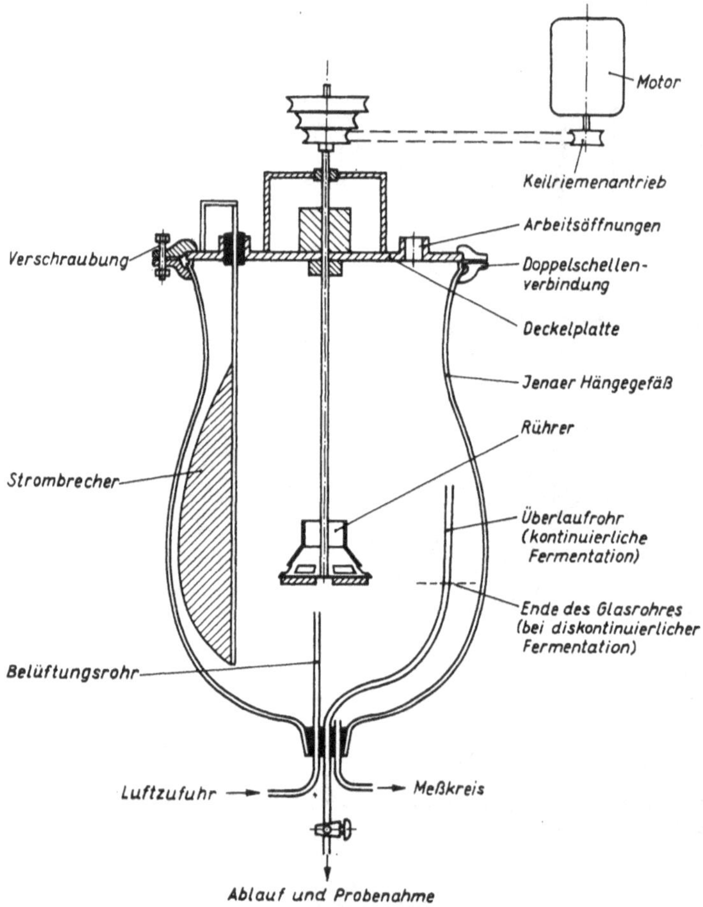

Abb. 4: Fermentor

Scheibe des gedeckten Blattrührers. Der hier vorgestellte Rührertyp wurde in seinen wesentlichsten Konstruktionsmerkmalen vom Institut für Mikrobiologie der CSAV, Prag, entwickelt. Er erfüllt zwei wesentliche Funktionen. Als gedeckter Blattrührer sorgt er für eine gute Luftverteilung, während durch den aufgesetzten Zylinder das Medium in diesen gesaugt und somit die Axialströmung gerichtet und ein guter Schaumeintritt (mechanische Schaumzerstörung) erreicht wird. Schaum und Flüssigkeit werden durch Zentrifugalkraft aus den Schlitzen, die in der konischen Erweiterung des aufgesetzten Zylinders eingelassen sind, in das Medium geschleudert. Die Rührerwelle wird durch einen seitlich angebrachten Elektromotor angetrieben (vergl. Abb. 4). Der Motor ist auf eine schwenk- und arretierbare Halterung montiert, die an der Stativwand des Gestells befestigt ist (Abb. 1). Unterschiedliche Durchmesser der Keilriemenscheiben sollen drei Rührgeschwindigkeiten bei etwa 700, 1000 und 1200 U/min ermöglichen.

Strombrecher

Der Strombrecher (englisch: baffle), der an der Behälterwand angebracht ist, verhindert, daß sich beim Rühren eine Thrombe ausbildet und fördert die axiale Durchmischung des Mediums. Laborfermentoren sind meist mit zwei oder vier Strombrechern ausgerüstet. Bei eigenen Untersuchungen hat sich ein Strombrecher als durchaus ausreichend erwiesen. Wegen der gewölbten Form des Hängegefäßes muß sich der Strombrecher an diese anpassen (vergl. Abb. 4). Durch eine Arbeitsöffnung wird senkrecht bis fast zur unteren schrägen Begrenzung des Fermentors eine Achse aus Kunststoff (ca. 10 cm Durchmesser) geführt, die mit einem Gummistopfen befestigt und dreh- und arretierbar ist. Dieser Achse ist ein stabiles Kunststoffblatt, das sich der Gefäßwand weitgehend anpaßt, angeschweißt. Die größte Breite des Blattes beträgt etwa 50 mm.

Aufbau des Fermentors

Auf den horizontalen Rohrrahmen des Fermentorgestelles (Abb. 1) wer die für jeden Fermentor vier durchbohrte Tragepratzen angeschweißt, auf die die untere Schelle für die Halterung des Hängegefäßes aufgeschraubt wird. Der Montage des Hängegefäßes und die Befestigung des Deckels erfolgen nach den Montagevorschriften für Jenaer Hängegefäße. Die Höhe des Rohrgestelles, hier mit 1500 mm angegeben, ist so zu wählen, daß ein bequemes Bedienen der auf dem Fermentordeckel installierten Armaturen möglich ist und daß Auffanggefäße von gewünschter Größe (Nachtbetrieb) unter den Bodenablaufstutzen gestellt werden können. Die untere, flaschenhalsähnliche Öffnung des Hängegefäßes wird mit einem dreifach durchbohrten Gummistopfen verschlossen, durch dessen Öffnung Glasrohre geführt werden. Das eine Glasrohr dient zu- Belüftung, das zweite führt zu dem äußeren Meßkreis und das dritte, als Überlaufrohr ausgebildet (vergl. Abb. 4), dient bei kontinuierlicher Kultivierung zur Standregulierung und zur Probenahme. Bei diskontinuierlicher Kultivierung wird an Stelle des Überlaufrohres ein Glasrohr seitlich bis zur Rührerebene geführt (Probenahme). Der Lufteintrag erfolgt durch ein einfaches Glasrohr, das fast unmittelbar unter dem Rührer mündet.

Fermentorvariante

Der Fermentor kann auch in zylindrischer Form ausgeführt werden (vergl. Abb. 5). Vorteilhaft ist ein Glaszylinder aus Jenaer Glas von etwa 5 mm Stärke- Die Maße sind aus Abb. 5 zu entnehmen. Wo eine Beobachtung des Fermentorinhaltes nicht erforderlich ist, kann das Material des Zylinders aus Kunststoff (z. B. PVC) oder Edelstahl bestehen. Der Zylinder wird oben von einem Deckel abgeschlossen, dessen Konstruktion mit der für den Deckel des Grundtyps (Abb. 2a und 2b) übereinstimmt. Der untere Abschluß, die Bodenplatte, kann sehr viele Arbeitsöffnungen besitzen. Deckel und Bodenplatte sind von quadratischer Gestalt. Die vier Ecken der Quadrate sind durchbohrt. In die Bohrungen werden die Verspannungen eingesetzt, die einen dichten Verschluß des Fermentors gewährleisten.

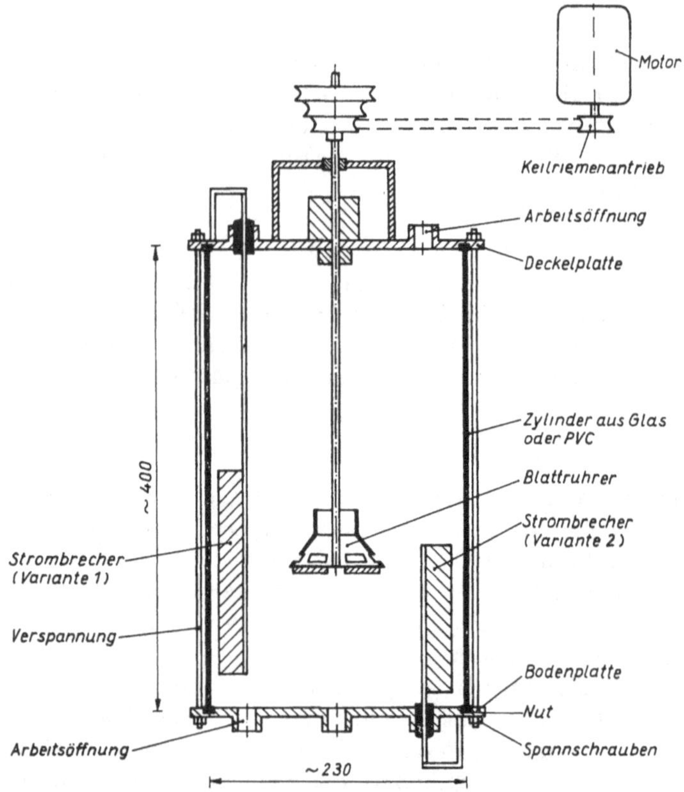

Abb. 5: Zylindrischer Fermentor (Fermentorvariante)

Der Strombrecher, der als rechteckiges Blatt ausgebildet ist, kann nach zwei Varianten in den Fermentor eingepaßt werden. Einmal wird der Strombrecher von oben eingeführt. Er reicht dann bis fast zur Bodenplatte (Abb 5, Variante 1), Eine obere Arbeitsöffnung wird eingespart, wenn der Strombrecher von unten her durch die Bodenplatte geführt wird. Er reicht dann bis kurz über die Rührerebene (Abb. 5, Variante 2). In beiden Fällen beträgt die Breite des Strombrechers etwa ein Zehntel des Fermentordurchmessers (20···25 mm).

Meß- und regeltechnische Ausrüstung

Im Blockschaltbild (Abb. 6) ist die Anordnung der Meß- und Regeleinrichtungen aufgeführt. Meßfühler, Meßgeräte und Regeleinrichtungen sind in der Deutschen Demokratischen Republik handelsüblich. Da in der Deutschen Demokratischen Republik keine schlagfesten Glaselektroden hergestellt werden, erfolgt die pH-Messung in einem äußeren Meßkreis.

Luftmengenmessung

Vor Eintritt der Luftzuleitung in den Fermentor wird die Luft durch eine mit Wasser gefüllte Vorlage geleitet. Dadurch wird der Wasserverlust, der durch

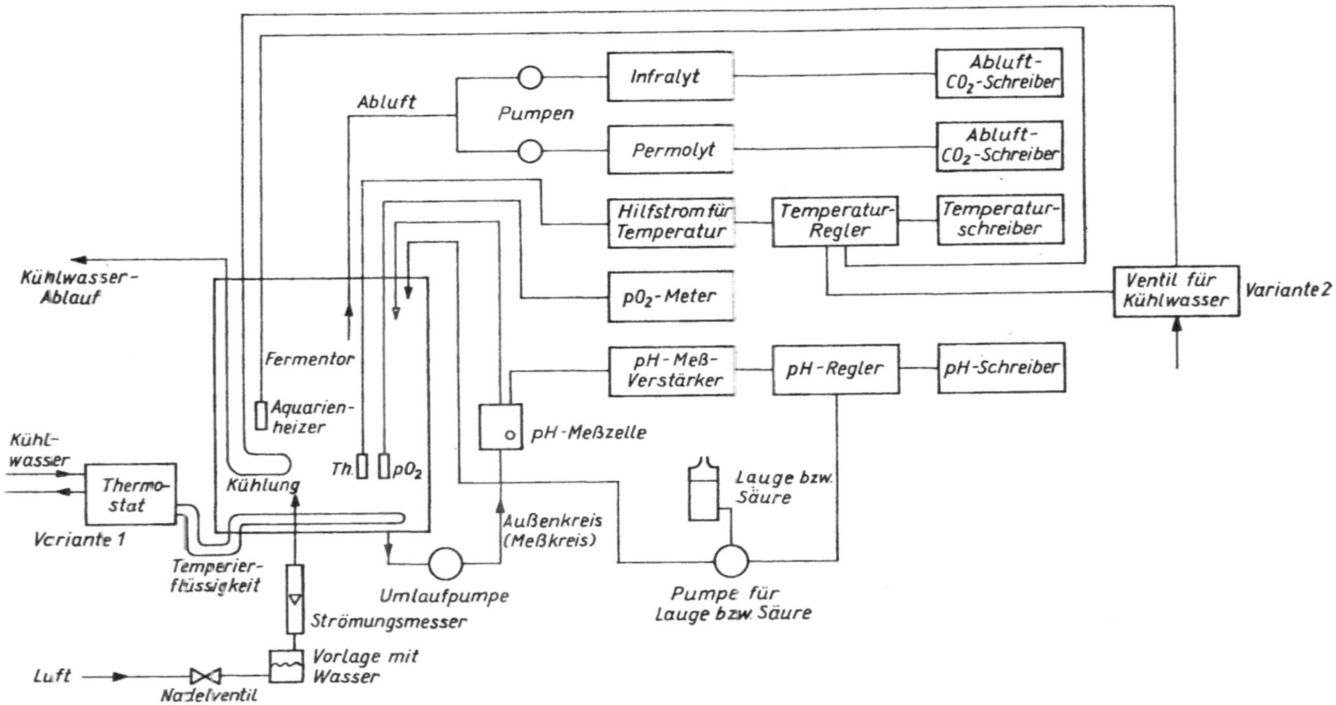

Abb. 6: Blockschaltbild für die Meß- und Regeleinrichtungen

die Belüftung entsteht, kompensiert. Die Messung der Luftmenge erfolgt durch einen

- Strömungsmesser, Meßbereich bis 500 l/h (VEB Prüfgerätewerk Medingen).

Die Einstellung der Luftmenge erfolgt durch ein

- Nadelventil.

Temperaturregelung

Die Regelung der Temperatur kann nach zwei Varianten erfolgen. Nach der ersten Variante wird eine Wärmeaustauschschleife, die in den Fermentor eingeführt wird, mit einen Thermostaten verbunden. Hierzu wird ein VA-Rohr von 5···10 mm lichter Weite zu einer einfachen Schleife derart gebogen, daß es durch zwei gegenüberliegende Arbeitsöffnungen geführt werden kann und in Rührerebene einen nicht ganz geschlossenen Kreisbogen bildet. Für die Temperierung eignet sich ein

- Universalthermostat Typ U 3 (VEB Prüfgerätewerk Medingen).

Nach der zweiten Variante, mit der der Temperaturverlauf registriert werden kann, werden die Kühlung und die Aufwärmung durch zwei gesonderte Aggregate vorgenommen. Für die Kühlung wird die gleiche Wärmeaustauschschleife verwendet, wie sie in der Variante 1 beschrieben wurde. Die Schleife wird über ein Magnetventil an die Wasserleitung angeschlossen. Die Aufwärmung erfolgt über einen Aquariumheizer. Beide Temperieraggregate sind mit einem Temperaturregler verbunden. An diesen kann ein Schreiber angeschlossen werden.

Die Meß- und Regeleinrichtung besteht aus

- Widerstandsthermometer, Typ Pt 100 (VEB Thermometerwerk Geraberg)
- Tastbügelregler Typ ReK mit Hilfsstromquelle, 6 V (VEB Meßgerätewerk Erich Weinert, Magdeburg)
- Fallbügelpunktschreiber (VEB Meßgerätewerk Erich Weinert, Magdeburg).

Über den Anschluß dieser drei Geräte gibt das Meßgerätewerk Erich Weinert, Magdeburg, Auskunft. Das Widerstandsthermometer wird durch eine Arbeitsöffnung so tief in den Fermentor eingeführt, daß es ständig vom Medium umspült wird. Als Ventil für den Kühlwasserzulauf eignet sich ein

- Magnetventil Typ 627 Punkt 41/NW 2 oder 4 mm (VEB Mertik, Quedlinburg).

Die Aufwärmung erfolgt über einen

- Aquariumheizer, handelsübliche Ausführung 40···80 Watt).

pH-Messung und -regelung

Das Forschungsinstitut Meinsberg stellt geeignete Meß- und Regelvorrichtungen zusammen. Hierzu gehören

- pH-Meßverstärker Typ MV 82 (VEB Präcitronik)
- Glaselektrode Typ GA 50 bzw. bei längerer Entfernung des Meßverstärkers vom Fermentor Typ TGA 50
- Kalomelelektrode Typ KE 20 oder bei längerer Entfernung des Meßverstärkers vom Fermentor TKE 20 (bzw. Silberchloridelektrode Typ SE 20 oder TSE 20). Hersteller für alle Elektroden: Forschungsinstitut Meinsberg
- Tastbügelregler Typ ReD (Meßgerätewerk Erich Weinert, Magdeburg)
- Fallbügelpunktschreiber (Meßgerätewerk Erich Weinert, Magdeburg).

Die pH-Messung erfolgt in einer Meßzelle außerhalb des Fermentors. Die für diesen äußeren Meßkreis vorgesehene Ableitung vom Fermentor (Abb. 4) wird mit einer Kolbendosierpumpe verbunden. Diese fördert das Medium durch die Meßzelle in den Fermentor (obere Arbeitsöffnung). Die Verbindungen werden durch Schläuche aus geeignetem Material, z. B. Gummi, hergestellt. Um ein Absetzen des Belebtschlammes an den Elektroden zu vermeiden, muß die Durchflußgeschwindigkeit in der Meßzelle größer als 20 cm/sec sein. Für den äußeren Meßkreis werden folgende Einrichtungen benötigt:

- Kolbendosierpumpe Typ DON 32, Kolbendurchmesser 20 mm (VEB Pumpenfabrik Salzwedel)
- pH-Meßzelle (Eigenbau, vergl. Abb. 7).

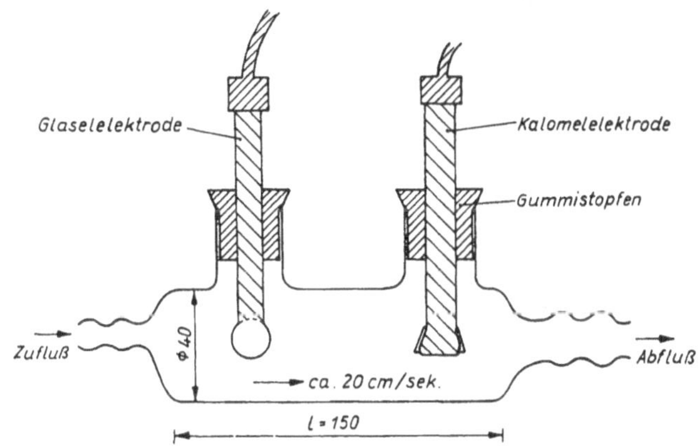

Abb. 7: pH-Meßzelle aus Glas

Die Zugabe der Lauge oder der Säure erfolgt aus Vorratsbehältern, die an der Stativwand des Fermentorgestelles (Abb. 1) befestigt sind, mit einer Schlauchpumpe (Stellglied). Geeignet hierfür ist:

- Laborschlauchpumpe Typ LSP (VEB Labortechnik, Ilmenau).

Messung des Sauerstoffes in der Abluft

Benötigt werden

- Permolyt, Meßbereich 15···21 Vol.-% O_2 (VEB Junkalor, Dessau).

Vom VEB Junkalor wird nach Ausfüllen eines Fragebogens das Meßgerät mit den erforderlichen Zusatzgeräten für den Anschluß an die Abluftleitung des Fermentors geliefert. Hierzu gehören

- Schreiber
- Taumelscheibenpumpe für die Gasförderung
- Differenzdrucksprudler und
- Abströmregler für die Gasdosierung.

Es ist möglich, an ein Meßgerät mehrere (bis 6) Fermentoren anzuschließen. Hierfür liefert der VEB Junkalor Gasumschalter und Mehrfachschreiber.

Messung des Kohlendioxids in der Abluft

Benötigt werden

- Infralyt-III, Meßbereich 0···6 Vol.-% CO_2 (VEB Junkalor, Dessau).

Zu diesem Gerät werden die gleichen Zusatzeinrichtungen geliefert wie zum Permolyt.

Messung des Gelöstsauerstoffes

Die Messung des Sauerstoffes im Abwasser erfolgt mit einem

- PO_2-meter M 65 F (Metra, Meß- und Frequenztechnik, Radebeul) mit
- Stabmeßzelle SMZ 300 (Metra, Meß- und Frequenztechnik, Radebeul).

Die Meßzelle wird in den Fermentor durch eine Arbeitsöffnung eingeführt. Die Zelle muß ständig vom Medium umspült sein. Ein Schreiber kann an das Meßgerät angeschlossen werden. Von der Firma Metra werden hierfür die Kenndaten angegeben.

Betrieb des Fermentors

Diskontinuierliche Versuche

Der Fermentor wird mit 5···6 *l* Abwasser gefüllt und mit Belebtschlamm im Verhältnis 1 : 10 beimpft. Die Füllmenge richtet sich nach dem Zerschäumungsgrad der Flüssigkeit, der im wesentlichen von dem Gehalt an bestimmten organischen Verbindungen und der Belüftungsintensität abhängig ist.

Damit eine optimale Axialströmung und Schaumzerstörung durch den Zylinder des Rührers und somit eine optimale Durchmischung und Belüftung erzielt wird, muß der Rührer auf eine bestimmte, empirisch zu ermittelnde Höhe eingestellt werden.

Bei stark schäumenden Abwässern muß ein Entschäumer, z. B. „*Wolfen 7800*", zugegeben werden. Eine automatische Zugabe ist möglich. Der meß- und regeltechnische Aufwand ist jedoch relativ hoch. Durch Vorversuche läßt sich die Menge des benötigten Entschäumers leicht bestimmen. Diese Menge kann bereits dem Rohwasser zugesetzt werden.

Kontinuierliche Versuche ohne Schlammrückführung

Der Fermentor wird, wie oben beschrieben, diskontinuierlich gefahren. Am Ende der logarithmischen Wachstumsphase wird das Abwasser kontinuierlich aus einem Vorratsbehälter in den Fermentor gefördert. In den Vorratsbehälter können dem Abwasser fehlende Nährsalze und Antischaummittel zugesetzt und auch der pH-Wert eingestellt werden. Die Förderung des Abwassers geschieht durch Dosierpumpen.

- Kolbendosierpumpe Typ DON (VEB Pumpenfabrik Salzwedel) oder
- Dosierpumpe Typ DP 1 (VEB Labortechnik, Ilmenau).

Kontinuierliche Versuche mit Schlammrückführung

Da die Absetzzeit des Schlammes und die Schlammbehandlung sehr unterschiedlich sein können (Standzeiten, Belüftung usw.), werden hier für die

Schlammsedimentation und Schlammbehandlung keine speziellen Vorrichtungen beschrieben. Im einfachsten Falle wird der Fermentorablauf in einen Trichter oder ein hohes Standgefäß mit Überlauf geleitet. Der abgesetzte Schlamm wird dann vom Boden des Gefäßes durch eine Dosierpumpe abgezogen und in den Fermentor gefördert. Die oben bereits angeführte Dosierpumpe Typ DP 1 kann bis zu zehn Schläuche aufnehmen. Die Fördermenge ist abhängig von der Drehzahl und dem Schlauchdurchmesser. So kann bei einer nur teilweisen Rückführung des Schlammes der rückzuführende Anteil durch einen oder mehrere Schläuche dosiert werden, während der Anteil, der nicht zurückgeführt werden soll, durch eine andere Schlauchgruppe ebenfalls aus dem Absetzgefäß abgezogen werden kann.

Literatur

BEHRENS, U., G. KLAPPACH: Prediction of flow rates for continuous fermentation of phenosolvan extracted wastes from soft coal pyrolysis by activated sludge in Continuous Cultivation of Microorganisms, Proc. 2nd Symp. 1962, Publishing house CSAV, Prague 1964, 317

CALAM, C. T.: The culture of microorganisms in liquid medium (Table IV, Some commercially available fermenters, S. 282) in Methods in Microbiology, Vol. 1, Ed. J. R. Norris and D. W. Ribbons, Academic Press New York, 1969

CHAIN, E. D., S. PALADINO u. a.: A laboratory fermentor for vortex and sparger aeration Rend. Ist. Super. Sanita **17** (1954), 61

ŘIČICA, I.: Technique of continuous laboratory cultivations in Theoretical and Methodical Basis of Continuous Culture of Microorganisms, Ed. I. Malek and Z. Fencl, Publishing house CSAV, Prague, 1966, 157

RICKARD, M. D., A. F. GAUDY: Effect of mixing on sludge yield and cell composition. Journal Water Pollution Control Federation, **40** (1968), R 129

WILLIMON, E. P., J. F. ANDREWS: Multistage biological processes for waste treatment. Journal Water Pollution Control Federation **41** (1969), 100

Manuskripteingang: 2. Mai 1970

Anschrift des Verfassers:

Dr. U. BEHRENS, Institut für technische Chemie der Akademie der Wissenschaften der DDR, 705 Leipzig, Permoserstr. 15, DDR

G. P. Schmidt

Sektion Bauwesen des BfW Neubrandenburg

Abwasserprobleme in ländlichen Gemeinden, insbesondere das Abwasserteichverfahren

Zusammenfassung: Eine Definition der Oxydationsteiche, Stabilisierungs- und Jaucheteiche sowie Abwasserfisch- und Klärteiche wird gegeben.

Die wichtigsten Grundlagen für die Bemessung einer Oxydationsteichanlage sind die Parameter Flächen-, BSB_5-Raumbelastung und Kontaktzeit. Bei einer mittleren Wassertiefe von Zm 1 m beträgt der Flächenbedarf der anaeroben Vorbecken 0,1···0,2 m^2/EG und die BSB_5-Raumbelastung 270···540 $g/m^3 \cdot d$; der des Algenteiches etwa 3 m^2/EG bzw. 9···11 $g/m^3 \cdot d$ BSB_5 und der des Filtrierteiches 1,5 m^2/EG bzw. 5···6 $g/m^3 \cdot d$ BSB_5. Die Kontaktzeit sollte bei angestrebter biologischer Reinigung des Abwassers zwischen vierzig und fünfzig Tagen liegen. Bemessungsgrundlagen für Stabilisierungsteiche werden abgeleitet.

Da Abwasserteiche wartungsarm zu betreiben und im Vergleich zu anderen Reinigungsanlagen mit geringem Investitionsaufwand zu bauen sind, können diese unter ökonomisch vertretbaren Gesichtspunkten (minderwertige Flächen u. ä.) und hydrologischen sowie orologischen Voraussetzungen mehr als bisher angewandt werden.

Summary: The author gives a definition of oxidation ponds, waste stabilization ponds and manure ponds as well as of wastewater fish ponds and clarification ponds.

The most important prerequisites to the design of an oxidation pond plant are the following parameters: surface loading, BOD_5 space loading and contact time. For a mean water depth of 1 m the required area of preliminary anaerobic clarifiers is 0.1···0.2 m^2/population equivalent and the BOD_5 space loading is 270···540 $g/m^3 \cdot d$; for the algae pond these values are about 3 m^2/population equivalent and 9···11 $g/m^3 \cdot d$ BOD_5, resp., and for the filtration pond they are 1.5 m^2/population equivalent and 5···6 $g/m^3 \cdot d$ BOD_5, resp. In the case of a desired completely biological treatment of wastewater, contact time should range from forty to fifty days. Design bases for waste stabilization ponds are derived.

Since sewage ponds need little maintenance and, as compared with different purification facilities, low investment expenditure, they can be used more than so far on the basis of economically justifiable aspects (areas of inferior quality) and hydrologic and orological prerequisites.

Резюме: Определяются окислительные и стабилизационные пруды, пруды для жидких фекалий, рыбоводные пруды при очистных станциях, пруды-отстойники. Существенную основу для назначения размеров комплекса окислительных прудов составляют параметры нагрузки на единицу площади, об'емной нагрузки относительно $БКП_5$ и время. При средней глубине воды 1 м потребность в площади анаэробных предварительных осветителей составляет 0,1 до 0,2 $м^2$ на эквивалент числа жителей, об'емная нагрузка относительно $БКП_5$ — 270 до 540 $г/м^3$. В пруду с водорослями были установлены потребность около 3 $м^3$ на эквивалент числа жителей и нагрузка по $БКП_5$ — 9 до 11 $г/м^3$, в фильтрационном же пруду 1,5 $м^2$ на эквивалент числа жителей и 5 до 6 $г/м^3$ по $БКП_5$. Желаемая полная биологическая очистка сточных вод достигается через 40 до 50 дней. Выводятся основы для назначения размеров стабилизационных прудов. — Биологические пруды требуют малого ухода и сравнительно малых капиталовложений. Поэтому можно их рекомендовать, с учстом экономических точек зрения (малоценные площади) и при соответственных гидрологических и орологических условиях.

Forderungen an Abwasserbehandlungsanlagen

Ausgelöst durch die Verbesserung der Trinkwasserversorgung SCHINDEL die Schaffung von sanitären und gesellschaftlichen Einrichtungen steigt der Abwasseranfall auch in ländlichen Siedlungen ständig an. Während bisher die Fäkalien in abflußlosen Gruben gesammelt wurden und die Spülwässer meist unkontrolliert im Boden versickerten, müssen jetzt auf Grund des erhöhten Abwasseranfalls die Abwässer mehr und mehr dem Vorfluter zugeführt werden. Dabei ist aus hygienisch-epidemiologischen und ästhetischen Gründen sowie einer möglichen Überlastung der Vorfluter mit Schmutzstoffen oft auf eine Klärung oder Reinigung des Abwassers vor Einleitung in die Gewässer nicht zu verzichten.

Der Grad der Abwasserreinigung wird durch die örtlichen Bedingungen, wie Vorfluterverhältnisse, Abwassermenge, Nutzung des Vorfluters usw. bestimmt. Die natürliche Selbstreinigungskraft der Gewässer kann für den Abbau des BSB_5 mit ausgenutzt werden. Jedoch ist dafür Sorge zu tragen, daß die Vorfluter biologisch gesund erhalten werden und den volkswirtschaftlichen Anforderungen genügen.

Unter Beachtung der Problematik der Abwasserbehandlung in Landgemeinden sind an diese Reinigungsanlagen bestimmte Forderungen zu stellen, z. B.:

- Reinigung des Abwassers entsprechend den Anforderungen
- weitgehende Verminderung der pathogenen Keime und Sedimentation der Wurmeier
- Unempfindlichkeit gegen Überbelastungen und Stoßbelastungen
- weitgehende Nährstoffelimination (insbesondere bei der Einleitung in stagnierende bzw. oligotrophe Gewässer)
- Möglichkeit der Aufnahme von Mischwasser
- stufenweiser Ausbau und somit Anpassung der Reinigungskapazität an den jeweiligen Anschlußwert
- Ausnutzung vorhandener Abwasserableitungs- und reinigungsanlagen
- geringer Flächenbedarf
- einfache Vorbereitung der Investitionund Inanspruchnahme geringer Investitionskosten
- wenig Aufwand für den Betrieb und die Instandhaltung der Anlagen
- einfache Bauweisen (mit geringem manuellen Anteil)
- ökonomisch sinnvolle und einfache Erfüllung der Bedingungen des Arbeits-, Gesundheits-, Brand- und Luftschutzes.

Einige Kriterien können entsprechend dem gewählten Anlagentyp nicht erfüllt werden. Es muß angestrebt werden, Anlagen zu entwickeln bzw. anzuwenden, die den genannten Forderungen am weitesten entsprechen (SCHMIDT, 1968).

Im vorliegenden Beitrag werden vorzugsweise Möglichkeiten der Abwasserreinigung nach dem Abwasserteichverfahren diskutiert.

Zum Abwasserteichverfahren

Abwasserteichtypen

Die Anwendung von Abwasserteichen für die Reinigung von Haus- und Industrieabwässern hat international und national zur Prägung bestimmter Begriffe geführt. Da in der Literatur oft die Bezeichnungen „*Abwasserteiche*“, „*Oxydationsteiche*“, „*Stabilisierungsteiche*“, „*Abwasserfischteiche*“, „*Klärteiche*“ und ähnliche Termini gebraucht werden, ohne hier zusammenfassend Begriffsbestimmungen zu geben, sollen die wichtigsten Begriffe definiert werden. Hier handelt es sich nur um solche Begriffe, die mit natürlich belüfteten Abwasserteichen, in denen ausschließlich organisch verschmutzte Abwässer gereinigt werden, im Zusammenhang stehen. Die sonst in diesem Beitrag verwendeten Termini sind mit den Fachausdrücken der einschlägigen Fachbereichsstandards identisch.

Abwasserteich (sewage lagoon)

Abwasserteiche sind aerob, anaerob oder (anaerob, aerob) fakultativ arbeitende Teiche, die kontinuierlich und diskontinuierlich, auch mit zusätzlicher Belüftung, und zwar mit Hilfe von Gebläsen, Rotoren oder durch Umpumpen des Abwassers, betrieben werden können. Ebenfalls ist die Zusatzbelichtung (Erhöhung der Algensauerstoffproduktion) möglich. In Abwasserteichen werden vorzugsweise organisch verschmutzte häusliche und industrielle Abwässer gereinigt (Abwasserteich ist der allgemeinste Begriff). Nach IMHOFF sind es Teiche (künstlich angelegte oder natürlich vorhandene), die zugeleitete Schmutzstoffe auf dem Wege der biologischen Selbstreinigung zu verarbeiten haben. Abwasserteiche unterscheiden sich nach der Art des zu behandelnden Abwassers, ob Rohabwasser, mechanisch vorgeklärtes oder biologisch vorgereinigtes Haus- oder Industrieabwasser behandelt werden soll, der Bauart, den Bemessungsparametern, den ablaufenden Reinigungsprozessen und der Reinigungsleistung der Anlage. In der englischsprachigen Literatur werden *sludge lagoons* (Schlammteiche, Faulteiche), *anaerobic lagoons* (anaerobe Teiche, Becken) als erste anaerobe Reinigungsstufe, in der hohe BSB_5-Raumbelastungen vorhanden sind, von den nachgeschalteten aeroben Reinigungsstufen in *oxidation ponds* (Oxydationsteichen), *stabiltzation ponds* (Stabilisierungsteiche), *dilution ponds* (Frischwasserverdünnungsteichen) und *maturation ponds* (Teichen zur Nachreinigung von biologisch gereinigtem Abwasser) unterschieden.

Eine besondere Art des Abwasserteiches ist der *manure lagoon* (Jaucheteich), in dem *organische Flüssigdünger* (tierische Fäkalien) biologisch aufbereitet werden. Der Begriff *organische Flüssigdünger* wurde anläßlich der zentralen Tagung „Güllewirtschaft“ im Nov. 1969 in Halle in dem Referat von Herrn Dr. KRÜGER interpretiert. Der Verfasser empfiehlt die Einführung dieses Begriffs im Hinblick auf die Kennzeichnung der Spezifik der Abprodukte der Tierbestände, da fälschlicherweise oft der Begriff *Stallabwasser* verwendet wird.

Abwasserteiche lassen sich verschiedenartig bauen und betreiben, wobei das entscheidende Kriterium die Beeinflussung der verschiedenen Abbauprozesse durch entsprechende Bauausführung der einzelnen Teiche ist. Diese Abbauprozesse können durch Wahl der jeweiligen Technologie anaerob, aerob und fakultativ gelenkt werden. Auch hiernach lassen sich dann aerobe Abwasserteiche mit natürlichem Sauerstoffhaushalt (Oberflächendiffusion und photosynthetische Sauerstoffproduktion durch Algen, der Nettosauerstoffanteil schwankt zwischen 2 und 15 $g/m^2 \cdot d$), von denen mit zusätzlichem Sauerstoffeintrag mittels mechanischen Aggregaten WENNSTRÖM unterscheiden. Ein Sauerstoffgehalt von etwa 2 mg/*l* ist Grundvoraussetzung für den positiven Verlauf der Abbauvorgänge im aeroben Bereich (PORGES).

Die einzelnen Arten der Abwasserteiche lassen sich nicht in jedem Falle genau voneinander abgrenzen. Eine Unterteilung in Oxydations- und Stabilisierungsteiche ist jedoch immer sinnvoll, da in ersteren infolge der geringeren BSB_5-Belastung die Abbauprozesse überwiegend aerob, hingegen bei den Stabilisierungsteichen diese infolge der höheren BSB_5-Raumbelastungen im allgemeinen überwiegend anaerob bzw. fakultativ verlaufen.

Oxydationsteich (oxidation pond)

Der Oxydationsteich ist ein Abwasserteichtyp, der vorzugsweise aerob arbeitet und die Schmutzstoffe abbaut. Oxydationsteiche können Wasserspeicher für eine nachfolgende Abwasserbodenbehandlung sein. Die treffendste Begriffsbestimmung gibt „The Glossary-Water and Sewage Control Engineering", zitiert bei PORGES, indem ein *oxidation pond* bzw. *sewage oxidation pond* als Teich bezeichnet wird, in welchem teilweise mechanisch oder biologisch vorbehandeltes Abwasser eingeleitet und unter dem Einfluß des Sonnenlichtes sowie der Produktion von *Algensauerstoff* natürlich gereinigt wird. In der Sowjetunion werden diese Teiche als *Biologische Teiche*, in der Tschechoslowakischen Volksrepublik als *Assimilationsteiche* bzw. *Akkumulationsteiche* und in der VR Ungarn als *Algenreaktionsbecken* bezeichnet. Die Abwasserreinigung erfolgt weitgehend biologisch bis vollbiologisch, (BSB_5-Abbau 80···95%).

Stabilisierungsteich (waste stabilization pond)

Der Stabilisierungsteich ist ein Abwasserteich, der anaerobe, fakultative und aerobe Abbauprozesse einschließt, wobei die fakultativen (oberer Wasserkörper aerob, unterer anaerob) und anaeroben Phasen des Abbaues der Substrate überwiegen. Die Abwässer werden im Stabilisierungs- oder Stabilisationsteich teilbiologisch bis weitgehend biologisch gereinigt. Diese Teiche können für die Behandlung von Rohabwässern und für die Nachbehandlung von mechanisch vorbehandelten Abwässern angewendet werden. Mechanische Belüftungsaggregate (z. B. Belüftungsrinnen) zur Belüftung des mechanisch geklärten Abwassers erhöhen die Abbauleistung bzw. ermöglichen bei gleichbleibender Reinigungsleistung eine Erhöhung des Anschlußwertes. Die euphotische Zone reicht bis zu etwa 1 m Tiefe (unter Wasserspiegeloberfläche); die gesamte nutzbare Tiefe der Teiche geht im allgemeinen von 1···2 m. Tiefen von über 2 m sind bei Vorhandensein von günstigem Baugrund zulässig, da für die Abbauprozesse im Stabilisierungsteich nicht in erster Linie die spezifische Oberfläche (z. B. 4···5 m^2/EG bei Anwendung von Oxydationsteichen), sondern das spezifische Volumen (1···3 m^3/EG) ausschlaggebend ist. Nach der zu fordernden Reinigungsleistung liegt die BSB_5-Raumbelastung etwa zwischen 10 und 32 $g/m^3 \cdot d$. Der Teichabfluß ist stark bei hochbelasteten Stabilisierungsteichen vegetationsgefärbt (Phytoplankton); bei unterbelasteten Teichen ist der Abfluß wie bei richtig bemessenen Oxydationsteichen nur schwach vegetationsgefärbt (Klarwasserstadium). In diesem Falle wird auch im Stabilisierungsteich biologische Vollreinigung erreicht.

Sowohl *sludge lagoons*, *anaerobic lagoons* als auch *manure lagoons* gehören infolge der in diesen Teichen vorwiegend verlaufenden anaeroben bzw. fakultativen Abbauprozesse als besondere Teichtypen zum Stabilisierungsteich.

Mit dem Stabilisierungsteich wird kein neues Abwasserreinigungsverfahren geschaffen, sondern durch die Entwicklung des Trapezstabilisierungsteiches lediglich ein neuer Teichtyp, der den hydraulischen und damit biochemischen Erfordernissen einer Abwasserstabilisierung entspricht. Die verfahrenstechnische Grundlage dieser Stabilisierung ist einerseits das Faulverfahren und andererseits das Abwasserteichverfahren.

Abwasserfischteich

Der Abwasserfischteich ist ein besonderer Typ des Abwasserteiches, der sowohl der Reinigung organisch verschmutzter Abwässer als auch der Fischhaltung dient. Ständiger Frischwasserzufluß muß vorhanden sein, und zwar die drei- bis fünffache Verdünnungsmenge an Frischwasser. Nach LIEBMANN wird ein biochemischer Sauerstoffbedarf von 0,5 kg/1000 m² Teichfläche · d als maximal zulässig erachtet. Der Sauerstoffgehalt sinkt dann nicht unter 3 mg/*l*, so daß auch kein Fischsterben zu befürchten ist. Das Abwasser sollte möglichst mechanisch oder bodenfiltriert vorbehandelt sein. Der Begriff *Abwasserfischteich* sollte auch dann beibehalten werden, wenn in Oxydationsteichen das Abwasser biologisch gereinigt und nachgeschalteten Fischteichen (Oxydations-Abwasserfischteichanlagen) zugeleitet wird.

Klärteich

Klärteiche dienen in erster Linie der mechanischen Klärung von Haus- bzw. Industrieabwässern. Die Aufenthaltszeiten des Abwassers in diesen Teichen betragen wenige Stunden, so daß nur der mechanische Kläreffekt zur Wirkung kommt.

Oxydationsteiche — Grundsätzliches

Grundlage der Abwasserreinigung in Oxydationsteichen ist das folgende dreistufige System (vergl. UHLMANN):

- anaerobe Stufe: (z. B. anaerobe Vorbecken, Bakterienstufe, gleichzeitig mechanische Stufe),
- aerober Teich I: (Algenteich mit photosynthetischer Sauerstoffproduktion),
- aerober Teich II: (Filtrierteich mit biologischer Filterwirkung, klarer Abfluß).

Die BSB_5-Reduktion der Oxydationsteiche liegt zwischen 80 und 90%. Diese BSB_5-Reinigungsleistung kann im Winter um 20% absinken. Oft kommt es im Winter unter dem Eis zur Bildung relativ großer Mengen von Schwefelwasserstoff, der jedoch bei Einleitung in Fließgewässer oxydiert wird. Die vorherrschende Windrichtung ist zu beachten, da Teiche nicht in Windrichtung zur

Bebauung errichtet werden sollten. Die Entfernung von Wohnsiedlungen ist mit der Hygiene abzustimmen. Bäume, Sträucher und Hecken in unmittelbarer Nähe (bis zu 30 m) der Teiche sind zu entfernen. Durchlässiger Untergrund führt zu Sickerverlusten. Besteht keine Gefahr der Verschmutzung (Verseuchung) von Grundwasserreservoires, können Abwasserteichsysteme gebaut werden. Auskleidungen der Teiche mit bindigem Boden zur Abdichtung sind sehr kostenintensiv und sollten deshalb vermieden werden. Wird die Böschung steiler als 1 : 1,5 gewählt, ist der Nachweis über die Standsicherheit unter Berücksichtigung der Sickerlinie erforderlich. Ja nach den örtlichen Bedingungen ist in Verbindung mit der Sicherheitsinspektion des späteren Rechtsträgers der Anlage, der Umfang der Einfriedung der Oxydationsteiche festzulegen.

Anwendung

Das Oxydationsteichverfahren ist bevorzugt für Anschlußwerte von 200 bis 2000 EGW anzuwenden. Die untere Grenze der Anwendbarkeit liegt bei 50 EGW, die obere hängt von dem Vorhandensein minderwertiger, landwirtschaftlich nicht nutzbarer Flächen ab und kann 50000 EGW überschreiten. Wird der Anschlußwert von 2000 EGW überschritten, ist die Wirtschaftlichkeit der Vorbecken gegenüber mechanischen Kläranlagen zu überprüfen.

Außer häuslichen Abwässern lassen sich organisch verschmutzte gewerbliche und industrielle Abwässer reinigen. Der Anschluß der Mischkanalisation an Teiche ist möglich. Übersteigt die Regenwassermenge den zehnfachen Wert des Trockenwetterabflusses, ist vor dem anaeroben Vorbecken ein Regenüberfall vorzusehen, der die Regenmenge über den zehnfachen Trockenwetterabfluß hinaus in den aeroben Teich 1 ableitet.

Bemessung

Die Bemessung erfolgt nach Tab. 1 (vgl. Werksstandard 1968).

Die wichtigsten Grundlagen für die Bemessung sind die Parameter BSB_5-Belastung und Kontaktzeit.

2···4% der Gesamtteichfläche werden für die Bemessung anaerober Vorbecken, die langgestreckt (Längen-Breitenverhältnis 5···10 : 1) herzustellen sind, zugrunde gelegt. Die Bemessung der erforderlichen Teichgrößen erfolgt über die Flächenbelastung, ausgedrückt in m^2/EGW bzw. g $BSB_5/m^2 \cdot d$ nach Tab. 1, sofern die mittlere Wassertiefe 1,0 m beträgt.

Ist die mittlere Wassertiefe nicht 1,0 m, so ist der Teich auf der Grundlage von Tab. 1 nach der Raumbelastung in g $BSB_5/m^3 \cdot d$ zu bemessen.

Werden für anaerobe Vorbecken mechanische Kläranlagen (z. B. Kleinkläranlagen, Emscherbrunnen) vorgesehen, erfolgt die Bemessung der Oxydationsteiche unter Berücksichtigung des BSB_5 des mechanisch geklärten Abwassers der in Tab. 1, Zeile 2 und 3 enthaltenen Parameter.

Tiefen von mehr als 1,3 m sind in den aeroben Teichen zu vermeiden, da sie die Anhäufung von Schwefelwasserstoff im unteren Wasserkörper fördern. Bei Tiefen von weniger als 0,6 m besteht die erhöhte Gefahr einer Verkrautung. Wassertiefen unter 1,0 m sind nur bei Teichanlagen mit Anschlußwerten unter 500 EGW zulässig.

Tabelle 1

Parameter für die Bemessung von Oxydationsteichanlagen

Zeile	Reinigungsstufe	Flächenbelastung in		Raumlastung in	Kontaktzeiten in	Wassertiefe		BSB_5-Reduktion	
		m^2/EGW	g BSB_5/m^2d	g BSB_5/m^3d	d (Tagen)	Mittel	Bereich	je Reinigungsstufe	Kumultativ
						m	m	%	%
1	Anaerobes Vorbecken	0,1…0,2	270…540	270…540[1])	0,5…1,0[1])	1,2	0,8…1,5	40…50	40…50
2	Algenteich	(2,7…3,2) 3	9…11	9…11	(27…32) 30	1	0,6…1,3	um 70	um 80
3	Filterteich[2])	(1,2…1,6) 1,5	5…6,5	5…6,5	(12…16) 15	1	0,6…1,3	um 20	um 90
4	Gesamt/Mittel	4…5	11…12	11…12	40…50	–	–	–	um 90

Anmerkung:

Die Belastungswerte wurden auf- bzw. abgerundet.

[1]) Abzüglich des Schlammspeicherraumes (etwa 70%).
Den Parametern liegen Abwassermengen von 100 l/EGW d und 54 g BSB_5 EGW d zugrunde.

[2]) Die mögliche Abflußkonzentration (K_A) in mg/l BSB_5 wird nach der Gleichung $K_A = 5{,}5 + 5{,}7\,B_R$ ermittelt. ($B_R = BSB_5$ – Raumbelastung in g/m^3d)

Die Ermittlung der Abflußkonzentration kann nur überschläglich für Raumbelastungen von 2…8 g BSB_5/m^3 d vorgenommen werden, da die o. g. Gleichung nur für diesen Belastungsbereich gilt.

Konstruktion

Allgemeines und anerobe Vorbecken

Zur Möglichkeit der Abwassermengenmessung ist der letzte Schacht vor den Vorbecken als Meßschacht auszubilden. Bei Mischkanalisation ist am Zulauf zu den anaeroben Vorbecken ein Pralltellег anzuordnen.

Die anaeroben Vorbecken werden als einfache Erdbecken angelegt. Auf Grund der langen Schlammstapelzeiten ist die maschinelle Schlammräumung mit Baggern, Schlammsaugwagen u. ä. vom Terrain aus möglich, so daß bei der Gestaltung der Becken die Schlammräumtechnologie beachtet werden muß. Eine Wasserspiegelbreite von max. 8 m für Greifer und 6 m für Schlammsaugwagen ist nicht zu überschreiten. Ist die Trocknung des Schlammes im Vorbecken nicht vorgegeben bzw. infolge zu hohen Grundwasserstandes nicht möglich, ist nur ein Vorbecken anzulegen, aus dem der Schlamm mittels Schlammsaugwagen angezogen und landwirtschaftlich verwertet wird.

Die Böschungen und die Sohlen sind im Bereich des Zuflusses zu den anaeroben Vorbecken und aeroben Teichen durch Pflaster, Betonplatten u. ä. gegen Auskolkungen zu sichern.

Da die Räumung der Vorbecken jährlich nur ein- bis zweimal erfolgt, sind befestigte Zufahrtswege nicht notwendig. Besondere Maßnahmen zur Entwässerung des Schlammes in den Vorbecken, z. B. der Einbau von Dräns, sind bei der Ausfaul- und Trockenzeit bis zu einem Jahr nicht erforderlich. Die Vorbecken müssen so angelegt werden, daß von beiden Seiten aus dieselben geräumt werden können.

Aerobe Teiche

Da der Ausbau der Teiche nach hydraulisch günstigen Gesichtspunkten nicht in jedem Falle möglich ist (z. B. Trapezform, langgestreckte Teiche), können Leitwände aus Plaste, Faschinen und ähnlichem zur Erhöhung des hydraulischen Wirkungsgrades vorgesehen werden.

Als Freibord der Erddämme für die Umwallung sind 0,20···0,30 m vorzusehen, bei Teichlängen von über 300 m soll dieser 0,40 m betragen. Die Teichbecken sind auszurunden, um Toträume zu vermeiden; der Ausrundungsradius muß mindestens 2 m betragen. Abbildung 1 und 2 zeigen Systemskizzen für die Anlage von Oxydationsteichen. Als Abflußbauwerke werden Doppelfalzmönche aus Hartholz oder Beton verwendet.

Bei natürlichen Fallhöhen von über 0,10 m sind am Zufluß zum aeroben Teich 1 für die Belüftung und Verteilung des Abwassers Belüftungsrinnen anzuordnen.

Stabilisierungsteiche

Anaerobe Abwasserstabilisierung

Durch die relativ hohe BSB_5-Raumbelastung einer Stabilisierungsteichanlage gegenüber einem Oxydationsteichsystem ist den aneroben bzw. fakultativen Abbauprozessen erhöhte Aufmerksamkeit zu schenken. Während in der ersten Stufe der anaeroben Reinigung die Moleküle gecrackt werden, erfolgt in der zweiten der weitere Abbau bis zur Oxydation. Den aneroben Abbauprozessen

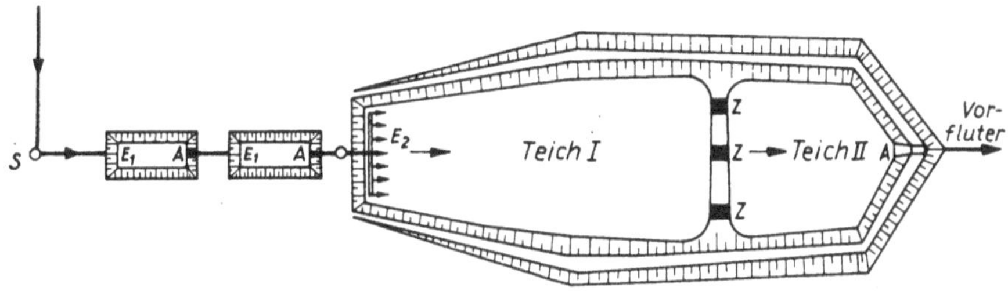

Abb. 1: Systemskizze Abwasserteich mit Bauwerken

E = Einlauf (1,0); Z = Zwischenbauwerke (2,0); A = Auslaufbauwerk (3,0); Rü = Regenüberlauf bei Mischsystem (4,0); S = Schacht

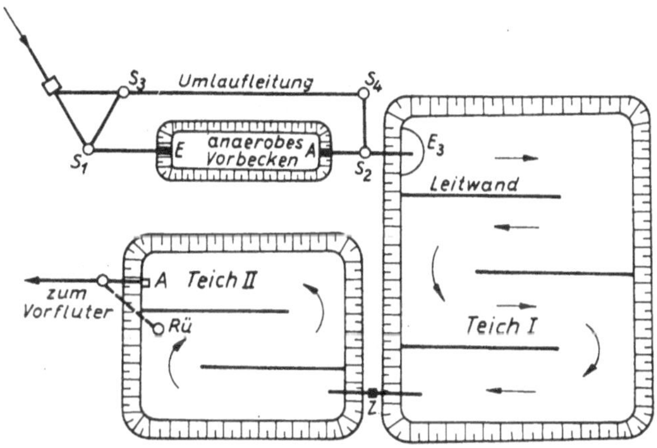

Abb. 2: Systemskizze Abwasserteich mit Leitwänden und Bauwerken

E = Einlauf (1,0); Z = Zwischenbauwerk (2,0); A = Auslaufbauwerk (3,0); Rü = Regenüberlaunes Mischsystem (4,0); S = Schacht

ist auch deshalb besondere Beachtung zu schenken, da aus der Sicht der Energiebilanzen die anaeroben Metabolismusvariationen den aeroben eindeutig überlegen sind. Diese Tatsache gibt der Ausdehnung der aneroben bzw. fakultativen Phasen in Teichsystemen im Hinblick auf die zu erwartende Reinigungsleistung bestimmte Vorteile, so daß durch Anwendung einer richtig bemessenen Stabilisierungsteichanlage den biochemischen Abbaugesetzen nahezu entsprochen werden kann.

Die im folgenden diskutierten Berechnungsgrundlagen für die Auslegung von Stabilisierungsteichen wurden nach umfangreichen Abbauversuchen mit Abwasser unter anaeroben Bedingungen im Laboratorium sowie aus Freilandteichen erzielt.

Mit Abb. 3···4 wird je ein Ausführungsbeispiel für die Anlage von Stabilisierungsteichen gezeigt (s. Abb. 3 u. 4).

Bemessung

Als entscheidende Kriterien für die Bemessung von Stabilisierungsteichen sind zu erfassen:

- die Gesamtaufenthaltsdauer des Abwassers in den Teichen (Kontaktzeit) d;
- das erforderliche Teichvolumen V;

— die BSB_5-Raumbelastung in $g/m^3 \cdot d$ B_R und
— die BSB_5-Abbauleistung der Teiche bei +6 °C···+25 °C.

Adaptationsgleichung

Die hier genannte *Adaption*, *Adaptation* bzw. *Adaptabilität* ist die physiologische Anpassungsfähigkeit der Mikroorganismen an die veränderten Umwelt-

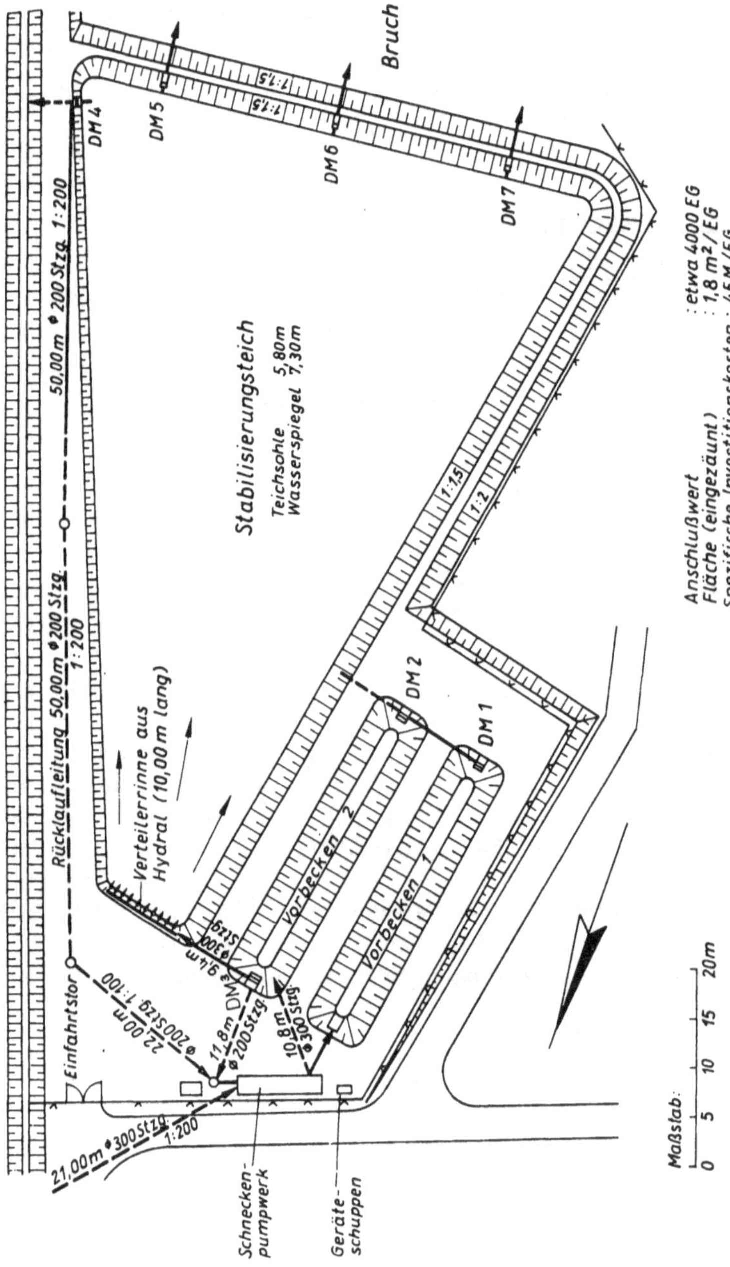

Abb. 3: Stabilisierungsteichsystem Ducherow, Teiche im anaeroben und aeroben Bereich mit Umpumpbetrieb (Versuchsanlage)

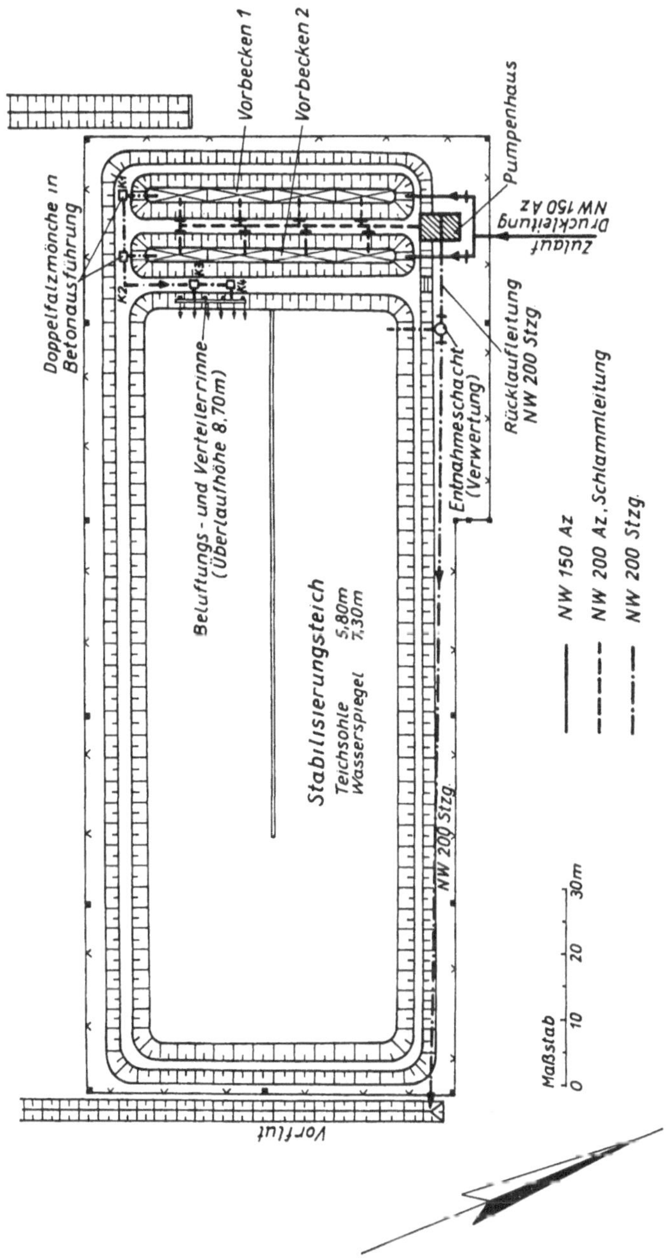

Abb. 4: Stabilisierungsteichsystem Ferdinandshof mit Umpumpbetrieb, Ableitung des Abwassers in die Vorflut bzw. zum landwirtschaftlichen Verwertungsgebiet

verhältnisse (z. B. Temperatur) bei der anaeroben Abwasserreinigung, und zwar unter der Voraussetzung, daß ein bestimmter Umfang in der BSB_5-Reinigungsleistung erzielt wird.

Die biologischen Abbauvorgänge folgen unter diesen Bedingungen (z. B. Stabilisationsteich) den allgemeinen Funktionen (vgl. Schmidt, 1967, 1970)

$$y = m\,x + b;\; y = m\,x + b + c^2 \text{ bzw. } y = e^{m\,x + b}\,, \tag{1}$$

wie auch von Streeter und Phelps betont.

Die Temperatur ist hiebei für die Geschwindigkeit des Abbauvorganges von Bedeutung. Bei Annahme eines Temperaturbereiches von +6 °C···+25 °C als mittlere Schwankungsbreite der Temperaturen der Abwässer bei der anaeroben Behandlung, ergibt sich nach den in Abb. 5 dargestellten Kurven im Koordinatensystem die Beziehung

$$\frac{d_a}{d_0} = e^T\,(-\tan\alpha) + b \tag{2}$$

$$d_a = e^T\,(-\tan\alpha) + b \cdot d_0 \tag{3}$$

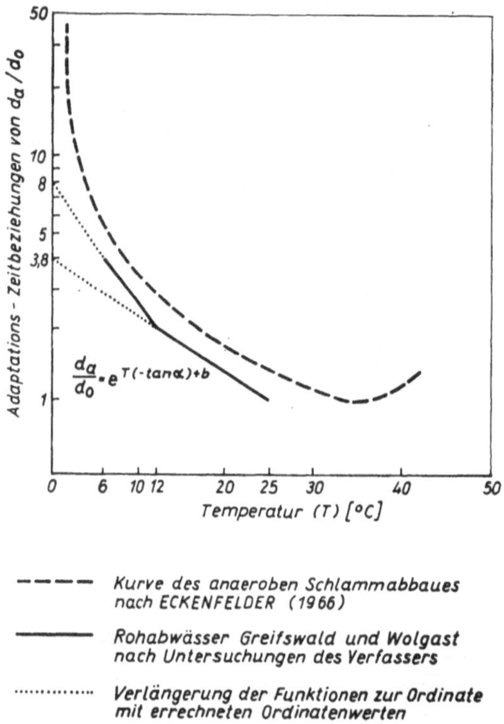

Abb. 5: Adaptations–Zeitbeziehungen d_a/d_0 im Temperaturbereich von +6 °C··· +25 °C

Da die Ordinate in Abb. 5 nach dem natürlichen logarithmischen System aufgebaut ist, entspricht die Darstellung

$$\frac{d_a}{d_0} = \ln y\,. \tag{4}$$

Theoretisch verlaufen die in Abb. 5 dargestellten Geraden als Exponentialfunktion, für die die einzelnen Meßpunkte der Funktion verschiedenes Steigungsmaß aufweisen. Für die hier zu erfassenden Belange der praktischen Anwendbarkeit genügt die Genauigkeit der in Abb. 5 halblogarithmisch dargestellten Approximationsfunktionen mit zwei Steigungsmaßen.

Die allgemeinen Gleichungen würden dann für die Adaptabilität, einschließlich einer gewissen BSB_5-Abnahme, lauten:

$$\ln y = m x + b \tag{5}$$

$$y = e^{mx+b}. \tag{6}$$

Wird für $\ln y$ die Aufenthaltszeit mit d_a angegeben, und zwar bei einer bestimmten Arbeitstemperatur T, dann steht die Aufenthaltszeit d_0 bei der für diese Aufenthaltsdauer notwendigen optimalen Temperatur in Beziehung zur erstgenannten. Daher kann $d_a : d_0$ als Ordinate dargestellt werden.

Das Steigungsmaß m der Funktion ist abhängig von $d_a : d_0$ und ist so der $\tan\alpha$; x die Arbeitstemperatur T, z. B. + 10 °C, und b die Ordinatenwerte ln 3,805 = 1,33 für den Temperaturbereich + 25 °C··· + 12 °C bzw. ln 8,00 = + 2,079 für den Temperaturbereich + 12 °C ··· + 6 °C.

Eingesetzt lautet dann die Adaptationsgleichung:

$$\ln \frac{d_a}{d_0.} = T\,(-\tan\alpha) + b \tag{7}$$

$$\frac{d_a}{d_0} = e^{T(-\tan\alpha)+b}, \tag{8}$$

wobei $\tan\alpha$ nur negative Werte annehmen kann, da die Adaptabilitäts-Zeitbeziehung umgekehrt proportional zur Temperatur ist.

Speziell ergibt sich bei Temperaturen von + 12 °C ··· + 25 °C nach Abb. 5 die Beziehung

$$\frac{d_a}{d_0} = e^{T(-0{,}073)+1{,}33} \tag{9}$$

und für Temperaturen von + 6 °C ··· + 12 °C

$$\frac{d_a}{d_0} = e^{T(-0{,}115)+2{,}079} \tag{10}$$

Die gesuchte Adaptationsaufenthaltszeit d_a bei der Aufenthaltsdauer d_0 mit der für diese Zeit optimalen Temperatur kann dann nach der Gleichung

$$d_a = d_0 \cdot e^{T(-\tan\alpha)+b} \tag{11}$$

für Temperaturen von + 12 °C ··· + 25 °C

$$d_a = d_0 \cdot e^{T(-0{,}053)+1{,}33} \tag{12}$$

und für Temperaturen von + 6 °C ··· + 12 °C

$$d_a = d_0 \cdot e^{T(0{,}115)+2{,}079} \tag{13}$$

berechnet werden.

Erfassung der Gesamtaufenthaltsdauer d (Kontaktzeit)

Die Gesamtaufenthaltsdauer kann unter Beachtung von (11) errechnet werden, indem die Temperaturkonstante c berücksichtigt wird.

Wird die Temperaturkonstante c in (11) eingesetzt, ergibt sich für die Berechnung der Gesamtaufenthaltsdauer d

$$d = c \cdot d_0 \cdot e^{T(-\tan\alpha)+b} . \tag{14}$$

Beim Einsetzen der Temperaturkonstanten wird von der Voraussetzung ausgegangen, daß nach der Adaptationszeit für den weiteren BSB_5-Abbau bei verschiedenen Temperaturen die gleiche Zeitspanne erforderlich ist. Wird die Gesamtkontaktzeit bei höheren Temperaturen vergrößert, und das trifft bei der Abwasserbehandlung nach dem Stabilisierungsteichverfahren besonders für die Sommermonate zu, muß sich zwangsläufig auch die Reinigungsleistung verbessern, wie aus den bisherigen Untersuchungsergebnissen eindeutig hervorgeht.

Teichvolumen und Anwendbarkeit der Ergebnisse

In Auswertung dieser Ergebnisse ist das erforderliche Teichvolumen bei der praktischen Anwendung von Stabilisierungsteichen für die Abbauleistung im Hinblick auf den BSB_5 wichtiger als die zur Verfügung stehende wirksame Teichfläche. Der Grund hierfür liegt darin, daß bei Stabilisierungsteichen der Reinigungseffekt in erster Linie von der Tätigkeit der anaeroben Bakterien abhängt im Gegensatz zur Wirkungsweise eines Oxydationsteiches, in dem der Abbau der Abwasserinhaltsstoffe weitgehend aerob erfolgt. Je größer das Volumen, um so länger ist die Aufenthaltsdauer des Abwassers in den Teichen, um so besser folglich auch die BSB_5-Abnahme. Das erforderliche Teichvolumen V in m^3 errechnet sich aus der anfallenden Abwassermenge Q in m^3 und der Aufenthaltsdauer d in Tagen.

Demzufolge ist

$$V = Q \cdot d . \tag{15}$$

Da

$$d = c \cdot d_0 \cdot e^{T(-\tan\alpha)+b} \tag{16}$$

ist, folgt, daß für die Berechnung des Teichvolumens die Gleichung

$$V = Q \cdot c \cdot d_0 \cdot e^{T(-\tan\alpha)+b} \tag{17}$$

verwendet werden kann.

Für Temperaturen von $+ 25\ ^\circ C \cdots + 12\ ^\circ C$

$$V = Q \cdot c \cdot d_0 \cdot e^{T(0,053)+1,33} \tag{18}$$

und für Temperaturen von $+ 12\ ^\circ C \cdots + 6\ ^\circ C$

$$V = Q \cdot c \cdot d_0 \cdot e^{T(-0,115)+2,079} . \tag{19}$$

BSB_5-Raumbelastung

Bei der Ermittlung der BSB_5-Raumbelastung ist von einem mittleren Verschmutzungsgrad des häuslichen Abwassers in mg/l (350 mg BSB_5/l) bzw. dem IMHOFFschen Werte in Höhe von 54 g BSB_5/Ed auszugeben. In jedem Falle erscheint es sinnvoll, das Rohabwasser vorher hinsichtlich des BSB_5 zu untersuchen, um eine wirtschaftliche Bemessung der Anlagen durchführen zu können. Deshalb wird der mögliche Verschmutzungsfaktor K_z verwendet, der also von Fall zu Fall zu bestimmen ist. Die K_z-Werte werden hier in g BSB_5/Ed angegeben.

Die spezifischen BSB_5-Werte liegen nach diesen Untersuchungsergebnissen bei ungefähr 32 g BSB_5/Ed, einem Wert, der etwa mechanisch geklärtem Abwasser entspricht. Da alle Untersuchungen diesen Wert als Grundlage haben, kann K_z hier mit 32 g BSB_5/Ed als konstant in die Gleichungen für die praktische Berechnung der Raumbelastung eingehen.

Die mögliche BSB_5-Raumbelastung B_R ergibt sich aus der Gleichung

$$B_R = \frac{K_z \cdot E}{Q \cdot d} \quad \text{bzw.} \quad B_R = \frac{K_z \cdot E}{V} . \tag{20}$$

Allgemein ergibt sich also für die Berechnung der BSB_5-Raumbelastung die Beziehung

$$B_R = \frac{K_z \cdot E}{Q' c \cdot d_0 \cdot e^{T(-\tan \alpha)+b}} \tag{21}$$

speziell für Temperaturen von + 12 °C ··· +25 °C

$$B_R = \frac{K_z \cdot E}{Q \cdot c \cdot d_0 \cdot e^{T(-0{,}053)+1{,}33}} \tag{22}$$

und für Temperaturen von +6 °C ··· +12 °C

$$B_R = \frac{K_z \cdot E}{Q \cdot c \cdot d_0 \cdot e^{T(-0{,}115)+2{,}079}} . \tag{23}$$

Ist B_R ermittelt worden, läßt sich die mögliche Abflußkonzentration K_A aus Stabilisierungsteichen nach einer approximierten linearen Regressionsgleichung

$$K_A = \frac{29 + 3{,}09\, B_R}{k} \text{ errechnen.}$$

Hierbei werden das Diagramm (Abb. 6) *Approximationsfunktionen* . . . und Tab. 2 *Temperaturkonstanten* . . . beachtet.

Außenanlagen

Das Gelände der Teiche, einschließlich das der Vorbecken, wird mit einem Zaun nach TGL 116-0122 eingefriedet. Die Zufahrt erfolgt durch ein 4 m breites Eingangstor nach Wapro-Standard 49. Der Zaun sollte in einem Abstand von etwa 3 m von der Böschungskante der Teiche um diese gesetzt werden. Alle Flächen, einschließlich Böschungen, sind vorschriftsmäßig anzusäen. Saatmischungen für Moor- bzw. Mineralboden sind nach Tab. 3 und 4 zusammenzustellen und zu verwenden.

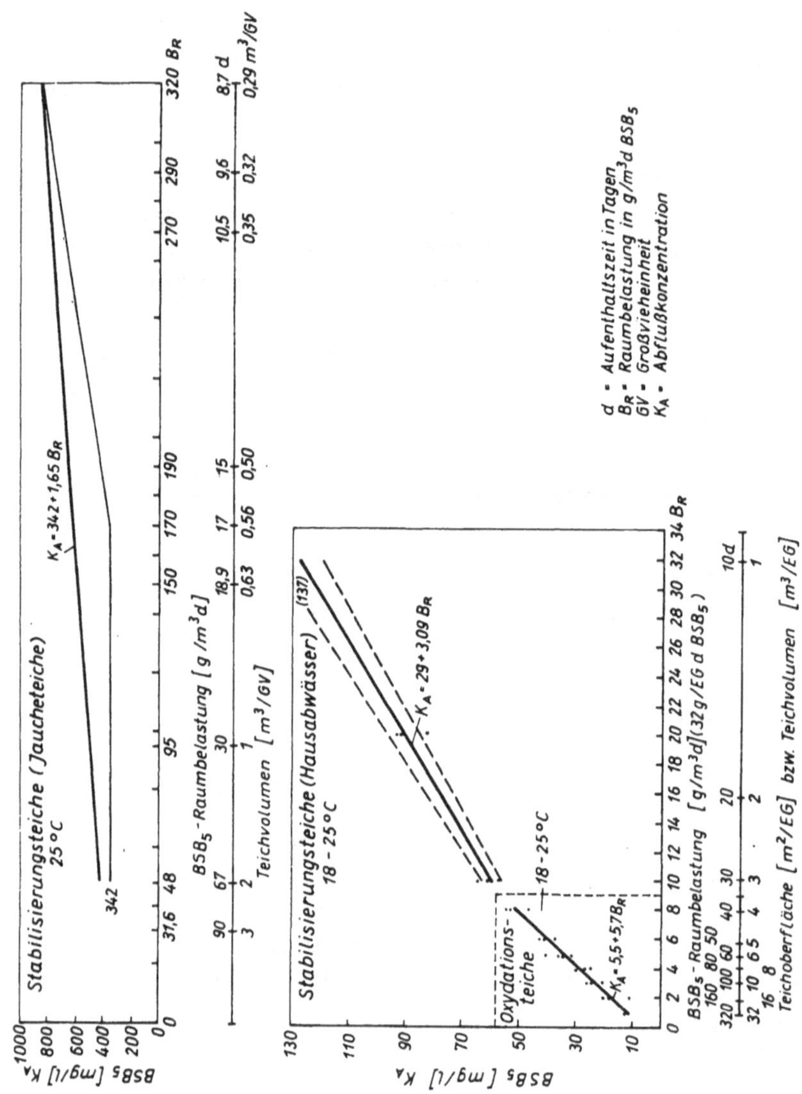

Abb. 6: Approximationsfunktionen für die Berechnung der möglichen Abflußkonzentrationen aus Abwasserteichanlagen

Untersuchungsergebnis experimentell ermittelt, Mittelbildung aus drei Versuchsreihen, Gesamtmittel jeder Funktion aus 27 Einzelwerten gebildet

Betrieb und Instandhaltung

Betrieb

Die Abwasserteichanlage darf erst in Betrieb genommen werden, wenn die entsprechenden Arbeitsschutzanordnungen eingehalten und die Bedienungskräfte mit deren Inhalt vertraut gemacht wurden. Alle Einzelteile der Anlage müssen in einwandfreiem, betriebssicherem Zustand gehalten werden. Über den Betriebsablauf ist je nach Größe der Anlage ein Betriebsbuch zu führen. Alle Kontrollmessungen (z. B. Tag und Stunde der Messung, Temperaturen, Trübung, Sichttiefe im Teich, Geruch, absetzbare Stoffe nach 30 min Arbeitszeit im Imhoff-Trichter u. ä.) und besondere Vorkommnisse sind in dieses Buch einzutragen.

Tabelle 2

Temperaturkonstanten, -koeffizienten und Exponentialwerte für die Erfassung der Gesamtaufenthaltsdauer d und der BSB_5-Raumbelastung B_R

T (°C)	c	k	d a	$T(-\tan\alpha)+b$	$e^{T(-\tan\alpha)+b}$
+ 6	1,87	0,6	16,04	1,389	4,011
+ 7	1,87	0,6	14,30	1,274	3,575
+ 8	1,87	0,6	12,65	1,151	3,161
+ 9	1,87	0,7	11,36	1,044	2,840
+10	1,87	0,7	10,13	0,929	2,532
+11	1,87	0,7	9,03	0,814	2,256
+12	1,87	0,8	8,05	0,699	2,011
+13	1,87	0,8	7,66	0,641	1,915
+14	1,87	0,8	7,20	0,588	1,800
+15	1,87	0,9	6,80	0,535	1,699
+16	1,87	0,9	6,48	0,482	1,619
+17	1,87	0,9	6,14	0,429	1,535
+18	1,87	1,0	5,83	0,376	1,456
+19	1,87	1,0	5,53	0,323	1,381
+20	1,87	1,1	5,24	0,270	1,310
21	1,87	1,1	4,07	0,217	1,242
+22	1,87	1,2	4,71	0,164	1,178
+23	1,87	1,2	4,47	0,111	1,117
+24	1,87	1,3	4,24	0,058	1,059
+25	1,87	1,3	4,00	0,005	1,005

c Temperaturkonstante für die Berechnung von d

k Temperaturkoeffizienten für die Berechnung von K_A

Alle in dieser Tafel aufgeführten Werte sind für Berechnungen der Aufenthaltsdauer des Abwassers in Stabilisierungsteichen als Anhaltspunkte zu betrachten. Die Temperaturkoeffizienten werden nur bei der Erfassung der Abflußkonzentration K_A beachtet. Der BSB_5-Abbau auf der Grundlage der Umrechnung mit diesen Koeffizienten unter Beachtung verschiedener Temperaturen stimmt annähernd mit den experimentell ermittelten BSB_5-Abnahmen überein. Bei Temperaturen unter 6 °C haben die Werte aus Tab. 2 keine Gültigkeit mehr.

Tabelle 3

Zusammenstellung der Saatmischung für die Flächen- und Böschungsansaat (Mineralboden)

Arten	Flächenprozente	Saatgutmenge kg/ha
Lolium perenne (Deutsches Weidelgras)	50,0	18,0
Festuca rubra (Rotschwingel)	15,0	6,0
Phleum pratense (Wiesenlieschgras)	5,0	1,0
Festuca pratensis (Wiesenschwingel)	10,0	9,0
Poa pratensis (Wiesenrispe)	5,0	2,0
Bromus inermis (Wehrlose Trespe)	5,0	3,0
Trifolium repens (Weißklee)	10,0	3,0
	100,0	42.0

Tabelle 4
Zusammenstellung der Saatmischung für die Flächen- und Böschungsansaat (anmooriger Boden)

Arten	Flächen-prozente	Saatgutmenge kg/ha
Lolium perenne (Deutsches Weidelgras)	25,0	9,0
Phleum pratense (Wiesenlieschgras)	5,0	1,0
Poa pratensis (Wiesenrispe)	15,0	5,0
Festuca rubra (Rotschwingel)	10,0	9,0
Bromus inermis (Wehrlose Trespe)	15,0	8,0
Trifolium repens (Weißklee)	10,0	3,0
	100,0	43,0

Instandhaltung

Für den einwandfreien Betrieb von Abwasserteichen müssen folgende Wartungsaufgaben wahrgenommen werden:

- Wöchentlich einmalige Kontrolle hinsichtlich der Funktion der Anlage
- Kontrolle der festgelegten Wassertiefen im anaeroben Vorbecken und den aeroben Teichen
- richtiges Einstellen der Staustütze
- Beheben von Verstopfungen der Rohrleitungen
- ausführen von kleineren Reperaturen
- Rasenmahd bzw. chemische Behandlung (vorzunehmen oder zu organisieren), nach Bedarf, jedoch jährlich mindestens zweimal
- Räumung der anaeroben Vorbecken
- Ausführung von Kontrollmessungen
- Beseitigung auftretender Störungen bzw. sofortige Meldungen an den Betriebsleiter
- Niederschrift aller betriebstechnischen Daten (Kontrollmessung, Schlammabfuhr usw.) und besonderer Vorkommnisse im Kontrollbuch.

Sollten sich auf Grund der Betriebserfahrung oder örtlicher Besonderheiten Zusätze ergeben, sind diese entsprechend in die Betriebsanweisung einzuarbeiten. Wird das Oxydationsteichverfahren in Kombination mit anderen Abwasserbehandlungsanlagen angewendet (z. B. Emscherbrunnenteiche, Kleinkläranlagenteiche, Tropfkörper u. ä.), sind die für diese Anlagen zutreffenden Betriebshinweise in die Betriebsanweisung für Abwasserteiche aufzunehmen.

Ökonomische Richtwerte

Die Baukosten können sehr niedrig gehalten werden. Für die Zu- und Abflußbauwerke (Doppelfalzmönche) sind als Baumaterialien Beton und Hartholz geeignet. Die Dammbauten sind ausschließlich Erdarbeiten, deren Ausführung durch Planierraupen und Bagger vollmechanisiert vorgenommen werden kann. Die spezifischen Investitionskosten variieren von 50,— ··· 200,— M pro EG. Die Selbstkosten betragen etwa 0,05 M/m³ gereinigten Abwassers.

Aspekte der Wasser-, Landwirtschaft und Kommunalhygiene

Aus der Sicht der Wasser- und Landwirtschaft und Kommunalhygiene kann das Verfahren wie folgt beurteilt werden:

- Abwasserteiche können als Erdbauten mit Maschineneinsatz angelegt werden; sie arbeiten hygienisch einwandfrei.
- Abwasserteiche sind bei entsprechender baulicher Ausgestaltung überstaubar; damit ist Vorratswirtschaft in dreifachem Sinne möglich:
  Abwasser kann für die Hauptvegetationsperioden bzw. für Trockenzeiten gespeichert werden; Zwangspausen durch Reparaturen am Rohrnetz und an der Pumpe, bei Stromausfall, während Regenperioden, an Feiertagen, bei fehlenden Arbeitskräften und während der Karenzzeiten (TGL 6466) können überbrückt werden und Entnahmemöglichkeiten bis zur Absenkung auf ein Viertel des Normalwasserstandes im letzten und gleichzeitige Absenkung in den davorliegenden Teichen. Entlastungsflächen können entfallen.
- Der Landwirtschaftsbetrieb steht nicht unter dem Zwang, jederzeit verregnen und das Abwasser ganzjährig abnehmen zu müssen.
- Die Teichanlage bedarf nur geringer Wartung; das biologische System ist infolge des großen Pufferungsvermögens von geringer Störanfälligkeit.
- Schlammverregnung mit Verdünnungswasser ist möglich. Diese Verregnung sollte als Vorratsdüngung im Herbst bzw. zeitigen Frühjahr erfolgen. Dadurch werden Fahrzeuge und Arbeitskräfte eingespart; Höfe und Straßen bleiben frei von Verschmutzungen. Somit können alle im Betrieb anfallenden düngenden Stoffe zunächst im Teich gesammelt und dann über die Verregnung wieder den land- bzw. forstwirtschaftlichen Nutzflächen zugeführt werden.

Die hygienischen und landwirtschaftlichen Interessen stimmen darüber hinaus in folgenden Punkten überein:

- Die allgemein-hygienische Situation wird durch Einleitung aller Schmutzwässer (befestigte Flächen, Wege, Melkeinrichtungen etc.) verbessert.
- Bei Verregnung eines biologisch gereinigten Abwassers können die Karenzzeiten der TGL 6466 von Fall zu Fall verkürzt werden; daraus ergeben sich wirtschafts- und produktionsmäßige Vorteile.
- Die Beseitigung der parasitologischen und die Minderung der bakteriologischen Gefährdung liegt auch im Interesse der Landwirtschaft.
  Der Abbau und Neuaufbau des organischen Materials trägt zur Qualitätsverbesserung bei, da die in den „*Stallabwässern*" vorkommenden Verbindungen bis zu bestimmten Molekülgrößen von Pflanzen übernommen werden können.
- Durch Verregnung der teilbiologisch gereinigten Abwässer läßt sich eine erhebliche Ertragssteigerung erzielen.

Aus der Sicht des *Gewässerschutzes* ist ein Abwasserteichsystem zu begrüßen, da es die Gewässer bzw. das Grundwasser vor der Einleitung von Rohabwässern schützt.

Die ohne Technik arbeitenden, sehr pufferungsfähigen biologischen Teichsysteme sind bei gleichzeitiger Funktion als Speicherbecken eine gute und einfache Lösung des Abwasserproblems in Verbindung mit Bewässerungsanlagen.

Literatur

CALDWELL, D. H.: Sewage Oxidation Ponds — Performance, Operation and Design. Sewage Works Journal 18 (3) (1946), 433

IMHOFF, K.: Erfahrungen mit Abwasserteichen im Ausland. Ges.-Ing., 60 (1937), 163

LIEBMANN, H.: Handbuch der Frischwasser- und Abwasser-Biologie, Bd. II. R. Oldenbourg Verlag, München, 1958, 548. Außerdem Mitteilungen 1958—1970

PORGES, R.: Industrial Waste Stabilization Ponds in the United States. Journal Water Pollution Control Federation, Washington 16, B.C., Vol. 35, No. 4, (1963), 456. Außerdem: briefliche Mitteilungen zum Forschungsgegenstand „Abwasserteiche" in den Jahren 1963–1966

SCHINDEL, H.: Abwasseranfall in Landgemeinden, Forschungsbericht der VVB Wasserversorgung und Abwasserbehandlung Potsdam, 1966

SCHMIDT, G. P.: Untersuchungen über die Anwendbarkeit des Abwasserteichverfahrens unter besonderer Berücksichtigung der Reinigung von Abwässern ländlicher Siedlungen in Oxydations- und Stabilisierungsteichen. Inauguraldissertation, 1967

SCHMIDT, G. P.: Untersuchungen über die Aufbereitung tierischer Fäkalien im Stabilisierungsteich. Wasserwirtschaft–Wassertechnik (1968) 11/12. Außerdem: Zeitschrift für die gesamte Hygiene (1969) 4, 6; (1970) 1

UHLMANN, D.: Oxydationsgräben und Oxydationsteiche. Wiss. Zeitschrift der Universität Leipzig, 11. Jg. (1964), u. Forschungsbericht Oxydationsgräben/Oxydationsteiche, 1964

WENNSTRÖM, M.: Oxidations Ponds in Sweden. Lunds Univ. Arsskr. N. F. Avd. 2. Bd., 51, (1955), 3–56

Werkstandard „Oxydationsteiche". Vom WTZ der VVB WAB, Außenstelle Neubrandenburg, 1968 erarbeitet

Manuskripteingang: 18. 12. 1970

Anschrift des Verfassers:

Doz. Dr. Dr. G. P. SCHMIDT, 20 Neubrandenburg, Turmstraße 7

Zusammenstellung und Erläuterung der wichtigsten verwendeten Symbole

d_a	Adaptationszeit der Mikroorganismen bei einer beliebigen Temperatur
d_0	Adaptationszeit der Mikroorganismen bei der Temperatur + 25 °C, im allgemeinen 4 Tage
T	Untersuchungstemperatur (x) (°C)
$\tan \alpha$	Steigungsmaß der Funktionen (m)
d	erforderliche Gesamtaufenthaltsdauer des Abwassers im Stabilisierungsteich (Kontaktzeit, BSB_5-Reduktion bewegt sich zwischen 60 und 80%) [d]
b	Ordinatenwerte
c	Temperaturkonstante für die Berechnung von d
K_A	BSB_5-Abflußkonzentration [mg/l]
B_R	BSB_5-Raumbelastung [g/m^3 · d]
K_z	Verschmutzungswerte (BSB_5) [g/Ed]
V	Teichvolumen [m^3]
F	Teichfläche [m^2]
Q	Abwassermenge [m^3]
k	Temperaturkoeffizient für die Berechnung von K_A
E	Einwohnerzahl.

E. Beuschold, U. Wegener

VEB Fernwasserversorgung Elbaue-Ostharz, Torgau
Sektion Pflanzenproduktion der Martin-Luther-Universität Halle-Wittenberg, Lehrstuhl für Landwirtschaftliche Meliorationen

Untersuchungen über die Phosphor- und Stickstoffabspülungen in einem Rinderkombinat im Einzugsgebiet der Rappbode-Talsperre

Zusammenfassung: Am Beispiel eines landwirtschaftlichen Großbetriebes werden die Eutrophierungsquellen und die damit verbundenen Gefahren für die Trinkwassergewinnung aufgezeigt. Auch in anderen Trinkwassereinzugsgebieten der Gebirgslagen wird zukünftig verstärkt die Rinderaufzucht vorherrschen, so daß die behandelten Probleme von allgemeiner Bedeutung sind. Als wichtigste Eutrophierungsquellen sind das Ablaufen von Silosickersaft, Gülle und der Einfluß von niederschlagsabhängigen Abwasser anzusehen. Maßnahmen zur Abhilfe werden vorgeschlagen.

Summary: The sources of eutrophication and the dangers caused by them to drinking-water catchment are shown by the example of a large-scale agricultural enterprise. Also in other drinking-water drainage areas situated in mountainous regions cattle breeding will be prevailing; thus, the problems discussed are of general importance. Dung water from silos, liquid manure and the influence of rainfall dependent sewage can be regarded the most important sources of eutrophication. Remedial measures are proposed.

Резюме: На примере крупного сельскохозяйственного предприятия автор указывает на источники эвтрофирования и связанные с тем опасности для добывания питьевой воды. И в других сборах питьевой воды в горных местностях все сильнее будет преобладать разведение рогатого скота. Поэтому обсуждаемые вопросы имеют общее значение. Главными источниками эвтрофирования надо считать стечение силосного сока, навозной жижи и влияние зависящих от погоды сточных вод. Предлагаются защитные мероприятия.

Einführung

Die wachsende Konzentration der landwirtschaftlichen Viehbestände bringt eine Reihe wasserwirtschaftlicher Probleme mit sich, besonders dann, wenn sich große Produktionseinheiten in Trinkwasserschutzgebieten befinden. Hier kommt es nicht allein auf die biologische Reinigung des Abwassers an. Auch die Fernhaltung pflanzlicher Nährstoffe von den Vorflutern ist von Bedeutung.

Phosphor und Stickstoff sind häufig das entscheidende Regulativ der Biomassenbildung durch das Phytoplankton. Der Schwellenwert für Phosphat, bei dessen Überschreiten im Talsperrenwasser mit einer Planktonmassenentwicklung zu rechnen ist, wird von Ohle, Thomas, Wetzel, Hedlich u. a. mit 0,020 mg Phosphat/*l* angegeben.

Über die starke Erhöhung des Phosphatgehaltes in den Zuflüssen der Rappbode-Talsperre durch die Einleitung von häuslichen und landwirtschaftlichen Abwässern im Bereich der Ortschaften des Einzugsgebietes sowie über die begonnenen Bemühungen um entsprechende Sanierungsmaßnahmen berichtet

Beuschold (1959 u. 1961). Auf Grund der erhöhten Nährstoffzufuhr kommt es im Epilimnion der Rappbode-Talsperre und ihrer Vorsperren im Frühjahr und im Spätsommer zur Planktonmassenentwicklung vor allem durch die Kieselalge *Asterionella formosa*. Die maximale Planktonmenge stieg hierbei in der Regel auf fast eine Million *Asterionella*-Kolonien/*l* Wasser an (Beuschold 1966).

Im Frühjahr 1968 wurden Maximalwerte von ca. zwei Millionen Kolonien/*l* erreicht. Auch im hypolimnischen Tiefenbereich der Rappbode-Talsperre, aus dem das Rohwasser für die Trinkwasserlieferung entnommen wird, konnte zu dieser Zeit noch eine halbe Million *Asterionella*-Kolonien/*l* nachgewiesen werden. Die Folge davon war eine erhebliche Erhöhung der Aufbereitungskosten, da im Wasserwerk durch übermäßige Filterverschmutzung ein ungewöhnlich großer Spülwasserbedarf entstanden war. Außerdem verliehen die Kieselalgen durch die Abgabe von Crotonöl dem Rohwasser einen widerlichen Geruch und Geschmack, so daß Aktivkohle angewendet werden mußte. Bei einer weiteren Steigerung der Zufuhr an eutrophierenden Phosphor- und Stickstoffverbindungen können noch viel größere Planktonmengen in den Talsperren entstehen, wodurch nicht nur die Aufbereitungskosten stark ansteigen würden, sondern auch ernsthafte technologische Störungen des Aufbereitungsprozesses zu erwarten wären. Um eine derartige Entwicklung abzuwenden, soll durch die bereits erwähnten Sanierungsmaßnahmen im Einzugsgebiet erreicht werden, daß die Konzentration an Phosphor- und Stickstoffverbindungen in den Talsperrenzuflüssen zunächst nicht weiter ansteigt und in der Folgezeit vermindert wird. Dazu muß die Herkunft der beiden Pflanzennährstoffe im Talsperreneinzugsgebiet ermittelt werden. Z. Zt. laufen diesbezügliche Untersuchungen über den Einfluß der Ortschaften und der landwirtschaftlichen Nutzflächen. Die vorliegende Arbeit befaßt sich unter diesem Gesichtspunkt mit den Abwässern eines Rinderkombinates (Untersuchungsgebiet IX). Da Sanierungsfragen z. Zt. auch bei anderen Talsperren große Bedeutung beigemessen wird, soll mit der Veröffentlichung der Untersuchungsergebnisse ein Beitrag zur Klärung dieser Problematik geleistet werden.

Die Versuchsarbeiten wurden im Rahmen des Forschungsauftrages „*Wirkungsweise von Wiesenschutzstreifen*“ in einem Vorfluter bei Hasselfelde (Harz) durchgeführt. Der Jahresverlauf der Stickstoff- und Phosphoreinleitung in Abhängigkeit von Ernte und Gülleausbringung sowie natürlichen Niederschlägen wurde untersucht. Vorhandene Verschmutzungsquellen konnten aufgezeigt und Wege zur Eindämmung beschrieben werden. Die Arbeit soll weiterhin mithelfen, die Wirkungsweise von Wiesenschutzstreifen in besonderen Gebieten zu klären.

Methodik der Untersuchungen

Monatlich, bei Bedarf häufiger, wurden Wasserproben entnommen und auf Gesamtphosphorgehalt Phosphat-, Nitrat-, Ammonium-, und Nitritionen untersucht.

Die Entnahme wurde bei verschiedenen Witterungsbedingungen durchgeführt Als Basiswerte dienten Wasserproben aus dem wenig beeinflußten Einzugsgebiet des Vorfluters (Abb. 1).

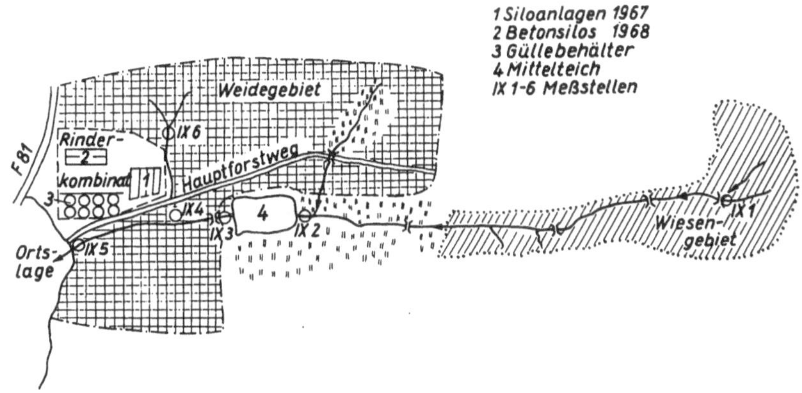

Abb. 1: Übersichtskarte des untersuchten Gebietes östlich von Hasselfelde/Harz (schematisch)

Das Untersuchungsgebiet

Dieses umfaßt im Einzugsgebiet des Vorfluters ein 50 ha großes Wiesengelände, nachfolgend einen Weidekomplex von 104 ha Größe. Unmittelbar an die Weidenutzungseinheiten schließt sich das Hofgelände des VEG an. Abb. 1 gibt eine Übersicht des untersuchten Gebietes sowie von der Lage des Rinderkombinates und der einzelnen Meßstellen.

Das *Wiesengebiet* wurde 1965/66 teilweise dräniert oder durch offene Gräben. entwässert. Der Vorfluter wurde mehrfach mit geringem Erfolg ausgebaut Vorwiegend handelt es sich um nasse Wiesen der Grünlandzahl 32 (Bodenklassifikation sl, V5). Die Wiesen sind ein- bis zweischürig; es herrschen montane Arrhenathereten und Kulturrasen mit einer Ertragsleistung von 20···35 dt Heu/ha bei einem Düngeaufwand von 50 kgN/ha vor. Das aus diesem Gebiet abfließende Wasser (IX 1) lieferte zusammen mit der Meßstelle IX 3 die Vergleichswerte der Untersuchungen des Rinderkombinats.

Das *Weidegebiet* wird vom VEG Hasselfelde in mehreren Nutzungseinheiten intensiv bewirtschaftet. Es besteht aus hängigem, stellenweise erosionsgefährdetem Gelände, daß bis 1960 fast ausschließlich in Ackernutzung war. Einige Flächen unterliegen auch heute noch einer Ackerzwischennutzung. Der natürliche Pflanzenbestand ist entfernt; die vorhandenen Wiesenrispen-Knaulgras-Kleeansaaten haben eine relativ gute Ertragsfähigkeit von durchschnittlich 3381 kg StE./ (Mittel aus vier Jahren). An der Steigerung der Ertragsfähigkeit wurde vom Institut für Grünland und Meliorationswesen der Marthin-Luther-Universität seit 1953 bis zur Gegenwart gearbeitet (Dörter, Gall). 140 bis 160 kg N/ha werden in zwei Gaben gedüngt. Die Grunddüngung beläuft sich auf 70 kg/ha Phosphorsäure und 100 kg/ha Kali im dreijährigen Turnus. Seit 1965 werden zahlreiche Flächen zusätzlich mit Gülle abgedüngt. Das in diesem Gebiet fließende Wasser wird durch die Meßstellen IX 2, IX 6 erfaßt.

Das Rinderkombinat besteht aus sieben Stallkomplexen für ingesamt 529 GV*) und entsprechenden Bergeräumen für Getreide, Silage, Heu und Gülle. Allein der Viehbesatz entspräche umgerechnet 6877 EWG (Viehl u. Kollatsch).

*) Der Betriebsleitung des VEG sei für die Bereitstellung der Unterlagen gedankt

Zusätzlich befinden sich im Hofkomplex Werkstätten, Büroräume und sanitäre Anlagen für 70 VBE. Die gesamten Einrichtungen liegen an der Hangseite zum Vorfluter und sind durch Betonstraßen verbunden. Die Entmistung erfolgt bei strohloser Aufstallung durch Staukanäle. Der Gülletransport wird mit Fahrzeugen vorgenommen.

Verschmutzungsquellen innerhalb des Rinderkombinats

Wasserwirtschaftlich problematisch sind in erster Linie die Güllevorratsbehälter, Siloanlagen und ferner die langen Betonbahnen mit einem erheblichen Gefälle zum Vorfluter.

Rinderställe, Güllebehälter und Siloanlagen

Einem Gülleanfall von etwa 1190 m³/Monat steht eine Speicherkapazität von 3200 m³ gegenüber, so daß unter normalen Bedingungen ausreichender Vorratsraum vorhanden ist. Jedoch kann es bei unsachgemäßem Öffnen der Staukanäle leicht zum Überlaufen von Gülle kommen. Jedes Liter Gülle enthält aber u. a.

1264 mg N	841 mg Ca	
103,7 mg P	265 mg Mg	
2272,8 mg K	52 mg Cl	(LEUTHIER).

Besonders bei niederschlagsreichem Wetter kann die Gülle schnell zum Vorfluter gelangen und diesen in einen Abwasserkanal verwandeln.

Nicht weniger bedenklich als Gülle sind die hochkonzentrierten Sickersäfte der Siloanlagen, wenn sie in den Vorfluter gelangen. Ein Liter Sickersaft enthält im Mittel:

1311 mg N	592 mg Ca	
105 mg P	501 mg Mg	
2431 mg K	5858 mg Cl	
1368 mg Na		(LEUTHIER).

Damit sind diese Sickersäfte nährstoffreicher als Gülle und verursachen eine stärkere Sauerstoffzehrung. Die Mengen des entstehenden Sickersaftes sind abhängig von folgenden Faktoren:

- Art der zu silierenden Pflanzensubstanz
- Erntetechnologie
- Art der Silobehälter.

Bei der Verwendung von Erdsilos (1967 in Hasselfelde) fließen große Mengen Sickersaft oberflächlich in den Bach zwischen Meßstelle IX 4 und IX 6 oder versickern unkontrolliert im Untergrund. Ein kleiner Teil fließt dem Vorfluter unterhalb der Meßstelle IX 4 direkt zu und wird zusammen mit den übrigen Abläufen des Betriebes an der Meßstelle IX 5 erfaßt.

Befestigte Hof- und Auslaufplätze sowie Haupttriftwege

Futter- und Gülletransporte, Viehaustrieb usw. hinterlassen auf den Betonstraßen des Betriebes organische Reste und Schlamm, die nicht immer gleich beseitigt werden können. Bei einsetzendem Starkregen oder Schneeschmelze erscheinen diese Mengen im niederschlagsabhängigen Abwasser, das den Vorfluter stark belastet. Auch die auf Grund der Geländeneigung (zwischen 6 und

14 v. H.) am Hang befindlichen Triftwege der Weideanlage sind bei Starkregen oder Schneeschmelze eine ständige Erosionsquelle.

Phosphor- und Stickstoffschwankungen im Vorfluter 1967/68

Natürliche Schwankungen

Zur Einschätzung landwirtschaftlicher Einflüsse müssen natürliche Schwankungen eliminiert werden. Zu Konzentrationsunterschieden kommt es vor allem durch den Vegetationsrhythmus. Die Nährstoffkonzentration geht im wenig beeinflußten Gelände beim Nachlassen von Oberflächenabflüssen, so bei anhaltendem Frost oder in Trockenperioden, stark zurück. Wird an einer Stelle Abwasser eingeleitet, steigt die Konzentration in Trockenperioden stark an.

Die Mittelwerte der Meßstelle IX 1 (siehe Abb. 1) betragen:

Phosphat	1967	0,046 mg PO_4/l	(April···November)
	1968	0,075 mg PO_4/l	(Januar···Dezember)
Gesamt-Phosphor	1967	0,216 mg/l	
	1968	0,214 mg/l.	

Die Mittelwerte an der Meßstelle IX 2 liegen etwas niedriger:

Phosphat	1967	0,049 mg PO_4/l	(April···November)
	1968	0,033 mg PO_4/l	(Januar···Dezember)
Gesamt-Phosphor	1967	0,183 mg/l	
	1968	0,117 mg/l.	

Abbildung 2 zeigt den Verlauf der Nährstoffkonzentration während der einzelnen Monate 1967/68.

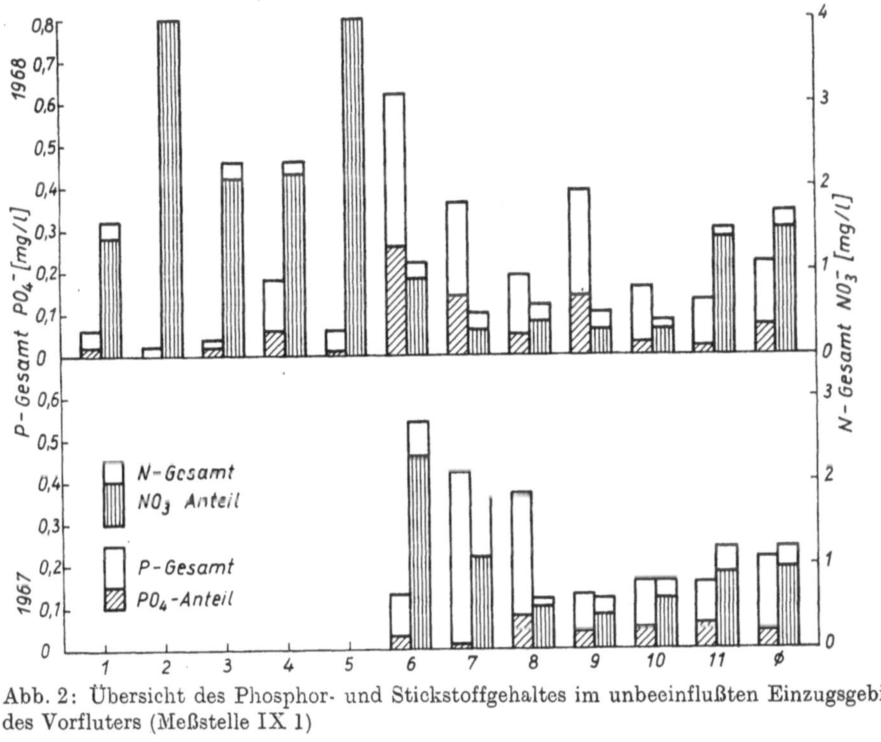

Abb. 2: Übersicht des Phosphor- und Stickstoffgehaltes im unbeeinflußten Einzugsgebiet des Vorfluters (Meßstelle IX 1)

Verstärktes Auftreten von Gesamtphosphor ist auf Regenfälle, hohen Schwebstoffgehalt und auf den Umtrieb einer Rinderherde am 23. 8. 1967 zurückzuführen. Die sehr niedrigen Phosphatwerte im 1. Quartal 1968 sind eine Folge verringerter Oberflächenabflüsse infolge Dauerfrost. Die am 25. 9. 1968 gemessenen Phosphorwerte gehen eindeutig auf Regenfälle (15,8 mm) im Einzugsgebiet zurück.

Nährstofferhöhung durch Sickersaft

Die stärkste Verschmutzung des Vorfluters durch Einleiten unkontrolliert abfließender Sickersäfte wurde, wie Abb. 3 und 4 besonders für die Meßstelle IX 4 zeigen, im Juli 1967 festgestellt.

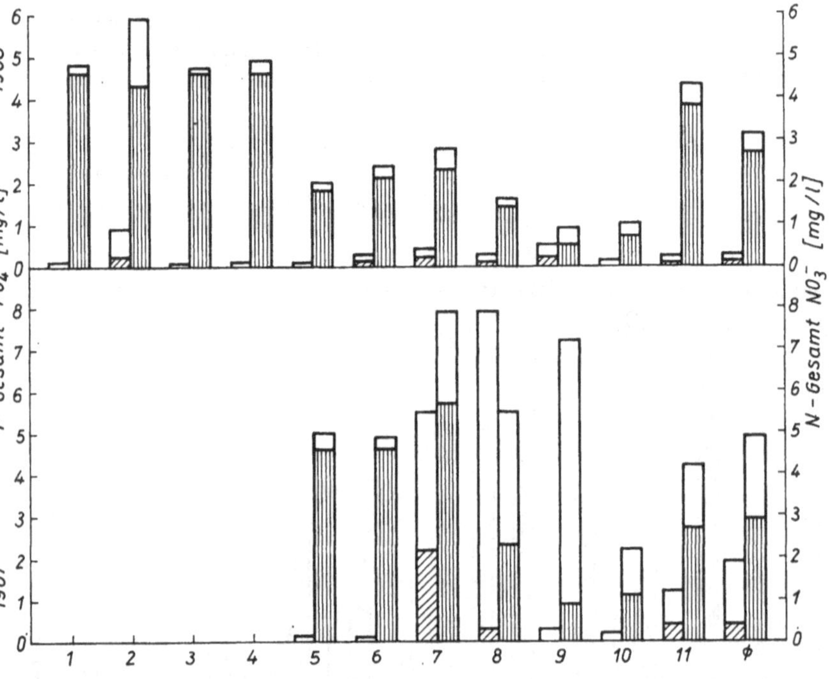

Abb. 3: Verlauf der Nährstoffkonzentration an der Meßstelle IX 5 (unterhalb des Rinderkombinates)

Die Meßstellen IX 2 und IX 3 dienten der zusätzlichen Kontrolle der Basiswerte und der Ausschaltung möglicher Sekundärverschmutzungen durch einen zwischen den Meßstellen befindlichen Teich (Tab. 1). Im Bereich des Rinderkombinats lagerten 1967 40000 dt Grüngut zur Silagegewinnung in Erdsilos. Da nicht vorgewelkt wurde, entstanden bei der Silierung etwa 166800 *l* Sickersaft. Das entspräche einer Nährstoffmenge von

218,7 kg N	98,7 kg Ca	
17,6 kg P	83,6 kg Mg	
405,4 kg K	979,9 kg Cl	
228,2 kg Cl		(Umrechnung nach LEUTHIER).

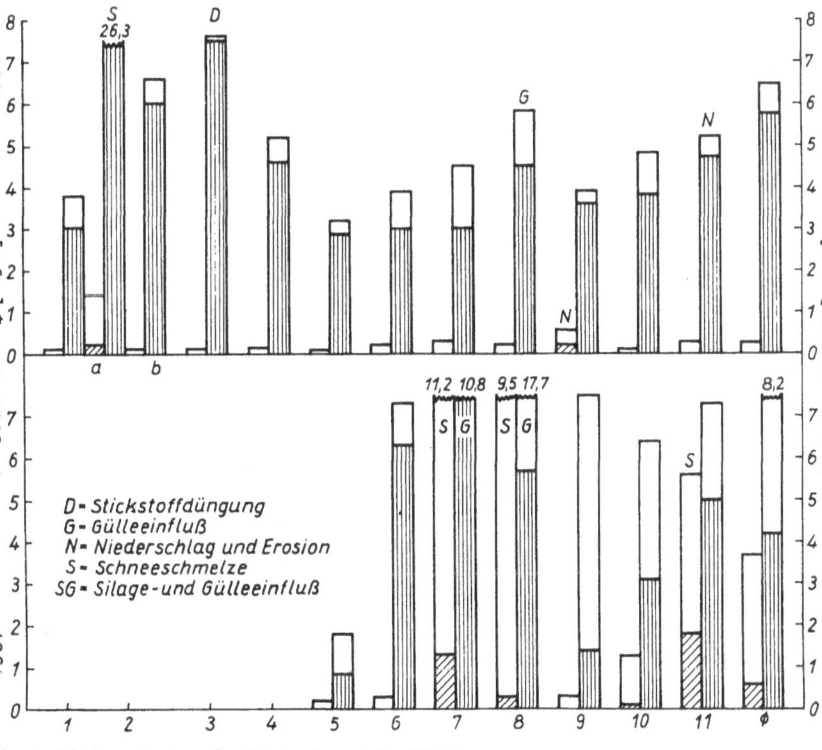

Abb. 4: Meßergebnisse der Entnahmestelle IX 4

Von LAUBE werden die Sickersaftverluste mit 9···13% noch höher angegeben. Obwohl ein großer Teil der Saftmengen im Untergrund versickerte, ließen sich doch erhebliche Abflüsse aus den Silos zum Vorfluter hin beobachten. Die qualitative Untersuchung des Wassers im Vorfluter während der Silierung am 23. 8. 1967 hatte das in Tab. 2 ausgewiesene Ergebnis. Vergleichsweise wurde Tab. 2 in der kritischen Zeit die Meßwerte der Entnahmestelle IX 3 beigefügt.

Die hohe Konzentration von Stickstoff und Phosphor verwandelte den Vorfluter in kurzer Zeit in einen Abwasserkanal. Trotz sofort eingeleiteter Maßnahmen des VEG Hasselfelde konnte ein akutes Fischsterben im Vorfluter und im unterhalb gelegenen Teich nicht verhindert werden. Der Vorfluter war nicht mehr in der Lage, die ihm zugeführten Abfallprodukte biologisch zu reinigen. Reduktive Vorgänge beim Abbau des organischen Materials herrschten vor. Nicht zuletzt wirkte der Ammoniumanteil als starkes Fischgift (VIEHL u. KOLLATSCH). In der Schweiz ließen sich 28 v. H. aller bekannt gewordenen Fischsterben auf Abläufe aus landwirtschaftlichen Betrieben zurückführen (VIEHL u. KOLLATSCH).

Aus Abb. 3 ist der Verlauf der Nährstoffkonzentration unterhalb des Rinderkombinats an der Meßstelle IX 5 zu entnehmen. Die Abbildung weist aus, daß eine Normalisierung der Nährstoffverhältnisse erst Ende September 1967 feststellbar war, nachdem bereits Anfang September der Ablauf von Sickersaft auf-

Tabelle 1

Vergleich der Nährstoffwerte IX 2 und IX 3 zur Eliminierung des Einflusses eines Teiches

Nr.	Meß-stelle	pH	PO_4 (mg/l)	P-Gesamt (mg/l)	NH_4 (mg/l)	NO_3 (mg/l)	NO_2 (mg/l)	N-Gesamt (mg/l)	Jahr
1	IX 2	7,0	0,015	0,140	0,28	16,5	0,04	4,0	1967
2		7,4	0,050	0,169	0,84	14,0	nn	3,8	
3		7,6	0,060	0,158	0,19	3,0	nn	0,8	
4		7,4	0,033	0,149	0,27	1,0	0,02	0,4	
5		7,6	0,054	0,186	0,30	3,0	nn	0,9	
6		7,1	0,019	0,158	0,26	4,0	nn	1,1	
7		7,0	0,110	0,320	0,35	2,0	0,02	0,7	
	∅	7,3	0,049	0,183	0,36	6,2	0,01	1,7	
1	IX 2	6,5	0,012	0,053	0,14	16,0	0,02	3,7	1968
2		6,8	0,030	0,012	0,21	20,5	nn	4,8	
3		6,9	nn	0,006	0,11	19,0	nn	4,4	
4		7,0	0,028	0,160	0,24	19,0	0,028	4,5	
5		7,5	0,015	0,070	0,21	19,0	0,03	4,5	
6		7,7	0,034	0,092	0,30	9,5	nn	2,4	
7		7,9	0,063	0,158	0,25	4,0	0,01	1,1	
8		7,4	0,019	0,060	0,25	2,0	nn	0,7	
9		7,5	0,026	0,126	0,54	2,0	nn	0,9	
10		7,0	0,160	0,480	0,38	nn	nn	0,3	
11		7,2	0,013	0,078	0,21	2,0	nn	0,6	
12		7,1	0,026	0,104	0,17	5,0	nn	1,3	
	∅	7,2	0,033	0,117	0,25	9,8	0,007	2,4	
1	IX 2	8,0	0,062	0,430	0,45	10,0	0,04	2,6	1967
2		6,9	0,034	0,760	0,24	8,0	0,03	2,0	
3		7,0	0,047	0,146	0,57	2,0	nn	0,9	
4		7,3	0,140	0,270	0,30	4,0	0,04	1,2	
5		7,3	0,054	0,174	0,32	1,0	0,03	0,5	
6		7,2	0,069	0,240	0,40	nn	0,04	0,3	
7		7,1	0,072	0,122	0,35	nn	nn	0,3	
8		6,8	0,034	0,076	0,23	4,0	0,02	1,1	
	∅	7,2	0,064	0,277	0,36	3,63	0,025	1,1	
1	IX 3	6,7	0,007	0,040	0,14	13,5	0,02	3,2	1968
2		6,8	0,004	0,022	0,17	20,5	0,013	4,8	
3		6,9	nn	0,028	0,12	16,5	nn	3,8	
4		7,1	0,054	0,161	0,66	9,5	0,06	2,7	
5		7,4	0,041	0,129	0,31	2,0	0,034	0,7	
6		7,5	0,074	0,320	0,35	nn	nn	0,3	
7		7,6	0,125	0,270	0,34	nn	nn	0,3	
8		7,4	0,032	0,140	0,20	nn	nn	0,2	
9		7,4	0,016	0,176	0,22	nn	nn	0,2	
10		7,1	0,250	0,660	0,59	nn	nn	0,5	
11		7,0	0,086	0,200	0,35	7,0	nn	1,9	
12		7,1	0,115	0,290	0,77	3,0	0,08	1,3	
	∅	7,2	0,067	0,203	0,35	6,0	0,002	1,6	

Tabelle 2
Vergleich von Meßwerten während und kurz nach der Grünfuttersilierung 1967

Datum	Meß-stelle	pH	PO_4 (mg/l)	P-Gesamt (mg/l)	NH_4 (mg/l)	NO_3 (mg/l)	NO_2 (mg/l)	anorg. N-Gesamt (mg/l)
24. 7.	IX 3	7,0	0,047	0,146	0,57	2,0	nn	0,9
23. 8.	IX 3	7,3	0,140	0,270	0,30	4,0	0,04	1,2
24. 7.	IX 4	4,8	2,30	11,20	2,60	37,0	1,30	10,78
23. 8.	IX 4	7,2	0,28	9,50	15,20	25,0	0,74	17,70
24. 7.	IX 5	6,5	2,20	5,50	2,84	25,0	0,30	7,95
23. 8.	IX 5	7,6	0,22	7,90	4,12	10,0	0,11	5,50

hörte. Leerstehende Erdsilos können jahrelang als latente Nährstoffquellen erhalten bleiben. Druckwasser, welches nach stärkeren Niederschlägen (48 mm) am 25. 9. 1968 aus einem seit 1967 geräumten Erdsilo austrat, wies folgende Nährstoffkonzentration auf:

PO_4 : 19,40; Gesamt-P: 130,0; NH_4: 192,0; NO_3: 168,0; Gesamt-N (anorg.): 187,4 (Angaben in mg/l bei einem pH-Wert von 7,1).

Die Zahlen zeigen, wie problematisch eine unvorschriftsmäßige Silierung im Trinkwassereinzugsgebiet ist. Der größte Teil des Sickersaftes belastet den Vorfluter in der Regel in den ersten zwanzig Tagen nach der Silierung. Da auch die Grünfutterernte auf wenige Monate beschränkt ist und die Landwirtschaft bestrebt sein muß, die Silos schnell zu füllen, kommt es in kurzer Zeit zu einem starken Saftanfall, verbunden mit zu hohen Nährstoffkonzentrationen im Vorfluter (Abb. 3 und 4). Nach Einflußnahme der Gewässeraufsicht wurde die Silierung in den vorhandenen Erdsilos eingestellt und neue Behelfssilos oberhalb des Hanges im ebenen Gelände ausgehoben. Die Bautätigkeit an hohen, betonierten Durchfahrtsilos wurde intensiviert.

Die Betonsilos wurden bis zum 18. 6. 1968 mit etwa 20000 dt Anwelksilage in kurzer Zeit befüllt, ohne daß es zu einer Erhöhung der Nährstoffkonzentration im Vorfluter kam (Abb. 3). Die Meßstelle IX 4 befand sich in unmittelbarer Nähe der Silos und zeigte im Verlauf des Sommers ebenfalls keine sickersaftbedingten Konzentrationsverschiebungen (Abb. 4).

Diese günstigen Ergebnisse sind zweifellos in der Einsilierung von angewelktem Grüngut und der Ableitung noch auftretender Sickersäfte in Güllebehältre zu suchen. Bei einem Vorwelkgrad von 30 v. H. hört nach Laube der Sickersaftaustritt ganz auf.

Nährstofferhöhung im Vorfluter durch niederschlagsabhängiges Abwasser

Während im Einzugsgebiet des Vorfluters Starkregen oder Schneeschmelze nur zu einer geringen Konzentrationsverschiebung führen, haben diese Vorgänge im Bereich des Rinderkombinats nachhaltige Folgen, da u. U. große Mengen von niederschlagsabhängigem Abwasser abfließen. Hauptbestandteile dieses Abwassers sind Gülle-, Kot- und Futterreste sowie erosionsgefährdete Feinerdebestandteile von Triftwegen. Bei schwachen Niederschlägen wird dieses Material nur verlagert, ohne in den Vorfluter zu gelangen. Dauerregen, Wolkenbrüche und Schneeschmelze bewirken dagegen durch die starke Schleppkraft des Wassers auf den Betonbahnen und den anschließenden Hängen einen schnellen Abtransport dieser Stoffe bis in den Vorfluter, wobei auch ehemals verlagertes Material mitgerissen wird. Abb. 4 weist die Meßwerte an der Entnahmestelle IX 4 aus. Als Vergleich werden in Abb. 5 Werte aus dem weniger erosionsgefährdeten Einzugsgebiet oberhalb der Triftwege an der Meßstelle IX 6 gezeigt.

Löwe sieht in Regenperioden und bei Schneeschmelzen besonders kritische Zeiten für den Nährstoffgehalt des fließenden Wassers.

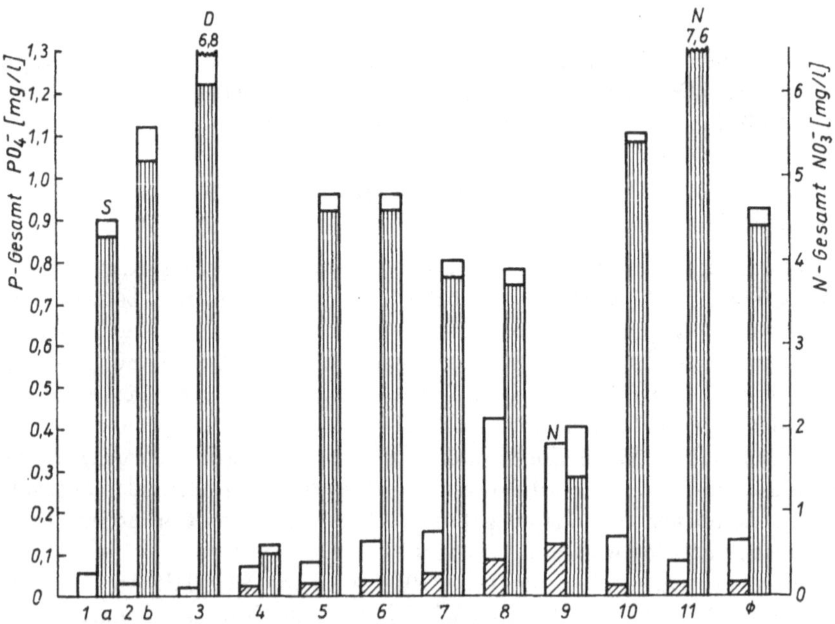

Abb. 5: Werte der Meßstelle IX 6 im wenig erosionsgefährdeten Teil des Weidegebietes 1968

Einfluß der Begüllung

Zwischen den Meßstellen IX 1 und IX 2 wurde 1967/68 in starkem Maße Gülle ausgebracht, ohne daß ein direkter Einfluß auf den Nährstoffgehalt im Wasser des Vorfluters zu erkennen war. Allerdings sind die Grünlandflächen am Vorfluter nicht befahrbar, daher bleibt ein Streifen von 50···100 m in individueller Nutzung und wirkt als Schutzstreifen.

Um den genauen Einfluß der Begüllung im wenig beeinflußten Gelände auf die Nährstoffkonzentration im Vorfluter zu untersuchen, müßte das Versuchsprogramm erweitert werden.

Folgende Fragen wären zu klären:

- Modelluntersuchungen über das Ablaufen von Gülle bei unterschiedlicher Hangneigung und Durchlässigkeit des Bodens

- Freilandversuche auf vorfluternahem Grünland und Ackerflächen, wobei Güllemengen und Entfernung vom Vorfluter als variabel anzusehen sind
- Freilandversuche bei unterschiedlicher Hangneigung und unterschiedlichen Pflanzenbeständen
- Gülleausbringung im Trinkwasserschutzgebiet in Abhängigkeit von verschiedenen Witterungsperioden
- Untersuchungen mit radioaktiv markiertem Phosphor und Stickstoff über ihre Wanderung im Boden zum Vorfluter hin.

Im TGL-Entwurf, Blatt 3, zum Schutze der Trinkwassergewinnung (Oktober 1968) wird darauf hingewiesen, daß eine Abwasserlandbehandlung in der weiteren Trinkwasserschutzzone möglich und auf geeigneten Flächen zu empfehlen ist. Ist letzteres nicht möglich, müssen die Abwässer einer dreistufigen Reinigungsanlage zugeführt werden.

Maßnahmen zur Sauberhaltung des Vorfluters

Bau befestigter Siloanlagen und Anwendung neuer Technologien bei der Silagegewinnung

Erdsilos sind in Trinkwasserschutzgebieten eine ständige Gefahrenquelle, da unkontrollierbare Mengen Sickersaft in die Vorfluter gelangen können. Sie sollten durch Betonsilos ersetzt werden. Als günstig haben sich betonierte Durchfahrtsilos mit einer Kapazität von über 10000 dt Grüngut erwiesen. Der Sickersaft muß in ausreichend dimensionierten Behältern gesammelt oder, wie im Betrieb Hasselfelde 1968, dem Güllesystem zugeleitet werden. Wasserwirtschaftlich noch günstiger sind vollmechanisierte Hochsilos, bei denen die Nährstoffverluste äußerst gering sind.

Zur Verringerung von Nährstoffverlusten und abfließenden Sickersaftmengen erweist sich die Gewinnung von Anwelksilage als geeignet. Bei Welksilage verringert sich der Saftabfluß um mehr als das Zehnfache (Leuthier). Hinzu kommen erhebliche ökonomische und qualitative Vorteile. So verringern sich die Trockensubstanzverluste von 26 auf 6 v. H. und die Rohproteinverluste von 36 auf 5 v. H. (Laube). Bereits 1969/70 wird das Verfahren zur Gewinnung von Anwelksilage weiter verbessert und mit Hilfe von leistungsfähigen, selbstfahrenden Futterhäckslern und Quetschern (Leistung etwa 16 t/h) kostengünstiger und schlagkräftiger gestaltet werden. Die Tendenzen dieser Entwicklung, schon 1966 von Stolzenburg aufgezeigt, finden inzwischen Eingang in die landwirtschaftliche Praxis.

Die Beseitigung von Sickersäften spielt auch in anderen Ländern, wo Trink- oder Brauchwassergewinnung und Landwirtschaft auf engem Raum zusammenrücken, eine erhebliche Rolle, nicht nur wegen der Nährstoffverluste und der damit verbundenen Düngung am falschen Ort, sondern auch wegen der erheblichen Sauerstoffzehrung in den Gewässern. So bezifferte Leuthier die Belastung der Vorfluter durch anfließende Sickersäfte bei der Maissilierung je Tonne Grüngut mit 10,7···24,8 EGW, dagegen bei vorgewelktem Gras nur mit 0,07···0,17 EGW/t. Viehl und Kollatsch geben für die Rübenblattsilierung sogar Werte bis zu 425 EGW/t Rübenblatt an, sofern der Sickersaft in einen Vorfluter gelangt.

ENGELBART hält in Westdeutschland dreistufige Reinigungsanlagen für mindestens 100 Millionen EGW zur Reinigung anfallender Sickersäfte für notwendig.

Verlustlose Ausbringung der Gülle

Die Ausbringung der Gülle in kleinvolumigen Güllehängern von zum Teil unbefestigten Entnahmeplätzen durch das VEG Hasselfelde in den Jahren 1967/68 stellt nur eine unbefriedigende Übergangslösung dar. Wasserwirtschaftlich vertretbar wäre die Ableitung der Gülle in einem geschlossenen Rohrnetz zur Verregnung auf dazu geeignete, vom Vorfluter entfernt gelegene Flächen. Die Gülleausbringung durch Verregnung gestaltet sich über längere Zeiträume auch rentabler, verlangt aber höhere Investitionskosten.

Gülleausbringung mit Pumpen: 75 AKh = 237,50 M; Gülleausbringung mit Fahrzeugen: 214 AKh = 1230,50 *M* (MENZEL, bezogen auf 40 Kühe/Jahr).

Wird die Gülle mit Fahrzeugen transportiert, so findet eine Unterbrechung der Güllekette am Umschlagplatz statt. Eine Verschmutzung dieses Platzes, besonders wenn er unbefestigt ist, läßt sich nicht vermeiden. Bei der Anwendung von Gülle sollte mit möglichst wenig Wasser gearbeitet werden (LOMMATZSCH und HENNIG). Bei Weiterverwendung von Transportbehältern sollten großvolumige Fäkalanhänger mit über 6000 *l* Fassungsvermögen zum Einsatz kommen. Die vorhandenen Gülleentnahmestellen müßten grundsätzlich verändert werden. Sie sollten betoniert, in Form eines Waschplatzes mit einem zentralen Gully, der überlaufende Güllemengen entweder den Vorratsbehältern oder dem kommunalen Abwassersystem zuführt, angelegt werden. Auf diese Weise kann das Auftreten von Gülle im niederschlagsabhängigen Abwasser verhindert werden.

Schutz des Vorfluters vor niederschlagsabhängigem Abwasser

Dieses Problem ist z. Zt. noch am wenigsten gelöst, doch wäre eine Reihe von Maßnahmen durchführbar:

- Verringerung der Erosion im Hof- und angrenzenden Gelände durch den Einbau von flachen, wasserabweisenden Schwellen auf den Haupttriftwegen
- Weitere Befestigung der Haupttriftwege im Rahmen eines langfristigen Programms
- Maßnahmen der Hofhygiene; Sauberhaltung aller Gullys, Beseitigung von Abfallplätzen
- Brachliegende, erosionsgefährdete Flächen innerhalb des Hofgeländes sollten bebaut, geschottert, betoniert oder mit einer pflegearmen Rasenansaat versehen werden (vergleiche auch ULLRICH).

Zusätzliche Maßnahmen zum Schutz des Vorfluters im Bereich des Rinderkombinates

Bei Schneeschmelze oder Starkregen können trotz aller genannten Maßnahmen nährstoffreiche Abwässer vom Hofgelände fließen. Ginge es nur um die Verhinderung einer grob mechanischen Verschmutzung des Vorfluters, so würden die aufgezeigten Maßnahmen für das vorliegende Objekt ausreichen. Da das Wasser jedoch einer Trinkwassertalsperre zufließt, muß vor allem eine Erhöhung des Phosphat- und Stickstoffgehaltes im Vorfluter verhindert werden. Die abfließenden Wässer könnten durch einen Klärgraben mit Oxydationswirkung, der zwischen dem Hofgelände und dem Vorfluter auf einer Länge von 400 m anzulegen ist, aufgefangen werden. Das Gefälle dieses Grabens sollte möglichst gering sein, damit die Oxydations- und Klärwirkung erhöht wird. Zur Erleichterung der Grabenräumung sollte auf eine Baumbepflanzung verzichtet werden. Ein zu üppiger Pflanzenwuchs könnte auf dem Wege der chemischen Grabenkrautung in Grenzen gehalten werden. Während des Sommers kann ein vorhandener Pflanzenbestand erhebliche Phosphor- und Stickstoffmengen entziehen. Die Verstärkung der Oxydationswirkung ist auch durch die Zwischenschaltung eines Stauweihers möglich, wobei auch hier auf die Räumung und Entschlammung nicht verzichtet werden darf. Eine ungünstige Lösung ist die vom VEG Hasselfelde praktizierte Ableitung von belasteten Niederschlagswässern über ein Kanalsystem direkt in den Vorfluter.

Entsprechende Erfahrungen über die Abwasserreinigung mittels Oxydationsgräben, die auch im Winter funktionstüchtig bleiben, liegen vor (UHLMANN; BRINGMANN u. KÜHN; BALLER).

Literatur

BALLER, J.: Über Erfahrungen in der Abwasserreinigung mittels Oxydationsgräben. Sonderheft „Wasserhygiene" d. Wissenschaftl. Z. der Martin-Luther-UniversitätHalle, **14** (1965), 106

BEUSCHOLD, E.: Chemische und biologische Verhältnisse in den Talsperren des Bodewerkes und ihren Zuflüssen sowie Schutzmaßnahmen gegen Verunreinigung. Wasserwirtsch.-Wassertechn. **9** (1959), 475

BEUSCHOLD, E.: Biologische Beobachtungen beim Anstau der Talsperren des Bodewerkes. Wissenschaftl. Z. der Karl-Marx-Universität Leipzig **10** (1961), 93

BEUSCHOLD, E.: Entwicklungstendenzen der Wasserbeschaffenheit in den Ostharz-Talsperren. Wissenschaftl. Z. der Karl-Marx-Universität Leipzig **15** (1966), 853

BRINGMANN, G. und R. KÜHN: Freilandversuche zum biologischen Nitratentzug aus Dränwasser. Ges. Ing. **77** (1966), 177

DÖRTER, K.: Untersuchungen über die Verbesserung von Dauergrünland spezieller Standorte einschließlich der Anwendung des Chemischen Pflügens. SD. „100 Jahre Landw. Institute d. Univ. Halle", 202

ENGELBART, F.: Wird die Landwirtschaft zum größten Gewässerverschmutzer? Wasser u. Boden (1967), 8

GALL, M.: Untersuchungen über die Verbesserung der Quantität und Qualität des Futters auf Dauergrünlandstandorten im Oberharz (DDR). Dissertation Halle, 1964

GROPP, H.: Möglichkeiten und Grenzen der landwirtschaftlichen Nutzung im Einzugsgebiet der Rappbodetalsperre/Harz. Dissertation Jena, 1964

HEDLICH, R.: Die Wirkung der Nährstoffauswaschung aus Kahlschlägen auf eine Trinkwassertalsperre (Neunzehnhain). Wissenschaftl. Z. der Karl-Marx-Universität Leipzig **10** (1961), 89

HEYNIG, H.: Probleme der Gewässereutrophierung infolge Abwassereinleitungen und Möglichkeiten zu ihrer Verhinderung. Sonderheft „Wasserhygiene" der Wissenschaftl. Z. d. Martin-Luther-Universität Halle, 1965, 24

LAUBE, W.: Angewelkt in den Silo. DBZ, **29** (1966), 10

LAUBE, W.: Futterkonservierung. Markkleeberger Schriftenreihe, 1967

LEUTHIER, H.: Das Abwasser im landwirtschaftlichen Großbetrieb. Hirzel-Leipzig, 1968

LOMMATSCH, R. und A. HENNIG: Erfahrungen mit der Fließkanalentmistung. Dtsch. Agartechnik **17** (1967), 267

LÖWE, G.: Landwirtschaft als Eutrophierungsfaktor für Trinkwassertalsperren. Ges. Ing. **85** (1964), 313

MENZEL, W.: Neue Gesichtspunkte der strohlosen Viehaltung und Gülleausbringung. Sonderheft d. Bez.-Landw.-Rates, Aktiv „Bodenfruchtbarkeit“, Halle 1966

OHLE, W.: Phosphor als Initialfaktor der Gewässereutrophierung. Vom Wasser, **20** (1953), 11

STOLZENBURG, W. L.: Stand und Entwicklung der Verfahren für die Ernte von Grüngut zur Silierung in Fahrsilos der DDR. Schriftenreihe Techn.-Ök. d. KdT „Heu- und Silagegewinnung“, 1967, 158

THOMAS, E. A.: Phosphatgehalt der Gewässer und Gewässerschutz. SD. Monatsbulletin **9** u. **10**, (1955) des Schweiz. Ver. f. Gas- u. Wasserfachleute

UHLMANN, D.: Möglichkeiten der Nährstoffrückhaltung in Zuleitern von Trinkwassertalsperren. Wissenschaftl. Z. der Karl-Marx-Universität Leipzig **10** (1961), 107

ULLRICH, H.: Über die Kommunalhygienische Bedeutung der Begründung von Stallkomplexen. Z. f. d. ges. Hygiene u. ihre Grenzgebiete **12** (1966), 833

VIEHL, K. u. O. KOLLATSCH: Die Abläufe der landwirtschaftlichen Betriebe – ein neues Abwasserproblem. Wasser u. Boden **19** (1967), 263

WETZEL, A.: Einführung in die Nutzwasserbiologie. Wissenschaftl Z. der Karl-Marx-Universität Leipzig, **10** (1961), 75

Manuskripteingang: Juli 1970

Anschriften der Verfasser:

Dipl.-Biol. E. BEUSCHOLD,
VEB Fernwasserversorgung Elbaue-Ostharz, 372 Blankenburg/Harz
Dipl.-Landw. U. Wegener,
Sektion Pflanzenproduktion der Martin-Luther-Universität Halle–Wittenberg, Außenstelle Harz, 3721 Wienrode (Rohrmeisterei)

H.-J. Walther, D. Knaack

Technische Universität Dresden, Sektion Wasserwesen, Bereich Hydrochemie

Untersuchungen über die Möglichkeit der biochemischen Reinigung des bei der Sulfitzellstoffherstellung anfallenden Eindampfkondensates

Zusammenfassung: Über Untersuchungen, die sich mit dem biochemischen Abbau (Belebtschlammverfahren) von Eindampfkondensat befaßten, das bei der Sulfitzellstoffherstellung neben der Sulfitablauge anfällt, wird berichtet. Das für die Versuche verwendete Modelleindampfkondensat enthielt Essigsäure, Ameisensäure, Furfurol und Schwefeldioxid. Wie festgestellt werden konnte, ließ sich das Eindampfkondensat nach Verdünnung in Gegenwart einer Stickstoff- und Phosphorquelle biochemisch gut abbauen, wenn sich dabei auch die Morphologie des biologischen Systems sehr stark veränderte und nicht mehr der herkömmlichen Vorstellung eines Belebtschlammes entsprach. Das bezüglich seiner Wirkung im Vorfluter als besonders gefährlich einzuschätzende Furfurol wurde bei der biochemischen Behandlung des Eindampfkondensates vollständig eliminiert.

Summary: The authors report on investigations concerning the biochemical digestion (activated sludge process) of evaporation condensate which is, besides sulphite liquor, a by-product of the sulphite pulp production. The model evaporation condensate used for the experiments contained acetic acid, formic acid, furfural and sulphur dioxide. The evaporation condensate has been shown to be biochemically well digistable after dilution in the presence of a nitrogen and phosphorus source, though the morphology of the biological system was changed considerably and no longer met the conventional conception of an activated sludge process. Furfural, which should be regarded especially dangerous as to its effects on the receiving water, was completely eliminated by the biochemical treatment of the evaporation condensate.

Резюме: Авторы сообщают об исследованиях биохимического разложения (способа активного ила) полученного упариванием конденсата, который возникает кроме отработанного сульфитного щелка в результате производства сульфитной целлюлозы. Применяемый для опытов модельный конденсат содержал уксусную и муравьиную кислоты, фурфурол и двуокись серы. Полученный упариванием конденсат после разведения биохимически хорошо разлагался в присутствии источника азота и фосфора, хотя морфология биологической системы при этом сильно изменилась и больше не соответствовала традиционному представлению об активном иле. Путем биохимической обработки конденсата целиком устранился фурфурол, который оказывает особенно опасное влияние в водоприемнике.

Die in der vorliegenden Arbeit beschriebenen Untersuchungen wurden im Rahmen einer Vertragsforschung für einen Großbetrieb der chemischen Industrie, der auch Sulfitzellstoff produziert, durchgeführt.

Im Prinzip kann in einem Sulfitzellstoffbetrieb ein als Eindampfkondensat bezeichnetes Abwasser einmal bei der Eindampfung von unveränderter Sulfitablauge oder aber auch bei der Eindampfung von verhefter Sulfitablauge entstehen. In dem oben erwähnten Großbetrieb ist in der Perspektive ein Eindampfen der bei der Gewinnung von Buchenholz-Sulfitzellstoff entstehenden Ablauge erst nach Durchführung einer Verhefung vorgesehen, so daß in diesem Falle das Ausgangsprodukt für das Eindampfkondensat der Hefeseperatorenablauf darstellt, der in einer Menge von 2000 m³/d anfällt und etwa 1000 m³ Eindampfkondensat ergeben wird. Für dieses Eindampfkondensat wird folgende Zusammensetzung als repräsentativ angenommen:

Essigsäure:	12 600 mg/l
Ameisensäure:	2 500 mg/l
Furfurol:	1 000 mg/l
Schwefeldioxid:	1 000 mg/l.

Die nachstehend beschriebenen Grundsatzuntersuchungen über die Möglichkeit der Reinigung von Eindampfkondensat durch Belebtschlamm wurden ergänzt durch die Prüfung des Einflusses von Eindampfkondensat auf die biologische Reinigung (Belebtschlammverfahren) von Zellstoffwaschwässern der Buchenholzsulfitzellstoffproduktion des Großbetriebes. Die Ergebnisse der letztgenannten Untersuchungen wurden in einer anderen Veröffentlichung dargelegt (WALTHER u. KNAACK).

Allgemeine Vorbemerkungen

Nach der Ansicht von RUUS stellt der biochemische Abbau der Inhaltsstoffe von Eindampfkondensaten gegenwärtig die effektivste Art der Reinigung von Abwässern dar, die in Form von Eindampfkondensat anfallen. Eine Neutralisierung von Sulfitablaugen führt zwar zu einer erheblichen Reduktion der organischen Substanz, dürfte aber nur dann sinnvoll sein, wenn eine Rückgewinnung der zum Holzaufschluß verwendeten Base erfolgen soll. Eine solche Rückgewinnung kommt aber bekanntlich bei der Verwendung von Calciumhydrogensulfit als Base nicht in Frage und scheidet deshalb für eine Anwendung in der Zellstoffabteilung des erwähnten Großbetriebes aus. Eine Gewinnung — d. h. Isolierung — von Essig- bzw. auch Ameisensäure aus Eindampfkondensaten ist nach RUUS auf Grund des relativ geringen Gehalts der Kondensate an diesen Säuren wirtschaftlich wahrscheinlich nicht vertretbar.

Angaben über die Zusammensetzung von Eindampfkondensaten von Sulfitzellstoffbetrieben finden sich in der Literatur nur sehr spärlich: SAMUELSON, ADLER, SCHOLANDER, AHLEN u. SAMUELSON, NYLANDER, RUUS.

Dabei ist zu beachten, daß die Zusammensetzung der Eindampfkondensate vor allem in quantitativer Hinsicht insbesondere von zwei Faktoren weitgehend abhängt: von der verwendeten Holzart und von der Technologie des Eindampfverfahrens. Inwieweit die Art des Holzaufschlusses (Calciumhydrogensulfit,-Natriumsulfit-, Magnesiumsulfit-, Ammoniak-Aufschlußverfahren) maßgebend für die Zusammensetzung des Eindampfkondensates ist, ist noch unklar. Nach RUUS scheint die Zusammensetzung eines Eindampfkondensates im großen und ganzen nicht von der angewandten Aufschlußbase abzuhängen. Dies trifft sicherlich weitgehend in bezug auf die qualitative, nicht aber für ihre quantitative Zusammensetzung zu (NYLANDER). Verhältnismäßig ausführliche Angaben über die Inhaltsstoffe von Eindampfkondensaten finden sich bei RUUS, der in solchen Kondensaten neben Essig-, Ameisensäure, Furfurol und Schwefeldioxid vor allem auch Methanol und in geringen Mengen Methylglyoxal, Formaldehyd, Acetaldehyd und gelegentlich Äthanol nachweisen konnte. Eindampfkondensat aus Sulfitablauge von Buchenholz wurde von RUUS nicht untersucht. In der Veröffentlichung von RUUS finden sich in bezug auf die Zellstoffgewinnung aus Laubhölzern lediglich Angaben über die Zusammensetzung von Eindampfkondensat aus Ablaugen, die bei der Herstellung von Zellstoff aus Birke mittels Magnesiumsulfit bzw. aus einem Gemisch von 80% Birkenholz und 20% Fichtenholz beim Aufschluß mittels Ammoniak anfielen. Bemerkenswert war bei diesen Eindampfkondensaten der hohe Essigsäuregehalt (bis zu 8500 mg/l), der bei Einsatz von Nadelhölzern wesentlich geringer ausfiel. Eine ähnliche Beobachtung wie für die Essigsäure machte RUUS auch für das Furfurol. Der erhebliche Essigsäuregehalt ist auch in erster Linie verantwortlich für den hohen Biochemischen Sauerstoffbedarf von Eindampfkondensaten aus Ablaugen der Zellstoffherstellung aus Birkenholz. RUUS fand für derartige Eindampfkondensate BSB_5-Werte von etwa 8,5 g/l; Kondensate von der Zellstoffherstellung aus Nadelhölzern zeigten einen wesentlich geringeren BSB_5.

Bei RENNERFELT u. SCHANTZ sowie NYLANDER finden sich Angaben über den BSB_5 von Eindampfkondensaten aus Ablaugen der Birkenholzzellstoffindustrie. RENNERFELT u. SCHANTZ führen einen BSB_5-Wert von 10···12 g/l und NYLANDER einen Wert von 4 g/l an. Bei NYLANDER finden sich außerdem Angaben über die chemische Zusammensetzung eines Kondensates aus Ablauge der Birkenholzzellstoffherstellung (Essigsäuregehalt 2420 mg/l); Ameisensäuregehalt 520 mg/l; Furfurolgehalt 430 mg/l). NYLANDER weist u. a. darauf hin, daß der pH-Wert der Ablauge vor der Eindampfung entscheidend ist für die Menge an flüchtigen Säuren im Kondensat und damit für die Höhe des Biochemischen Sauerstoffbedarfs des Kondensates. Insofern ist der Biochemische Sauerstoffbedarf des Kondensates auch abhängig von der Base Calciumhydrogensulfit o. a.), die beim Holzaufschluß verwendet wird. Es ist verständlich — und dies konnte NYLANDER auch nachweisen —, daß mit steigendem pH-Wert der Ablauge der Gehalt an flüchtigen organischen Säuren und damit der Biochemische Sauerstoffbedarf im Eindampfkondensat abnimmt.

Zum Problem der biochemischen Abbaubarkeit von Eindampfkondensaten — insbesondere hinsichtlich der Anwendung des Belebtschlammverfahrens — ist zunächst folgendes zu sagen:

Einerseits liegen bereits in der einschlägigen Fachliteratur Angaben über die Abbaubarkeit der organischen Einzelbestandteile (Essigsäure, Ameisensäure, Furfurol) von Eindampfkondensat auf biochemischem Wege vor, andererseits versteht es sich aber keineswegs von selbst, daß auch das Gemisch solcher Substanzen biochemisch gut konvertierbar ist, zumal das Eindampfkondensat außer den organischen Bestandteilen noch das antimikrobiell wirksame Schwefeldioxid enthält. Allerdings läßt wiederum die Tatsache, daß Substanzen mit erheblicher antimikrobieller Wirkung wie Ameisensäure und Furfurol nach Adaption des betreffenden biologischen Materials abbaubar sind, erwarten, daß auch ein Gemisch solcher und ähnlicher Substanzen nach Adaption biochemisch konvertiert werden kann. Eine solche Annahme wird bis zu einem gewissen

Grade auch durch einige Veröffentlichungen gestützt, auf die noch kurz eingegangen werden soll.

Bezüglich der Essigsäure stellten bereits 1934 NOLTE u. Mitarb. im Laborversuch fest, daß diese Substanz als alleinige Kohlenstoffquelle in Gegenwart einer geeigneten Phosphor- und Stickstoffquelle von Belebtschlamm respiriert wird. Die Aufenthaltszeit der Essigsäure in der Belebtschlammlaboratoriumsapparatur lag bei den Untersuchungen von NOLTE u. Mitarb. zwischen ein und sechs Tagen. Über eine gute Abbaubarkeit der Essigsäure bzw. des Acetations auf biochemischem Wege berichteten auch ENGELBRECHT u. MCKINNEY, PLACAK u. RUCHHOFT sowie MCKINNEY u. JERIS. PLACAK u. RUCHHOFT beobachteten im Laboratoriumsversuch bereits nach einer kurzfristigen Adaption einen weitgehenden Abbau von Essigsäure durch Belebtschlamm. ENGELBRECHT u. MCKINNEY ermittelten in einer kleineren Laboratoriumbelebungsanlage nach längerer Adaption des Schlammes an Essigsäure eine BSB_5-Reduktion von 99%. MCKINNEY u. JERIS stellten durch Untersuchungen mit der *Warburg*methodik fest, daß ein an Äthanol adaptierter Belebtschlamm auch die nächstfolgenden Oxydationsprodukte dieser Verbindung, d. h. Acetaldehyd und Essigsäure, weitgehend zu dissimilieren vermag.

Ameisensäure bzw. Natrium- und Calciumformiat als alleinige Kohlenstoffquellen werden nach den in einer Laboratoriumsbelebungsanlage erhobenen Befunden von ENGELBRECHT u. MCKINNEY nach dreiundzwanzigtägiger Adaption des Belebtschlammes zu 95% (bezogen auf den BSB_5) abgebaut. PLACAK u. RUCHHOFT ermittelten bei ihren Laboratoriumsversuchen schon nach einer wesentlich kürzeren Adaptionszeit der Ameisensäure an Belebtschlamm einen weitgehenden Abbau dieser Substanz. Nach MCKINNEY u. JERIS ist ein an Methanol adaptierter Belebtschlamm in der Lage, auch Ameisensäure in beachtlichem Maße als Nährsubstrat zu benutzen. Hinweise über weitere Arbeiten, die sich mit dem biochemischen Abbau von Ameisensäure und Essigsäure sowie deren Salze befaßten, finden sich auch bei HEUKELEKIAN u. RAND und KOUMAR. Die von diesen Autoren zitierten Veröffentlichungen beweisen ebenfalls die Dissimilierbarkeit der genannten Verbindungen durch Abwassermikroorganismen.

Zur Frage der biochemischen Abbaubarkeit von Furfurol erschien 1934 eine Veröffentlichung von ETTINGER u. Mitarb., die im Laboratoriumstest die Abbauwirkung von Flußwasser gegenüber Furfurol untersuchten. Dabei konnte festgestellt werden, daß das in zwei Behältern aufbewahrte Wasser von zwei Flüssen — nach Adaption seiner Mikroorganismen an eine Furfurolkonzentration von 1 mg/*l* — diese Verbindung bis zu einer Konzentration von 25 mg/*l* nach mehreren Tagen vollständig zu eliminieren vermochte (der Abbau höherer Furfurolkonzentrationen als 25 mg/*l* wurde von ETTINGER u. Mitarb. nicht geprüft). REIMANN führte orientierende Versuche über den Abbau von Furfurol mittels Belebtschlamm durch und konnte dabei einen Abbau der Verbindung konstatieren. Nach HEUKELEKIAN u. RAND wies auch GELLMANN die Abbaubarkeit von Furfurol durch Abwassermikroorganismen nach.

Auf die Verwertbarkeit von Gemischen niederer Fettsäuren durch Belebtschlamm, die vorwiegend aus Ameisensäure und Essigsäure bestehen, wird von

CHRIST hingewiesen, der im Laboratoriums- und halbtechnischen Maßstab u. a. Versuche über die Reinigung von Abwässern mit einem Gehalt an niedermolekularen Fettsäuren im Belebungsbecken durchführte. Im Laboratoriumsversuch lag die Aufenthaltszeit des Abwassers, das im Zulauf 1000···2000 mg/l organische Säuren sowie 20···30 mg/l N und 10···20 mg/l P enthielt, etwas über 24 h. Unter diesen Bedingungen betrug die Abbauleistung der Anlage 1,5 kg organische Säuren pro m^3/d, maximal sogar 4 kg organische Säuren pro m^3/d. Damit ergab sich, daß durch das Belebungsverfahren der Abbau der organischen Säuren bzw. die Reduktion des BSB_5 bis zu 95% und mehr möglich war.

Ferner sei an dieser Stelle auf die Tatsache verwiesen (s. SIERP), wonach Abwässer, die bei der Paraffinoxydation anfallen und die flüchtige Fettsäuren (5000···9000 mg/l — als CH_3COOH berechnet) enthalten, sich ebenfalls nach Zusatz von Phosphor- und Stickstoffquellen im Belebtschlammverfahren konvertieren lassen.

Flachsröstanlagen liefern gleichfalls Abwässer, in denen organische Säuren — vor allem Essigsäure — vorkommen; auch diese Abwässer können unter entsprechenden Bedingungen im Belebtschlammverfahren gereinigt werden (MEINCK, NOLTE). Schließlich sollen noch die von KÖHLER beschriebenen Untersuchungen über den biochemischen Abbau von Formiat bzw. niedere Fettsäuren enthaltenden Abwässern eines Zweiges der chemischen Industrie Erwähnung finden. In dem einen Falle wurde ein Abwasser, das Natriumformiat, Formaldehyd, Methanol und Pentaerythrit enthielt, in einer biologischen Anlage unter Zusatz von Stickstoff und Phosphor (BSB_5:N:P = 150:7,5:1) gereinigt, die in der ersten Stufe aus zwei hintereinandergeschalteten Tropfkörpern und in der zweiten Stufe aus einer Belebungsanlage für eine vierundzwanzigstündige Aufenthaltszeit bestand. Im anderen Falle berichtet KÖHLER über die Reinigung eines Abwassers, das neben Formiat, Formaldehyd, Methanol noch Methylal, Trioxan sowie Methylenchlorid enthielt, und das in einer zweistufigen Belebungsanlage nach Zugabe von Phosphor und Stickstoff (BSB_5:N:P = 17:1:1) gereinigt wurde. Außerdem weist KÖHLER auf die hochgradige biologische Reinigung eines Abwassers in einer einstufigen Laboratoriumsbelebungsanlage hin, dessen Verunreinigung aus nicht näher bezeichneten niederen Alkoholen, Aldehyden und Fettsäuren bestand. Die von KÖHLER angeführten Beispiele zeigen, daß auf biochemischem Wege nach Adaption der Mikroorganismen auch solche Abwässer weitgehend gereinigt werden können, die mehrere organische Substanzen mit antimikrobiellem Charakter enthalten. Erste Untersuchungen zur Frage der biologischen Reinigungsmöglichkeit eines Abwassers, das ausschließlich aus Eindampfkondensat eines Sulfitzellstoffbetriebes bestand, wurden von RENNERFELT u. SCHANTZ durchgeführt. Das von diesen Autoren verwendete Eindampfkondensat stammte aus einer Zellstoffabrik, die für den Aufschluß des Holzes (Fichte, Birke) Magnesiumhydrogensulfitlauge einsetzte. Das Kondensat, über dessen chemische Zusammensetzung in der angeführten Veröffentlichung keine Angaben zu finden waren, wurde in halbtechnischen Versuchen auf seine biochemische Abbaubarkeit im Belebtschlammprozeß getestet. Ein Hinweis über die Anzucht des Belebtschlammes in den benutzten Reaktoren bzw. über die Adaption des Schlammes an die Inhaltsstoffe des

Eindampfkondensates ist in der Arbeit von RENNERFELT u. SCHANTZ leider nicht enthalten. Zunächst erfolgte die Prüfung der biologischen Verwertbarkeit des Eindampfkondensates in einem zylindrischen Belüftungsbehälter von 1 m^3 Inhalt mit Nachklärbecken und Schlammrückführung. Für den Sauerstoffeintrag in das Becken wurden Turbinenbelüfter benutzt. Nach den Angaben von RENNERFELT u. SCHANTZ wurde der Anlage zunächst nur Eindampfkondensat aus der Fichtenzellstoffproduktion (BSB_5 4000···6000 mg/l), später aber zusätzlich auch konzentriertes Abwasser (BSB_5 600···1300 mg/l) aus der alkalischen Stufe der Bleicherei zugesetzt. Der BSB_5 des Zulaufwassers der Belebtschlammanlage lag in den verschiedenen Versuchsperioden zwischen 400 und 3000 mg/l. Leider machten die Verfasser in ihren Veröffentlichungen keine Angaben, von welchem Zeitpunkt an nicht nur Eindampfkondensat, sondern auch Bleichereiabwässer der Anlage zugeführt wurden. Außerdem fehlt ein Hinweis über das angewandte Verhältnis von Eindampfkondensat zum Bleichereiabwasser. Diese Mängel vermindern die Aussagekraft der Veröffentlichung von RENNERFELT u. SCHANTZ hinsichtlich des Problems der biologischen Abbaubarkeit von reinem Eindampfkondensat erheblich. Als Stickstoffquelle wurde dem Zulaufwasser Ammoniumnitrat oder Ammoniumsulfat und als Phosphorquelle Dinatriumphosphat zugesetzt. Das BSB_5:N:P-Verhältnis im Zulaufwasser, dessen pH auf einen Wert zwischen 7 und 8 eingestellt war, betrug 100:20:1. Während der Versuche lag der Schlammtrockensubstanzgehalt im Belebungsbecken maximal bei 1 g/l. Die Raumbelastung variierte zwischen 1 und 8 kg/$m^3 \cdot$ d und die Schlammbelastung zwischen 1 und 8 kg BSB_5/kg Schlamm · d. Die Abhängigkeit der Reinigungswirkung der Anlage (% BSB_5-Reduktion) von der Raum- und Schlammbelastung wurde ermittelt. Wie die Autoren selbst bemerken, zeigen die Versuchsresultate eine ziemlich starke Streuung. Die erhobenen Befunde lassen erkennen, daß der Reinigungseffekt der Anlage bei einer Raumbelastung (Schlammbelastung) von 1 kg $BSB_5/m^3 \cdot$ d (1 kg BSB_5/kg · d) im Mittel 80···90% betrug und mit steigender Belastung erheblich abnahm; bei einer Raumbelastung von 8 kg $BSB_5/m^3 \cdot$ d wies der Reinigungseffekt nur noch einen Wert von ca. 50% auf. Anschließend führten RENNERFELT u. SCHANTZ entsprechende Untersuchungen über den Abbau von Eindampfkondensat und einer Mischung aus Eindampfkondensat und alkalischen Bleichereiabwässern in Belebungsbecken (mit Nachklärung und Schlammrückführung) von 70 m^3 und 140 m^3 Inhalt durch. Die Neutralisation des Eindampfkondensates, dessen BSB_5 beim Einsatz von Fichtenholz zwischen 5000 und 7000 mg/l und bei der Verarbeitung von Birkenholz zwischen 10000 und 12000 mg/l lag, erfolgte in einem mit Kalkstein gefüllten Behälter. Für die Belüftung des Beckens wurden drei verschiedene Belüftertypen eingesetzt. Die Nährsalze wurden in Form von Phosphorsäure und Ammoniak zugesetzt und der pH-Wert im Belüfter im Bereich von 6,3···7,5 (Kalkzusatz) gehalten. Der größere Anteil der Untersuchungen und Ausführungen von RENNERFELT u. SCHANTZ war den Versuchen über den biologischen Abbau des Gemisches aus Eindampfkondensat und Bleichereiabwässer gewidmet. Diese Untersuchungen sollen hier nicht näher besprochen werden. Hinsichtlich der Reinigung von reinem Eindampfkondensat ist der Veröffentlichung von RENNERFELT u.

Schantz folgendes zu entnehmen: Der Schlammtrockensubstanzgehalt im Becken stieg bis zu 40 g/l an, wobei der Aschegehalt ca. 50% der Trockensubstanz ausmachte. Im 140-m³-Becken konnte unter bestimmten Belüftungsverhältnissen bei einer Raumbelastung von 1,5 kg/m³ · d eine BSB_5-Abnahme von etwa 90% beobachtet werden; bei einer Raumbelastung von etwa 3,2 kg BSB_5/m^3 · d betrug der Reinigungseffekt nur noch ca. 80% und nahm bei weiter steigender Raumbelastung langsamer, aber stetig ab. Dabei ist zu beachten, daß die von Rennerfelt u. Schantz ermittelten Werte in starkem Maße streuen. Das gilt in noch weit höherem Grade für die Werte, die die Abhängigkeit des Reinigungseffektes von der Schlammbelastung im 140 m³-Becken bei gleicher Belüftung wiedergeben.

Wie die vorstehenden Ausführungen zeigen, ist offensichtlich im Prinzip bei Abwässern von der Art der Eindampfkondensate eine Reinigungsmöglichkeit mittels Belebtschlammverfahren gegeben; d. h. das Gemisch der organischen Inhaltsstoffe von Eindampfkondensaten kann unter gewissen Bedingungen (insbesondere der der Adaption) biochemisch mehr oder weniger dissimiliert werden. Dabei ist aber zu beachten, daß die Zusammensetzung der Eindampfkondensate vor allem in quantitativer Hinsicht sehr unterschiedlich sein kann und von verschiedenen Faktoren beeinflußt wird, von denen in erster Linie die Holzart, die Aufschlußbasis, die Technologie des Aufschlusses und des Eindampfens der Ablauge zu nennen sind. Aus dieser Tatsache ergibt sich meist die Notwendigkeit, das Eindampfkondensat einer jeden Sulfitzellstoffabrik — und damit auch das Eindampfkondensat des eingangs erwähnten Großbetriebes — einer gesonderten Prüfung auf Reinigungsfähigkeit mittels des Belebtschlammverfahrens zu unterziehen. Über eine derartige Untersuchung wird im folgenden berichtet. Sie hatte als Grundlagenuntersuchung im Laboratoriumsmaßstab lediglich das Ziel festzustellen, ob und inwieweit das in dem betreffenden Großbetrieb evtl. anfallende Eindampfkondensat mit seiner spezifischen Zusammensetzung im Belebtschlammverfahren konvertierbar ist. Über diesen Rahmen hinaus gehende Untersuchungen erübrigen sich, weil bei einem Anfall von Eindampfkondensat in diesem Betrieb letzteres nicht einer gesonderten, sondern nur im Gemisch mit anderen Abwasserarten einer biologischen Reinigung unterworfen werden soll, wobei das Eindampfkondensat nur einen geringen Teil des Gesamtabwassers ausmacht.

Versuchsdurchführung und Untersuchungsresultate

Die Belebtschlammapparatur für die Untersuchung der biologischen Abbaubarkeit des Eindampfkondensates bestand aus einem rechteckigen Belüftungsbecken (Umwälzbecken in Plexiglasausführung) von 5 l Inhalt mit einer der Schlammrückführung dienenden Nachkläreinrichtung in Form eines Glaszylinders, der im unteren Teil konisch ausgebildet war und einen Rauminhalt von etwa 1 l besaß. Das Belebungsbecken wurde über mehrere Aquarienbelüftungssteine, die an einer Seitenwand unmittelbar über der Bodenplatte angeordnet waren, durch einen Kompressor belüftet. Der Zulauf des Nährsubstrates (Untersuchungs-/Zulaufwasser) aus dem Vorratsbehälter und die Schlammrückführung erfolgten quasikontinuierlich und automatisch durch relaisgesteuerte Laboratoriumsschlauchpumpen. Die Aufenthaltszeit des Untersuchungswassers im Belebtschlammbecken betrug 24 h (Raumbeschickung $Q_R = 1$). Eine Erhöhung der Beckenbelastung (z. B. der BSB_5-Raumbelastung) wurde ausnahmslos durch Steigerung der Zulaufkonzentration (K_Z) erreicht. Die Aufenthaltszeit des Ablaufwassers des Beckens in der Nachkläreinrichtung lag bei 1···1,5 h.

Zur Umgehung einer längere Zeit beanspruchenden Anzucht von Belebtschlamm wurde bei Versuchsbeginn das Beckenwasser mit Belebtschlamm aus einer Laboratoriumsbelebungsanlage des Großbetriebes beimpft. Das Zulaufwasser dieser Anlage bestand aus Zellstoffwaschwasser des Sulfitzellstoffbetriebes.

Während der Untersuchungen über den biologischen Abbau von Eindampfkondensat wurden folgende Daten — entweder laufend (täglich) oder zum Teil nur zeitweise — unmittelbar bestimmt:

a) Im Ablaufwasser der Nachkläreinrichtung:

- CSV_{Cr} (Makromethode — entsprechend der Vorschrift in „Ausgewählte Methoden der Wasseruntersuchung"; Herausgeber: Amt für Wasserwirtschaft (1965). Die CSV_{Cr}-Bestimmung nach der Halbmikromethode und die Bestimmung des CSV_{Mn} sind für die Untersuchung von Eindampfkondensat ungeeignet, da bei Anwendung dieser Verfahren niedere Fettsäuren überhaupt nicht oder nur zu einem sehr geringen Teil oxydiert werden).
- $BSBW_5$ (biochemischer Sauerstoffbedarf nach 5 Tagen, bestimmt mit der *Warburg*methode)
- Furfurol (kolorimetrisch mit Anilinacetat unter Modifizierung der Methode von ADAMS u. CASTAGNE).

Der CSV_{Cr} und der $BSBW_5$ wurden in den einzelnen Versuchsabschnitten auch im Zulaufwasser (Untersuchungswasser) der Belebungsanlage ermittelt, um eine Bilanzierung des Abbaues der organischen Inhaltsstoffe des Untersuchungswassers im Belebungsbecken zu ermöglichen (Berechnung des biologischen und chemischen Reinigungseffektes (η_b und η_{ch}) und des Raumabbaues (Δ BR-$BSBW_5$)).

b) Im Belebungsbecken:

- pH
- Sauerstoff (elektrometrisch)
- Schlammvolumen / Schlammtrockensubstanz / Glührückstand der Schlammtrockensubstanz in %
- Temperatur
- biologische Zusammensetzung des Belebtschlammes im mikroskopischen Bild.

c) In der Nachkläreinrichtung des Belebungsbeckens:

- Sauerstoff (elektrometrisch).

Eine spezielle Ermittlung des Furfurolabbaues während der Testung der biologischen Konvertierbarkeit von Eindampfkondensat wurde deshalb durchgeführt, weil Furfurol schon in sehr niedrigen Konzentrationen bestimmte Organismen zu schädigen vermag (siehe LIEBMANN, MEINCK) und deshalb eine nicht unbeachtliche Gefahr für den Vorfluter darstellt. Letzteres gilt zwar auch für das im Eindampfkondensat enthaltene Schwefeldioxid, von dem aber mit Sicherheit angenommen werden kann, daß es während der Belüftung des Eindampfkondensates im Belebtschlammbecken sehr schnell oxydiert wird. Daher wurde von einer Bestimmung des Schwefeldioxids im Ablauf des Laboratoriumsbelebungsbeckens abgesehen.

Eine (sehr aufwendige) Bestimmung von Ameisen- und Essigsäure im Ablauf des Belebungsbeckens wurde nicht für notwendig erachtet, da die organismenschädigenden Eigenschaften dieser Verbindung nach Literaturangaben (s. LIEBMANN) in niederen Konzentrationsbereichen in erster Linie eine Wirkung ihrer Wasserstoffionen ist, die bekanntlich vor Durchführung des Belebtschlammverfahrens neutralisiert werden müssen. Biochemisch nicht abgebaute Ameisen- und Essigsäure verlassen den Ablauf des Belebungsbeckens demnach in Form ihrer Salze, die in biologischer Hinsicht ungefährlicher sind als die entsprechenden Säuren.

Zunächst wurde der in das 5-*l*-Laboratoriumsbelebungsbecken eingebrachte Impfbelebtschlamm durch Zuführung eines synthetischen Abwassers ernährt bzw. vermehrt. Dieses synthetische Basisnährsubstrat ähnelte in bezug auf das BSB_5:N:P-Verhältnis häuslichem Abwasser und setzte sich ausnahmslos aus leicht dissimilierbaren Substanzen (Pepton, lösliche Stärke, Gelatine, Magermilchpulver, Harnstoff u. a.) sowie bestimmten Spurenelementen zusammen. Der pH-Wert des Basisnährsubstrates — d. h. des Zulaufwassers der Anlage — wurde mit Natronlauge so eingestellt, daß sich im Becken ein für den Belebtschlamm physiologisch günstiges pH-Milieu ergab. In seiner Grundform — d. h. ohne weitere gleich- oder andersartige Zusätze — besaß das Basisnährsubstrat einen $BSBW_5$ von etwa 550 mg/*l*. Diesem Substrat wurden von Versuchsbeginn an geringe Mengen Schwefeldioxid (3 mg/*l*; in Form von Natriumhydrogensulfit), Furfurol (2 mg/*l*) und Ameisensäure (5 mg/*l*) zugesetzt, so daß der Belebtschlamm im Becken von vornherein an die Gegenwart der letztgenannten Verbindungen adaptiert wurde. Nach etwa vierzehn Tagen erfolgte eine langsame Steigerung der Schwefeldioxid-, Furfurol- und Ameisensäurekonzentrationen im Zulaufwasser unter gleichzeitiger Erhöhung des $BSBW_5$ des Basisnährsubstrates. Im darauffolgenden Zeitraum erhöhte sich allmählich sowohl der $BSBW_5$ des Basisnährsubstrates (bis zu ca. 1600 mg/*l*) als auch die Konzentration an Schwefeldioxid (bis zu 32 mg/*l*), Furfurol (bis zu 32 mg/*l*) und Ameisensäure (bis zu 80 mg/*l*) weiter, wobei — drei Wochen nach Versuchsbeginn — zusätzlich mit der Einleitung von Essigsäure begonnen wurde. Die Anfangskonzentration an Essigsäure lag bei 200 mg/*l* Zulaufwasser, wurde aber ziemlich schnell auf 400 mg/*l* gesteigert. Danach wurde der Gehalt des Zulaufes an Basisnährsubstrat, Schwefeldioxid und Furfurol über einige Wochen konstant gehalten und während dieser Periode lediglich die Essig- und Ameisensäurekonzentration bis auf 2000 bzw. 400 mg/*l* angehoben. In der anschließenden Phase, die durch eine relativ starke Überschußschlammproduktion gekennzeichnet war, erfolgte innerhalb von acht Tagen eine stufenweise Erhöhung der Essigsäure- und Ameisensäurekonzentration auf 4000 bzw. 800 mg/*l*, wobei gleichzeitig und stetig der Gehalt an Basisnährsubstrat im Zulaufwasser bis auf Null erniedrigt und dementsprechend der Gehalt an Phosphat- und Ammoniumionen erhöht wurde, so daß nach etwa zwei Monaten (vom Versuchsbeginn am 14. 4. an gerechnet) das Zulaufwasser außer einer Phosphor- und Stickstoffquelle sowie bestimmten Spurenelementen nur noch aus Eindampfkondensatbestandteilen zusammengesetzt war und davon folgende Mengen enthielt:

4000 mg/l Essigsäure, 800 mg/l Ameisensäure, 32 mg/l Schwefeldioxid, 32 mg/l Furfurol.

Im Zeitraum der Adaption des Belebtschlammes an ein Zulaufwasser bzw. Nährsubstrat mit der vorstehenden Zusammensetzung konnten kurzgefaßt und summarisch folgende Befunde erhoben werden.:

Der chemische Wirkungsgrad η_{ch} lag – abgesehen von den ersten Tagen der Versuchsperiode – meist über 80%, z. T. sogar über 90%; lediglich an einzelnen Tagen sank η_{ch} bis auf etwa 70% ab. Aus diesen Ergebnissen geht hervor, daß während der Adaption des Belebtschlammsystems an die Inhaltsstoffe von Eindampfkondensat die Reinigungswirkung stets ziemlich gut war.

An dieser Stelle ist noch zu vermerken, daß in den ersten Wochen der Versuchsperiode η_{ch} an Hand des CSV_{Mn} und des CSV_{Cr} (Halbmikromethode) bestimmt wurde. Dieser Umstand beeinträchtigt aber den Wert der Befunde nicht, da im betreffenden Zeitabschnitt der Hauptanteil des Zulaufwassers der Anlage nicht aus Eindampfkondensatbestandteilen, sondern aus Basisnährsubstrat bestand, das der Oxydation durch Kaliumpermanganat bzw. Kaliumdichromat (Halbmikromethode) zugängig war.

Der biologische Wirkungsgrad η_{ch} wurde im Versuchszeitraum nicht ermittelt.

Der Belebtschlammtrockensubstanzgehalt im Becken betrug in den ersten Wochen 2···3 g/l, später zeitweise bis zu etwa 20 g/l. Der MOHLMANN-Index des Schlammes wies in den beiden ersten Wochen einen Wert von 230 auf; dabei besaß der Schlamm gute Absetzfähigkeit und ließ keinerlei Anzeichen eine Blähschlammbildung erkennen. In der dritten Woche sank der MOHLMANN-Index ab und schwankte bis Ende der Versuchsperiode zwischen 90 und 50. Der Glührückstand machte in der Regel 15···10% der Schlammtrockensubstanz aus; in einzelnen Fällen stieg er über 15% an.

Die Messung des Sauerstoffgehaltes im Becken ergab Werte von mindestens 60% der Sättigung (im Maximalfall 8,3 mg O_2/l). Lediglich in der letzten Phase – einem Zeitraum von ca. acht Tagen – der Adaption des Belebtschlammes an Eindampfkondensatinhaltsstoffe war der Sauerstoffgehalt im Becken auf Grund verhältnismäßig starker Überschußschlammbildung niedriger (etwa 40% der Sättigung; Minimalwert 3,3 mg O_2/l). Für die Erzielung der genannten Sauerstoffwerte im Belebungsbecken wurden in den ersten Wochen 150 l Luft/h benötigt. Danach mußte der Lufteintrag ständig bis auf 800 l/h erhöht werden.

In der Nachkläreinrichtung betrug der Sauerstoffgehalt maximal 6,5 mg O_2/l, minimal – aber nur an wenigen Tagen – etwa 0,35 mg O_2/l.

Das pH im Beckenwasser zeigte im allgemeinen Werte zwischen 6,9 und 8,2; an einigen Tagen sank es auch unter 6,9 (Minimalwert 6,2).

Hinsichtlich der biologischen Zusammensetzung des Belebtschlammes ist zu bemerken, daß im mikroskopischen Bild mit fortschreitender Versuchsdauer – summarisch gesehen – der Gehalt an Belebtschlammflocken, die mit Glockentierchen besetzt waren, zunahm.

Wie bereits erwähnt, wies das Zulaufwasser zu dem Zeitpunkt (17. 6.), an dem dieses erstmalig nur noch Eindampfkondensatbestandteile als Kohlenstoffquelle enthielt, folgende Zusammensetzung auf:

4000 mg/l Essigsäure, 800 mg/l Ameisensäure, 32 mg/l Schwefeldioxid, 32 mg/l Fufrurol. Außerdem enthielt das Zulaufwasser eine Stickstoff- und eine Phosphorquelle, etwas Kaliumchlorid sowie als Spuren 5 mg/l Ca^{++}-, 2 mg/l Mg^{++}- und 0,1 mg/l Fe^{3+}-Ionen. Stickstoff war in Form einer 1 n Ammoniumlösung und Phosphor als Dinatriumphosphat ($Na_2HPO_4 \cdot 2\,H_2O$) dem Untersuchungswasser zugesetzt worden. Bei den Untersuchungen über die biologische Reinigung von Abwasser, das Eindampfkondensatinhaltsstoffe ohne weitere Kohlenstoffquellen enthielt, wurde als Verhältnis von TSB:N:P:K im Zulaufwasser stets das folgende angewandt: 100:6,7:1,34:0,47. (TSB stellt den errechneten Sauerstoffbedarf für die vollständige Oxydation der Untersuchungswasserinhaltsstoffe dar.) Die Einstellung des pH-Wertes des Untersuchungswassers erfolgte unter Verwendung von Natronlauge derart, daß sich im Belebungsbecken ein für den Bioschlamm günstiger pH-Bereich von 4,3···4,4 ergab.

Nach den bereits früher gemachten Ausführungen ist für ein Eindampfkondensat der Zellstoffabteilung des genannten Großbetriebes eine Zusammensetzung aus 12600 mg/*l* Essigsäure, 2500 mg/*l* Ameisensäure, 1000 mg/*l* Schwefeldioxid und 1000 mg/*l* Furfurol als repräsentativ anzusehen; d. h. in einem Abwasser dieser Art liegen die Einzelbestandteile der angegebenen Reihenfolge im Verhältnis 100:20:8:8 vor.

Im weiteren Verlauf der Untersuchungen über den biologischen Abbau von Eindampfkondensat wurde nun innerhalb von ca. dreieinhalb Wochen die Zulaufkonzentration an Essig- und Ameisensäure von 4000 bzw. 800 mg/*l* auf 5500 bzw. 1100 mg/*l* erhöht und gleichzeitig der Schwefeldioxidgehalt bis auf 100 mg/*l* sowie der Furfurolgehalt bis auf 200 mg/*l* im Zulaufwasser gesteigert. Das Verhältnis von Essigsäure:Ameisensäure:Schwefeldioxid:Furfurol betrug bei den letztgenannten Konzentrationen somit 100:20:1,82:3,64.

Nun war zunächst in Fortsetzung des Versuches beabsichtigt, die Schwefeldioxid- und Furfurolkonzentration im Untersuchungswasser so weit zu erhöhen, daß das für das Test-Eindampfkondensat vorgegebene Verhältnis von 100:20:8:8 erreicht wurde. Aber auf Grund einer plötzlich eintretenden vollständigen Veränderung des biologischen Bildes des Belebtschlammes erschien es vorerst wenig sinnvoll, den Versuch in der genannten Richtung weiter fortzuführen. Die Veränderung der biologischen Zusammensetzung des Belebtschlammes bestand darin, daß innerhalb von nur etwa vierundzwanzig Stunden eine starke Scheinmycelbildung von Hefen auftrat, die mit einem enormen Anwachsen des „*Schlamm*“-Volumens in der Belebungsanlage einherging. So stieg das Schlammvolumen trotz Entfernung einer größeren Schlammenge aus dem Belebtschlammsystem der Anlage innerhalb kürzester Zeit auf etwa das Doppelte (ca. 800 ml/*l*) an, ohne daß sich dabei der Trockensubstanzgehalt des Schlammes beachtenswert änderte. Dieser Vorgang war demnach durch eine starke Zunahme des „*Schlamm*“-Index gekennzeichnet. Das mikroskopische Bild des „*Belebtschlammes*“ wurde von einem dichten feinfädigen Netz aus Scheinmycel beherrscht, in dem in einem wesentlich geringeren Anteil Belebtschlammflocken der herkömmlichen Art verteilt waren. Einerseits war zwar die Reinigungswirkung der Anlage auch unter diesen Bedingungen offenbar nicht vermindert — die Beobachtungszeit betrug allerdings nur etwa zwei Tage —, andererseits konnte das biologische System in der Anlage nicht mehr als „*Belebtschlamm*“-System im bekannten Sinne bezeichnet werden. Infolge dieser Gegebenheit sowie auf Grund der Tatsache, daß verschiedene Maßnahmen mit dem Ziel einer Normalisierung des „*Belebtschlamm*“-Bildes ergebnislos verlaufen waren, wurde der Versuch abgebrochen. In dem bereits genannten Zeitraum von dreieinhalb Wochen (17. 6. bis 9. 7.), in dem die Beckentemperatur zwischen 19 und 21 °C lag, zeigten die Untersuchungen über den Abbau der Inhaltsstoffe von Eindampfkondensat folgende Befunde.

Die am Beginn und Ende des Versuchszeitraumes ermittelte Abbauleistung des Belebtschlammsystems — gemessen am $BSBW_5$ und dem CSV_{Cr} — ist in Abhängigkeit von der Zusammensetzung des Zulaufwassers und der Becken- bzw. Schlammbelastung in Tab. 1a und 1b wiedergegeben. (Die Erläuterung der Begriffe und Zeichen, die in den Tabellen verwendet wurden, finden sich auf S. 271). Wie die in Tab. 1a und 1b angegebenen Werte erkennen lassen, nahm der Raumabbau (Δ BR-$BSBW_5$) im Versuchszeitraum — d. h. mit ansteigender Belastung BR-$BSBW_5$ — zu; der Wirkungsgrad η_b betrug am Versuchsanfang und -ende etwa 99%. Gleichfalls stieg BR-CSV_{Cr} in diesem Zeitraum an, so daß η_{ch} zu Beginn und bei Abbruch der Untersuchungen über 90% lag. Während des genannten Versuchszeitraumes wies η_{ch} Werte zwischen 91 und 96% auf, wobei die höheren Werte in der zweiten Hälfte des Versuches auftraten. Insgesamt gesehen konnte somit — wie bereits angedeutet — festgestellt werden, daß die Abbauleistung auch nach dem am Versuchsende fast schlagartigen Einsetzen einer Hefenscheinmycelbildung im Belebtschlammsystem nicht zurückging.

Die Raumrestlasten (L_R-$BSBW_5$; L_R-CSV_{Cr}) waren am Versuchsende geringer als am Beginn (L_R-$BSBW_5$ am Versuchsbeginn ca. 0,03 g/l · d, am Versuchsende 0,02 g/l · d; L_R-CSV_{Cr} am Anfang des Versuchszeitraumes etwa 0,4 g/l · d, in der zweiten Versuchshälfte etwa 0,25 g/l · d).

Hinsichtlich der Belebtschlammsituation im Versuchszeitraum ist — abgesehen von den beiden Versuchstagen mit starker Scheinmycelbildung — folgendes zu bemerken: Der Schlammtrockensubstanzgehalt lag bei Entfernung des Überschußschlammes im allgemeinen zwischen 8 und 10 g/l Beckeninhalt und in der zweiten Hälfte des Versuchszeitraumes im Durchschnitt etwas höher als in der ersten; im Extremfall stieg der Trockensubstanzgehalt bis auf fast 11 g/l an. Das Schlammvolumen zeigte fast ausnahmslos Werte zwischen 400 und 600 ml/l Beckeninhalt; der Mohlmann-Index schwankte zwischen 45 und 70. Als Glührückstand der Schlammtrockensubstanz wurden meist Werte von 10···15% ermittelt.

Um den Schlammtrockensubstanzgehalt auf einer Höhe von etwa 8···10 g/l zu halten, mußte des öfteren aus der Nachkläreinrichtung Überschußschlamm abgepumpt werden, wobei Mengen zwischen 50 und 600 ml Belebtschlamm am betreffenden Tag entfernt wurden. Eine genauere Bilanzierung der Überschußschlammproduktion war auf Grund der kleinen Dimension der Laboratoriumsbelebungsanlage nicht möglich.

Die Schlammbelastung SB_b wies im Versuchszeitraum meistens Werte von 0,30···0,35 g/g · d auf. An einigen Tagen wurde die Belastung von 0,30 geringfügig unterschritten und lediglich an zwei hintereinanderliegenden Tagen stieg SB_b auf 0,4 bzw. 0,45 an. — SB_{ch} lag in der Regel zwischen 0,5 und 0,6 g/g · d. — Die Substanzbelastung betrug in den letzten Versuchstagen, bezogen auf die Essigsäure, etwa 0,55 g/g · d; bezogen auf die Ameisensäure rd. 0,11 g/g · d.

Tabelle 1a

	Eindampfkondensat-Bestandteile im Zulaufwasser	TSB [g/l] Zulauf	K_z-$BSBW_5$ [g/l]	BR-$BSBW_5$ (g/l · d]	SB_b [g/g · d]	K_A-$BSBW_5$ [g/l]	ΔBR-$BSBW_5$ [g/l · d]	η_b
Versuchs-beginn	4000 mg/l CH_3COOH 800 mg/l HCOOH 32 mg/l SO_2 32 mg/l Furfurol	5,13	2,72	2,72	0,33	0,03	2,69	98,9
	↓							
Versuchs-ende	5500 mg/l CH_3COOH 1100 mg/l HCOOH 100 mg/l SO_2 200 mg/l Furfurol	6,58	3,25	3,25	0,34	0,002	3,248	99,9

Tabelle 1b

	Eindampfkondensat-Bestandteile im Zulaufwasser	TSB [g/l] Zulauf	K_z-CSV_{Cr} [g/l]	BR-CSV_{Cr} [g/l · d]	SB_{ch} [g/g · d]	K_A-CSV_{Cr} [g/l]	ΔBR-CSV_{Cr} [g/l · d]	η_{ch}
Versuchs-beginn	4000 mg/l CH_3COOH 800 mg/l HCOOH 32 mg/l SO_2 32 mg/l Furfurol ↓	5,13	4,75	4,75	0,63	0,42	4,33	91,2
Versuchs-ende	5500 mg/l CH_3COOH 1100 mg/l HCOOH 100 mg/l SO_2 200 mg/l Furfjurol	6,58	6,00	6,00	0,63	0,25	5,75	95,8

Der Sauerstoffgehalt im Becken wurde auf 53…60% (entsprechend ca. 5 mg O_2 pro l) des Sättigungswertes gehalten. Mit zunehmender Belastung mußte die Luftzufuhr von 800 auf 1000 l/h am Versuchsende gesteigert werden, um eine Sauerstoffsättigung von 53…60% zu gewährleisten. In der Nachkläreinrichtung sank der Sauerstoffgehalt niemals unter 0,5 mg/l.

Der pH-Wert im Beckenwasser lag meist zwischen 7,2 und 7,5, in extremen Fällen bei 7,0 und 7,8.

Das mikroskopische Bild des Belebtschlammes wies — abgesehen von der in den letzten beiden Versuchstagen plötzlich auftretenden Scheinmycelbildung — Flocken auf, die zum Teil mit Glockentierchen besiedelt waren, ansonsten aber keinerlei Besonderheiten zeigten.

Schließlich sei noch vermerkt, daß während der gesamten Untersuchungsperiode (17. 6.…9. 7.) der $BSBW_5$ des Zulaufwassers der Anlage im Durchschnitt 52 $\binom{+1}{-4}$% des TSB des Untersuchungswasser ausmachte.

Nach Beendigung der zuletzt beschriebenen Untersuchungen über die biochemische Abbaubarkeit von Eindampfkondensatinhaltsstoffen wurde in der gleichen 5-l-Belebtschlammanlage ein neuer Versuch begonnen. Als Impfschlamm fand dabei ein Schlamm Verwendung, der im ersten Zeitabschnitt des vorangegangenen Versuches als Überschußschlamm anfiel und tiefgefroren gelagert worden war. Dieser Schlamm, der im mikroskopischen Bild keinerlei Anzeichen einer Scheinmycelbildung von Hefen erkennen ließ, war demnach von vornherein an ein Nährsubstrat adaptiert, das als Kohlenstoffquelle lediglich Eindampfkondensatbestandteile enthielt. Der über einen Zeitraum von etwa vier Wochen (15. 7.…12. 8.) laufende Versuch, bei dessen Durchführung im Prinzip in derselben Weise wie bei den Untersuchungen vom 18. 6.…9. 7. verfahren wurde, sollte u. a. zeigen, ob

— die Entwicklung von Hefenscheinmycel im Belebtschlammsystem der Laboratoriumsanlage abermals auftrat und damit in Belebtschlammsystemen, die mit Eindampfkondensataltsstoffen ernährt werden, stets mit dem Auftreten von Scheinmycel zu rechnen ist,
— der biochemische Abbau der organischen Eindampfkondensatbestandteile bei dem für das Eindampfkondensat vorgegebenen Verhältnis der Inhaltsstoffe (Essigsäure, Ameisen säure, Schwefeldioxid, Furfurol) von 100:20:8:8 mit einem ebenso hohen Wirkungsgrad erfolgt wie bei dem Verhältnis, das im letzten Zeitabschnitt des vorhergehenden Versuches im Zulaufwasser vorlag (100:20:1,82:3,64).

Im einzelnen wurde bei der Versuchsdurchführung wie folgt verfahren:

Das Zulaufwasser enthielt in den ersten fünf Tagen 1250 mg/l Essigsäure und 250 mg/l Ameisensäure (Verhältnis 100:20), aber noch kein Schwefeldioxid und Furfurol. Mit dem Zusatz der beiden letztgenannten Substanzen (je 10 mg/l) zum Untersuchungswasser wurde am sechsten Versuchstag begonnen. Im weiteren Versuchsverlauf erfolgte in gleichen Anteilen eine stufenweise langsame Steigerung des Schwefeldioxid- und Furfurolgehaltes bis zu je 100 mg/l nach ca. zwei Wochen (vom Versuchsbeginn an gerechnet). Zu diesem Zeitpunkt betrug das Verhältnis von Essigsäure:Ameisensäure:Schwefeldioxid:Furfurol demnach 100:20:8:8 und entsprach somit dem für das Eindampfkondensat vorgegebenen Verhältnis. Nach Ablauf von weiteren sechs Tagen wurde die Konzentration an Eindampfkondensatinhaltsstoffen bei Einhaltung eines gleichbleibenden Verhältnisses der Einzelbestandteile auf 1500 mg Essigsäure, 300 mg Ameisensäure, 120 mg Schwefeldioxid und 120 mg Furfurol/l Zulaufwasser erhöht und anschließend die Untersuchungen noch ca. eine Woche ohne weitere Veränderung des Gehaltes an Inhaltsstoffen fortgesetzt.

Das Zulaufwasser mit den Inhaltsstoffkonzentrationen 1500 mg/l Essigsäure, 300 mg/l Ameisensäure, 120 mg/l Schwefeldioxid und 120 mg/l Furfurol besaß einem $BSBW_5$ von 1000 mg/l und entsprach etwa einem im Verhältnis 1 + 7,5 verdünntem „*Original*"-Eindampfkondensat. Auf eine Weiterführung des Versuches mit einem Untersuchungswasser höherer $BSBW_5$- bzw. Inhaltsstoffkonzentrationen wurde verzichtet, weil im Fall einer biologischen Aufbereitung des Abwassers der Zellstoffabteilung des betreffenden Großbetriebes geplant ist, das Eindampfkondensat nach entsprechender Verdünnung lediglich mit einem $BSBW_5$-Gehalt von 1000 mg/l der Belebtschlammanlage zuzuführen und dort im Gemisch mit 95% Zellstoffwaschwasser zu reinigen. Durch eine Grundlagenuntersuchung über die Reinigung eines Abwassers aus Eindampfkondensat mit einen $BSBW_5$ von 1000 mg/l sollte also geprüft werden, ob oder inwieweit Eindampfkondensat prinzipiell mittels Belebtschlammverfahren in einer Zusammensetzung gereinigt werden kann, wie sie auf Grund der Verdünnung von „*Original*"-Eindampfkondensat bis zu einem $BSBW_5$-Gehalt von etwa 1000 mg/l entsteht. Läßt sich der Beweis der Reinigungsmöglichkeit eines Eindampfkondensatabwassers der genannten Zusammensetzung erbringen, dann kann auch weitgehend ausgeschlossen werden, daß ein Abwasser dieser Art den biochemischen Abbau von Inhaltsstoffen des Zellstoffwaschwassers prinzipiell zu stören vermag. Darüber hinaus ist dann auch mit einer gewissen Sicherheit zu erwarten, daß sich Zellstoffwaschwasser zusammen mit Eindampfkondensat-Abwasser biologisch im Belebungsverfahren reinigen läßt. Bevor über die bei den Untersuchungen vom 15. 7.···12. 8. erhobenen Befunde, die sich hinsichtlich der Abbauleistung und anderer Parameter ergaben, berichtet wird, sollen zunächst die bei diesem Versuch bezüglich der Belebtschlammbiologie gemachten Beobachtungen beschrieben werden. Der Belebtschlamm der Laboratoriumsanlage wurde im Versuchszeitraum regelmäßig mikroskopisch und mittels der Fluoreszenzmikroskopie unter Verwendung von Pseudoisocyanin als Fluoreszenzfarbstoff (Benndorf) untersucht. Zu Beginn des Versuches — und zwar in einer kurzen Phase von etwa zwei Tagen — quoll zunächst der als Impfmaterial benutzte Belebtschlamm, der infolge des Gefrierprozesses aus kompakten Teilchen bestand und die typischen Flocken wenig erkennen ließ, erheblich auf und ging in die vom vorhergehenden Versuch bekannte Flockenform mit teilweisem Glockentierchenbesatz über. Nach dem fluoreszenzmikroskopischen Bild zu urteilen, besaß das Belebtschlammsystem vom ersten Tag an eine gute bis sehr gute Aktivität. Das biologische Bild des Schlammes (Flocken, zum Teil mit Glockentierchen besetzt) blieb bis einschließlich des neunten Tages — vom Versuchsanfang gerechnet — unverändert. Am zehnten Tag war erstmals das Scheinmycel der Hefegattungen *Candida* und *Trichosporon* zu beobachten. Die Scheinmycelbildung trat in einem nur begrenzten Maße auf und nahm auch in den folgenden Tagen nicht zu. Erst am sechszehnten Versuchstag setzte eine starke Scheinmycelbildung ein, die bis zum Versuchsende anhielt und die zu der schon beim vorhergehenden Versuch geschilderten Veränderung im äußeren Erscheinungsbild des Belebtschlammsystems führte. Nach dem fluoreszenzmikroskopischen Bild wies das Scheinmycel zu keinem Zeitpunkt der Untersuchungen eine biologische Aktivität auf. Das mirkoskopische Bild der eigentlichen Belebtschlammflocke änderte sich auch in Gegenwart des Scheinmycels insofern nur wenig, als die Flocken nach wie vor mehr oder weniger mit Glockentierchen besetzt waren und nach dem fluoreszenzmikroskopischen Befund als im hohen Grade aktiv bezeichnet werden mußten. Andererseits traten einige Tage nach Einsetzen der Scheinmycelbildung am Rande der Belebtschlammflocken sowie im umgebenden Wasser in zunehmendem Maße Gebilde in Erscheinung wie sie Abb. 1 zeigt.

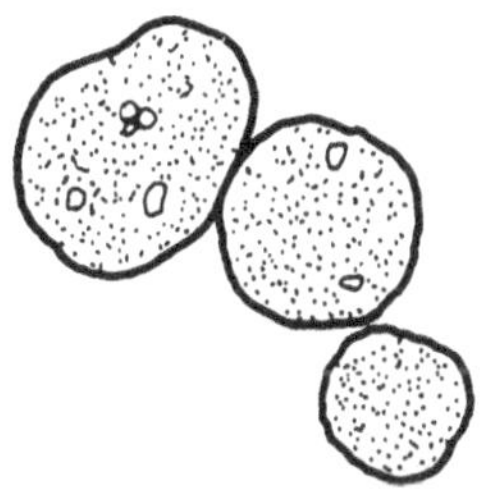

Abb. 1: Zoogloeenartige Gebilde im Belebtschlamm (Vergrößerung 110fach)

Diese Gebilde, die möglicherweise den sogenannten *Zoogloeen* zugeordnet werden können, ließen bei starker Vergrößerung in ihrem Innern in dichter Packung stäbchenförmige Bakterienzellen erkennen; wurde die Hülle der Gebilde an einer Stelle zerstört (z. B. durch Druck auf das Deckglas des mikroskopischen Präparates in Richtung auf den Objektträger), dann strömten die Bakterien an der Läsionsstelle sehr schnell und offenbar durch Eigenbeweglichkeit aus dem Innern in die Umgebung.

Trotz der geschilderten erheblichen Veränderungen des mikroskopischen Bildes des Belebtschlammes wurde der Versuch nicht abgebrochen, sondern bis zu der festgelegten Belastung der Anlage bzw. bis zum Erreichen der entsprechenden Zusammensetzung des Zulaufwassers fortgesetzt.

Bevor die Untersuchungsergebnisse im einzelnen besprochen werden, ist zunächst noch folgendes zu bemerken: Wie zwei verschiedene Versuchsreihen mit Eindampfkondensatbestandteilen enthaltenden Untersuchungswässern zeigten, kommt es offenbar in Belebtschlammsystemen bei der Zuführung derartiger Wässer nach einer gewissen Zeit zur Entstehung von Scheinmycel bestimmter Hefegattungen. Welche Bestandteile oder besondere Bedingungen für die Mycelbildung verantwortlich sind, läßt sich nicht ohne weitere Untersuchungen sagen. Es sei aber darauf hingewiesen, daß die Scheinmycelbildung in den beiden Versuchsreihen bei etwa demselben Verhältnis von Essigsäure, Ameisensäure und Furfurol im Untersuchungswasser, nämlich bei 100:20:3,6 bzw. 3,2 einsetzten. Selbstverständlich kann aber der geschilderte Umstand auch zufällig und für die Scheinmycelbildung ohne Bedeutung sein.

Interessant sind in diesem Zusammenhang jedoch einige Veröffentlichungen, in denen über einschneidende Veränderungen des biologischen Bildes von Belebtschlamm in Anlagen berichtet wird, wo Industrieabwässer gereinigt wurden, die u. a. auch solche Bestandteile, wie sie im Eindampfkondensat vorhanden sind, enthielten. So vermerkt CHRIST über die biologische Reinigung von fettsäurehaltigen Abwässern eine stark wechselnde biologische Zusammensetzung des Belebtschlammes sowie das Auftreten von „*Pilzfäden*" und *Zoogloeen*. CORMACK u. AMBERG sowie SCHMIDT u. Mitarb. berichten über wesentliche Veränderungen des Bioschlammes, die sich unter bestimmten Bedingungen beim biochemischen Abbau von Sulfitablauge bemerkbar machten, deren Gehalt an flüchtigen Substanzen – insbesondere niederen Fettsäuren, Furfurol und Schwefeldioxid – bekanntlich die Inhaltsstoffe des Eindampfkondensates bedingt. CORMACK u. AMBERG beobachteten die Ausbildung eines nicht separierbaren Belebtschlammes. SCHMIDT u. Mitarb. konstatierten eine Umstellung des biologischen Aufbaues des Bioschlammes auf fadenförmige Organismen (Bakterien, Hefen, Pilze) und sogar Blähschlamm, bemerken aber gleichzeitig, daß der BSB_5-Abbau durch diese Erscheinungen nicht vermindert wurde.

In Tab. 2a und 2b sind – in derselben Weise wie für die vorhergehenden Untersuchungen in Tab. 1a und 1b – die am Versuchsbeginn und -ende ermittelten Abbauleistungen sowie einige weitere Befunde wiedergegeben. Die Wassertemperatur in der 5-*l*-Belebungsanlage betrug während des Versuches, wie auch bei den früheren Untersuchungsreihen, fast ausnahmslos 19···21 °C.

Tab. 2a und 2b zeigen, daß der Raumabbau (ΔBW_5BR-BS; ΔBR-CSV_{Cr}) im Zeitraum der Versuche – d. h. mit steigender Belastung (BR-$BSBW_5$; BR-CSV_{Cr}) – zunahm, eine Beobachtung, die auch bei der vorangegangenen Untersuchung gemacht wurde. Die im Versuchszeitraum ermittelten η_b-Werte lagen in der Regel bei 99% und nur an einigen Versuchstagen wenige Prozent darunter. Der Wirkungsgrad η_{ch} wies meist Werte von etwa 93% auf; als Maximum wurde an einigen Tagen 97% und als Minimum – lediglich an einem Tag – 89% bestimmt. Die Ergebnisse des Versuches lassen somit erkennen, daß die ausführlich geschilderten Veränderungen im biologischen Aufbau des Belebtschlammsystems nicht einmal vorübergehend einen verminderten Einfluß auf die hohe Abbauleistung ausübten.

Die Werte für die Raumrestlast L_R-$BSBW_5$ wiesen während der gesamten Versuchsdauer keine zunehmende Tendenz auf. Dagegen machte sich hinsichtlich der L_R-CSV_{Cr}-Werte von Versuchsbeginn (L_R-CSV_{Cr} = 0,09 g/*l* · d) bis zum Versuchsende (L_R-CSV_{Cr} = 0,14 g/*l* · d) eine geringfügig steigende Tendenz bemerkbar.

Besonders beachtenswert ist die Tatsache, daß Furfurol in der Belebtschlammanlage stets vollständig eliminiert wurde und das Ablaufwasser somit immer frei von Furfurol war.

In bezug auf das Belebtschlammsystem ist noch folgendes zu sagen. Bei Entfernung des zeitweise anfallenden Überschußschlammes nahm die Schlammtrockensubstanz im Becken in den ersten zwei Dritteln des Versuchszeitraumes Werte zwischen 3,8 und 4,4 g/*l* an, im letzten Drittel – d. h. nach Erhöhung des $BSBW_5$-Gehaltes auf etwa 1000 mg/*l* Zulaufwasser – Werte zwischen 4,5

Tabelle 2a

	Eindampfkondensat-Bestandteile im Zulaufwasser	TSB [g/l] Zulauf	K_z-$BSBW_5$ [g/l]	BR-$BSBW_5$ [g/l · d]	SB_b [g/g · d]	K_A-$BSBW_5$ [g/l]	ΔBR-$BSBW_5$ [g/l · d]	η_b
Versuchsbeginn	1250 mg/l CH_3COOH 250 mg/l HCOOH	1,42	0,73	0,73	0,14	0,004	0,726	99,5
	↓							
Versuchsende	1500 mg/l CH_3COOH 300 mg/l HCOOH 120 mg/l SO_2 120 mg/l Furfurol	1,93	0,97	0,97	0,20	0,006	0,964	99,4

Tabelle 2b

	Eindampfkondensat-Bestandteile im Zulaufwasser	TSB [g/l] Zulauf	K_z-CSV_{Cr} [g/l]	BR-CSV_{Cr} [g/l · d]	SB_{ch} [g/g · d]	K_A-CSV_{Cr} [g/l]	ΔBR-CSV_{Cr} [g/l · d]	η_{ch}
Versuchsbeginn	1250 mg/l CH_3COOH 250 mg/l HCOOH	1,42	1,30	1,30	0,25	0,09	1,21	93
	↓							
Versuchsende	1500 mg/l CH_3COOH 300 mg/l HCOOH 120 mg/l SO_2 120 mg/l Furfurol	1,93	2,00	2,00	0,42	0,14	1,86	93

und 5,4 g/*l*. Das Schlammvolumen stieg mit dem Einsetzen der Scheinmycelbildung ständig an und erreichte etwa mit Beginn des letzten Drittels des Versuchszeitraumes ~900 m*l*/*l*. Vor dem Auftreten von Scheinmycel — also im ersten Drittel der Untersuchungen — betrug das Schlammvolumen im Becken im Durchschnitt 80 m*l*/*l*. Die Werte für die MOHLMANN-Indizes ergaben sich bei Schlammvolumina von 900 m*l*/*l* zu ca. 200. Jedoch ist die Berechnung des MOHLMANN-Index nach der starken Entwicklung des Scheinmycels wenig sinnvoll, da dann nicht mehr von Belebtschlamm im herkömmlichen Sinne gesprochen werden kann.

Der Glührückstand der Schlammtrockensubstanz stieg in den ersten drei Wochen des Versuches von ca. 6 auf 17% an; in der letzten Woche lagen die Werte um 19,5%.

Bezüglich der Überschußschlammbildung ließen sich nicht nur auf Grund des geringen Reaktorvolumens der Anlage, sondern auch in Anbetracht der Scheinmycelbildung im Belebtschlammsystem kaum quantitative Angaben machen; abgesehen davon, daß wegen der relativ geringen Belastung des Beckens ohnehin nicht mit einer erheblichen Überschußschlammenge zu rechnen war. Deshalb sei lediglich darauf hingewiesen, daß in der zweiten Hälfte des Versuchszeitraumes des öfteren ca. 200 m*l* „*Belebtschlamm*"/d aus der Anlage abgepumpt wurden.

Die Schlammbelastung SB_b schwankte mit ziemlich geringen Abweichungen um 0,2 g/g · d, wenn man von den ersten Versuchstagen absieht, an denen im Durchschnitt etwas niedrigere Werte bestimmt wurden. SB_{ch} war in der ersten Hälfte des Versuchszeitraumes deutlich geringer (im Druchschnitt bei 0,3 g/g · d) als in der zweiten Hälfte (im Mittel bei 0,4 g/g · d). Die Substanzbelastung errechnete sich bei Einleitung des Zulaufwassers mit dem $BSBW_5$-Gehalt von 1000 mg/*l* — bezogen auf Essigsäure — zu 0,3 g/g · d, — bezogen auf Ameisensäure — zu rund 0,06 g/g · d.

Die Luftzufuhr in der Anlage wurde im gesamten Versuchszeitraum mit ca. 1000 *l*/h ziemlich hoch gehalten. Im Becken ergaben sich Sauerstoffkonzentrationen zwischen 6 und 7 mg/*l* (entsprechend 70···80% des Sättigungswertes); auch in der Nachkläreinrichtung war der Sauerstoffgehalt demgemäß relativ hoch (etwa 4 mg/*l*).

Der pH-Wert im Becken zeigte Werte im Bereich von 7,4···7,6. Lediglich in der ersten Woche erreichte der pH mit durchschnittlich 7,9 etwas höhere Werte.

Der $BSBW_5$ des Zulaufwassers betrug im Verlaufe des Versuches im Durchschnitt 52 $\begin{pmatrix}+0,1\\-1,7\end{pmatrix}$% des TSB des Zulaufwassers.

Zusammenfassend ergeben die zuletzt beschriebenen Versuchsergebnisse (unter Einbeziehung der bei den vorhergehenden Untersuchungen gemachten Beobachtungen): Eindampfkondensat läßt sich in Abwesenheit anderer abbaubarer Substanzen in einer Verdünnung, die für eine eventuelle gemeinsame biologische Reinigung mit Zellstoffwaschwasser vorgesehen ist, mit einem sehr hohen Effekt reinigen, wobei das hinsichtlich seiner Wirkung auf den Vorfluter als besonders bedenklich einzuschätzende Furfurol vollständig eliminiert wird.

Der sehr gute Abbau der Eindampfkondensatinhaltsstoffe wird erreicht, obwohl sich dabei die biologische Zusammensetzung des biochemisch wirksamen Systems weitgehend verändert und im äußeren Erscheinungsbild nicht mehr der herkömmlichen Vorstellung eines Belebtschlammes entspricht.

Ferner kann erwartet werden, daß Eindampfkondensat auch in einer noch wesentlich geringeren Verdünnung auf biologischem Wege weitgehend zu reinigen ist.

Begriffserklärungen — Zeichen

K_z – $BSBW_5$ K_z – CSV_{Cr}	Menge eines oder mehrerer Abwasserinhaltsstoffe im Zulauf der Belebtschlammanlage — ermittelt am $BSBW_5$ bzw. CSV_{Cr}
K_A – $BSBW_5$ K_A – CSV_{Cr}	Menge eines oder mehrerer Abwasserinhaltsstoffe im Ablauf der Rückkläreinrichtung der Belebtschlammanlage — ermittelt am $BSBW_5$ bzw. CSV_{Cr}
TSB	Theoretischer Sauerstoffbedarf: rechnerisch ermittelter Sauerstoffbedarf für die vollständige Oxydation eines oder mehrere Abwasserinhaltsstoffe
BR – $BSBW_5$ BR – CSV_{Cr}	Raumbelastung: Menge an Abwasserinhaltsstoffen, welche in 24 h der Volumeneinheit der Belebtschlammanlage zugeführt wird — ermittelt am $BSBW_5$ bzw. CSV_{Cr}
ΔBR – $BSBW_5$ ΔBR – CSV_{Cr}	Raumabbau: Menge eines oder mehrerer Abwasserinhaltsstoffe, die je Volumeneinheit der Belebungsanlage durch biologische Prozesse abgebaut wird — ermittelt am $BSBW_5$ bzw. CSV_{Cr}
η_b η_{ch}	Wirkungsgrad: prozentuale Angabe des Abbaues von Abwasserinhaltsstoff(en) in der Belebtschlammanlage η_b = biologischer Wirkungsgrad — ermittelt am $BSBW_5$ η_{ch} = chemischer Wirkungsgrad — ermittelt am CSV_{Cr}
MOHLMANN-Index	Schlammindex: auf 1 g Belebtschlammtrockensubstanz bezogenes Schlammvolumen, (angegeben in ml nach 30 min Absetzzeit eines Belebtschlamm-Abwassergemisches von 1 l)
SB SB_b SB_{ch}	Schlammbelastiung (Substanzbelastung): Menge eines oder mehrerer Abwasserinhaltsstoffe, die innerhalb 24 h einem g der in der Belebungsanlage enthaltenen Schlammtrockensubstanz zugeführt wird. Die Menge der (des) Abwasserinhaltsstoffe(s) kann ausgedrückt werden als $BSBW_5$ (SB_b), CSV_{Cr} (SB_{ch}) oder unmittelbar als Menge der betreffenden (Substanz(en)
L_R – $BSBW_5$ L_R – CSV_{Cr}	Raumrestlast: Menge eines oder mehrere Abwasserinhaltsstoffe, die im Ablauf der Belebungsanlage noch enthalten sind, bezogen auf 24 h und der Volumeneinheit der Anlage. Die Menge der Abwasserinhaltsstoffe kann ausgedrückt werden als $BSBW_5$ (L_R – $BSBW_5$), (CSV_{Cr} (L_R – CSV_{Cr}) oder unmittelbar als Menge der betreffenden Substanz
EK	Eindampfkondensat

Literatur

ADAMS, G., A. CASTAGNE: Some Factors affecting the Determination of Furfurol. Canadian Journal Research **26**, Sect. B, (1948), 314

ADLER, E.: Über die lose gebundene schweflige Säure der Sulfitablauge (2.). Svensk Papperstidning **50**, 11 B 9 (1947)

AHLEN, L., O. SAMUELSON: Bestämning av methanol och aethanol i sulfitavlut och kondensat av sulfitavlut. Svensk Papperstidning **56** (1953), 81

BENNDORF, J.: Eine einfache semiquantitative Methode zur Bestimmung des RNS-Gehaltes von Mikroorganismen mit Pseudoisocyanin. Z. allg. Mikrobiol. **11** (1970), 265

CHRIST, W.: Biologische Reinigung fettsäurehaltiger Abwässer durch Turmtropfkörper und Belebungsverfahren. Wasserwirtschaft–Wassertechnik 8 (1958), 5

CORMACK, J., H. AMBERG: Proceedings 14th Ind. Waste Conf., Purdue Univ. Engng. Bull. **44** (1960), Ext. Ser. Nr. 104

ENGELBRECHT, R., R. McKINNEY: Activated Sludge Cultures Developed on Pure Organic Compounds. Sewage and Industrial Wastes **29** (1957), 1350

ETTINGER, M., R. LISHKA, W. MOORE: The Determination and Persistence of Furfurol in River Waters. Proceedings 8th Ind. Waste Conf., Purdue Univ. Ext. Ser. **83** (1954), 206

HEUKELEKIAN, H., M. C. RAND: Biochemical Oxygen Demand of Pure Organic Compounds. Sewage and Industrial Wastes **27** (1955), 1040

KOUMAR, L.: Biochemischer Abbau reiner organischer Stoffe. Vodni hospodárstvi **14** (1964), 143

LIEBMANN, H.: Handbuch der Frischwasser- und Abwasser-Biologie. VEB Gustav Fischer Verlag, Jena 1960

McKINNEY, R., J. JERIS: Metabolism of Low Molecular Weight Alcohols by Activated Sludge. Sewage and Industrial Wastes **27** (1955), 728

KÖHLER, R.: Biologische Probleme bei der Ableitung und Reinigung organisch belasteter Abwässer der chemischen Industrie. Wasser, Luft und Betrieb **11** (1967), 451

MEINCK, F., H. STOOFF, H. KOHLSCHÜTTER: Industrie-Abwässer. Gustav Fischer Verlag, Stuttgart, 1968, 4. Aufl.

NOLTE, E., H. G. MEYER, E. FROMKE: Vom Wasser, Bd. **VIII** (1934), 126

NOLTE, E.: Beiträge z. Wasser-, Abwasser- und Fischereichemie a. d. Flußwasseruntersuchungsamt Magdeburg **4** (1949), 3

NYLANDER, G.: Studium av skogsindustriella avloppsvatten (3.). Svensk Papperstidning **67** (1964), 170

PLACAK, E., C. RUCHHOFT: Studies of Sewage Purification (XVII). Sewage Works Journal **19** (1947), 423

REIMANN, K.: (Bayer. Biolog. Versuchsanstalt) — Privatmitteilung

RENNERFELT, J., S. v. SCHANTZ: Studium av skogsindustriella avloppsvatten (9.). Svensk Papperstidning **68** (1965), 129

RUUS, L.: Studium av skogsindustriella avloppsvatten (4). Svensk Papperstidning **67** (1964), 221

SAMUELSON, O.: Om reaktionen mellan alkalizellulosa och kolsvavla (1). Svensk Papperstidning **50** (1947), 234

SCHOLANDER, A.: Svavelbalans vid sulfitlutindununstning. Svensk Papperstidning **55** (1952), 620

SIERP, F.: Die gewerblichen und industriellen Abwässer. Springer Verlag, Berlin–Göttingen–Heidelberg, 1933

SCHMIDT, H., G. HERMEL, G. WEIGT: Unveröfftl. Arbeiten des Inst. für Zellstoff und Papier, Heidenau (zit. Melms, F., Schwenzon, K.: Verwertungsgebiete für Sulfitablauge, VEB Deutscher Verlag für Grundstoffindustrie, Leipzig, 1967)

WALTHER, H.-J., KNAACK: Einfluß von Eindampfkondensat auf die biologische Reinigung von Zellstoffwaschwässern. Zellstoff und Papier **21** (1972), 168

Manuskripteingang: November 1970

Anschrift der Verfasser:

Dr. rer. nat. H.-J. WALTHER, Ing.-Biol. D. KNAACK, Technische Universität Dresden, Sektion Wasserwesen, Bereich Hydrochemie, 8020 Dresden, Zellescher Weg, 40, DDR

R. Scharf

Hygieneinstitut des Bezirkes Cottbus

Charakteristische Färbereiabwasserkomponenten und ihre toxische Wirkung*)

Zusammenfassung: Nach einem einführenden Überblick über die wichtigsten in Baumwollfärbereien eingesetzten Chemikalien, Farben und Textilhilfsmittel wird auf die Ergebnisse toxikologischer Untersuchungen von Färbereiabwasserkomponenten eingegangen. Im einzelnen wurden die in bestimmten charakteristischen Phasen des Produktionsablaufes der Färbereien anfallenden Abwässer wie Vorbehandlungsbäder, Farbflotten und Nachbehandlungsbäder in ihrer Wirkung auf Wasserorganismen getestet. Ferner kamen die in den Färbereien hauptsächlich eingesetzten detergentienhaltigen Handelsprodukte sowie Farbstoffe aus der Gruppe der Indigosole zur Untersuchung. Zur Abrundung des Bildes wurden Abwassertagesmischproben toxikologisch geprüft. Eine direkte Schadwirkung der Färbereiabwässer und ihrer Komponenten konnte bewiesen werden. Farbstoffe gehören nicht zu den schädlichsten Abwasserinhaltsstoffen der Färbereien. Dagegen sind Detergentien, die bisher in toxikologischer Hinsicht in Färbereiabwässern kaum beachtet wurden, ein Hauptfaktor für deren Toxizitat.

Summary: Following an introductory summary of the most important chemicals, colours and textile auxiliaries used in cotton dye works, the results of toxicological investigations into dyehouse wastes are discussed. In particular, there were tested wastes from characteristic phases of dye works production, as pretreatment baths, dye baths and aftertreatment baths, with regard to their effects on aquatic organisms. Moreover, there were investigated the detergent-containing commercial products used mainly in dye works as well as colours of the indigosols group. To round off the picture, average daily wastewater samples were toxicologically tested. A direct noxious effect of dye-house wastes and their components could be demonstrated. Colours do not rank among the most noxious substances to be found in dye-house wastes, whereas detergents, having been left almost unmentioned so far with regard to their toxicological effects, constitute a main factor of the toxicity of dye-house wastes.

Резюме: После обзора важнейших для хлопкокрасилен химикатов, красок и текстильно-вспомогательных средств приводятся результаты токсикологических исследований составляющих сточных вод из красилен. Испытывались сточные воды, встречающихся в определенных характерных фазах производства, т. е. предварительные, красильные и последующие ванны, в своем действии на водные организмы. Далее исследуются главные применяемые в красильнях товарные продукты с содержанием моющих средств, а также красители из группы индигозолей. Для округления картины проводилась токсикологическая проверка смешанных проб сточных вод, отобранных в разные часы одних суток. Было доказано непосредственное вредное влияние сточных вод красилен и их составляющих. Красители не относятся к самым вредным составляющим этих вод, главной же причиной их токсичности являются моющие средства, на которые в этом отношении пока не обращалось внимание.

*) Auszugsweise Veröffentlichung von Ergebnissen aus der Dissertation des Verfassers

Einleitung

Die Textilindustrie nimmt hinsichtlich der Bruttoproduktion nach der chemischen und Nahrungs- und Genußmittelindustrie die dritte Stelle in der Deutschen Demokratischen Republik ein. Sie ist auch einer der wasserintensivsten Industriezweige und hat dementsprechend einen beträchtlichen Abwasseranfall aufzuweisen. Da inbesondere die Färbereiabwässer zu den am stärksten verschmutzten zählen, ist die Untersuchung ihrer Giftigkeit gegenüber Vorfluterorganismen im Hinblick auf erforderliche Sanierungsmaßnahmen von Interesse.

Herkunft und Zusammensetzung der Färbereiabwässer

Über die chemische Beschaffenheit textiler Abwässer werden bei Klein, Kehren (1951, 1957, 1958, 1959), Jung, Sierp und Meinck, Stoof, Kohlschütter Angaben gemacht. Die Abwässer der Textilindustrie gehören zu den am stärksten verschmutzten. Eine große Veränderlichkeit ihrer Zusammensetzung und die Vielzahl der in ihnen enthaltenen Inhaltsstoffe sind für sie charakteristisch.

Die Untersuchungen wurden an Oberlausitzer Baumwollfärbereien durchgeführt, die als Hauptverschmutzer des Spreeoberlaufes auftreten.

Auf die Technologie der Färbereien kann hier nicht näher eingegangen werden. Erwähnt sei nur, daß die Baumwollfärberei als Stückfärberei und als Garnfärberei betrieben wird. Der Arbeitsvorgang umfaßt meist eine Vorbehandlung, das Färben und eine Nachbehandlung der Ware. Zur Vorbehandlung gehören u. a. Waschen mit Netzmitteln, um das Aufziehen der Farbstoffe auf die Faser zu verbessern, Bleichen der Faser mit Oxydationsmitteln zur Vorbereitung heller Färbungen und Entfernen der Stärke „*geschlichteter*" Baumwollgewebe auf diastatischem Wege. Die zum Färben eingesetzten Flotten enthalten die gelösten Farbstoffe sowie meist weitere Zusätze wie Netzmittel und Salze. Die Nachbehandlungsbäder sollen die Farb-, Licht-, Wasch- und Schweißechtheit erhöhen oder die Farbe auf der Faser entwickeln. Als Beispiel für die Vielfalt der im Abwasser anfallenden Stoffe sei der Jahreseinsatz der wichtigsten Chemikalien und Farben eines am Spreeoberlauf gelegenen Färbereibetriebes genannt:

11,6 t Schwefelfarbstoffe
2,5 t Indigosolfarbstoffe (Anthrasole)
0,6 t Küpen- (Indanthren-)farbstoffe
0,5 t Substantive Farbstoffe
28,8 t Netz- und Egalisierungsmittel
15,5 t Natriumsulfid
0,5 t Natriumhydrosulfit
10,2 t Schwefelsäure
11,6 t Essig-, Oxal- und Ameisensäure
5,3 t Soda (calc.)
14,9 t Ätznatron
3,1 t Kaliumdichromat
18,2 t Natriumsulfat und -chlorid
5,6 t Natriumhypochloritlauge
7,1 t Wasserstoffsuperoxid

Den weitaus größten Anteil nehmen bei den Farbstoffen die Schwefelfarbstoffe ein. Als überwiegend im Wasser unlösliche Verbindungen müssen sie zum Färben durch Reduktion mittels Natriumsulfid in Lösung gebracht werden. Nachdem sie so auf die Faser aufgezogen sind, werden sie dort durch die Oxydationswirkung des Luftsauerstoffes ausgefällt. Die weiterhin häufig verwendeten Indigosole stellen eine Weiterentwicklung der Küpenfarbstoffe dar und sind im Gegensatz zu diesen wasserlöslich. Küpenfarbstoffe und substantive Farbstoffe spielten nur eine untergeordnete Rolle. Aus der Chemikalienzusammenstellung geht ferner hervor, daß der Einsatz an Netz- und Egalisierungsmitteln nahezu doppelt so groß ist wie der Farbstoffverbrauch. Hauptsächlich werden anionaktive Detergentien verwendet. Beträchtlich ist auch der Verbrauch von Salzen, Säuren und Laugen.

Die höchste Konzentration an Inhaltsstoffen weisen die Färbebäder selbst auf (in den Färbereien kamen bis zu 6 g/*l* Farbstoff im Farbbad zur Anwendung). Die Farbflotten, Vor- und Nachbehandlungsbäder machen aber nur einen Bruchteil des Gesamtabwasseranfalles aus. Der größte Teil des Abwassers besteht aus Spülwässern.

Aus dem ständigen Wechsel zwischen Bädern und Spülwässern ergibt sich die stark variierende Färbung dieser Abwässer und deren ständig schwankender Gehalt an den verschiedensten organischen und anorganischen Inhaltsstoffen.

Charakteristische Inhaltsstoffe der in den Jahren 1959···1963 von der Wasserwirtschaftsdirektion Spree–Oder–Neiße durchgeführten Abwasseruntersuchungen am Auslauf der „*Kläranlagen*" von zwei Neugersdorfer Färbereibetrieben sind aus Tab. 1 zu entnehmen. Wie dort ersichtlich ist, zeichnen sich Färbereiabwässer durch beträchtliche pH-Wertschwankungen, hervorgerufen durch Säuren und Laugen, durch hohe Gehalte an absetzbaren Schwebestoffen und

Tabelle 1
Chemische Beschaffenheit des Abwassers zweier Neugersdorfer Baumwollfärbereien

Kriterium		Betrieb *A*			Betrieb *B*		
		Minimum	Maximum	Mittelwert	Minimum	Maximum	Mittelwert
Wassertemperatur	°C	11,0	29,0	21,9	—	—	—
pH-Wert		6,4	10,6	8,0	4,6	8,4	6,4
Absetzbare Stoffe	m*l*/*l*	0,2	28,0	2,8	0,2	80,0	27,6
$KMnO_4$-Verbrauch	mg/*l*	26,9	1580	1096	38,6	644	504
Chloride	mg/*l*	47,0	1310	116	14,2	127,8	54,0
Sulfate	mg/*l*	144	1510	902	114	1990	762
Ammonium	mg/*l*	1,0	28,0	6,8	1,0	25,0	8,5
Nitrite	mg/*l*				0	0,6	0,04
Nitrate	mg/*l*	0	12,0	1,2	0	1,8	0,6
O_2, gelöst	mg/*l*	0	0	0	0	0	0
BSB_5	mg/*l*	123	1200	375	62,5	167	130
H_2S	mg/*l*	0	5,0	0,3	0	37,5	2,7
Alkalität	mval/*l*	0,7	12,7	4,8	0,3	7,3	2,5
Gesamt-Härte	°d.H.	8,5	50,5	13,2	6,5	16,3	10,4
Detergentien	mg/*l*	55,9	852	304	—	—	—
Abdampfrückstand	mg/*l*	660	6149	2634	389	1860	1307
Glührückstand	mg/*l*	410	4539	1814	174	1236	845

durch eine Reihe echt gelöster anorganischer und organischer Substanzen aus. Die Gesamtheit der anorganischen und organischen Fremdsubstanz kommt im Abdampf- und Glührückstand zum Ausdruck. Die organische Belastung zeigt sich im Kaliumpermanganatverbrauch, der die chemisch oxydierbaren Substanzen erfaßt; dagegen nur z. T. im BSB_5, weil Textilabwässer auch schwer oder kaum abbaubare organische Stoffe enthalten und eine toxische Wirkung vorliegen kann. Gelöster Sauerstoff fehlt im Abwasser, zeitweise tritt Schwefelwasserstoff auf.

Toxikologie der Färbereiabwässer

Literatur

Über den Grad der Giftigkeit von Färbereiabwässern gehen die Meinungen in der Literatur auseinander. Als ziemlich harmlos werden sie von HEERMANN hingestellt. Er schreibt: „Diese (die Abwässer der Textilveredlungsindustrie; der Verf.) unterscheiden sich von den Abwässern anderer Industrien vielfach dadurch günstig, daß sie allerlei fäulniswidrige Stoffe enthalten. Sie erscheinen ferner fast alle gefärbt; aus diesem Grunde genießen sie im allgemeinen einen schlechten Ruf, vielfach zu unrecht, denn stark giftige Stoffe werden heute in der Färberei kaum noch gebraucht, . . .“.

THIENEMANN (1911) berichtet, daß dort, wo Färbereien und Spinnereien ihre Abwässer regelmäßig in ein Fischgewässer einleiten, auch ungiftige Farben chronische Erkrankungen bei Fischen hervorrufen können. Blaugefärbte Insektenlarven, Krebschen und Würmer wurden beobachtet. Nach WUNDSCH wurde durch eine vorübergehende Rotfärbung des Bachwassers mit Anilinfarben die Tierwelt des Wassers an sich nicht geschädigt. Er stellte jedoch fest, daß Salmoniden den „*roten Wellen*“ ausweichen. GÜBITZ fand bei Versuchen in künstlichen Gerinnen, daß Forellen durch Schwefelfärbungen schwer geschädigt werden. WEIMANN stellte hingegen auf durch Färbereiabwasser rot gefärbten Steinen oligosaprobe Tiere fest. Für möglich erachtet wird die Giftigkeit von Färbereiabwässern bei PRITZKOW, BACH, SIERP u. KEHREN. Das Hauptaugenmerk galt den Verfärbungen des Vorfluters. Als Folgen werden das Abwandern der Fische, Verschlechterung des Lichtklimas und Hemmung des Pflanzenwachstums beschrieben. Giftwirkungen werden im Zusammenhang mit Schwefelwasserstoffbildungen aus Natriumsulfid und Schwefelfarben für möglich gehalten.

Literaturangaben über toxikologische Untersuchungen an Färbereiabwässern sind dem Verfasser nicht bekannt. Hingegen gibt es eine Reihe von Veröffentlichungen, die sich mit der toxischen Wirkung von Substanzen befassen, welche u. a. auch in Färbereiabwässern auftreten können. So berichten Arbeiten von HASELHOFF u. HÜNNEMEIER, THIENEMANN (1911), HAEMPEL, QUEDNAU, GEISLER, LÜDEMANN (1957), BANDT u. AMLACHER über die toxische Wirkung von Farbstoffen. Dabei stammen die meisten Untersuchungsergebnisse von in der Papierindustrie eingesetzten Farbstoffen. Die toxikologische Literatur über Detergentien hingegen ist umfangreich. Einige Verfasser, die sich in den letzten Jahren mit der Wirkung anionaktiver Detergentien auf Wassertiere befaßten, seien genannt: SIERP u. THIELE, MANN (1955), HERBERT u. Mitarb., GÖBEL, HOTHO, WÜRTZ-ARLET, HENSEN u. Mitarb., DENZER, MANN u. SCHMID, WORM, H., WORM, K., NEHRING sowie von SWISHER u. Mitarb. Weitere Literaturangaben über Detergentien sowie über die toxische Wirkung von Natriumsalzen, Schwefelwasserstoff, Säuren und Laugen sind in den Zusammenstellungen von LIEBMANN enthalten.

Methodik

Das Studium der Literatur zeigte, daß durchaus eine Reihe Färbereiabwasserkomponenten als schädigende Stoffe für Pflanzen- und Tierwelt im Vorfluter infrage kommen können. Die Frage, ob die starke Verarmung der pflanzlichen und tierischen Besiedlung in der Spree unterhalb der Abwassereinleitungen der Färbereien nur als Folge einer hohen organischen Belastung und einer damit verbundenen Erhöhung der Saprobität zu sehen ist, oder ob sie ihre Ursache in toxischen Einflüssen bestimmter Inhaltsstoffe der Färbereiabwässer hat, konnte nur durch das toxikologische Experiment ermittelt werden (s. SCHARF 1969 a u. b).

Zu dem Zweck wurden die in bestimmten charakteristischen Phasen des Produktionsablaufes der Färbereien anfallenden Abwässer, von denen die qualitative bzw. quantitative Zusammensetzung bekannt ist, in ihrer Wirkung auf Wasserorganismen getestet. Zu niedrige Sauerstoffgehalte und extreme pH-Werte konnten als Todesursache im Laboratoriumsversuch ausgeschlossen werden. Im Einzelnen kamen Vorbehandlungsbäder, die eigentlichen Färbeflotten (Farbbäder) und Nachbehandlungsbäder zur toxikologischen Untersuchung. Auf Grund der hohen Detergentiengehalte in der Spree, die nach Literaturangaben z. T. in schädlichen Bereichen liegen, wurden die von den Färbereibetrieben hauptsächlich eingesetzten detergentienhaltigen Handelsprodukte auf ihre Toxizität geprüft. Außerdem kamen Farbstoffe aus der Gruppe der Indigosole, über deren Giftigkeit dem Verfasser keine Literaturangaben bekannt sind, zur Untersuchung. Zur Abrundung des Schädigungsbildes wurden Abwassertagesmischproben getestet.

Zur Gewinnung möglichst repräsentativer Ergebnisse der Toxizitätstests wurden Organismen verschiedener systematischer Gruppen und unterschiedlicher Lebensansprüche verwendet. Es waren dies Vertreter der Bachregion sowie weitere für Tests allgemein gebräuchliche Arten, nämlich *Paramecium caudatum*, *Polycelis cornuta*, *Daphnia magna*, *Gammarus pulex*, *Cyprinus carpio* einsömmerig, *Salmo trutta fario* Brut und *Salmo irideus* zweisömmerig. Die Untersuchungen mit kaltstenothermen Tieren (*Polycelis*, *Gammarus*, *Salmo*) wurden bei 11 ... 13 °C, die mit anderen Testorganismen bei Zimmertemperatur durchgeführt.

Die Testlösungen wurden spätestens achtstündlich zur Vermeidung von Sekundärwirkungen frisch angesetzt und gewechselt. In den Versuchsbecken fand eine laufende Kontrolle der Sauerstoffgehalte und der pH-Werte statt. Die Untersuchungsreihen liefen als Doppelserien, die Ergebnisse stellen Mittelwerte dar. Zum Ansetzen der Versuche diente klares, unbeeinflußtes Bergbachwasser, das aus dem Neutaubenheimer Bach in Quellnähe stammte (bei Karpfen wurde Cottbuser Leitungswasser verwendet).

Als Kriterium der Schädigung wurde die Letalitätsgrenze ermittelt, und zwar die letale Konzentration 50 (LC 50). Dies ist nach LÜDEMANN u. NEUMANN „. . . diejenige Giftkonzentration, bei welcher innerhalb einer bestimmten Zeit und bei gleichbleibenden Versuchsbedingungen 50% der Versuchstiere sterben". Da eine unbegrenzte Verweildauer der Testorganismen in der Versuchslösung kaum möglich ist, wurde eine Versuchsdauer von acht Tagen als am günstigsten erscheinend festgesetzt. Untersuchungsziel war also die Erfassung der Konzentration, bei der 50% der Versuchstiere in acht Tagen sterben. Für Paramecium betrug die Testzeit nur 24 h.

Da es darauf ankam, die wirklich ins Abwasser gelangenden Abwasserkomponenten zu testen, wurden hauptsächlich gebrauchte Bäder untersucht, die vor dem Ablassen aus den Färbebottichen entnommen wurden.

Vorbehandlungsbäder

Drei Vorbehandlungsbäder unterschiedlicher Färbeverfahren kamen zur toxikologischen Untersuchung. Die Bäder wurden nach dem Behandlungsvorgang aus dem Jigger (300···400 *l* Inhalt) oder aus dem Bottich der Kreuzspulfärberei (3200 *l* Inhalt) entnommen. Die Zusammensetzung der ungebrauchten Bäder und die chemische Analyse der verwendeten Bäder zeigt Tab. 2. In jedem Falle enthielten die Bäder detergentienhaltige Netz- und Egalisierungsmittel sowie Natronlauge. Charakteristisch für sie sind der hohe chemische und biochemische Sauerstoffbedarf sowie Kaliumpermanganatverbrauch, jeweils mehrere g/*l* betragend.

Die schädigende Wirkung der Vorbehandlungsbäder auf Bachforellenbrut, Karpfen, *Gammarus pulex* und *Polycelis cornuta* war recht unterschiedlich. Die Letalitätsgrenzen (LC 50) nach acht Versuchstagen sind aus den Säulendiagrammen (Abb. 1) ersichtlich. Karpfen zeigten sich am widerstandsfähigsten. Verdünnungen geringer als 1:30 wurden noch ohne Schädigung vertragen. *Gammarus pulex* war in den Bädern 2 und 3 bei Verdünnungen $>$1:20 lebensfähig, hatte aber im ersten Bad eine Letalitätsgrenze von 1:110. Verdünnungen zwischen 1:50 und 1:100 führten bei Forellenbrut zu letalen Schädigungen. Das empfindlichste Versuchstier war *Polycelis cornuta*. Die Letalitätsgrenze der Bäder 1 und 3 lag noch bei Verdünnungen von 1:350 bzw. 1:600. Gegenüber Vorbehandlungsbädern zeigten die Testorganismen zunehmende Empfindlichkeit in der Reihenfolge: *Karpfen — Gammarus — Forelle — Planarie.*

Eine überschlägige Errechnung des Wasserverbrauches ergab ein Verhältnis Vorbehandlungsbad zu unverschmutztem Spülwasser von ca. 1:30. Dieses Badverdünnungsverhältnis dürfte im allgemeinen für Karpfen und Gammariden nicht toxisch wirken, während für Bergbachbewohner diese Verdünnung noch zum Tode führt. Dabei ist die Sekundärwirkung durch sauerstoffzehrende organische Substanzen nicht berücksichtigt.

Charakteristische Schadbilder konnten bei *Polycelis cornuta* und bei Forellenbrut beobachtet werden. *Polycelis* führte nach Einsetzen in die Versuchslösung schnelle Suchbewegungen aus. Später rollten sich die Tiere bei gleichzeitig verstärkter Schleimabsonderung rinnenartig ein und zeigten kaum noch Bewegung. Oft wurde der Pharynx ausgestülpt. Allmählich setzte dann Zerfall

Tabelle 2

Zusammensetzung und chemische Analyse von Vor- und Nachbehandlungsbädern

Angaben pro Liter	Vorbehandlungsbad *1* Schwefelfärbung	Vorbehandlungsbad *2* Anthrasolfärbung	Vorbehandlungsbad *3* Indanthrenfärbung	Nachbehandlungsbad *1* Schwefelfärbung	Nachbehandlungsbad *2* Anthrasolfärbung
Ungebrauchte Bäder					
Zusammensetzung					
Wasch-und Netzmittel	Konzentrat W 50 1,2 g Rucopol 36 2,4 g	Rucopol D 36 5 g	Konzentrat W 50 0,6 g Disseron 1,9 g		
Weitere Zusätze	Degomma D L (Entschlichtungsmittel) 0,9 g NaOH 40% 5 ml	Natronwasserglas 33 ml H_2O_2 35% 6,7 ml NaOH 40% 5 ml	NaOH 40% 1,9 ml	Kaliumdichromat 3,2 g Ameisensäure 80% 6 ml	Natriumnitrit 2,3 g H_2SO_4 konzentriert 23 ml Wotamol (Hilfsmittel) 1,3 g
Gebrauchte Bäder					
Chemische Analyse					
pH-Wert	12,3	9,5	11,5	4,0	1
Abdampfrückstand		38,0 g			28,8 g
Glührückstand		31,1 g			20,5 g
Glühverlust		6,9 g			8,3 g
$KMnO_4$-Verbrauch	2150 mg	6952 mg	3600 mg	215 mg	1580 mg
BSB_5	2100 mg	3340 mg	2600 mg	30 mg	601 mg
Chemischer O_2-Bedarf	3300 mg O_2	4190 mg O_2	3480 mg O_2		1160 mg O_2

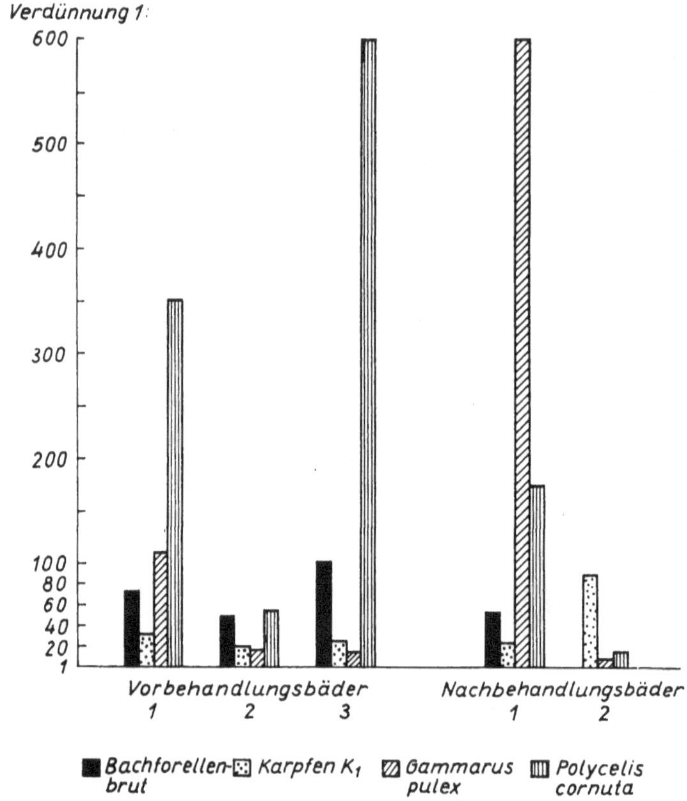

Abb. 1: Letalitätsgrenzen (LC 50) für Vor- und Nachbehandlungsbäder

und Auflösung des Tieres ein. An Forellen wurden charakteristische Symptome für Erstickung beobachtet. Sie zeigten zuerst gesteigerte Unruhe, versuchten später vergeblich an die Wasseroberfläche zu gelangen und starben schließlich mit charakteristischer Maulsperre. Der eingetretene Erstickungstod bei mindestens 6 mg/l O_2 im Versuchsbecken zeigt Parallelen zu den von SIERP u. THIELE sowie von MANN gewonnenen Ergebnissen, nach denen Detergentien eine Zerstörung des Kiemenepithels von Forellen bewirkten, was trotz genügendem Sauerstoff im Wasser zur Blockierung der Atmung führt.

Übereinstimmende Schadbilder sowie die Tatsache, daß Wasch- und Netzmittel Hauptbestandteile der Vorbehandlungsbäder sind, läßt darauf schließen, daß Detergentien die im wesentlichen toxischen Inhaltsstoffe dieser Bäder darstellen.

Farbflotten

Die toxikologischen Untersuchungen wurden mit Farbflotten durchgeführt, deren Farbstoffe und Farbgruppen im Untersuchungszeitraum dominierten. Es waren zwei verwendete Schwefelfarbbäder, drei gebrauchte und ein frisches Anthrasol-(Indigosol-)Farbbad sowie eine Indanthrenfarbflotte. Die Flotten wurden direkt aus den Färbebottichen entnommen. Ihre Zusammensetzung

Tabelle 3

Zusammensetzung und Analyse von Schwefel-, Anthrasol- und Indanthrenfarbflotten

Zusammensetzung pro 1 e Farbbad	Schwefelneublau-Schwefelbraun-Flotte	Schwefelschwarz-Flotte	Anthrasolblau-Flotte	Anthrasolbraun-Flotte	Solasolgrau-Kubosolhimmelblau-Flotte	Ostanthrenblau-Flotte
Farbstoffe	Schw.neublau FBL 2,9 g Schw.rotbraun 3 B hochkonzentriert 1,1 g	Schw.schwarz BRW 2,75 g	Anthrasolblau IBC 1,6 g	Anthrasolbraun IBR 4 g Indigosololivgrün IBU 1,5 g Solasol golden yellow RMS 0,4 g	Solasolgrey BS 2,6 g Kubosolhimmelblau KTG 2,6 g Indigosolgrün IB IB 0,3 g	Ostanthrenblau RSN 2,2 g
Netz- und Egalisierungsmittel	Olypon AFE 2,5 g	Olypon AFE 2,5 g				Olypon AFE 2,7 g
Weitere Zusätze	Na_2S konzentriert 5 g Na_2CO_3 kalz. 3,75 g	Na_2S konz. 3,75 g Na_2CO_3 kalz. 1,25 g Na_2SO_4 kalz. 7,5 g	$NaNO_2$ 2 g Na_2CO_3 kalz. 0,7 g	Na_2SO_4 kalz. 8 g	Na_2SO_4 kalz. 12 g	NaOH 40% 23 ml Na-hydrosulfit 30 g
Chemische Analyse						
Ungebrauchtes Bad						
pH-Wert	11,8		8,7	6,8	8,0	
Abdampf Rückstand	14620 mg		4560 mg	4600 mg	4100 mg	
Glührückstand	12830 mg		3600 mg	2300 mg		
Glühverlust	1790 mg		960 mg	2300 mg		
$KMnO_4$-Verbrauch	14000 mg		2340 mg	2876 mg	2623 mg	
BSB_5	1420 mg		15 mg	1038 mg		
Chem. O_2-Bedarf	4080 mg O_2		920 mg O_2	1800 mg O_2	1700 mg O_2	
Gebrauchtes Bad						
pH-Wert	11,5	12,5	9,2	6,6	8,0	13,0
Abd. Rückstand	16320 mg	24330 mg	36640 mg	23600 mg	9900 mg	
Glührückstand	13850 mg	19190 mg	35630 mg	12700 mg		
Glühverlust	2470 mg	5140 mg	1010 mg	10900 mg		
$KMnO_4$-Verbrauch	20800 mg	22000 mg	1330 mg	1138 mg	2465 mg	3950 mg
BSB_5	1740 mg	1 750 mg	175 mg	1033 mg	621 mg	1484 mg
Chem. O_2-Bedarf	5670 mg O_2	4000 mg O_2	920 mg O_2	1290 mg O_2	840 mg O_2	2640 mg O_2

und chemische Analyse zeigt Tab. 3. Neben den Farbstoffen enthielten die Flotten Natriumsalze, wie Natriumchlorid und Natriumsulfat, z. T. Waschmittel und die Schwefelfarbflotten Natriumsulfid. Der Anthrasolblauflotte war Natriumnitrit zugesetzt. Bei den chemischen Analysen fallen die hohen Abdampfrückstände auf, die zwischen 10 und 36 g/l liegen. Schwefelfarbflotten zeichneten sich außerdem durch extreme Werte für den Kaliumpermanganatverbrauch (über 20 g/l) und den chemischen Sauerstoffbedarf (4···5,6 g/l) aus.

Die Stärke der Schädigung war bei den Flotten und Versuchstieren sehr verschieden. Aus Abb. 2 ist die nach acht Tagen Einwirkungszeit ermittelte Letalitätsgrenze (LC 50) ablesbar.

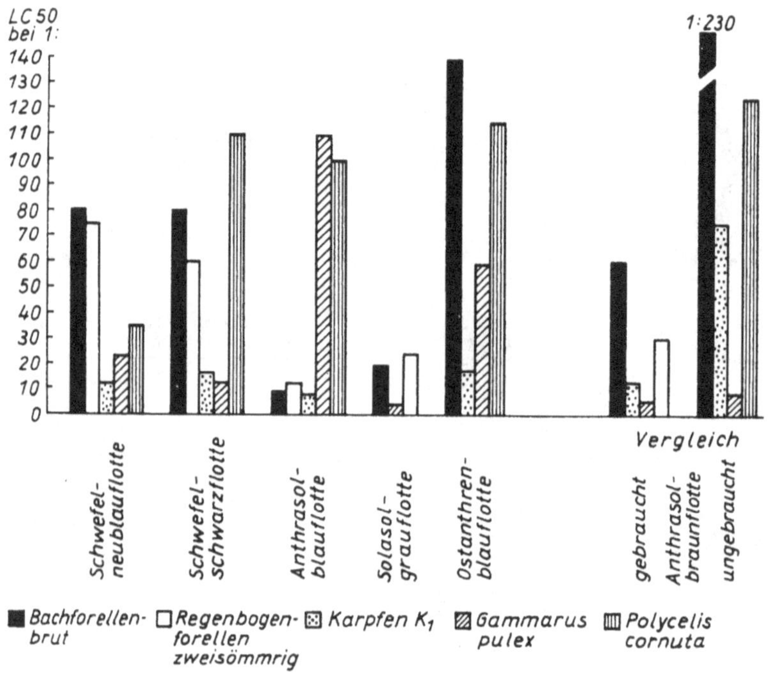

Abb. 2: Letalitätsgrenzen (LC 50) für gebrauchte Farbflotten (links). Vergleich der Toxizität einer gebrauchten und einer ungebrauchten Anthrasolbraunflotte gegenüber Wasserorganismen (rechts)

Gegenüber Schwefelfarbflotten erwiesen sich Forellen und *Polycelis* am empfindlichsten, während Karpfen und *Gammarus* wesentlich resistenter waren. Für Bachforellenbrut und zweisömmerige Rogenbogenforellen lagen die Letalitätsgrenzen zwischen Flottenverdünnungen von 1:60 und 1:80. *Polycelis* wurde von Schwefelneublauflotte bei 1:30 und von Schwefelschwarzflotte bei 1:100 noch letal geschädigt. Dagegen lagen die toxischen Verdünnungen bei Karpfen und *Gammarus* zwischen 1:12 und 1:23. Die Empfindlichkeit von Bachforellenbrut und zweisömmerigen Rogenbogenforellen zeigte keine großen Unterschiede. In beiden Fällen waren die zweisömmerigen Regenbogenforellen etwas widerstandsfähiger.

Der Verlauf der Schadwirkung auf Forellen und Forellenbrut war anders als bei den Vorbehandlungsbädern. Erstickungssymptome wurden nicht festgestellt. Das Schadbild war folgendermaßen: Nach Giftberührung und anfänglich normalem Verhalten (Eintrittszeit) begannen die Fische unruhig umherzuschwimmen und zu springen. Dann traten Gleichgewichtsstörungen auf wie Schräg- und Seitenlage sowie „*Kopfstand*“ (Manifestationszeit). Dem folgten Ataxie (Letalzeit) und schließlich der Tod (Todeszeit). Oft ließen sich diese von WUHRMANN u. WOKER eingeführten Phasen nicht so deutlich erkennen und abgrenzen, weshalb auf ihre ausführliche Darstellung verzichtet wird.

Schwefelneublauflotten führten bei Forellen und Karpfen zu einer Blaufärbung der Flossen und zum Einreißen des Gewebes zwischen den Flossenstrahlen (Ausfaserung der Flossen).

Die drei Anthrasolfarbflotten waren am ungiftigsten. Die Letalitätsgrenzen lagen für Forellen zwischen 1:9 und 1:60, für Karpfen zwischen 1:8 und 1:12, für *Gammarus* zwischen 1:4 und 1:110 und für *Polycelis* zwischen 1:25 und 1:100. Auffällig ist die hohe Empfindlichkeit von *Gammarus* gegenüber der Anthrasolblauflotte (Verdünnung 1:110), während er sich bei den anderen Flotten mit Anthrasolfarben wenig empfindlich zeigte. Dies könnte mit dem Gehalt an Natriumnitrit in der Flotte zusammenhängen.

Die Untersuchung der Indanthrenfarbflotte (Ostanthrenblau) ergab hohe Schädlichkeit für Forellen (Verdünnung 1:140), *Gammarus* (Verdünnung 1:60) und *Polycelis* (Verdünnung 1:115). Karpfen überlebten Verdünnungen von 1:20 ohne Schädigung. Abweichend von anderen Flotten enthielt diese 30 g/*l* Natriumhydrosulfit.

Ein Vergleich der Toxizität der sechs verwendeten Farbflotten ergibt eine mittlere Schädlichkeit für die widerstandsfähigen Arten *Cyprinus* und *Gammarus* in Verdünnungsbereichen von 1:10 bis 1:20. Empfindliche Arten wie *Trutta* und *Polycelis* zeigen noch in Verdünnungsbereichen von 1:80 bis 1:125 tödliche Schädigungen. Interessant ist die Gegenüberstellung eines frischen und eines gebrauchten Farbbades in seiner toxischen Wirkung. In Abb. 2 werden die Letalitätsgrenzen von Forellenbrut, Karpfen, *Gammarus* und *Polycelis* gegenüber gebrauchter und ungebrauchter Anthrasolbraunflotte verglichen. Die Schädlichkeit der frischen Flotte ist bei *Gammarus* doppelt, bei Forellenbrut und *Polycelis* etwa viermal und bei Karpfen etwa sechsmal so groß wie bei der gebrauchten. Das zeigt, daß ein beträchtlicher Teil der in der Flotte gelösten Farbstoffe und Chemikalien beim Färbevorgang an die Fasser gebunden wird und beim Ablassen des Bades toxisch nicht mehr in Erscheinung tritt.

Nachbehandlungsbäder

Von den untersuchten Nachbehandlungsbädern wirkte insbesondere das Chromierungsbad in hohem Grade toxisch (siehe Abb. 1 und Tab. 2): Dies dürfte darauf beruhen, daß das Chromat eine spezielle toxische Wirkung ausübt (LIEBMANN). *Gammarus* wurde besonders stark geschädigt. Die Letalitätsgrenze lag bei der Verdünnung von 1:600. Für *Polycelis* betrug sie 1:150, während Karpfen (1:20) und Forellenbut (1:50) erhöhte Resistenz zeigten.

Detergentien

Die am häufigsten verbrauchten detergentienhaltigen Handelsprodukte wurden toxikologisch untersucht. Ihnen vorangestellt wird ein anionaktives Tensid, das in der Produktion der Deutschen Demokratischen Republik an führender Stelle steht und in vielen Wasch-, Netz- und Egalisierungsmitteln als waschaktiver Anteil enthalten ist.

Kurzbeschreibung der untersuchten Mittel:

1. Emulgator E 30 (Trivialname)

Wissenschaftliche Bezeichnung:	Natriumalkylmonosulfonat
Chemische Formel:	$R \cdot CH_2\, SO_3\, Na$ (R von $C_{12}-C_{18}$, mittlere Kettenlänge C_{14}).
Molekulargewicht:	$\sim$**314**
Konsistenz:	weißliche hygroskopische Schuppen
Waschaktive Substanz:	93%···95%
Weitere Inhaltsstoffe:	ca. 5% Natriumchlorid, Rest Wasser, Neutralöl, Natriumsulfat und -sulfit

2. Rucopol D 36 (Handelsprodukt)

Konsistenz:	dickflüssig, hellgelb
Waschaktive Substanz:	16% teils Emulgator E 30, teils Perrustol A.
Weitere Inhaltsstoffe:	15% Lösungsmittel (Methylhexalin und Tetrachlorkohlenstoff), Glaubersalz

3. Perrustol A (Handelsprodukt)

Konsistenz:	wasserlösliche Paste
Waschaktive Substanz:	30% primäres Alkylsulfat
Weitere Inhaltsstoffe:	Glaubersalz

4. Konzentrat W 50 (Handelsprodukt)

Konsistenz:	wasserlösliche Paste
Waschaktive Substanz:	65%···70% Natriumalkylmonosulfonate, mittlere Kettenlänge C_{15}
Weitere Inhaltsstoffe:	ca. 1% Natriumchlorid, ca. 1% Neutralöl, Wasser.

Als Versuchstiere kamen Karpfen, *Gammarus*, *Daphnia*, *Polycelis* und *Paramecium* zur Anwendung. Die graphische Darstellung (Abb. 3) zeigt bei allen vier Testsubstanzen die gleiche Reihenfolge der Schädlichkeit für die einzelnen Versuchstierarten. *Gammarus* ist mit Abstand am widerstandsfähigsten gegenüber Detergentien. Mit zunehmender Empfindlichkeit folgen Karpfen, *Daphnia* und *Polycelis*. Die vierundzwanzig Stunden lang ermittelte Schadwirkung auf Paramecien lag etwa im Bereich wie bei *Daphnia*. Die ersten fünf Stunden des über vierundzwanzig Stunden laufenden Versuches sind in Abb. 4 graphisch dargestellt.

Für den Emulgator E 30 betrugen die letalen Konzentrationen 1···20 mg/l. Umgerechnet auf 100% waschaktive Substanz ergab sich die Reihe *Polycelis* 1,4 mg/l, *Daphnia* 5,7 mg/l, *Paramecium* 7,6 mg/l, Karpfen 14,2 mg/l und *Gammarus* 19 mg/l.

Obwohl das Handelsprodukt Rucopol D 36 außer Detergentien noch 15% Lösungsmittel enthielt, war die Schädlichkeit auch nach Umrechnung auf 100% waschaktive Substanz geringer als bei Emulgator E 30.

Perrustol A zeigte in mg/l Handelsprodukt durchgängig eine etwas höhere Giftigkeit als Rucopol D 36, umgerechnet auf waschaktive Substanz lag diese jedoch darunter (außer bei *Daphnia*). Die Letalitätsgrenzen wurden für *Polycelis* bei 3,6 mg/l, *Daphnia* bei 7,5 mg/l, *Paramecium* bei 10,5 mg/l, Karpfen bei 21 mg/l und *Gammarus* bei 180 mg/l waschaktiver Substanz erreicht.

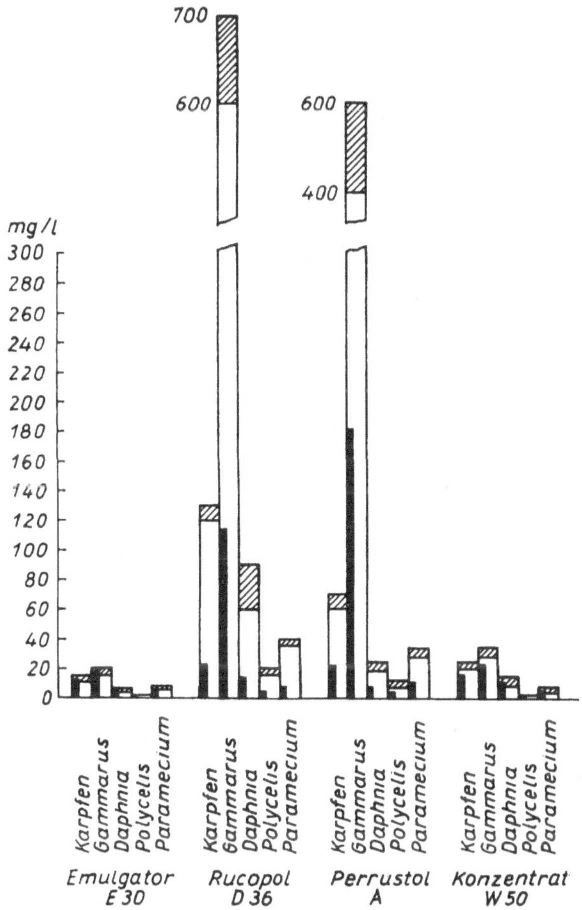

Abb. 3: Letalitätsgrenzen (LC 50) für detergentienhaltige Netz-, Wasch- und Egalisierungsmittel (große Säulen)

Gestrichelt ist der Bereich von der Widerstandsgrenze bis zur Letalitätsgrenze. Die schmalen schwarzen Säulen stellen jeweils LC 50, umgerechnet auf 100 % waschaktive Substanz der Textilhilfsmittel dar.

Konzentrat W 50 reiht sich hinsichtlich seiner Schadwirkung in die vorgenannten Detergentien ein und kommt in seiner Giftigkeit dem am meisten toxisch wirkenden Emulgator E 30 am nächsten. Die auf 100% waschaktive Substanz bezogene Letalitätsgrenze betrug bei *Polycelis* 1,0 mg/l, *Paramecium* 5,4 mg/l, *Daphnia* 10 mg/l, Karpfen 16,7 mg/l und bei *Gammarus* 23,5 mg/l.

In Abb. 3 bringen die schwarzen Säulen der Säulendiagramme die Letalitätsgrenzen der Versuchstiere für die einzelnen Textilhilfsmittel, umgerechnet in

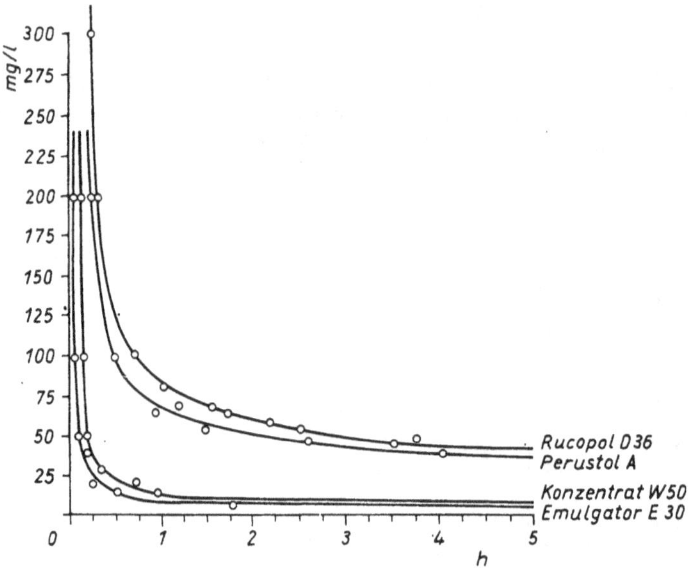

Abb. 4: Letalitätskurven für detergentienhaltige Textilhilfsmittel. Die Wirkung (LC 50) auf *Paramecium caudatum* in den ersten fünf Stunden des Versuches

100% waschaktiver Substanz, zum Ausdruck. Außerdem ist der Bereich von der Widerstandsgrenze (BEER) bis zur Letalitätsgrenze gesondert eingetragen.

Die Schadwirkung der Detergentien auf Forellen und Karpfen nahm etwa den in der Literatur (LECLERC u. DEVLAMINCK, SIERP u. THIELE, MANN 1955, SCHMID u. MANN) bereits beschriebenen Verlauf. Die Versuche mit *Daphnien* ergaben ein Schadbild in Übereinstimmung mit WORM, K., während die Reaktion von *Paramecium* der Beschreibung von WORM, H. entsprach.

Zusammenfassend kann über die toxische Wirkung der untersuchten anionaktiven Detergentien gesagt werden, daß die zur Vergleichbarkeit auf waschaktive Substanz umgerechneten letalen Grenzen zwischen 1 mg/*l* und 20 mg/*l* liegen.

Farbstoffe

Indigosole stellten die im Untersuchungszeitraum am meisten verwendeten wasserlöslichen Farbstoffe dar. Während am häufigsten Schwefelfarbstoffe wasserunlöslich sind, in Kläranlagen und im Vorfluter ausfallen und sich absetzen, bleiben die Indigosole in Lösung und rufen Färbungen des Wassers hervor.

Untersucht wurden Soledon-darkbrown 3 RS, Indigosololivgrün IBV, Solasol golden yellow RMS und Indigosolgrau IBL in ihrer Wirkung auf Karpfen, *Gammarus*, *Daphnia* und *Polycelis*. Die Ergebnisse sind in Abb. 5 graphisch dargestellt.

Am giftigsten wirkten Indigosole auf *Daphnien* und Karpfen. Bei letzteren lag die letale Grenze zwischen 6 mg/*l* (Indigosololivgrün) und 75 mg/*l* (Indigosolgrau). *Daphnia* wurde zwischen 15 mg/*l* (Solasol golden yellow) und 110 mg/*l* (Indigosololivgrün) tödlich geschädigt. Die letale Wirkung gegenüber *Polycelis*

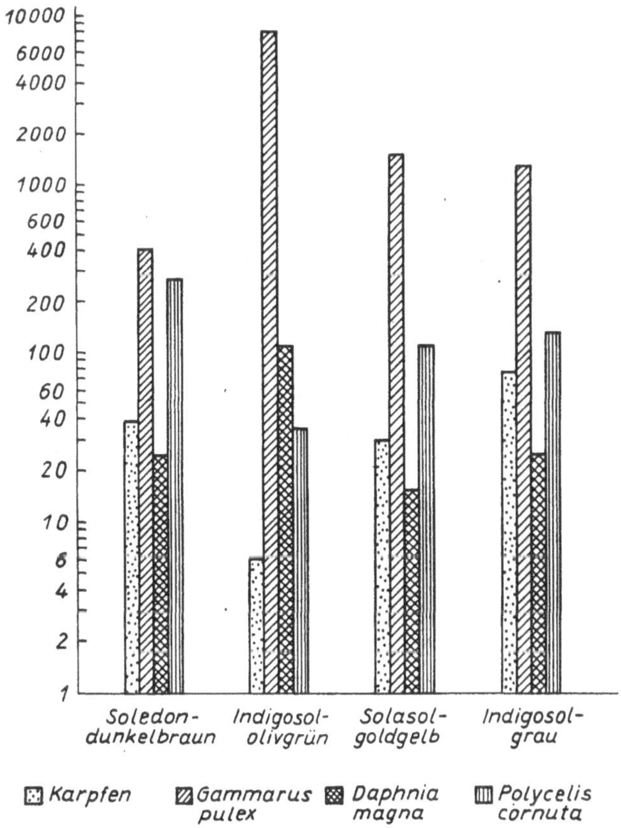

Abb. 5: Letalitätsgrenzen (LC 50) für Indigosolfarbstoffe.
Logarithmische Teilung der Ordinate (mg/*l*)

bewegte sich im mittleren Bereich zwischen 35 mg/*l* (Indigosololivgrün) und 275 mg/*l* (Soledon-darbkrown). Gegenüber *Gammarus* erwiesen sich Indigosolfarbstoffe weitgehend ungiftig. Bei Soledon-darkbrown wurde die LC 50 bei 410 mg/*l* ermittelt. Für Indigosolgrau betrug die Letalkonzentration 1,3 g/*l*, für Solasol golden yellow 1,5 *g*/*l*. Vom Farbstoff Indigosololivgrün führten erst 8 g/*l* nach 192 h zum Tode.

Zusammenfassend wird festgestellt, daß die untersuchten Indigosole in zunehmendem Maße in der Reihenfolge *Gammarus*, *Polycelis*, *Cyprinus*, *Daphnia* toxisch wirken und eine Schädigung emfindlicher Wassertiere ab 15···25 mg/*l* gelösten Farbstoffs eintreten kann.

Abwassertagesmischproben

Durch das Mischen der stündlich entnommenen Proben setzte bereits eine Flockung und ein Ausgleich der extremen pH Werte eine. Gelöster Sauerstoff war in den Mischproben nicht vorhanden. Belüftung und Verdünnung der Proben schalteten im Versuch diesen Faktor als lebensbegrenzendes Kriterium für die Versuchstiere aus.

Die Tagesmischproben seien im folgenden kurz charakterisiert:

Beschaffenheit	Betrieb A blauschwarz, trübe	Betrieb B blauschwarz, trübe
pH-Wert	9,1	8,8
Abdampfrückstand	3,56 g/l	2,20 g/l
Glührückstand	2,06 g/l	1,45 g/l
gelöster Sauerstoff	·0	0
BSB_5	760 mg/l	270 mg/l
$KMnO_4$-Verbrauch	1010 mg/l	220 mg/l
Chemischer O_2-Bedarf	1300 mg/l O_2	1040 mg/l O_2

Die Analysenwerte bewegen sich etwa in Bereichen, wie sie Tab. 1 für die Abwässer dieser Färbereien angibt.

Forellenbrut und *Gammarus* fanden als Testorganismen Verwendung. Untersuchte Verdünnungen und Verlauf der Schädigung gehen aus Abb. 6 hervor. Das belüftete Abwasser beider Betriebe zeigte für Forellenbrut auch bei größeren

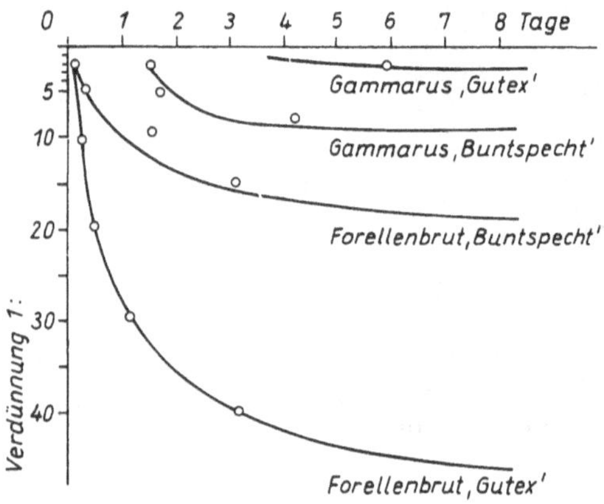

Abb. 6: Letalitätskurven für Abwassertagesmischproben aus zwei Neugersdorfer Baumwollfärbereien
Abszisse: Versuchsdauer in Tagen; *Ordinate*: Verdünnungsverhältnis der Abwässer

Verdünnungen tödliche Wirkung. Die Letalitätsgrenze lag im Betrieb A bei der Verdünnung 1:40 und im Betrieb B bei 1:15. *Gammarus* war weniger empfindlich. LC 50 wurde bei den Verdünnungen 1:2 bzw. 1:8 nach acht Tagen erreicht.

Aus diesen Untersuchungen geht hervor, daß eine beträchtliche Menge Vorfluterwasser von guter Qualität erforderlich ist, um das ungereinigte Färbereiabwasser gefahrlos für die Biozönose aufnehmen zu können. Versuche mit Forellenbrut im Spreewasser bestätigten das. Im belüfteten Wasser der Spree unterhalb der Färbereien starb Forellenbrut bereits nach sechs Stunden Aufenthaltszeit. Erst in Proben, die etwa 12 km unterhalb der Färbereiabwassereinleitungen entnommen waren, trat bei der Forellenbrut keine letale Schädigung im Versuchszeitraum ein.

Diskussion

In Auswertung der dargelegten Versuchsergebnisse wird festgestellt: Die toxikologischen Untersuchungen konnten eine direkte Schadwirkung der Färbereiabwässer auf Vorfluterorganismen beweisen. Vorbehandlungsbäder, Farbflotten und Nachbehandlungsbäder zeigten sich gegenüber Lebewesen im Wasser noch in hohen Verdünnungen giftig. Es steht fest, daß diese Verdünnungen auch durch beträchtliche Zusätze wenig verunreinigter Spülwässer zu den Bädern nicht erreicht werden und somit das Gesamtabwasser der Färbereien in für Vorfluterorganismen toxischen Bereichen liegt. Tests mit Abwassertagesmischproben konnten das zeigen.

Den Farbstoffen scheint nur gelegentlich eine direkte Giftwirkung zuzukommen. Wasserunlösliche Schwefel- und Küpenfarbstoffe fallen im Abwasser oder Vorfluter bald aus. Die getesteten wasserlöslichen Indigosolfarbstoffe führten etwa ab 15···25 mg/l bei empfindlichen Wassertieren zum Tode und erreichten damit die Giftigkeit einer Reihe von THIENEMANN (1911) untersuchten Farbstoffen der Papierindustrie nicht.

Die toxikologischen Untersuchungen an Detergentien ergaben in Übereinstimmung mit den Angaben in der Literatur toxische Bereiche für Wasserorganismen zwischen 1 mg/l und 20 mg/l waschaktiver Substanz. Ausgehend von der Tatsache, daß sich die Textilindustrie in den letzten zwei bis drei Jahrzehnten weitgehend vom Seifenverbrauch auf synthetische Detergentien umgestellt hat und unter Berücksichtigung, daß Detergentien beim Behandlungsvorgang kaum verbraucht oder wie Farbstoffe von der Faser aufgenommen werden, so sind die hohen Detergentiengehalte im Abwasser und im Vorfluter unterhalb der Färbereien verständlich. Dies führt zu der Folgerung, daß Detergentien, denen in toxikologischer Hinsicht in Textilabwässern bisher kaum Beachtung geschenkt wurde, den wesentlichen Faktor für deren Giftigkeit darstellen.

Literatur

AMLACHER, E.: Die Wirkung des Malachitgrüns auf Fische, Fischparasiten (Ichthyophthinius, Trichodina), Kleinkrebse und Wasserpflanzen. Dt. Fischerei-Ztg. **8** (1961), 12

BACH, H.: Die Grundlagen und Verfahren der neuzeitlichen Abwasserreinigung. Akad. Verlagsgesellschaft Leipzig, 1936

BANDT, H.-J.: Giftig oder ungiftig für Fische? Dt. Fischerei-Ztg. **4** (1957)

BEER, W.-D.: Untersuchungen über die toxische Wirkung von Phenolen und phenolhaltigen Industrieabgängen auf Wasser- und Landorganismen. Wiss. Ztschr. Karl-Marx-Univ. Leipzig, Karl-Marx-Univ. Leipzig, Math.-nat. Reihe **8** (1958/59), 67

DENZER, H. W.: Merkblatt über die Schädigung der Fischerei durch Abwässer, I. Schwellenwerte für Fische und Fischnährtiere, Albaum/Sauerland, 2. Auflage, 1961

GEISLER: Mit Eosin gefärbte Futterfische unschädlich. Fischwirt **2** (1953), 51

GÖBEL, M.: Über die Wirkung von Detergenzien auf Paramecium caudatum, Actinosphaerium eichhorni und Amöba proteus. Diplomarbeit Karl-Marx-Universität Leipzig, 1957

GÜBITZ, H.: Die Wirkung von Farb-, Trüb- und Giftstoffen auf Fische. Österreich. Abwasser-Rundschau **11** (1966), 65

HAEMPEL, O.: Die Einwirkung von bei der Papierfabrikation verwendeten Farbstoffen auf die Tierwelt des Wassers. Ztschr. f. Unters. Nahrungs- u. Genußm. **50** (1925), 423

HASELHOFF, E. u. B. HÜNNEMEIER: Über die Schädlichkeit industrieller Abgänge für die Fischzucht. Landwirtschaftl. Jahrbücher **30** (1901), 583

HEERMANN, P.: Technologie der Textilveredlung. Springer-Verlag Berlin, 1926

HENSEN, C., Q. H. PICHKERING and J. M. COHEN: The toxicity of synthetic detergents and soaps to fish. Sew. and Ind. Wastes **31** (1959), 295

HERBERT, D. M., G. H. J. ELKINS, H. T. MANN and J. HEMENS: Toxicity of synthetic detergents to rainbow trout. The Water and Waste Treatment Journ. **6** (1957), 394

HOTHO, H.: Versuche über die Einwirkung von Detergenzien auf wirbellose Tiere. Diplomarbeit Karl-Marx-Univ. Leipzig, 1957

JUNG, H.: Ein Beitrag zur Reinigung der Abwässer der Textil- und Lederindustrie. Ber. d. ATV. **3** (1952), 95

KEHREN, M.: Wasser und Abwasser in der Textilindustrie. Herausgeg. v. d. Schweizer Vereinigung von Färbereifachleuten, Basel, 1951

KEHREN, M.: Die Eisenung von farbstoffhaltigen Abwässern. Ber. d. ATV. **8** (1957), 110

KEHREN, M.: Chemische Beschaffenheit textiler Abwässer. Spinner und Weber **76** (1958), 220

KEHREN, M.: Die chemische Beschaffenheit von Abwässern der Textilveredlungsindustrie. Ber. d. ATV. **10** (1959), 205

KEHREN, M.: Klärung von Abwässern der Textilveredlungsindustrie. Ztschr. ges. Textilind. **64** (1962), 509, 706, 800, 891

KLEIN, L.: Textile Trade Effluents and their Treatment. Journ. Text. Inst. Manchester **40** (1949), 1097

LECLERC, E. et F. DEVLAMINCK: Les détergents naturels ou synthétiques et les poissons. Bull. Centre Belge d'Etude et de Doc. des Eaux **17** (1952), 165

LIEBMANN, H.: Handbuch der Frischwasser- und Abwasserbiologie, Bd. II., VEB Gustav Fischer Jena, 1. Aufl., 1960

LÜDEMANN, D.: Die Wirkung des Farbstoffes „Luxantholschwarz G" auf Fische. Ztschr. f. angew. Zool. **44** (1957), 97

LÜDEMANN, D. u. H. NEUMANN: Versuche über die toxische Wirkung neuzeitlicher Kontaktinsektizide auf einsömmerige Karpfen (*Cyprinus carpio* L.). Ztschr. f. angew. Zool. **47** (1960), 11

MANN, H.: Die Einwirkung von grenzflächenaktiven Waschmitteln auf Fische und Fischnährtiere. Arch. f. Fischereiwissenschaft **6** (1955), 131

MANN, H.: Die Bedeutung der synthetischen Waschmittel (Detergentien) für die Fischerei. Der Fischwirt **12** (1962), 97

MANN, H. u. O. J. SCHMID: Der Einfluß von Detergentien auf Sperma, Befruchtung und Entwicklung bei der Forelle. Int. Revue ges. Hydrobiol., **46** (1961), 419

MEINCK, F., H. STOOFF u. H. KOHLSCHÜTTER: Industrie-Abwässer, Gustav Fischer Verlag Stuttgart, 3. Aufl., 1960

NEHRING, D.: Die Giftwirkung von Wasch- und Reinigungsmitteln auf Fische und Fischnährtiere. Die Wäscherei **10** (1963), 259

PRITZKOW, A.: Über Färbereiabwässer, ihre Wirkung auf die Vorfluter und ihre Reinigungsmöglichkeit. Kleine Mitt. (1925), 149

QUEDNAU, W.: Die Unschädlichkeit des Farbstoffes Uraninkali für Fische und Fischnahrung und seine Bedeutung im landwirtschaftlichen Betrieb. Mitt. d. Fischereivereine d. Prov. Brandenburg, **34** (1930)

SCHARF, R.: Über die Wirkung von Färbereiabwässern auf einen Mittelfebirgsbach,. Fortschritte d. Wasserchemie **11** (1969a), 113

SCHARF, R.: Beitrag über Limnologie und Wassergüte des Spreeoberlaufes. Abh. u. Ber. d. Naturkundenmuseums Görlitz **44** (1969b), 1

SCHMID, O. J. u. H. MANN: Die Einwirkung von Dodecylbenzolsulfonat auf die Kiemen von Forellen. Arch. f. Fischereiwiss. **13** (1962), 41

SIERP, F.: Die gewerblichen und industriellen Abwässer. Springer-Verlag, Berlin/Göttingen/Heidelberg, 2. Aufl., 1959

SIERP, F. u. H. THIELE: Der Einfluß von grenzflächenaktiven Substanzen auf die Abwasserreinigung und auf die Selbstreinigung der Flüsse. Vom Wasser **21** (1954), 197

SWISHER, R. D., J. T. O'ROURKE and H. D. TOMLINSON: Fish Bioassays of linear Alkylate Sulfonates (LAS) and Intermediate Biodegradation Products. J. Amer. Oils Chemists' Soc. **41** (1964), 746

THIENEMANN, A.: Die Einwirkung von bei der Papierfabrikation verwendeten Farbstoffen auf die Tierwelt des Wassers. Ztschr. Unters. Nahrungs- u. Genußmittel **22** (1911), 465

THIENEMANN, A.: Giftigkeit von Farbabwässern. Allg. Fischerei-Ztg. NF. (1911), 517

WEIMANN, R.: Abwassertypen in Nordrhein-Westfalen. Schweiz. Ztschr. Hydrol. **XIV** (1952), 371

WORM, H.: Untersuchungen über die Giftigkeit von Textilhilfsmitteln auf wirbellose Tiere, insbesondere *Paramecium caudatum*. Staatsexamensarbeit Karl-Marx-Univ. Leipzig, 1962

WORM, K.: Untersuchungen über die Wirkung von Textilhilfsmitteln auf wirbellose Tiere, insbesondere auf *Daphnia*. Saatsexamensarbeit Karl-Marx-Univ. Leipzig, 1962

WUHRMANN, K. u. WOKER: H. Experimentelle Untersuchungen über die Ammoniak- und Blausäurevergiftung. Festgabe d. 10. Kongr. d. Int. Ver. f. theoret. u. angew. Limnol.. Schweiz. Ztschr. Hydrol. (1948), 210

WUNDSCH, H. H.: Fischerei und Industrie im Gebiet der Sieg und ihrer wichtigsten Zuflüsse. Zt schr. Fisch. **XVI** (1912/15), 151

WURTZ-ARLET, J.: Toxycité des detergents anioniques vis-à-vis de alevins de truite commune. Bull. francois de pisciculture **32** (1959), 41

Manuskripteingang: Januar 71

Anschrift des Verfassers:
Dipl.-Biol. Dr. R. SCHARF, 75 Cottbus, Herzberger Str. 14, DDR

II. Buchbesprechungen

Chemismus der Binnengewässer und Faktoren ihrer Verschmutzung und Selbstreinigung

Akademie der Wissenschaften der UdSSR — Institut für Biologie der Binnengewässer
Verlag Wissenschaft, Leningrad, 1968, H. 18, 252 S.

Mehrere Autoren erläutern die Dynamik der Stauseewässer in der Wolgakaskade. So wird über die Abhängigkeit der biologischen Prozesse im Zusammenhang mit der Beschaffenheit der zu -und abfließenden Wässer vom Farbgrad, der chemischen Zusammensetzung und der Anwendung statistischer Methoden berichtet. Weiterhin wird die saisonmäßige Änderung der Temperatur, des Gehaltes verschiedener Phosphorverbindungen und Aminosäuren, sowie die Sedimentation erläutert. Dem Gehalt und der Verteilung langlebiger Zerfallsprodukte in den oberen Wolgastauseen ist eine besondere Arbeit gewidmet.

Weitere Betrachtungen erläutern die Wasserbeschaffenheit in Abhängigkeit von Verunreinigung und Selbstreinigung sowie die Verschmutzung mit industriellen und kommunalen Abwässern, wobei der Gehalt an gelösten Metallen eine besondere Betrachtung erfährt.

Als ein Hilfsmittel zur Bestimmung der Wasserqualität wird die Chemilumineszensreaktion angesehen. Auch erfolgt der Vorschlag, den organisch gebundenen Stickstoff durch diffusionsisotherme Ammoniakdestillation zu ermitteln.

Die fünfzehn Arbeiten dieses Bandes zeigen deutlich, in welchem breiten Umfang limnologische Arbeiten durchgeführt werden. Der auf dem Gebiet der Limnologie Arbeitende kann aus den Berichten durch die Vermittlung des Standes und der Methodik eine Reihe von Anregungen entnehmen. Bei der Bearbeitung ähnlicher Probleme stellt das Buch einen guten Helfer dar. *N. Fichtner*

Handbuch der Lebensmittelchemie

VIII. Band, Teil 1 und 2 — Wasser und Luft

Springer Verlag, Berlin, Heidelberg, New York, 1969
1495 S., 284 Abb., DM 480,—

Nach etwa dreißig Jahren liegt nunmehr die Neuauflage des Bandes „*Wasser und Luft*" des Handbuches der Lebensmittelchemie vor. Unter der Schriftleitung von S. W. SOUCI und K. E. QUENTIN haben zahlreiche bekannte Fachkollegen an der völligen Neubearbeitung des Manuskriptes mitgewirkt.

Nur etwa 250 Seiten des zweiten Teiles sind den Luftproblemen gewidmet. Die Wasserprobleme sind somit sehr ausführlich abgehandelt worden. Entsprechend dem Charakter eines Handbuches der Lebensmittelchemie wird die Bedeutung des Wassers als Lebens- und Heilmittel in den Vordergrund gerückt.

Die komplexe Abhandlung der wassergütewirtschaftlichen Aufgaben geht von den naturwissenschaftlichen Grundlagen über Vorkommen und Eigenschaften des Wassers aus. In diesen Hauptabschnitt sind die Hydrologie sowie die Mikrobiologie und Biologie des Wassers mit eingeschlossen.

Der zweite Hauptabschnitt umfaßt die Erschließung und Nutzung des Wassers. Hier werden die Erschließung des Trink- und Betriebswassers, sowie die der Mineral- und Heilwässer, die Technologie des Wassers und die Charakteristik und Behandlung des Abwassers aufgezeigt.

Im dritten Hauptteil erfolgt eine Erläuterung der analytischen Methoden sowie der Beurteilungsprinzipien. Ein sehr knapp gefaßter Anhang informiert über gesetzliche Vorschriften.

Entsprechend den Aufgaben der Lebensmittelchemie ist mehr als die Hälfte des Umfanges beider Bände — 670 Seiten — den Untersuchungs- und Beurteilungsmethoden gewidmet. Die analytischen Methoden sind nach dem Nutzungszweck des Wassers nach Trink- und Betriebs- sowie Mineral- und Heilwässern aufgeteilt. Ein gleiches gilt für die Beurteilungsgrundsätze. Die Abschnitte über die Abwässer nehmen nur einen relativ bescheidenen Raum ein. Dies gilt gleichermaßen für die Analytik, Bewertung und Behandlungstechnologie. So wird z. B. die Methodik der BSB-Bestimmung nicht in Form einer Arbeitsvorschrift wiedergegeben.

Trotz Vorliegens anderer Werke über die Wassertechnologie, insbesondere die Wasseraufbereitung, sowie über die Wasseranalytik, verdienen diese Abschnitte besondere Beachtung.

Im technologischen Teil erfolgt in übersichtlicher Form eine umfassende Abhandlung der modernen Aufbereitungstechnologien.

Im analytischen Teil sind umfassende Arbeitsvorschriften aufgeführt, besondere Beachtung haben die anorganischen Spurenkomponenten erfahren.

Das Werk entspricht voll den Anforderungen, die an ein Handbuch gestellt werden. Jedoch ist zu berücksichtigen, daß auch einem derartigen Werk Grenzen gesetzt sind und nicht das gesamte Wissen interpretiert werden kann. Der Wassergütewirtschaftler, insbesondere der Wasserchemiker, kann viele Informationen und Anregungen aus dem Werk entnehmen, die wesentliche Hilfe bei der praktischen Arbeit darstellen. Auf die Praxisverbundenheit des Werkes sei besonders hingewiesen. Im allgemeinen sind Grundlagen relativ knapp abgehandelt. Durch die zahlreichen Literaturhinweise ist eine weitergehende Information relativ leicht möglich. Auch der Neuauflage des Werkes ist der Charakter eines Standardwerkes zuzusprechen. *J. Kaeding*

KLEE, O.:

Reinigung industrieller Abwässer

Franckh'sche Verlagshandlung W. Keller & Co., Stuttgart, 1970
176 S., 66 Zeichng., 15 Photos und 19 Abb. — DM 16,80

Entsprechend dem Untertitel „*Grundlagen und Verfahren*" wird vom Verfasser in knapper Form der Komplex der Industrieabwasserreinigung abgehandelt. Dem Verfasser ist es bei dem geringen Umfang des Buches gelungen, einen guten Überblick über das gesamte Gebiet zu geben, wobei zu Gunsten einer umfassenden Betrachtung auf die Wiedergabe mancher Einzelheiten zwangsläufig verzichtet wurde. Die anschauliche Darstellung sowie die übersichtlichen Diagramme und aussagekräftigen Abbildungen sprechen an. Bei der Erläuterung der Reinigungstechnologien nehmen die biologischen Verfahren entsprechend ihrer Bedeutung breiten Raum ein. Etwa die Hälfte des Buchumfanges ist den einzelnen Abwasserarten und ihren Reinigungsmöglichkeiten gewidmet. Eingeflochten sind Hinweise über die Meßgeräte bei der Abwasserreinigung. Diesen beiden Hauptkapiteln sind Abschnitte über die Grundsätze der Industrieabwasserreinigung sowie Rechtsfragen gegenübergestellt. In einem Anhang sind kurze Ausführungen über Pestizide und Pflanzenschutzmittel wiedergegeben. *J. Kaeding*

Vom Wasser — Band XXXVI

Ein Jahrbuch für Wasserchemie und Wasserreinigungstechnik

Herausgegeben von der Fachgruppe Wasserchemie in der Gesellschaft Deutscher Chemiker
Verantwortlich für den Text: Wilhelm Husmann

Verlag Chemie, Weinheim/Bergstraße, 1970
520 S., 175 Abb., 85 Tab. und 2 Tafeln, Halbleinen, DM 58,—

In einem Vorwort wird von W. Husmann betont, daß der Wasserchemie im Rahmen der Wassergütewirtschaft eine stets steigende Bedeutung zukommt. Der vorliegende Band will den Wasserchemiker wieder mit den neuesten Entwicklungen bekannt machen.

Der Inhalt der vierundzwanzig veröffentlichten Arbeiten umfaßt das Spektrum der wasserchemischen Aufgabe, wobei jedoch die einzelnen Gebiete eine unterschiedliche Betonung erfahren. Schwerpunkte stellen die Wasseranalytik und die Gewässerchemie dar.

Mehrere Autoren weisen auf die zunehmende Bedeutung der Bestimmung des organischen Kohlenstoffs hin. Verschiedene Bestimmungsmethoden werden vorgestellt, wobei u. a. die kontinuierliche Bestimmung und die Naßoxydation nach einem Temperaturprogramm erläutert werden. Es ist möglich, ein Kohlenstoffspektrum von Eluaten aufzunehmen und Rückschlüsse auf die verschiedenen Inhaltsstoffe zu ziehen. Auch werden Angaben über die Veränderung des Kohlenstoffgehalts durch verschiedene Wasserbehandlungsstufen mitgeteilt. Bedeutungsvoll sind ferner die Angaben über die extraktive Mineralölbestimmung. Die Ergebnisse dürfen nicht schematisch ausgewertet werden, da andere lipophile Stoffe mit erfaßt werden.

Aus dem Gebiet der Gewässerchemie seien Untersuchungen zur Herkunft der organischen Stoffe unter Einbeziehung der Radiocarbondatierung, das Verhalten von Parathion, die Selbstreinigungsmechanismen in Grundwässern und die Dekontamination in Abhängigkeit vom Eutrophierungsgrad genannt.

Die Ansicht wird vertreten, daß in Abhängigkeit von der Rohwasserbeschaffenheit die erforderlichen Reinigungseffekte bei Anwendung der Flockung allein durch Optimierung der Prozeßstufen erreichbar sind. Weitere Arbeiten beinhalten Probleme und Ergebnisse der Kraftwerkschemie sowie der Korrosion. Auf dem Abwassergebiet werden die Reinigungsmöglichkeiten einiger spezieller Abwässer sowie der Sauerstoffeintrag und die Sauerstoffzehrung beim Belebungsverfahren erläutert.

Zum Problem „*Abwasser — Trinkwasser*" erfolgen Erläuterungen unter Systemaspekten. Bei der Auswahl der Reinigungsmethoden haben neben ökonomischen Fragen die Art und Konzentration der Inhaltsstoffe entscheidende Bedeutung. Größter Vorsicht bedarf es bei der Auswertung von konventionellen Befunden wie BSB und Kaliumpermanganatverbrauch, weil diese nur unzureichend über die Beschaffenheit Auskunft geben.

Aus dem Band können somit wieder zahlreiche Anregungen entnommen werden und die publizierten Ergebnisse tragen zur Entwicklung der Hydrochemie durch Erweiterung der Basisdaten bei. *J. Kaeding*

Hinweise für Autoren

In die „Fortschritte der Wasserchemie und ihrer Grenzgebiete" werden Originalarbeiten, Fortschrittsberichte, Tagungsberichte, Mitteilungen und Buchbesprechungen aufgenommen. Um redaktionelle Überarbeitungen der Manuskripte im Interesse der Autoren durch Herausgeber und Verlag zu vermeiden, können nur satzreife, vom Autor imprimierte Manuskripte angenommen werden. Bei der Manuskriptabfassung ist, dem Charakter der Schriftenreihe entsprechend, auf einen kurzen, prägnanten Ausdruck Wert zu legen. Dabei ist nachstehende Form einzuhalten:

1. Das Manuskript ist in Maschinenschrift im Format A 4 (21 × 29,7 cm) auf weißem, tintenfesten Papier einseitig mit 1 ½…2-zeiligem Abstand der Zeilen und einem linken freien Rand von 3 cm zu schreiben. Die Manuskriptblätter sind laufend ab „1" zu numerieren.

2. Bei Arbeiten größeren Umfanges ist eine Gliederung voranzustellen. Für den Druck nicht überarbeitete Vortragsmanuskripte werden in der Regel nicht angenommen. Um deutliche Kennzeichnung der Absätze wird gebeten (3 Anschläge einrücken).

3. Das Manuskript kann in deutscher, englischer oder russischer Sprache abgefaßt sein.

4. Der Kopf des Manuskriptes muß folgende Angaben enthalten:
   1. Zeile: abgekürzter Vorname und der Familienname des bzw. der Verfasser,
   2. Zeile: Bezeichnung der Arbeitsstelle des Verfassers,
   3. Zeile: Titel der Arbeit.

5. Der Arbeit ist eine Zusammenfassung in der Originalsprache und möglichst in einer der genannten Fremdsprachen voranzustellen.

6. Dem Manuskript sind getrennt Abbildungen und Tabellen, fortlaufend numeriert, beizufügen.

Die Tabellen sind mit einer Überschrift, die Abbildungen mit einer Unterschrift zu versehen. Die Unterschriften der Abbildungen sind gesondert auf einem Blatt aufzuführen. Unter Abbildungen werden Bilder und graphische Darstellungen verstanden. Vorlagen für Bilder müssen auf weißem Hochglanzpapier im Mindestformat 9 × 12 cm geliefert werden. Noch vorzunehmende Beschriftungen sind auf einem auf dem Photo angebrachten Deckblatt aus durchsichtigem Material zu vermerken. Um eine gute Wiedergabequalität der Abbildungen im Druck zu erreichen, ist es ratsam, alles Nebensächliche bei Halbtonbildern wegzulassen.
Für Strichzeichnungen und graphische Darstellungen genügt eine gut lesbare Skizze.
Auf der Rückseite der Abbildungsvorlagen sind Nummer der Abbildungen und Name des Autors anzugeben.
Versuchsergebnisse sind nur in Abbildungen oder Tabellen wiederzugeben.

7. Formeln, Zeichen, Buchstaben usw., für die keine Schreibmaschinentypen vorhanden sind, müssen deutlich lesbar mit Tinte geschrieben sein.
Fachliche Abkürzungen und Schreibweise sind einheitlich abzufassen, gegebenenfalls ist ein Verzeichnis der Abkürzungen aufzuführen.
Die Autoren werden gebeten, sich der JUPAC-Nomenklatur zu bedienen.

8. Literaturangaben sind am Ende der Arbeit in alphabetischer Reihenfolge der Autorennamen aufzuführen. Im Text genügt es, die Autorennamen ausgeschrieben aufzuführen, gegebenenfalls unter Hinzufügung der Jahreszahl der Veröffentlichung, wenn von einem Autor mehrere Arbeiten zitiert werden.
Die Literaturangaben sollen folgende Angaben enthalten:

bei Büchern: Name, abgekürzter Vorname des Autors,
Titel des Buches,
Verlag, Auflage, Erscheinungsjahr,

bei Zeitschriften: Name, abgekürzter Vorname des Autors,
Titel der Arbeit,
Titel der Zeitschrift (Abkürzungen nach periodica chimica),
Bandzahl (unterstrichen), Erscheinungsjahr (in Klammern), Seite.

9. Jeder Autor erhält kostenlos 30 Sonderdrucke seiner Arbeit und ein Belegexemplar des betreffenden Heftes. Sind mehrere Autoren gemeinsam an einem Beitrag beteiligt, so erhalten sie insgesamt 30 Sonderdrucke kostenlos. Die Bestellung weiterer Sonderdrucke (maximal 30 Stck.) ist bei der Manuskripteinreichung mitzuteilen. Sie werden dem Autor in Rechnung gestellt.

MIX
Papier | Fördert gute Waldnutzung
FSC® C083411

Zeitfracht Medien GmbH
Ferdinand-Jühlke-Straße 7
99095 Erfurt, Deutschland
produktsicherheit@kolibri360.de